高等职业教育“精品工程”规划教材

西门子 S7-1200 PLC 编程及应用

主　编：芮庆忠　黄　诚

副主编：曹　薇　曾　鑫　陈泽群

参　编：林达强　王庭清

主　审：钟澜标

電子工業出版社

Publishing House of Electronics Industry

北京•BEIJING

内 容 简 介

本书针对西门子 S7-1200 PLC 的功能进行实例式项目化讲解，内容包括控制器硬件的介绍和安装、编程软件的应用、指令、触摸屏编程、PID 控制、变频器控制、伺服驱动器控制及通信等。本书选取的实例是基于工业应用经验总结的，实操性强，语言通俗易懂。为便于教学，本书配有微课教程，使读者可以快速掌握西门子 S7-1200 PLC 各类功能的使用方法。除此之外，本书还配有利于教学、方便教师展示的 PPT、程序代码、动画等教辅资源。

本书可作为高等职业院校机电、自动化类专业的授课教材，也可作为企业及社会机构的培训教材，还可作为工程师的参考手册。

图书在版编目（CIP）数据

西门子 S7-1200PLC 编程及应用 / 芮庆忠，黄诚主编. —北京：电子工业出版社，2020.6

ISBN 978-7-121-39081-4

Ⅰ. ①西… Ⅱ. ①芮… ②黄… Ⅲ. ①PLC 技术－程序设计－高等职业教育－教材 Ⅳ. ①TM571.61

中国版本图书馆 CIP 数据核字（2020）第 099467 号

责任编辑：郭乃明　　特约编辑：田学清

印　　刷：三河市兴达印务有限公司

装　　订：三河市兴达印务有限公司

出版发行：电子工业出版社

北京市海淀区万寿路 173 信箱　　邮编：100036

开　　本：787×1092　1/16　印张：20　字数：512 千字

版　　次：2020 年 6 月第 1 版

印　　次：2023年6月第9次印刷

定　　价：55.00 元

凡所购买电子工业出版社图书有缺损问题，请向购买书店调换。若书店售缺，请与本社发行部联系，联系及邮购电话：（010）88254888，88258888。

质量投诉请发邮件至 zlts@phei.com.cn，盗版侵权举报请发邮件至 dbqq@phei.com.cn。

本书咨询联系方式：（010）88254561，QQ34825072。

前　言

S7-1200 PLC 自 2009 年上市以来，经历了 V1.0、V2.0、V3.0 和 V4.0 四次主要硬件版本更新，目前功能已经非常完善，被广泛应用于汽车、电子、电池、物流、包装、暖通、智能楼宇和水处理等行业。

西门子全新工程设计软件平台 Totally Integrated Automation Portal（全集成自动化博途，以下简称博途软件）将所有相关自动化软件工具集成在统一的开发环境中。博途软件是软件开发领域的一个里程碑，是一款将所有自动化任务整合在一个工程设计环境下的软件。S7-1200 PLC 和 S7-1500 PLC 都是使用博途软件进行编程的，统一的工程软件平台保证了工程组态及操作维护的高效率。

本书内容以实例的方式呈现工业应用实用技术，实例内容详细且清晰。本书涉及的主要工业应用技术包括通信技术、运动控制技术、变频器控制技术和 PID（比例、积分、微分）控制技术等。同时，本书也对西门子工业常用产品进行了比较详细的应用介绍，如西门子 V20 变频器和 G120 变频器、V90 伺服驱动器、触摸屏等，有助于读者系统地学习自动化知识。

本书编者包括西门子 S7-1200 PLC 产品经理、高校教师和工程师。读者可以系统地了解 S7-1200 PLC 产品，也可以通过典型应用案例解决工程中遇到的相关问题；高校相关专业的师生可以从工业角度全面地学习与 S7-1200 PLC 产品和自动化相关的知识。

限于编者的学识水平，书中难免存在不足和疏漏，恳请有关专家、教师、工程师和广大读者批评指正。

编者

2019 年 11 月于广州

目　录

第 1 章　S7-1200 PLC 硬件组成

1.1　S7-1200 PLC 概述

西门子提供了满足多种自动化控制需求的 PLC 产品，新一代的 SIMATIC PLC 产品系列丰富，包括基础系列（SIMATIC S7-1200 PLC）、高级系列（SIMATIC S7-1500 PLC）和软控制器系列等，其体系如图 1-1-1 所示。

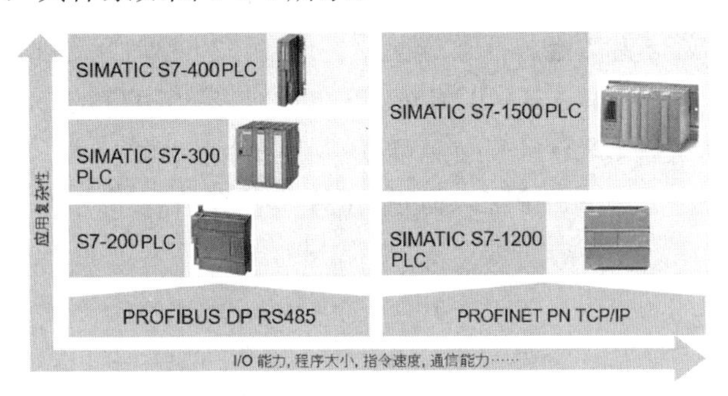

图 1-1-1　SIMATIC PLC 体系

S7-1200 PLC 是一款紧凑型、模块化的可编程逻辑控制器，它集成的 PROFINET 接口具有功能强大和扩展灵活等特点，为各种控制工艺任务提供了丰富的通信协议和有效的解决方案，能满足各种完全不同的自动化应用需求。

S7-1200 PLC 除了具有传统的逻辑控制功能，还具有通信、高速计数、运动控制、PID 控制、追踪、程序仿真和 Web 服务器功能。

1．通信功能

（1）集成的 PROFINET 接口的通信功能。S7-1200 PLC 集成的自动交叉网线功能的 PROFINET 接口支持 100 Mbit/s 的数据传输速率，具有程序下载、HMI（人机界面）通信和 PLC 通信等功能，支持 Modbus TCP/IP 协议、开放式以太网协议和 S7 协议等。

S7-1200 PLC 集成的 PROFINET 接口通信连接资源说明如下：①3 个连接用于 HMI 与 PLC 的通信；②1 个连接用于编程设备（PG）与 PLC 的通信；③8 个连接用于 Open IE（TCP，ISO-on-TCP）的编程通信；④3 个连接用于 S7 协议的服务器端的通信；⑤8 个连接用于 S7 协议的客户端的通信。

（2）支持的扩展通信方式。S7-1200 PLC 通过增加通信模块或者通信板，可以实现 PROFIBUS、USS、Modbus RTU、IO-Link、AS-i 和 CANopen 等通信。

2．高速计数功能

S7-1200 PLC 提供了最多 6 路的高速计数器，高速计数器独立于 PLC 的扫描周期进行计数。CPU 1217C 可以测量的最高脉冲频率为 1 MHz，其他型号的 CPU 可以测量的最高单相脉冲频率为 100 kHz、A/B 相脉冲频率为 80 kHz。使用信号板可以测量的最高单相脉冲频率为 200 kHz、A/B 相脉冲频率为 160 kHz。

S7-1200 PLC 从硬件版本 V4.2 起新增了高速计数器的门功能、同步功能、捕获功能和比较功能等。

3. 运动控制功能

根据连接驱动的方法的不同，S7-1200 PLC 集成的运动控制功能分为以下 3 种控制方式。

（1）PROFIdrive 方式：S7-1200 PLC 通过 PROFIBUS/PROFINET 网络与驱动器连接，利用 PROFIdrive 报文与驱动器进行数据交换，最多可以控制 8 台驱动器。

（2）PTO（脉冲串输出）方式：S7-1200 PLC 通过发送 PTO 的方式（脉冲+方向、A/B 相正交和正/反脉冲）控制驱动器，最多可以控制 4 台驱动器。

（3）模拟量方式：S7-1200 PLC 通过输出模拟量来控制驱动器，最多可以控制 8 台驱动器。

4. PID 控制功能

S7-1200 PLC 最多可以支持 16 路 PID 控制回路，用于过程控制应用。通过博途软件提供的 PID 工艺对象，可以轻松组态 PID 控制回路。

PID 调试控制面板提供了图形化的趋势视图，通过应用 PID 的自动调整功能，可以自动计算比例时间、积分时间和微分时间的最佳调整值。

5. 追踪功能

S7-1200 PLC 支持追踪功能，可用于追踪和记录变量，也可以在博途软件里以图形化的方式显示追踪记录，并对其分析，以查找和解决故障。

6. 程序仿真功能

S7-1200 PLC 通过使用 PLCSIM 软件进行程序仿真，以便于测试 PLC 程序的逻辑与部分通信功能。

7. Web 服务器功能

用户可以通过计算机或者移动端的 Web 浏览器进行 S7-1200 PLC 相关数据的访问；还可以创建自定义的 Web 网页，以监控设备状态等。

1.2 S7-1200 PLC 硬件介绍

PLC 控制系统包括 CPU 模块、输入模块、输出模块和通信模块等。CPU 模块采集输入模块输入的信号进行处理，并将处理结果通过输出模块输出，同时，通过通信模块将数据上传到 HMI 或者其他软件系统，实现对数据显示、报警和数据记录的管理。S7-1200 PLC 的硬件组成如图 1-2-1 所示。

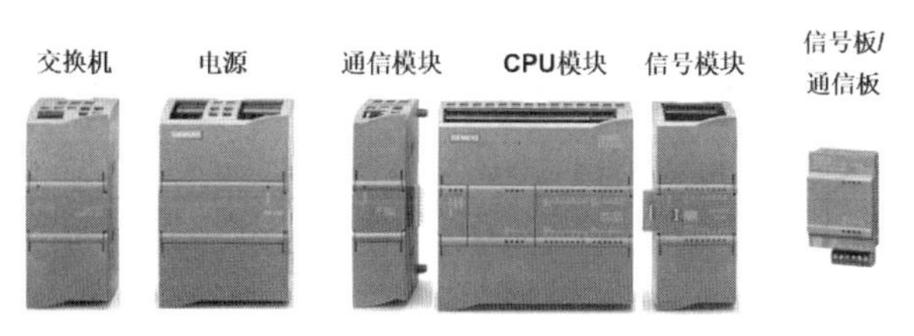

图 1-2-1　S7-1200 PLC 的硬件组成

1.2.1　CPU 模块

1. 概述

S7-1200 的 CPU 模块将微处理器、电源、数字量输入/输出（I/O）电路、模拟量输入/输出（I/O）电路、存储区和 PROFINET 接口集成在一个设计紧凑的外壳中。S7-1200 的 CPU 模块如图 1-2-2 所示。

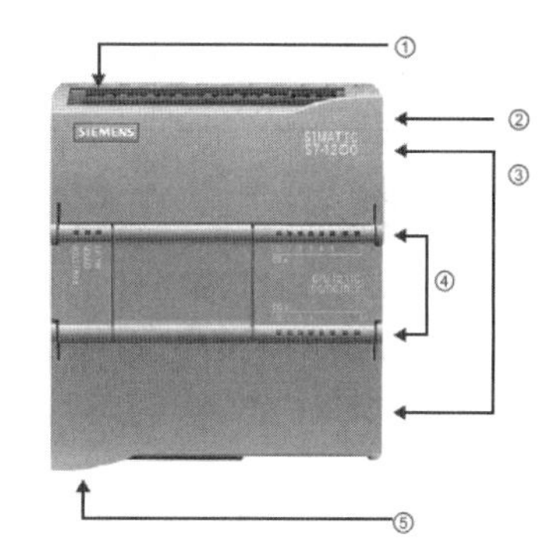

①—电源接口；②—存储卡插槽；③—可拆卸用户接线连接器；④—板载 I/O 的状态 LED；⑤—PROFINET 连接器

图 1-2-2　S7-1200 的 CPU 模块

S7-1200 有 5 种不同的 CPU 模块，分别为 CPU 1211C、CPU 1212C、CPU 1214C、CPU 1215C 和 CPU 1217C。通过在任何 CPU 模块的前面板加装一块信号板或通信板，可以扩展数字量 I/O 信号、模拟量 I/O 信号和通信接口，同时不影响控制器的实际尺寸。在 CPU 模块的左侧可扩展 3 个通信模块，以实现通信功能的扩展。在 CPU 模块的右侧可扩展信号模块，因此可进一步扩展数字量 I/O 信号或模拟量 I/O 信号。

CPU 1211C 不能扩展信号模块，CPU 1212C 可扩展 2 个信号模块，CPU 1214C 、CPU 1215C 和 CPU 1217C 可扩展 8 个信号模块。

2. 技术规范

目前，西门子提供了 5 种型号的 CPU，其技术规范如表 1-2-1 所示。

表 1-2-1　S7-1200 CPU 技术规范

CPU 种类	CPU 1211C	CPU 1212C	CPU 1214C	CPU 1215C	CPU 1217C
3 CPUs	DC/DC/DC、AC/DC/RLY、DC/DC/RLY				DC/DC/DC
工作内存（集成）/KB	50	75	100	125	150
装载内存（集成）/KB	1		4		
保持内存（集成）/KB	10				
存储卡	SIMATIC 存储卡（可选）				
集成数字量 I/O 信号/路	6/4	8/6	14/10		
集成模拟量 I/O 信号/路	2 输入			2/2	

续表

CPU 种类	CPU 1211C	CPU 1212C	CPU 1214C	CPU 1215C	CPU 1217C
过程映像区 I/O	1024B/1024B				
信号板扩展	最多 1 个				
信号模块扩展	无	最多 2 个	最多 8 个		
最大本地数字量 I/O 信号/路	14	82	284		
最大本地模拟量 I/O 信号/路	3	19	67	69	
高速计数器/路	3	4	6		
高速脉冲输出	最多 4 路				
输入脉冲捕捉/路	6	8	14		
循环中断	总共 4 个（1 ms 精度）				
沿中断	6 上升沿，6 下降沿	8 上升沿，8 下降沿	12 上升沿，12 下降沿		
实时时钟精度	±60s/月				
实时时钟的保存时间	典型值为 20 天，最小值为 12 天（在 40℃下靠超级电容保持）				

3．接线图

以 CPU 1214C DC/DC/DC 的接线图为例来介绍接线图，其电源电压、输入回路电压和输出回路电压均为 24V DC，如图 1-2-3 所示。

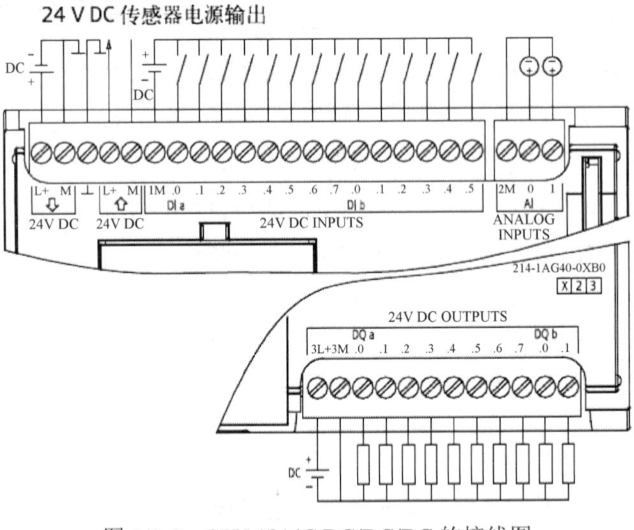

图 1-2-3　CPU 1214C DC/DC/DC 的接线图

1.2.2　信号模块

信号模块（Signal Model，SM）安装在 CPU 模块的右侧。使用信号模块，可以增加数字量 I/O 信号和模拟量 I/O 信号的点数，从而实现对外部信号的采集和对外部对象的控制。

1．数字量信号模块

1）概述

数字量信号模块分为数字量输入模块和数字量输出模块。

数字量输入模块用于采集各种控制信号，如按钮、开关、时间继电器、过电流继电器，以及其他传感器等信号。

数字量输出模块用于输出数字量控制信号，如接触器、继电器及电磁阀等器件的工作信号。

2）技术规范

不同的数字量信号模块有不同的技术规范，其中，SM1221 DI 8 数字量输入模块技术规范如表 1-2-2 所示；SM1222 DQ 8 数字量输出模块技术规范如表 1-2-3 所示。

表 1-2-2　SM1221 DI 8 数字量输入模块技术规范

型　　号	SM1221 DI 8 × 24 V DC
订货号	6ES7 221-1BF32-0XB0
输入点数	8
类型	漏型/源型（IEC1 类漏型）
额定电压	当电流为 4mA 时为 24V DC
允许的连续电压	30V DC（最大值）
浪涌电压	35V DC（持续 0.5s）
逻辑 1 信号（最小）	当电流为 2.5mA 时为 15V DC
逻辑 0 信号（最大）	当电流为 1mA 时为 5V DC
隔离（现场侧与逻辑侧）	707V DC（型式测试）
隔离组	2
同时接通的输入数	8
尺寸 $W \times H \times D$	45mm×100mm×75mm

表 1-2-3　SM1222 DQ 8 数字量输出模块技术规范

型　　号	SM1222 DQ 8	
订货号	6ES7 222-1BF32-0XB0	6ES7 222-1HF32-0XB0
输出点数	8	
类型	晶体管	继电器，干触点
电压范围	20.4~28.8V DC	5~30V DC 或 5~250V AC
最大电流时的逻辑 1 信号	20V 最小	—
具有 10kΩ 负载时的逻辑 0 信号	0.1V 最大	—
电流（最大）	0.5A	2.0A
灯负载	5 W	30W DC/200W AC
通态触点电阻	最大值为 0.6Ω	新设备最大值为 0.2Ω
每点的漏电流	10μA	—
浪涌电流	8 A（最长持续时间为 100ms）	触点闭合时为 7A
隔离（现场侧与逻辑侧）	1500V AC（线圈与触点），无（线圈与逻辑侧）	707V DC
开关延迟	从断开到接通最长延迟为 50 μs，从接通到断开最长延迟为 200 μs	最长延迟为 10ms
尺寸 $W \times H \times D$	45mm×100mm×75mm	

2. 模拟量信号模块

1）概述

模拟量信号模块分为模拟量输入模块和模拟量输出模块。

模拟量输入模块用于采集各种控制信号，如压力、温度等变送器的标准信号。

模拟量输出模块用于输出模拟量控制信号，如变频器、电动阀和温度调节器等器件的工作信号。

2）技术规范

不同的模拟量信号模块有不同的技术规范，其中，SM1231 AI 4 模拟量输入模块技术规范如表 1-2-4 所示；SM1232 AQ 4 模拟量输出模块技术规范如表 1-2-5 所示。

表 1-2-4　SM1231 AI 4 模拟量输入模块技术规范

型　号	SM1231 AI 4
订货号	6ES7 231-4HD32-0XB0
输入点数	4
类型	电流或电压：2 个一组
电流功耗（SM）	80mA
范围	−10～10V、−5～5V、−2.5～2.5V、0～20mA、4～20mA
满量程范围	电压：−27 648～27 648；电流：0～27 648
分辨率	12 位±符号位
最大耐压/耐流	±35V/±40mA
平滑化	无、弱、中或强
噪声抑制/HZ	400、60、50 或 10
输入阻抗	≥9MΩ（电压）/280Ω（电流）
精度（25℃/−20℃～60℃）	满量程的±0.1%/±0.2%
共模抑制比	40db
尺寸 *W*×*H*×*D*	45mm×100mm×75mm

表 1-2-5　SM1232 AQ 4 模拟量输出模块技术规范

型　号		SM1232 AQ 4
订货号		6ES7 232-4HD32-0XB0
输出点数		4
类型		电压或电流
电流功耗（SM）		80mA
范围		−10～10V，0～20mA 或 4～20mA
满量程范围		电压：−27 648～27 648；电流：0～27 648
分辨率	电压	14 位
	电流	13 位
精度（25℃/−20℃～60℃）		满量程的±0.3%/±0.6%
稳定时间（新值的 95%）		电压：300μs（R），760μs（1μF）； 电流：600μs（1mH），2ms（10mH）

续表

型 号	SM1232 AQ 4
负载阻抗	电压：≥1000Ω；电流：≤600Ω
最大输出短路电流	电压：≤24mA；电流：≥38.5mA
尺寸 *W*×*H*×*D*	45mm×100mm×75mm

1.2.3 信号板

信号板（Signal Board，SB）直接安装在 CPU 模块的正面插槽中，不会增加安装的空间。使用信号板可以增加 PLC 的数字量 I/O 信号和模拟量 I/O 信号的点数。每个 CPU 模块只能安装一块信号板，信号板型号如表 1-2-6 所示。

表 1-2-6 信号板型号

型 号	具 体 内 容
SB 1221	4 DI，5V DC，最高 200kHz HSC（High Speed Counter，高速计数器）
	4 DI，24V DC，最高 200kHz HSC
SB 1222	4 DQ，5V DC，0.1A，最高 200kHz PWM/PTO
	4 DQ，24V DC，0.1A，最高 200kHz PWM/PTO
SB 1223	2 DI，5V DC，最高 200kHz HSC；2 DQ，DC 5V，0.1A，最高 200kHz PWM/PTO
	2 DI，24V DC，最高 200 kHz HSC；2 DQ，DC 24V，0.1A，最高 200 kHz PWM/PTO
	2 DI，24V DC；2 DQ，DC 24V，0.1A
SB 1231 AI	1 AI，±10V DC（12bit）或者 0～20mA
SB 1231 RTD	1 AI，RTD、PT 100 或 PT1000（热敏电阻）
SB 1231 TC	1 AI，J 或 K 型（热电偶）
SB 1232 AQ	1 AQ，±10V DC（12bit）或 0～20mA（11bit）

信号板有可拆卸的端子，可以很容易地更换。信号板的安装如图 1-2-4 所示。

图 1-2-4 信号板的安装

1.2.4 通信模块

通信模块（Communication Model，CM）安装在 CPU 模块的左侧，S7-1200 PLC 最多可以安装 3 个通信模块。用户可以使用点对点（Point-to-Point）通信模块、PROFIBUS 通信模块、工业远程通信 GPRS 模块、AS-i 接口模块和 IO-Link 模块等，通过博途软件提供的相关通信指令，实现与外部设备的数据交互。S7-1200 PLC 通信模块的通信网络如图 1-2-5 所示。

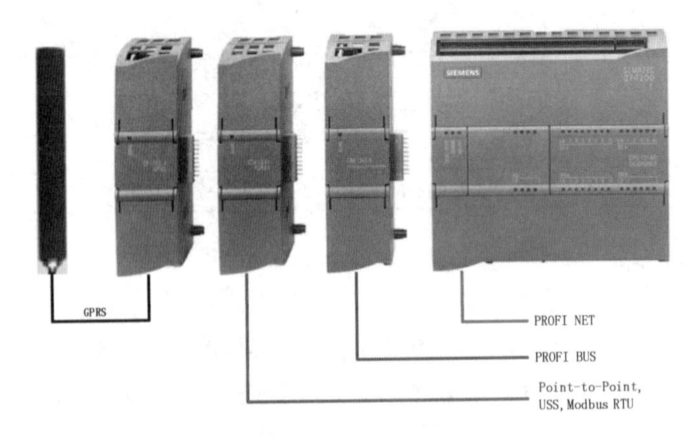

图 1-2-5　S7-1200 PLC 通信模块的通信网络

1.2.5　通信板

S7-1200 PLC 的通信板直接安装在 CPU 模块的正面插槽中，只有 CB1241 RS485 一种型号，支持 Modbus RTU 和点对点等通信连接。通信板外观如图 1-2-6 所示。

图 1-2-6　通信板外观

1.2.6　附件

1. 存储卡

S7-1200 PLC 的 SIMATIC 存储卡是一种由西门子预先格式化的 SD 存储卡，用于 PLC 的用户程序存储、程序传送和固件更新等，该存储卡兼容 Windows 操作系统。存储卡的安装如图 1-2-7 所示。

图 1-2-7　存储卡的安装

存储卡可以设置为程序卡、传送卡和固件更新卡 3 种类型。如果需要设置存储卡的类型，则需要将存储卡插入编程计算机的读卡器中，然后在博途软件界面的项目树中选择“读卡器/USB 存储器”（Card reader/USB memory）文件夹，在所选存储卡的属性中设置存储卡的类型。

如果丢失了用户程序的密码，则可使用空的传送卡删除 CPU 模块中受密码保护的程序，然后将新的用户程序下载到 CPU 模块中。

2．电池板

电池板用于在 PLC 断电后长期保存实时时钟。只有将电池板安装在 S7-1200 PLC 的 CPU 模块的正面插槽中，并在设备组态中添加电池板，电池板才能正常使用。电池板中不包括标准纽扣电池 CR1025，需要单独采购。电池板外观如图 1-2-8 所示。

图 1-2-8　电池板外观

3．模块扩展电缆

S7-1200 PLC 提供了一根长度为 2m 的模块扩展电缆，用于连接安装在扩展机架上的 I/O 模块。一个 S7-1200 PLC 最多使用一根扩展电缆。扩展电缆外观如图 1-2-9 所示。

图 1-2-9　扩展电缆外观

4．电源模块

PM1207 电源模块是专门为 S7-1200 PLC 设计的，它为 S7-1200 PLC 提供稳定电源：输入 120/230V AC，输出 24V DC/2.5A。PM1207 电源模块外观如图 1-2-10 所示。

图 1-2-10　PM1207 电源模块外观

5．紧凑型交换机模块

CSM 1277 紧凑型交换机模块是一款应用于 S7-1200 PLC 的工业以太网交换机，它采用模块化设计，结构紧凑，具有 4 个 RJ45 接口，能够增加 S7-1200 PLC 以太网接口，以便与 HMI、编程设备和其他控制器等进行通信。CSM 1277 紧凑型交换机模块不需要进行组态配置，相比于使用外部网络组件，节省了装配成本和安装空间。CSM 1277 紧凑型交换机模块外观如图 1-2-11 所示。

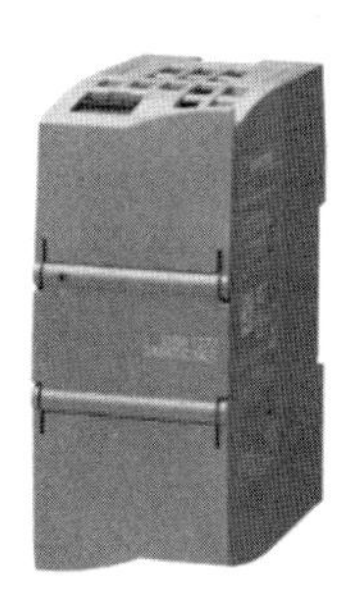

图 1-2-11　CSM 1277 紧凑型交换机模块外观

6．输入仿真器

输入仿真器是用于测试程序的仿真模块，其中包含：8 路输入仿真器，用于 S7-1211C PLC 和 S7-1212C PLC；14 路输入仿真器，用于 S7-1214C PLC；2 路模拟量输入仿真器，可以用于所有的 PLC；1217C 仿真器，共有 14 个输入通道，其中 10 通道为 24V 直流输入，4 通道为 1.5V 差分输入，用于 S7-1217C PLC。

输入仿真器外观如图 1-2-12 所示。

图 1-2-12　输入仿真器外观

第 2 章　博途 STEP 7 软件安装及操作方法

博途软件是全集成自动化博途（Totally Integrated Automation Portal）的简称，是业内首个采用集工程组态、软件编程和项目环境配置于一体的全集成自动化软件，几乎涵盖了所有自动化控制编程任务。借助该全新的工程技术软件平台，用户能够快速、直观地开发和调试自动化控制系统。

博途软件与传统自动化软件相比，无须花费大量时间集成各个软件包，它采用全新的、统一的软件框架，可在同一开发环境中组态西门子所有的 PLC、HMI 和驱动装置，实现统一的数据和通信管理，可大大降低连接和组态成本。

2.1　博途软件的组成

博途软件主要包括 STEP 7、WinCC 和 StartDrive 3 个软件，当前最高的博途软件版本为 V15.1。博途软件各产品所具有的功能和覆盖的产品范围如图 2-1-1 所示。

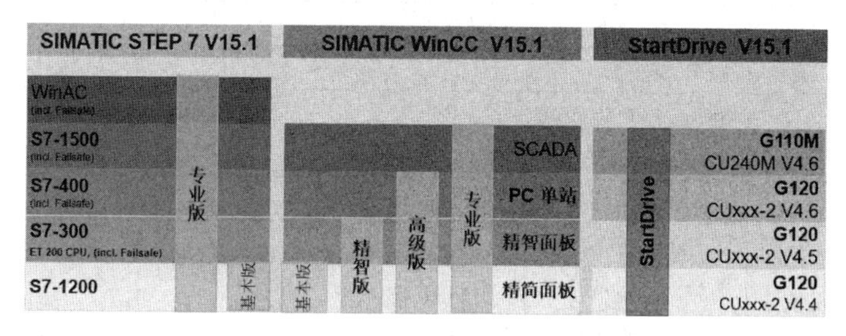

图 2-1-1　博途软件各产品所具有的功能和覆盖的产品范围

2.1.1　博途 STEP 7 的介绍

博途 STEP 7 是用于组态 SIMATIC S7-1200 PLC、S7-1500 PLC、S7-300/400 PLC 和 WinAC（软件控制器）系列的工程组态软件。

博途 STEP 7 有基本版和专业版两种版本：①博途 STEP 7 基本版，用于组态 S7-1200 PLC；②博途 STEP 7 专业版，用于组态 S7-1200 PLC、S7-1500 PLC、S7-300/400 PLC 和 WinAC。

2.1.2　博途 WinCC 的介绍

博途 WinCC 是组态 SIMATIC 面板、WinCC Runtime 和 SCADA 系统的可视化软件，它还可以组态 SIMATIC 工业 PC（个人计算机）和标准 PC。

博途 WinCC 有以下 4 种版本。

（1）博途 WinCC 基本版：用于组态精简面板，博途 WinCC 基本版已经被包含在每款博途 STEP 7 基本版和专业版产品中。

（2）博途 WinCC 精智版：用于组态所有面板，包括精简面板、精智面板和移动面板。

（3）博途 WinCC 高级版：用于组态所有面板，运行 WinCC Runtime 高级版的 PC。

（4）博途 WinCC 专业版：用于组态所有面板，运行 WinCC Runtime 高级版和专业版的 PC。

2.2 博途 STEP 7 软件的安装

本书所使用的软件版本为博途专业版 V15.1。

2.2.1 计算机硬件和操作系统的配置要求

安装博途 STEP 7 对计算机硬件和操作系统有一定的要求，其建议使用的硬件和软件配置如表 2-2-1 所示。

表 2-2-1 STEP 7 建议使用的硬件和软件配置

硬件/软件	建议配置
处理器	Intel Core i5-6440EQ（最高主频为 3.4 GHz）
内存	8 GB 或更高
硬盘	SSD，至少 50 GB 的可用空间
网络	100 Mbit/s 或更高
屏幕	15.6"全高清显示屏（1920ppi×1080ppi 或更高）
操作系统	Windows 7（64 位） ● MS Windows 7 Professional SP1 ● MS Windows 7 Enterprise SP1 ● MS Windows 7 Ultimate SP1 Windows 10（64 位） ● Windows 10 Professional Version 1703 ● Windows 10 Enterprise Version 1703 ● Windows 10 Enterprise 2016 LTSB ● Windows 10 IoT Enterprise 2015 LTSB ● Windows 10 IoT Enterprise 2016 LTSB Windows Server（64 位） ● Windows Server 2012 R2 StDE（完全安装） ● Windows Server 2016 Standard（完全安装）

2.2.2 博途 STEP 7 的安装步骤

本书所用的计算机的操作系统是 Windows 10 专业版。安装博途软件之前，建议关闭杀毒软件。

第一步：启动安装软件。

将安装介质插入计算机的光驱中，安装程序将自动启动。如果安装程序没有自动启动，则可通过双击“Start.exe”文件手动启动。

第二步：选择安装语言。

首先在“安装语言”界面选择“安装语言：中文”单选按钮，如图 2-2-1 所示，然后单击“下一步”按钮。

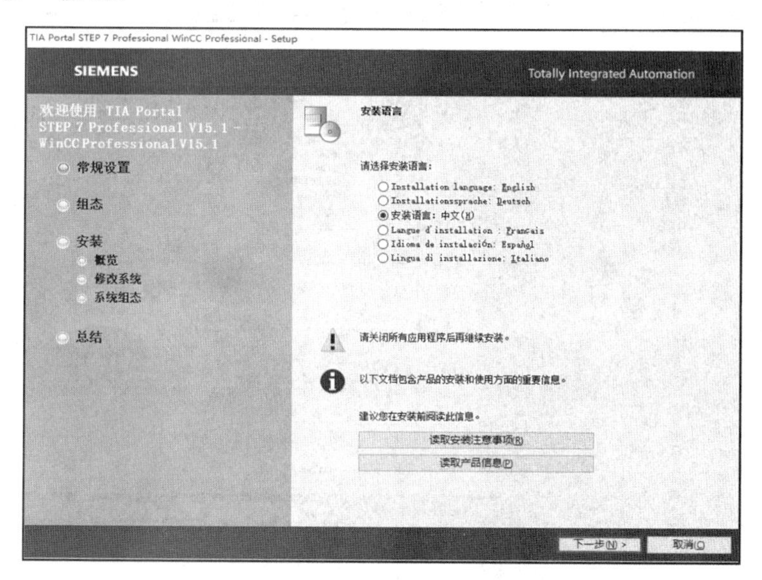

图 2-2-1　“安装语言”界面

第三步：选择程序界面语言。

在“产品语言”界面中选择“中文”复选框，如图 2-2-2 所示。

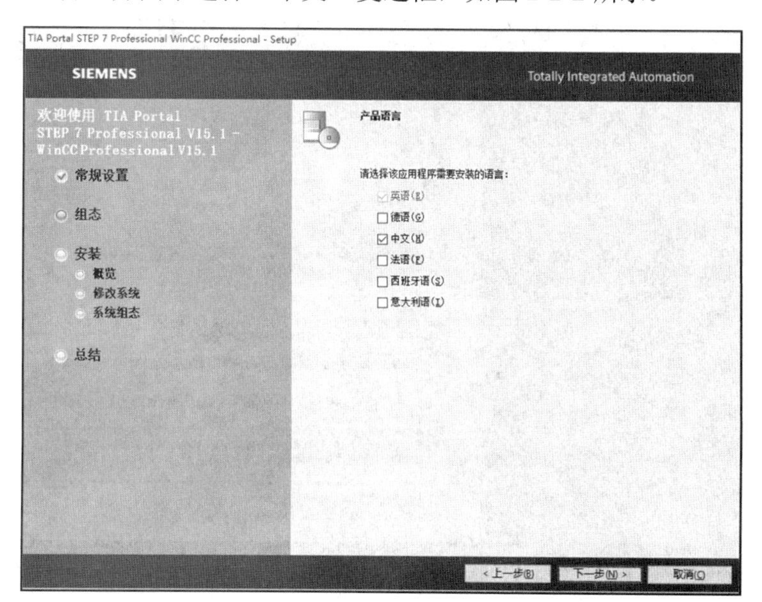

图 2-2-2　产品语言界面

第四步：选择要安装的产品。

单击图 2-2-2 中的“下一步”按钮，进入如图 2-2-3 所示的界面，在该界面选择安装的产品配置（可以选择的配置有“最小”“典型”“用户自定义”），以及安装路径。本书选择“典型”配置安装。

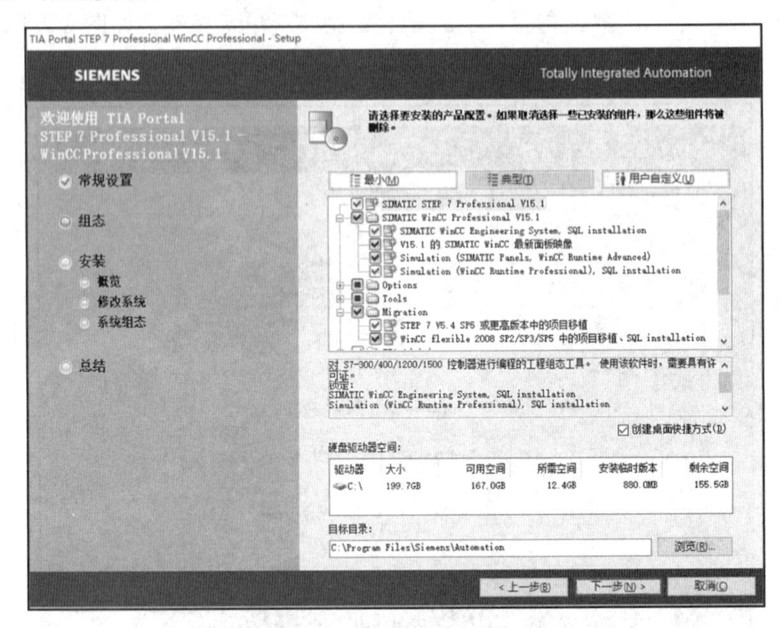

图 2-2-3　选择安装的产品配置

第五步：接受所有许可证条款。

单击图 2-2-3 中的“下一步”按钮，进入如图 2-2-4 所示界面，接受所有许可证条款。

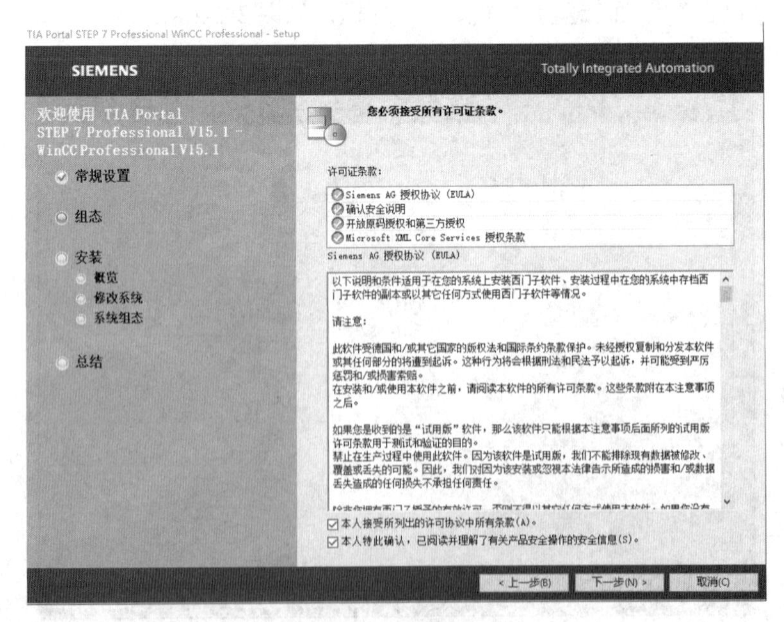

图 2-2-4　许可证条款

第六步：安装信息概览。

单击图 2-2-4 中的“下一步”按钮，进入“概览”界面，如图 2-2-5 所示。

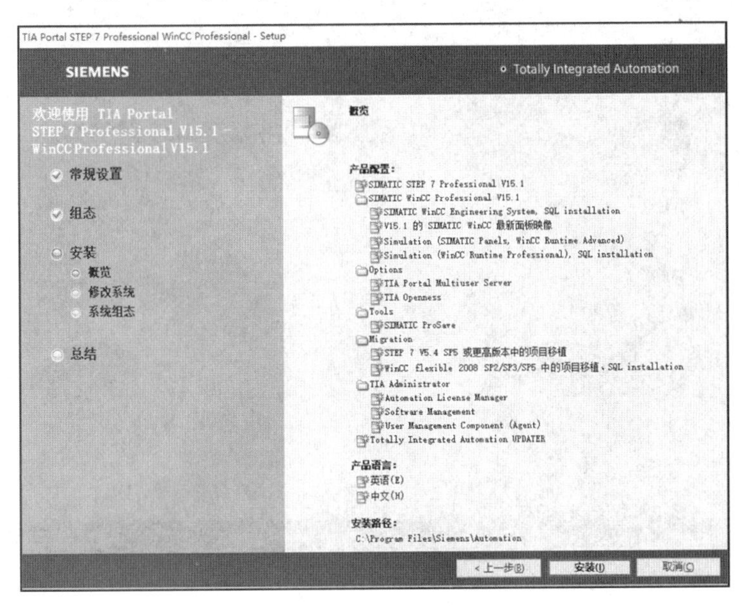

图 2-2-5　“概览”界面

第七步：开始安装。

单击图 2-2-5 中的“下一步”按钮，进入如图 2-2-6 所示界面，然后单击“安装”按钮，开始安装。

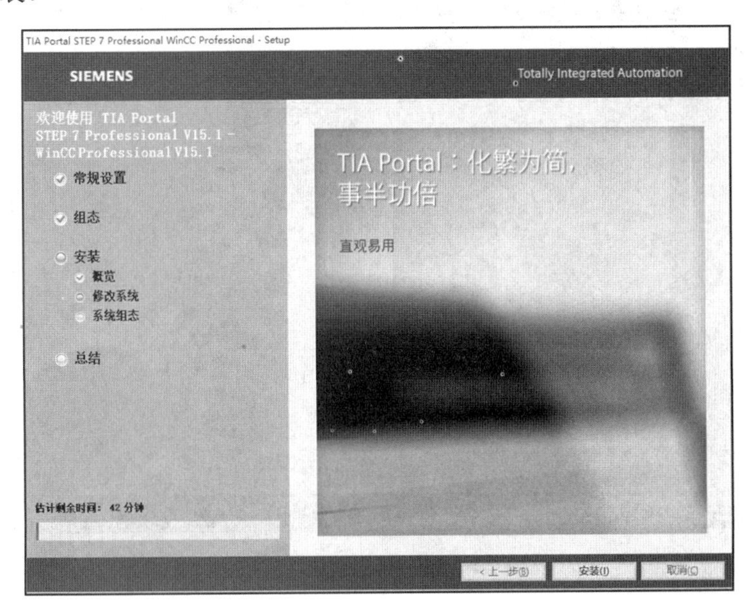

图 2-2-6　单击“安装”按钮

第八步：许可证传送。

当安装完成后，会进入“许可证传送”界面，如图 2-2-7 所示，在该界面中对软件进行许可证密钥授权。如果没有软件许可证，则单击“跳过许可证传送”按钮。

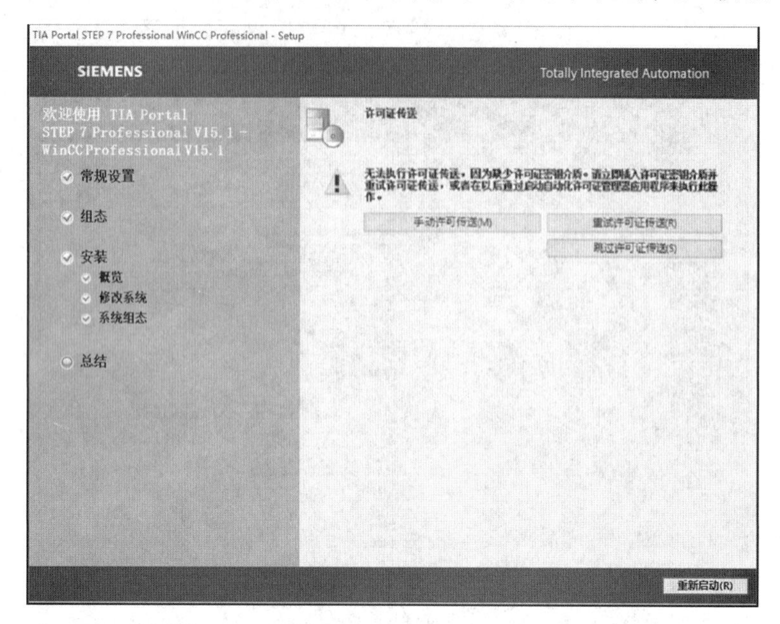

图 2-2-7 “许可证传送”界面

第九步：安装成功。

在跳过许可证传送后，将出现如图 2-2-8 所示界面，单击“重新启动”按钮即可。

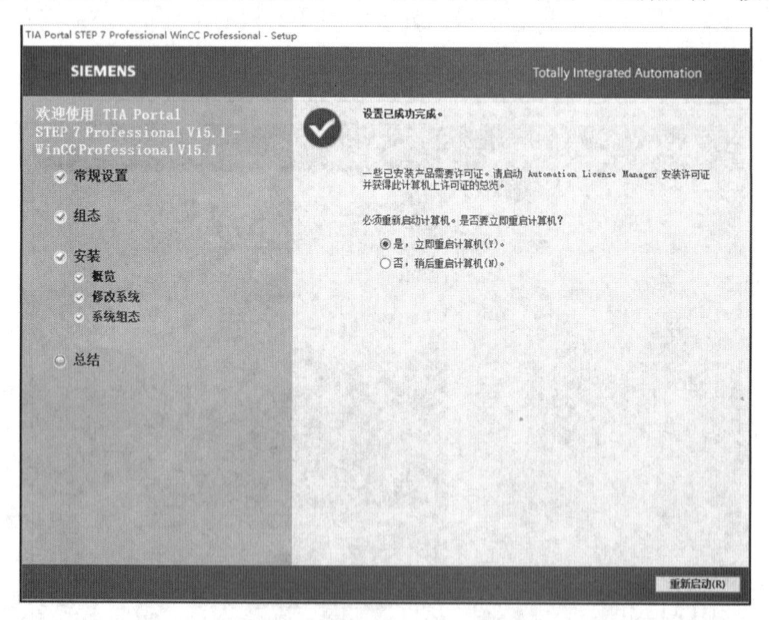

图 2-2-8 单击“重新启动”按钮

第十步：启动软件。

如果没有软件许可证，那么在首次使用博途 STEP 7 软件添加新设备时，将会出现如图 2-2-9 所示的对话框，此时选中列表框中的“SETP 7 Professional”选项，然后单击“激活”按钮。激活试用许可证后，可获得 21 天试用期。

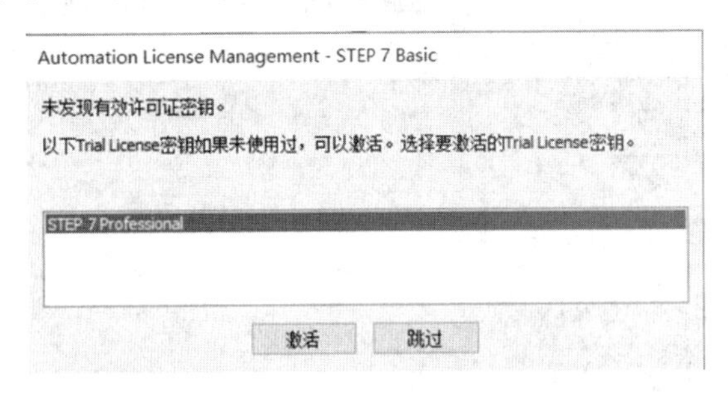

图 2-2-9　激活试用许可证密钥

也可以用 Automation License Manager 软件传递授权，该软件界面如图 2-2-10 所示，授权后软件可正常使用。

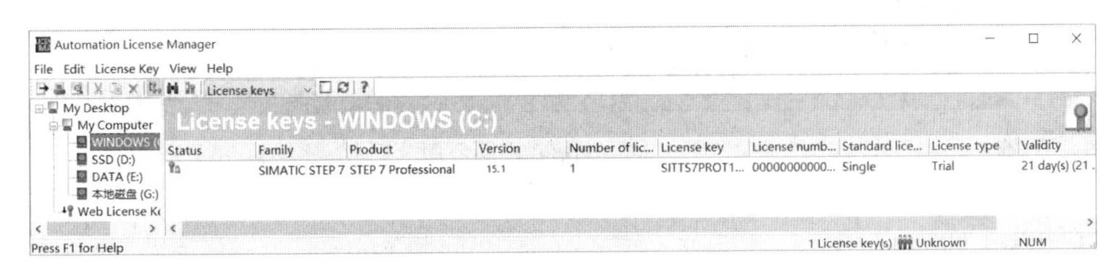

图 2-2-10　Automation License Manager 软件界面

2.3　博途 STEP 7 软件的操作界面介绍

博途软件提供了两种优化的视图，即 Portal 视图和项目视图。Portal 视图是面向任务的视图，项目视图是项目各组件、相关工作区和编辑器的视图。

2.3.1　Portal 视图

Portal 视图是一种面向任务的视图，初次使用者可以快速上手使用，并进行具体的任务选择。

Portal 视图界面（见图 2-3-1）功能说明如下。

① 任务选项：为各个任务区提供基本功能，Portal 视图提供的任务选项取决于所安装的产品。

② 所选任务选项对应的操作：选择任务选项后，在该区域可以选择相对应的操作。例如，选择“启动”选项后，可以进行“打开现有项目”“创建新项目”“移植项目”等操作。

③ 所选操作的选择面板：面板的内容与所选的操作相匹配，如“打开现有项目”面板显示的是最近使用的任务，可以从中打开任意一项任务。

④ “项目视图”链接：可以使用“项目视图”链接切换到项目视图。

⑤ 当前打开项目的路径：可查看当前打开项目的路径。

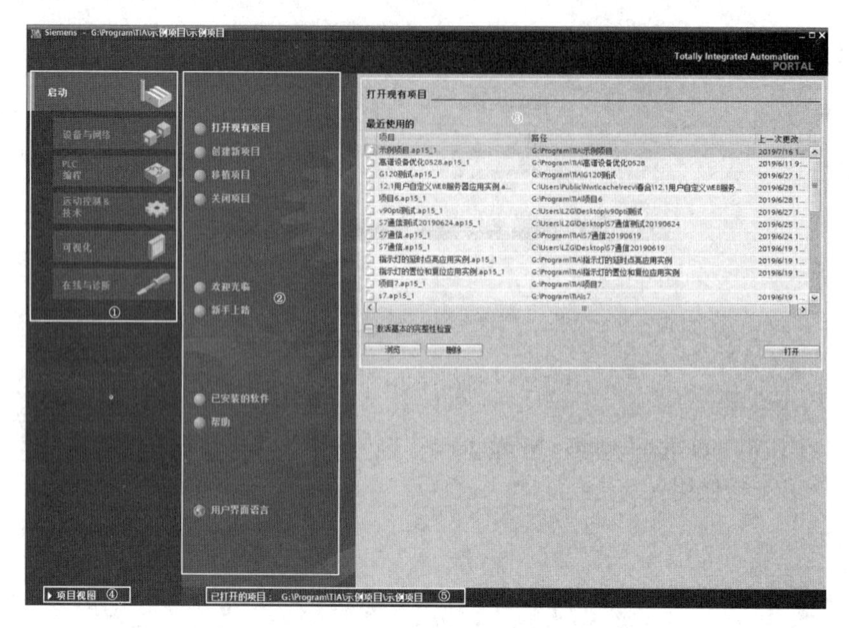

图 2-3-1　Portal 视图界面

2.3.2　项目视图

项目视图（见图 2-3-2）是有项目组件的结构化视图，使用者可以在项目视图中直接访问所有编辑器、参数及数据，并进行高效的组态和编程。

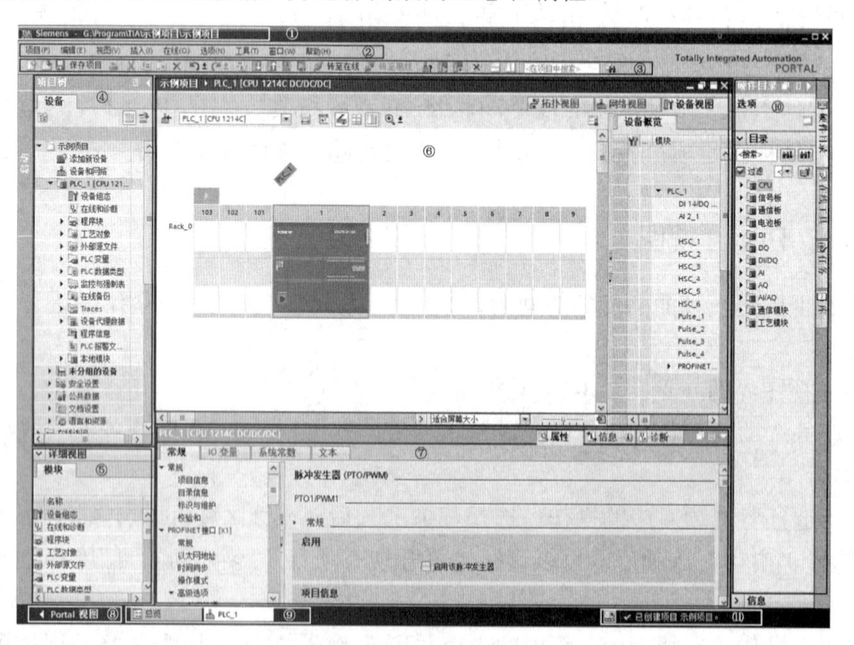

图 2-3-2　项目视图

项目视图界面功能说明如下。

① 标题栏：显示当前打开项目的名称。

② 菜单栏：软件使用的所有命令。

③ 工具栏：包括常用命令或工具的快捷按钮，如新建、打开项目、保存项目和编译等。

④ 项目树：通过项目树可以访问所有设备和项目数据，也可以在项目树中执行任务，如添加新组件、编辑已存在的组件、打开编辑器和处理项目数据等。

⑤ 详细视图：用于显示项目树中已选择的内容。

⑥ 工作区：在工作区中可以打开不同的编辑器，并对项目数据进行处理。

⑦ 巡视窗格：用来显示工作区中已选择对象或执行操作的附加信息。“属性”选项卡用于显示已选择的属性，并可对属性进行设置；“信息”选项卡用于显示已选择的附加信息及操作过程中的报警信息等；“诊断”选项卡提供了系统诊断事件和已配置的报警事件。

⑧ “Portal 视图”链接：单击左下角的“Portal 视图”链接，可以从当前视图切换到 Portal 视图。

⑨ 编辑器栏：显示所有打开的编辑器，帮助用户更快速和高效地工作。要在打开的编辑器之间进行切换，只需单击不同的编辑器即可。

⑩ 任务卡：根据已编辑或已选择的对象，在编辑器中可以得到一些任务卡并允许执行一些附加操作。例如，从库中或硬件目录中选择对象，将对象拖拽到预定的工作区。

⑪ 状态栏：显示当前运行过程的进度。

2.4　博途软件的操作方法应用实例讲解

下面通过一个实例，来讲解博途软件的操作方法，包括新建项目、组态 CPU、PLC 变量表使用、程序编写、程序编译、程序下载、监控与强制表使用等。

2.4.1　实例内容

（1）实例名称：电机的“启、保、停”程序设计与调试应用实例。

（2）实例描述：按下启动按钮，电机启动运行；按下停止按钮，电机停止运行。

（3）硬件组成：①S7-1200 PLC（CPU1214C DC/DC/DC），一台，订货号为 6ES7 214-1AG40-0XB0；②编程计算机，一台，已安装博途专业版 V15.1 软件。

2.4.2　实例实施

1．S7-1200 PLC 接线图

S7-1200 PLC 接线图如图 2-4-1 所示。

2．程序编写

第一步：打开博途软件。

双击桌面上的图标，将出现如图 2-4-2 所示的 Portal 视图界面。

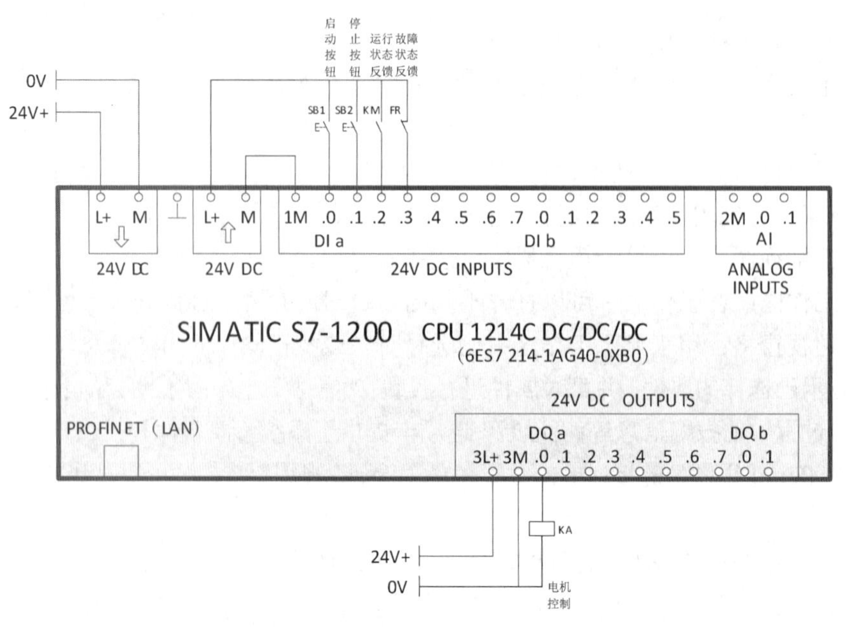

图 2-4-1　S7-1200 PLC 接线图

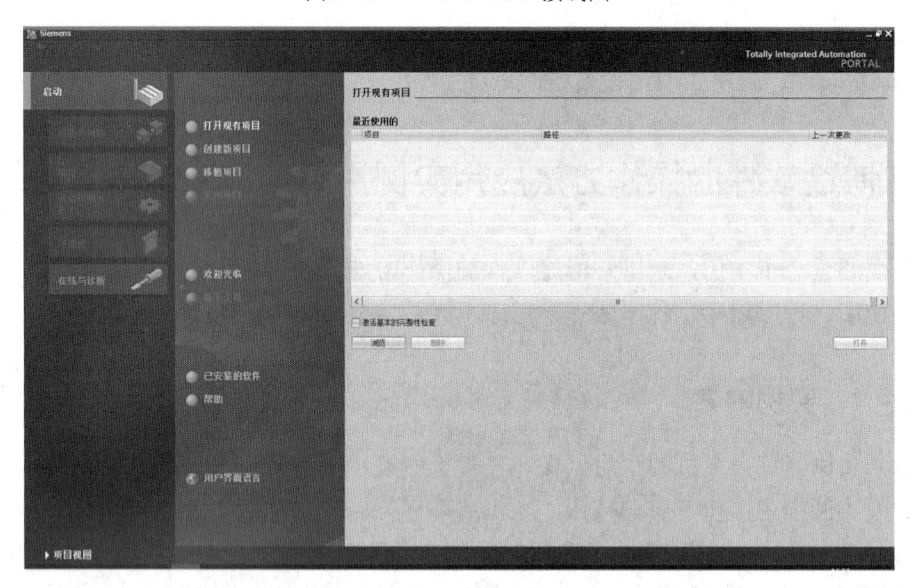

图 2-4-2　Portal 视图界面

第二步：新建项目及组态 S7-1200 CPU。

在 Portal 视图中，单击“创建新项目”选项，并在“项目名称”文本框中输入项目的名称（电机的“启、保、停”程序设计与调试应用实例），选择相应路径，在“作者”文本框中输入作者信息，如图 2-4-3 所示，然后单击“创建”按钮即可生成新项目。

单击图 2-4-3 中左下角的“项目视图”链接，进入项目视图。在项目视图左侧的“项目树”窗格中，双击“添加新设备”选项，弹出“添加新设备”对话框，在此对话框中选择 CPU 的订货号和版本（必须与实际设备相匹配），然后单击“确定”按钮，如图 2-4-4 所示。

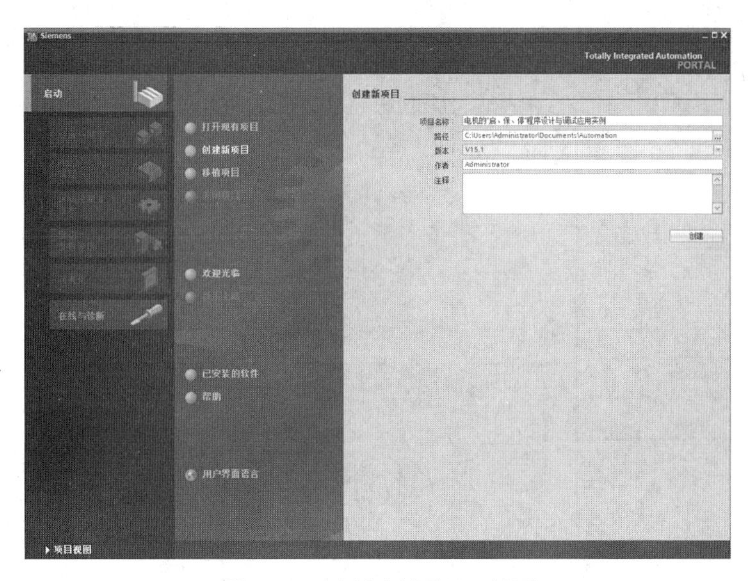

图 2-4-3　“创建新项目”界面

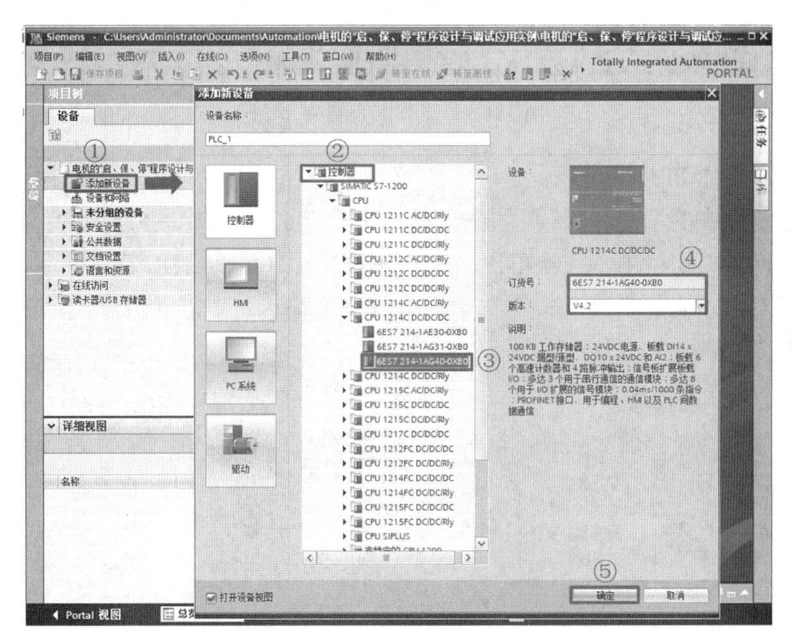

图 2-4-4　“添加新设备”对话框

第三步：修改 CPU 属性。

在“项目树”窗格中，单击“PLC_1[CPU 1214C DC/DC/DC]”下拉按钮，双击“设备组态”选项，在“设备视图”的工作区中选中 PLC_1，依次单击其巡视窗格的“属性”→“常规”→“PROFINET 接口[X1]”→“以太网地址”选项，修改以太网 IP 地址，如图 2-4-5 所示。

备注：在 CPU 属性中，可以配置 CPU 的各种参数，如 CPU 的通信参数、本体的 I/O 参数、高速计数器参数、脉冲发生器参数、启动属性、系统时钟和保护参数等，可根据项目需求进行相关的设置。

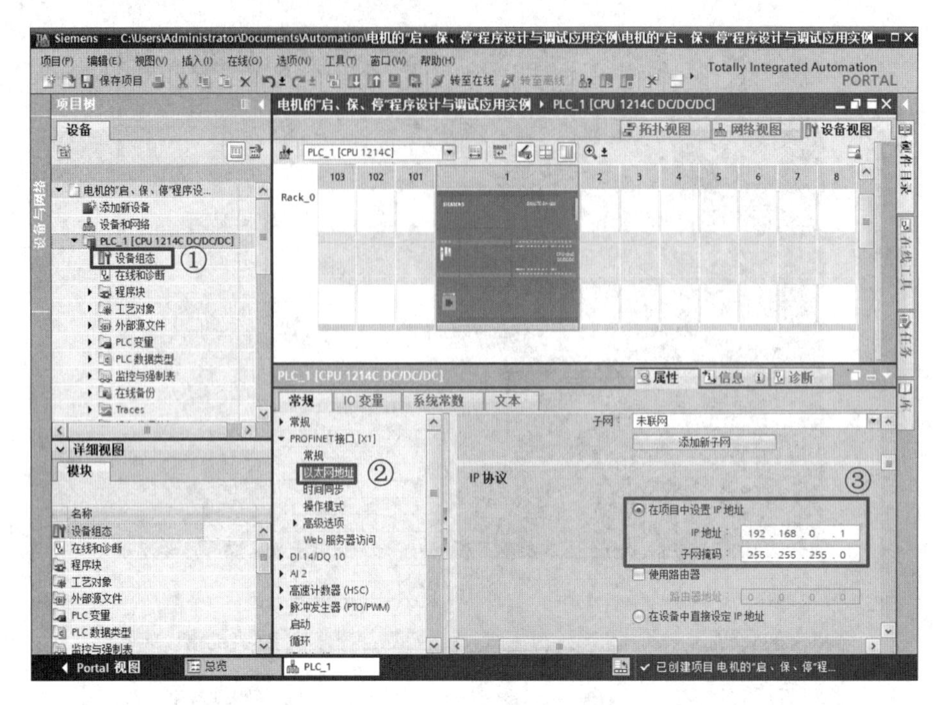

图 2-4-5　修改以太网 IP 地址

第四步：新建 PLC 变量表。

为了方便程序的编写和阅读，根据图 2-4-1（S7-1200 接线图）进行变量定义。

在“项目树”窗格中，依次单击“PLC_1[CPU 1214C DC/DC/DC]”→“PLC 变量”选项，然后双击“添加新变量表”选项，并将其命名为“PLC 变量表”，PLC 变量表如图 2-4-6 所示。

PLC变量表

	名称	数据类型	地址	保持
1	启动按钮	Bool	%I0.0	
2	停止按钮	Bool	%I0.1	
3	运行状态反馈	Bool	%I0.2	
4	故障状态反馈	Bool	%I0.3	
5	电机控制	Bool	%Q0.0	

图 2-4-6　PLC 变量表

第五步：编写 PLC 程序。

在“项目树”窗格中，依次单击“PLC_1[CPU 1214C DC/DC/DC]”→“程序块”选项，然后双击“Main[OB1]”选项，即可进入程序编辑器，并对程序进行编写。在程序编辑器的右侧，通过“指令”窗格可以很容易地访问需要使用的指令，这些指令按功能分为多个不同的选项区，如基本指令、扩展指令和工艺等。程序编写界面如图 2-4-7 所示。

用户要创建程序，只需将指令从“指令”窗格拖入程序段即可。例如，在本实例中，当使用常开触点时，就从“指令”窗格将“常开触点”指令直接拖入程序段 1，此时“程序段 1”前面会出现⊗符号，如图 2-4-8 所示，这表示该程序段处于语法错误状态。

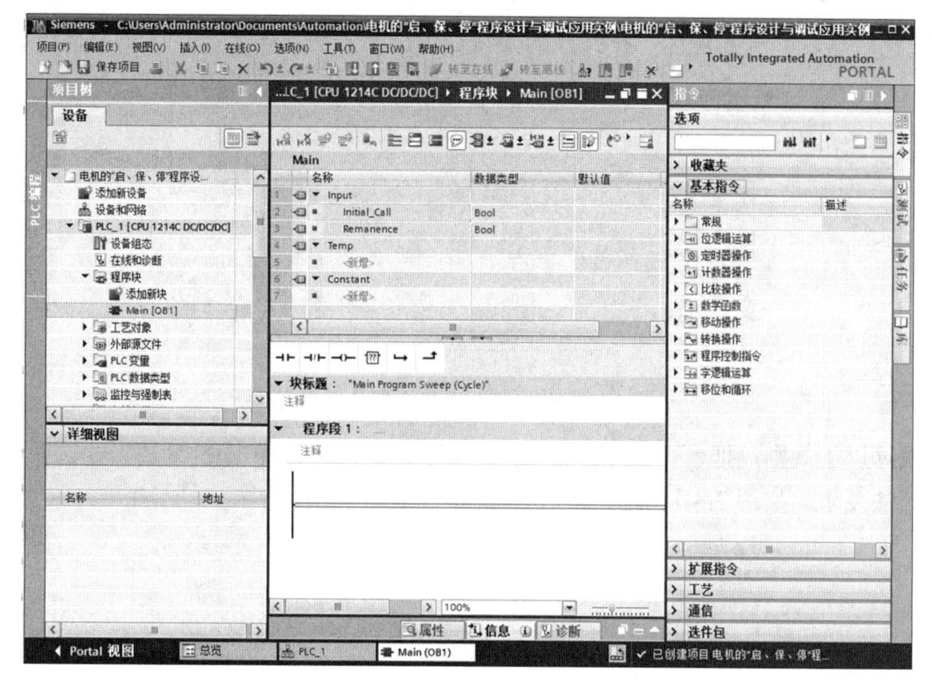

图 2-4-7　程序编写界面

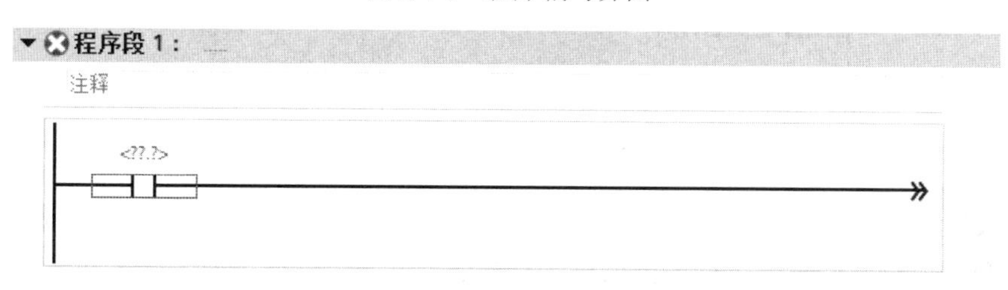

图 2-4-8　程序段语法错误状态

选择具体的指令后，必须输入具体的变量名，最基本的方法是：双击常开触点上的默认地址“<??.?>”，在弹出的界面中输入固定地址变量“I0.0”，这时会出现如图 2-4-9 所示的选择列表。

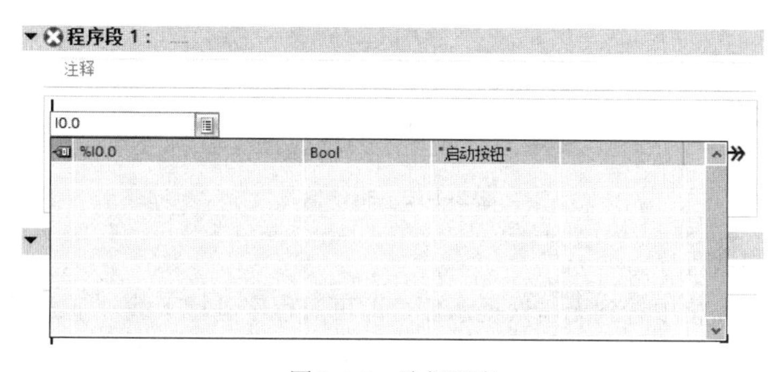

图 2-4-9　选择列表

除了使用固定地址输入变量，用户还可以使用变量表快速输入对应触点和线圈地址的 PLC 变量，如图 2-4-10 所示。具体操作步骤如下：双击常开触点上方的默认地址

“<??.?>”，然后单击图标，在打开的变量表中选择“启动按钮”。

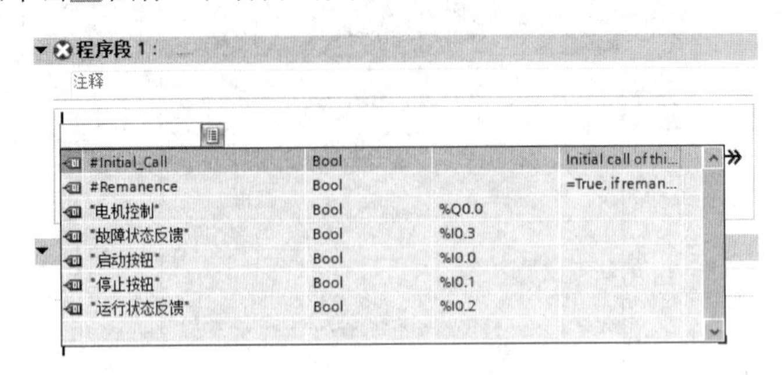

图 2-4-10　使用变量表输入变量

根据以上规则，把余下程序编写完成。“程序段 1”前面的符号消失，说明程序段符合语法要求，如图 2-4-11 所示。

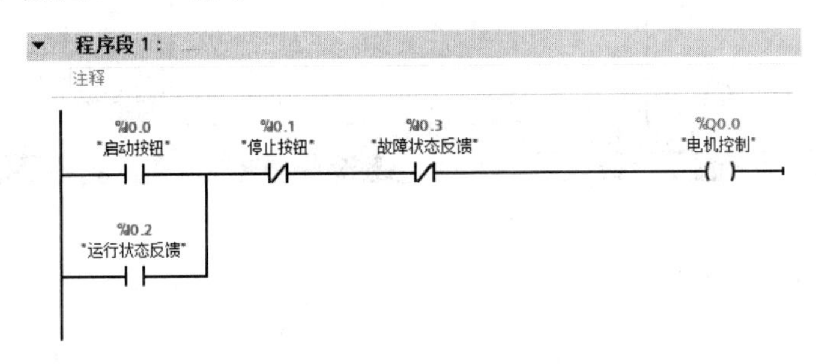

图 2-4-11　程序段符合语法要求

第六步：编译程序。

在将程序下载到 PLC 之前，需要先对程序进行编译。编译步骤为：依次选择菜单栏中的“编辑”→“编译”选项，或者单击工具栏的“编译”按钮，对程序进行编译。编译信息如图 2-4-12 所示。

属性　信息　诊断

常规　交叉引用　编译

显示所有消息

编译完成（错误：0；警告：0）

!	路径	说明	转至	?	错误	警告	时间
	PLC_1		↗		0	0	15:02:20
	硬件配置		↗		0	0	15:02:20
		硬件未编译。组态为最新。		?			15:02:23
	程序块		↗		0	0	15:02:23
		未编译任何块。所有块都是最新版本的。					15:02:23
		编译完成（错误：0；警告：0）					15:02:24

图 2-4-12　编译信息

第七步：下载程序。

从“编译”窗格中看到无错误提示后，即可对程序进行下载，下面是程序下载的操作说明：依次选择菜单栏中的“在线”→“扩展的下载到设备”选项，会弹出“扩展的下载到设备”对话框，如图 2-4-13 所示。在“扩展的下载到设备”对话框中，将“PG/PC 接口的类型”设置为“PN/IE”；将“PG/PC 接口”设置为以太网网卡的名称；将“选择目标设备”设置为“显示所有兼容的设备”。然后单击“开始搜索”按钮，选中搜索到的已连接的 PLC，并单击“下载”按钮。

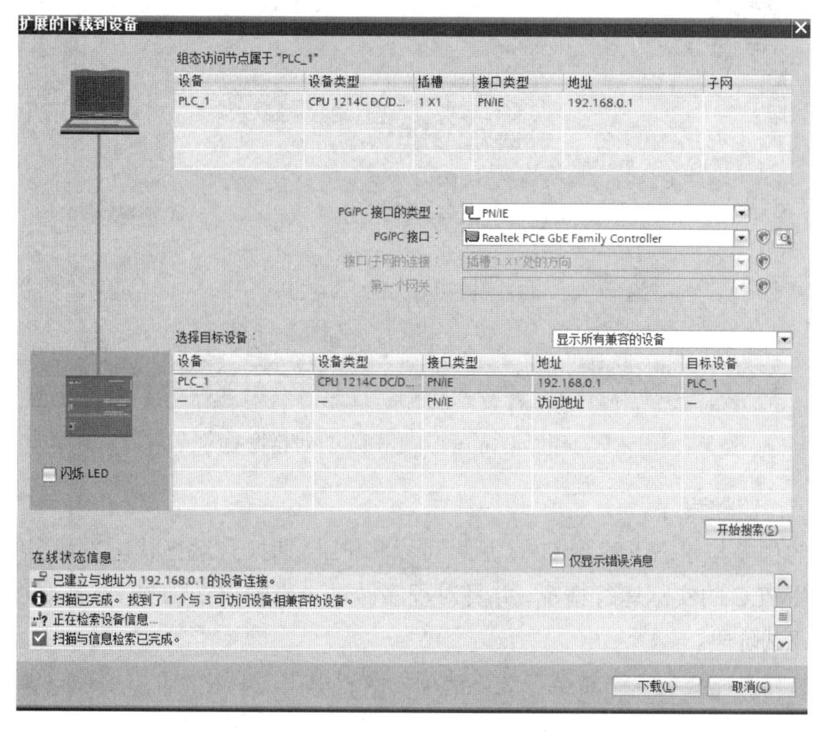

图 2-4-13　“扩展的下载到设备”对话框

如果编程计算机的 IP 地址与目标 PLC 的 IP 地址的网段不一致，将会弹出“分配 IP 地址”的对话框，如图 2-4-14 所示。单击“是”按钮，即可为编程计算机分配一个与目标 PLC 网段相同的 IP 地址。添加 IP 地址后的信息如图 2-4-15 所示。

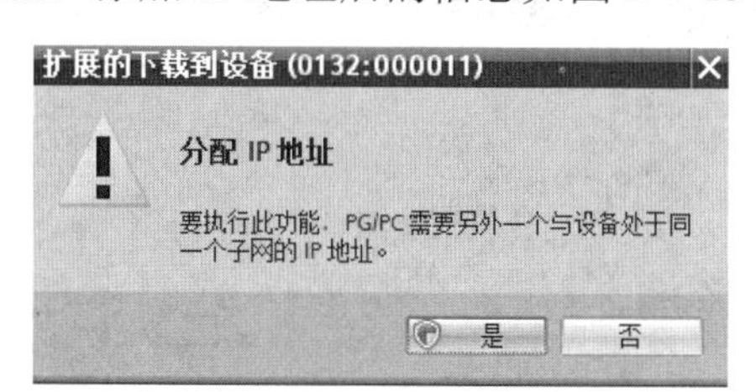

图 2-4-14　分配 IP 地址

图 2-4-15　添加 IP 地址后的信息

再次单击“下载”按钮后会弹出“下载预览”对话框（此时“装载”是灰色的），将“停止模块”设置为“全部停止”后，单击“装载”按钮即可，如图 2-4-16 所示。

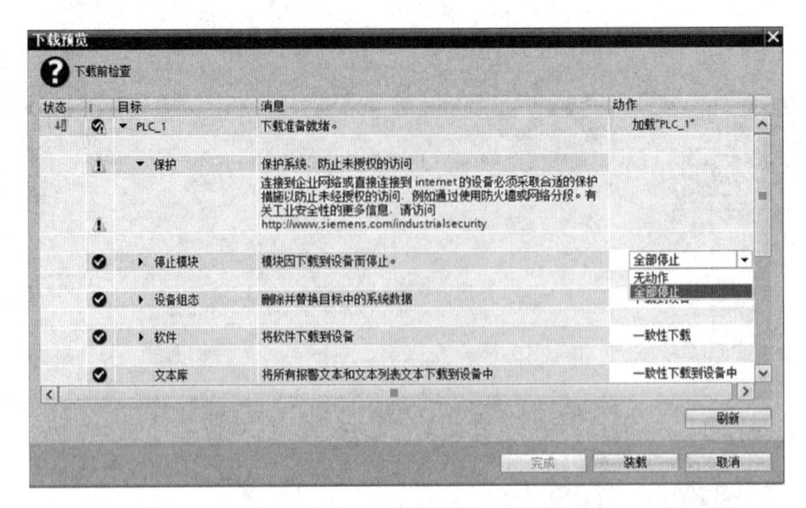

图 2-4-16 “下载预览”对话框

第八步：监控程序。

PLC 的程序与组态下载到 CPU 后，可以将 PLC 切换到运行状态。很多时候用户需要详细了解 PLC 的实际运行情况，并且对程序做进一步的调试，此时就需要进入 PLC 在线与程序调试阶段。

依次选择“在线”→“转至在线”选项，或者单击工具栏中的 转至在线 图标，PLC 即可转为在线监控状态，如图 2-4-17 所示。当 PLC 转为在线监控状态后，“项目树”一行就会呈现黄色，“项目树”窗格中其他选项由不同的颜色进行标识。选项标识为绿色的 ✓ 和 ● 图符表示正常，否则必须进行诊断或重新下载。

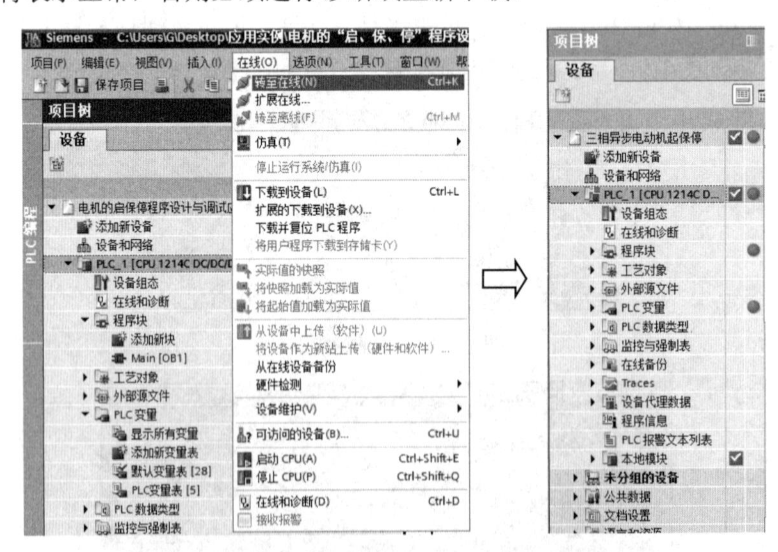

图 2-4-17 选择“转至在线”选项进入在线监控状态

在程序编辑工作区中，单击工具栏中的 （启用/禁用监视）图标，程序进入在线监控状态，如图 2-4-18 所示。

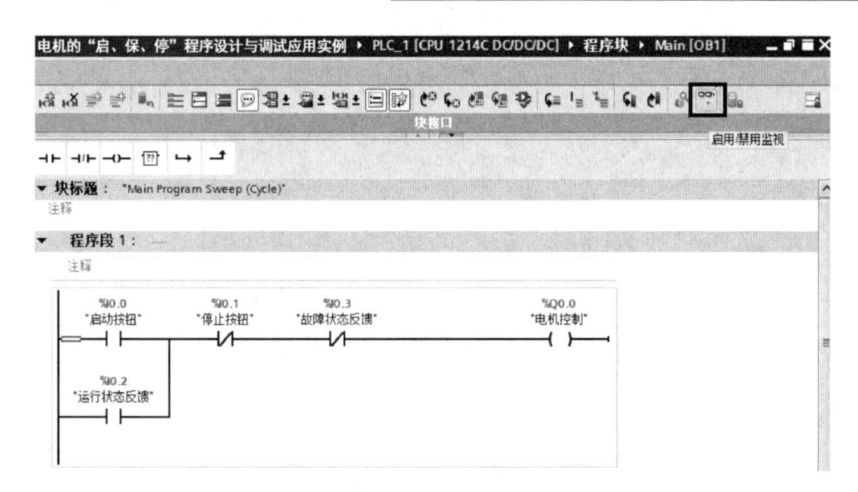

图 2-4-18　程序进入在线监控状态

单击 图标后，显示的内容如图 2-4-19 所示。在实际操作时，屏幕显示的梯形图中的绿色实线表示接通，蓝色虚线表示断开。

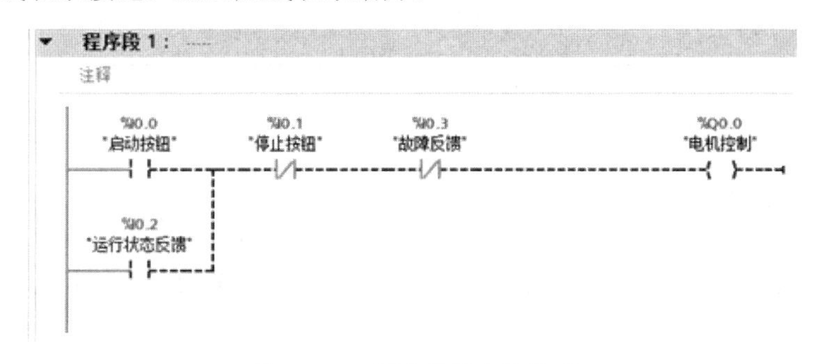

图 2-4-19　程序块的在线仿真

当按下“启动按钮”（I0.0）时，“电机控制”（Q0.0）接通，“运行状态反馈”（I0.2）接通，程序进入保持运行阶段，如图 2-4-20 所示。

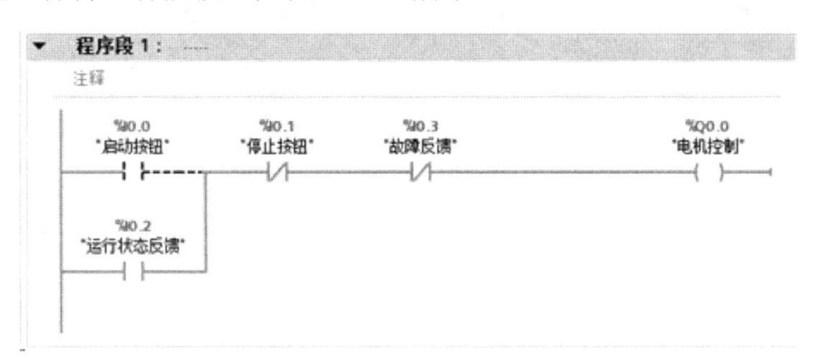

图 2-4-20　保持运行阶段

第九步：使用监控与强制表。

在“项目树”窗格中，依次单击“PLC_1[CPU 1214C DC/DC/DC]”→“监控与强制表”选项，然后双击“添加新监控表”选项，将新添加的监控表命名为“PLC 监控表”，并进行变量设定，如图 2-4-21 所示。

电机的"启、保、停"程序设计与调试应用实例 ▸ PLC_1 [CPU 1214C DC/DC/DC] ▸ 监控与强制表 ▸ PLC监控表

	i	名称	地址	显示格式	监视值	修改值	⚡	注释
1		"启动按钮"	%I0.0	布尔型			☐	
2		"停止按钮"	%I0.1	布尔型			☐	
3		"运行状态反馈"	%I0.2	布尔型			☐	
4		"故障状态反馈"	%I0.3	布尔型			☐	
5		"电机控制"	%Q0.0	布尔型			☐	

图 2-4-21　变量设定后的 PLC 监控表

PLC 监控表可以进行在线监控，在 PLC 监控表中单击 图标即可看到最新的监视值，如图 2-4-22 所示。

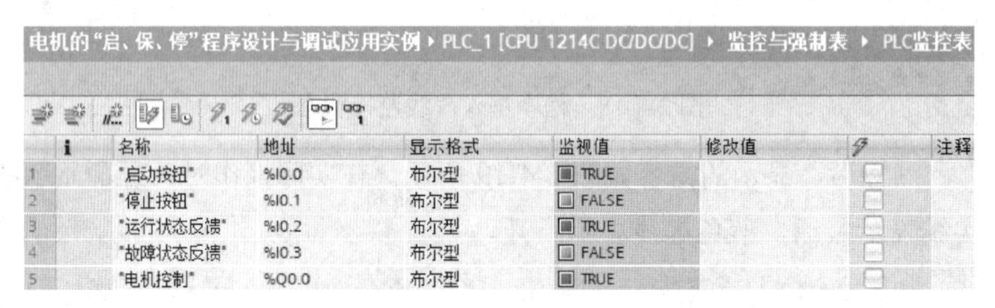

电机的"启、保、停"程序设计与调试应用实例 ▸ PLC_1 [CPU 1214C DC/DC/DC] ▸ 监控与强制表 ▸ PLC监控表

	i	名称	地址	显示格式	监视值	修改值	⚡	注释
1		"启动按钮"	%I0.0	布尔型	TRUE		☐	
2		"停止按钮"	%I0.1	布尔型	FALSE		☐	
3		"运行状态反馈"	%I0.2	布尔型	TRUE		☐	
4		"故障状态反馈"	%I0.3	布尔型	FALSE		☐	
5		"电机控制"	%Q0.0	布尔型	TRUE		☐	

图 2-4-22　PLC 监控表的在线监控

2.5　应用经验总结

（1）在安装不同类型的博途软件产品时，需要使用相同版本的服务包和更新版本进行安装。

（2）解决软件反复需要重启计算机的问题。

博途软件安装完成后，当启动软件时，会反复出现需要重新启动计算机的提示。解决办法是：删除计算机系统注册表中的“HKEY_LOCAL_MACHINE\System\CurrentControlSet\Control\Session Manager\”的值“PendingFileRenameOperations”。

第 3 章　S7-1200 PLC 编程基础知识

3.1　PLC 的工作原理

3.1.1　过程映像区的概念

当用户程序访问 PLC 的输入（I）信号和输出（Q）信号时，通常不是直接读取输入/输出模块信号的，而是通过位于 PLC 中的一个存储区域对输入/输出模块进行访问的，这个存储区域就是过程映像区。过程映像区分为过程映像输入区和过程映像输出区。

采用过程映像区处理输入/输出信号的好处：在一个 PLC 扫描周期中，过程映像区可以向用户程序提供一个始终一致的过程信号。在一个扫描周期中，如果输入模块的信号状态发生变化，那么过程映像区中的信号状态在当前扫描周期将保持不变，直到下一个 PLC 扫描周期过程映像区才更新，这样就保证了 PLC 在执行用户程序的过程中，过程映像区数据的一致性。

S7-1200 PLC 的数字量模块和模拟量模块的过程映像区的访问方式相同，输入都是以关键字符%I 开头（%表示绝对地址寻址）的，如%I0.5、%IW20；输出都是以关键字符%Q 开头的，如%Q0.5、%QW20。

3.1.2　PLC 的工作模式

PLC 有 3 种工作模式，分别是 STOP 模式、STARTUP 模式和 RUN 模式，CPU 的状态 LED 指示 PLC 的工作状态。S7-1200 CPU 上没有用于更改工作模式的物理开关，需要使用博途软件切换 PLC 的工作模式。

1．STOP 模式

在 STOP 模式下，PLC 将检查所有组态的模块是否可用，如果结果良好，那么 PLC 随后就将输入/输出信号设置为预定义的默认状态。当 PLC 处于 STOP 模式时，PLC 不可以执行用户程序，但可以下载用户程序。

2．STARTUP 模式

STARTUP 模式是 PLC 从 STOP 模式到 RUN 模式的一个过程，在这个过程中，将清除非保持性存储器的内容、过程映像输出，执行一次启动 OB 块，更新过程映像输入等。如果启动满足条件，则 PLC 将进入 RUN 模式。

3．RUN 模式

在 RUN 模式下，PLC 将执行用户程序、更新输入/输出信号、响应中断请求、对故障信息进行处理等。

3.1.3 程序扫描模式

PLC 在 RUN 模式下，将按照以下机制循环工作。

（1）将输入模块的信号读到过程映像输入区。

（2）执行用户程序，进行逻辑运算，并更新过程映像输出区中的输出值。

（3）将过程映像输出区中的输出值写入输出模块。

上述 3 个步骤是 S7-1200 PLC 的软件处理过程，即程序扫描周期。只要 PLC 处于运行状态，上述步骤就会周而复始地执行。

在程序扫描期间，若有中断请求发生，那么 PLC 将调用中断 OB 块。

3.2 PLC 的存储器

S7-1200 PLC 提供了以下 3 种存储器，用于存储用户程序、数据和组态数据等。

1．装载存储器

装载存储器是一个非易失性存储器，用于存储代码块、数据块、工艺对象和硬件配置等。这些对象被下载到 PLC 中后，首先存储在装载存储器中，然后被复制到工作存储器中运行。

每个 S7-1200 PLC 均有装载存储器，装载存储器的大小取决于使用的 PLC 的型号。

装载存储器可以用外部存储卡来替代，如果未插入存储卡，那么 PLC 将使用内部装载存储器；如果插入了存储卡，那么 PLC 将使用该存储卡作为装载存储器，即使使用大容量的存储卡，也无法扩展装载存储器的容量。

用户程序中的符号名和注释也可以被下载到装载存储器中，方便用户的调试和维护。

2．工作存储器

工作存储器是一个易失性存储器，用于存储与运行相关的用户程序代码和数据，在执行用户程序时，PLC 会将用户程序的一些内容从装载存储器复制到工作存储器中。如果工作存储器断电，那么数据将丢失。

3．保持性存储器

保持性存储器是一个非易失性存储器，当发生电源故障或者断电时，它可以保存有限数量的数据。这些数据必须预先定义为保持功能，如整个 DB 块、DB 块中的部分数据、位存储区、定时器和计数器等。保持性存储器不需要电池供电。

3.3 数据类型

数据类型用于指定数据元素的大小，以及如何解释数据。在定义变量时，需要设置变量的数据类型，每个指令参数至少支持一种数据类型，有些参数支持多种数据类型。

S7-1200 CPU 分为以下几种数据类型：基本数据类型、复杂数据类型、PLC 数据类型和指针数据类型等。

3.3.1　基本数据类型

基本数据类型如表 3-3-1 所示。

表 3-3-1　基本数据类型

数据类型	长度/位	数值范围	常数示例	地址示例
Bool	1	0 或 1	1	I1.0，Q0.1，M50.7，DB1.DBX2.3，Tag_name
Byte	8	2#0 到 2#1111_1111	2#1000_1001	IB2，MB10，DB1.DBB4，Tag_name
Word	16	2#0 到 2#1111_1111_1111_1111	2#1101_0010_1001_0110	MW10，DB1.DBW2，Tag_name
USInt	8	0 到 255	78，2#01001110	MB0，DB1.DBB4，Tag_name
SInt	8	-128 到 127	+50，16#50	MB0，DB1.DBB4，Tag_name
UInt	16	0 到 65 535	65 295，0	MW2，DB1.DBW2，Tag_name
Int	16	-32 768 到 32 767	-30 000，+30 000	MW2，DB1.DBW2，Tag_name
UDInt	32	0 到 4 294 967 295	4 042 322 160	MD6，DB1.DBD8，Tag_name
DInt	32	-2 147 483 648 到 2 147 483 647	-2 131 754 992	MD6，DB1.DBD8，Tag_name
Real	32	-3.402 823e+38 到 -1.175 495e-38，0，+1.175 495e-38 到 +3.402 823e+38	123.456，-3.4，1.0e-5	MD100，DB1.DBD8，Tag_name
LReal	64	-1.7 976 931 348 623 158e+308 到-2.2 250 738 585 072 014e-308，0，+2.2 250 738 585 072 014e-308 到 +1.7 976 931 348 623 158e+308	12 345.123 456 789e+40，1.2e+40	DB_name.var_name
TIME	32	T#-24d_20h_31m_23s_648ms 到 T#24d_20h_31m_23s_647ms	T#5m_30s T#1d_2h_15m_30s_45ms TIME#10d20h30m20s630ms	—
DATE	16	D#1990-1-1 到 D#2168-12-31	D#2009-12-31 DATE#2009-12-31 2009-12-31	—
Time_of_Day	32	TOD#0:0:0.0 到 TOD#23:59:59.999	TOD#10:20:30.400 TIME_OF_DAY#10:20:30.400	—

续表

数据类型	长度/位	数值范围	常数示例	地址示例
Char	8	16#00～16#FF	'A'，'@'，'ä'，'∑'	MB0，DB1.DBB4，Tag_name
WChar	16	16#0000～16#FFFF	'A'，'@'，'ä'，'∑'，亚洲字符，西里尔字符及其他字符	MW2，DB1.DBW2，Tag_name

1．整数的存储

在计算机系统中，所有数据都是以二进制数的形式存储的，整数一律用补码来表示和存储，并且正整数的补码为原码，负整数的补码为绝对值的反码加 1。USInt、UInt、UDInt 为无符号整型数；SInt、Int、DInt 为有符号整型数，其最高位为符号位，符号位为“0”表示正整数，符号位为“1”表示负整数。

示例：计算短整型数（SInt）78 和−78 对应的二进制值存储值。

（1）正整数的存储。短整型数（SInt）78 将被转换成二进制数 0100 1110 进行存储，该二进制数即正整数 78 的补码（也是原码），其转换方式如图 3-3-1 所示。

*b*7	*b*6	*b*5	*b*4	*b*3	*b*2	*b*1	*b*0
0	1	0	0	1	1	1	0

$78 = 0\times2^7+1\times2^6+0\times2^5+0\times2^4+1\times2^3+1\times2^2+1\times2^1+0\times2^0$

图 3-3-1　短整型数（SInt）78 的转换方式

（2）负整数的存储。短整型数（SInt）−78 将被转换成二进制数 1011 0010 进行存储，其转换过程如图 3-3-2 所示、存储结果如图 3-3-3 所示。

|−78|=78的原码：0100 1110
反码：1011 0001
补码：1011 0010

图 3-3-2　短整型数（SInt）−78 的转换过程

*b*7	*b*6	*b*5	*b*4	*b*3	*b*2	*b*1	*b*0
1	0	1	1	0	0	1	0

图 3-3-3　短整型数（SInt）−78 的存储结果

2．浮点数的存储

在计算机系统中，浮点数分为 Real（32 位）和 LReal（64 位）两种，不一样的存储长度，其记录的数据值的精度也不一样。浮点数的最高位为符号位，符号位为“0”表示正实数，符号位为“1”表示负实数。

示例：浮点数的存储，计算浮点数（Real）23.5 对应的二进制值存储值。

对于 Real 型浮点数，其数据存储方式和计算公式如图 3-3-4 所示。

2^7 2^6
2^0 2^{-1} 2^{-2}
2^{-22} 2^{-23}
b31 b30 b29
b23 b22 b21
b1 b0
1位
8位
23位
符号 (S)
指数（E）
尾数(M)

$$V=\frac{(-1)^S\cdot(1+M)\cdot 2^E}{2^{127}}$$

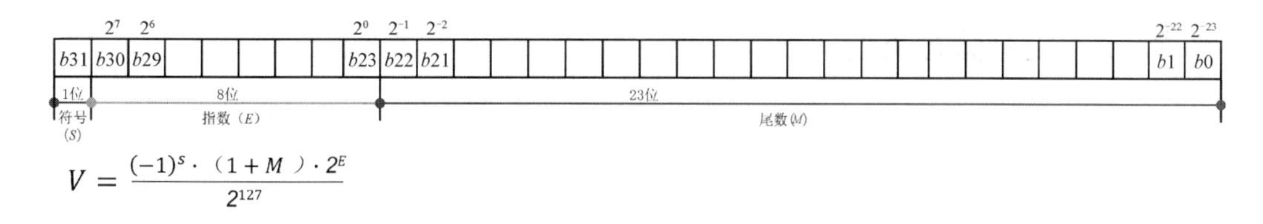

图 3-3-4　Real 型浮点数的储存方式和计算公式

浮点数（Real）23.5 转换成二进制数的计算过程如图 3-3-5 所示。

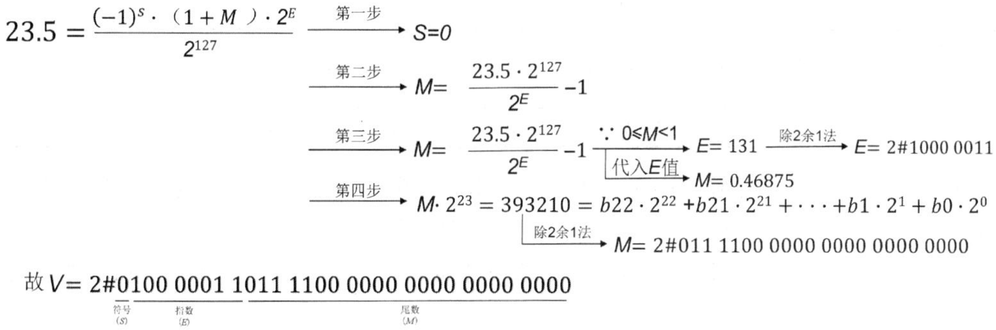

$23.5=\frac{(-1)^S\cdot(1+M)\cdot 2^E}{2^{127}}$
第一步
S=0
第二步
$M=\frac{23.5\cdot 2^{127}}{2^E}-1$
第三步
$M=\frac{23.5\cdot 2^{127}}{2^E}-1$
∵ 0≤M<1
代入E值
E= 131
除2余1法
E= 2#1000 0011
M= 0.46875
第四步
$M\cdot 2^{23}=393210=b22\cdot 2^{22}+b21\cdot 2^{21}+\cdots+b1\cdot 2^1+b0\cdot 2^0$
除2余1法
M= 2#011 1100 0000 0000 0000 0000
故 V= 2#0100 0001 1011 1100 0000 0000 0000 0000
符号 (S)
指数 (E)
尾数 (M)

图 3-3-5　浮点数（Real）23.5 转换成二进制数的计算过程

3. 字符的存储

在计算机系统中，字符的存储采用的是 ASCII 编码方式。ASCII（American Standard Code for Information Interchange，美国信息互换标准代码）是基于拉丁字母的一套计算机编码系统。ASCII 主要用于显示现代英语和其他西欧语言。ASCII 是现今最通用的单字节编码系统，等同于国际标准 ISO/IEC 646，包含所有的大小写字母、数字（0～9）、标点符号等。7 位的 ASCII 表如图 3-3-6 所示。

示例：字符的存储，计算字符“A”对应的二进制值存储值。

通过 7 位的 ASCII 表可知，字符“A”对应的二进制数为 0100 0001。

L \ H	0000	0001	0010	0011	0100	0101	0110	0111
0000	NUL	DLE	SP	0	@	P	‘	p
0001	SOH	DC1	!	1	A	Q	a	q
0010	STX	DC2	“	2	B	R	b	r
0011	ETX	DC3	#	3	C	S	c	s
0100	EOT	DC4	$	4	D	T	d	t
0101	ENQ	NAK	%	5	E	U	e	u
0110	ACK	SYN	&	6	F	V	f	v
0111	BEL	ETB	,	7	G	W	g	w
1000	BS	CAN	)	8	H	X	h	x
1001	HT	EM	(	9	I	Y	i	y
1010	LF	SUB	*	:	J	Z	j	z
1011	VT	ESC	+	;	K	[	k	{
1100	FF	FS	’	<	L	\	l	|
1101	CR	GS	-	=	M	]	m	}
1110	SO	RS	.	>	N	^	n	~
1111	SI	US	/	?	O	_	o	DEL

图 3-3-6　7 位的 ASCII 表

3.3.2 复杂数据类型

复杂数据类型主要包括字符串、长日期时间、数组类型、结构类型。

1．字符串

如表 3-3-2 所示，S7-1200 PLC 有两种字符串数据类型：String 数据类型和 WString 数据类型。

表 3-3-2　字符串数据类型

数据类型	长度	范围	常量输入示例
String	（$n+2$）字节	$n=$（0～254 字节）	‘ABC’
WString	（$n+2$）个字	$n=$（0～65 534 个字）	‘ä123@XYZ.COM’

String 数据类型可存储一串单字节字符。String 数据类型提供了 256 个字节，第一个字节用于存储字符串中最大字符数，第二个字节用于存储当前字符数，接下来的字节最多可存储 254 个字节的字符。String 数据类型中的每个字节都可以是从 16#00 到 16#FF 的任意值。

WString 数据类型可存储单字节/双字节较长的字符串。第一个字节用于存储字符串中最大字符数，第二个字节用于存储当前字符数，接下来的字节最多可存储 65 534 个字节的字符。WString 数据类型中的每个字节都可以是 16#0000 到 16#FFFF 的任意值。

示例 1：String 数据类型和 WString 数据类型在博途软件中的定义方法示例。

字符串可以在 DB 块、OB/FC/FB 块的接口区和 PLC 数据类型中定义，String 数据类型和 WString 数据类型在 DB 块中的定义方法如图 3-3-7 所示。

数据块_1

	名称	数据类型	起始值	保持
1	▼ Static			
2	▪ tag_1	String	'ABC'	
3	▪ tag_2	WString	WSTRING#'Hello'	
4	▪ tag_3	String	''	
5	▪ tag_4	WString	WSTRING#''	

图 3-3-7　String 数据类型和 WString 数据类型在 DB 块中的定义方法

示例 2：字符串的传送方法示例。

用 MOVE 指令和 S_MOVE 指令介绍字符串的传送方法，如图 3-3-8。

（1）MOVE 指令只能完成单字符的传送。

（2）S_MOVE 指令能完成字符串的传送。

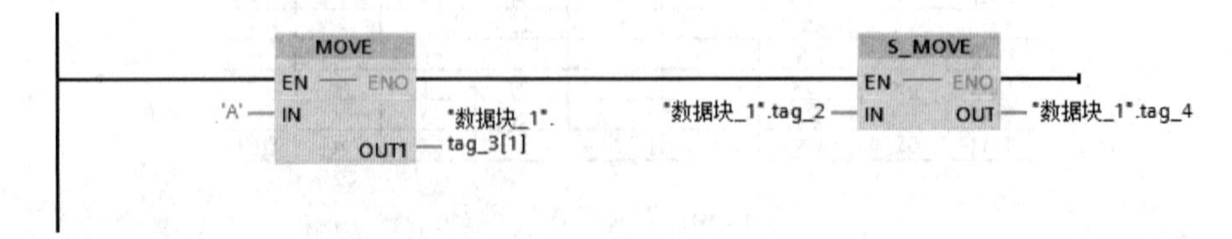

图 3-3-8　字符串的传送方法

2．长日期时间

长日期时间（DTL）数据类型是使用 12 个字节的结构保存日期和时间信息的。可以在 DB 块中定义长日期时间数据类型。长日期时间数据类型及其结构元素分别如表 3-3-3 和表 3-3-4 所示。

表 3-3-3　长日期时间数据类型

数据类型	长度/字节	范围	常量输入示例
DTL	12	最小：DTL#1970-01-01-00:00:00.0 最大：DTL#2554-12-31-23:59:59.999999999	DTL#2008-12-16-20:30:20.250

表 3-3-4　长日期时间数据类型的结构元素

字节	组件	数据类型	值范围
1	年	UInt	1970～2554
2	月	USInt	1～12
3	日	USInt	1～31
4	工作日	USInt	1（星期日）～7（星期六）
5	小时	USInt	0～23
6	分	USInt	0～59
7	秒	USInt	0～59
8	纳秒	UDInt	0～999 999 999

示例：在博途软件中定义长日期时间。

长日期时间可以在 DB 块、OB/FC/FB 块的接口区和 PLC 数据类型中定义，在 DB 块中的定义方法如图 3-3-9 所示。

数据块_2

	名称	数据类型	起始值	保持
1	▼ Static			
2	▼ DATE	DTL	DTL#1970-01-01	
3	YEAR	UInt	1970	
4	MONTH	USInt	1	
5	DAY	USInt	1	
6	WEEKDAY	USInt	5	
7	HOUR	USInt	0	
8	MINUTE	USInt	0	
9	SECOND	USInt	0	
10	NANOSECOND	UDInt	0	

图 3-3-9　长日期时间在 DB 块中的定义方法

3．数组类型

数组类型是由数目固定且数据类型相同的元素组成的数据结构，数组可以在 DB 块和 OB/FC/FB 块的接口编辑器中定义，但在 PLC 变量编辑器中无法定义数组。

在定义数组时，需要为数组命名并选择数据类型“Array [lo .. hi] of type”，根据如下说明编辑“lo”“hi”“type”。

（1）lo：数组的起始（最低）下标。

（2）hi：数组的结束（最高）下标。

（3）type：数据类型选择，如 Bool、SInt 和 UDInt 等。

示例 1：在博途软件中定义数组变量，如图 3-3-10 所示。

数据块_3

	名称	数据类型	起始值	保持
1	▼ Static			
2	▼ Array_1	Array[0..4] of Byte		
3	Array_1[0]	Byte	16#0	
4	Array_1[1]	Byte	16#0	
5	Array_1[2]	Byte	16#0	
6	Array_1[3]	Byte	16#0	
7	Array_1[4]	Byte	16#0	
8	▼ Array_2	Array[0..4] of Byte		
9	Array_2[0]	Byte	16#0	
10	Array_2[1]	Byte	16#0	
11	Array_2[2]	Byte	16#0	
12	Array_2[3]	Byte	16#0	
13	Array_2[4]	Byte	16#0	

图 3-3-10　定义数组变量

示例 2：数组元素的传送。

在图 3-3-11 中，MOVE 指令将数组“数据块_3”.Array_1[0]的数据移动到数组“数据块_3”. Array_2[0]的地址中。

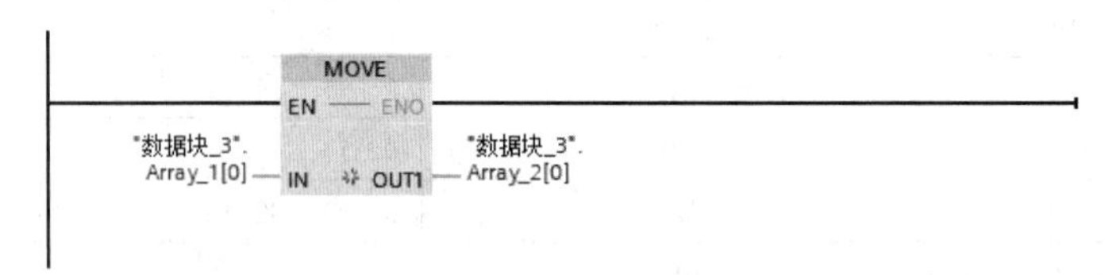

图 3-3-11　数组的寻址方法

4．结构类型

结构（Struct）类型是一种由多个不同数据类型元素组成的数据结构，其元素可以是基本数据类型，也可以是数组等复杂数据类型或者 PLC 数据类型等。结构类型嵌套结构类型的深度限制为 8 级。结构类型的变量在程序中可以作为一个变量整体，也可以作为组成该结构的元素单独使用。结构类型可以在 DB 块、OB/FC/FB 块的接口区、PLC 数据类型中定义。

示例：在 DB 块中定义一个电机变量的结构数据类型，它包含电机启动按钮、电机停止按钮、电机复位按钮、电机急停按钮、电机运行状态、电机故障状态、电机运行电流、电机运行频率和电机设定频率。结构变量定义如图 3-3-12 所示。

数据块_4

	名称	数据类型	起始值	保持
1	▼ Static			
2	▼ Static	Struct		
3	电机启动按钮	Bool	false	
4	电机停止按钮	Bool	false	
5	电机复位按钮	Bool	false	
6	电机急停按钮	Bool	false	
7	电机运行状态	Bool	false	
8	电机故障状态	Bool	false	
9	电机运行电流	Real	0.0	
10	电机运行频率	Real	0.0	
11	电机设定频率	Real	0.0	

图 3-3-12　结构变量定义

3.3.3　PLC 数据类型

PLC 数据类型（User Data Type，UDT）是一种由多个不同数据类型元素组成的数据结构，元素可以是基本数据类型，也可以是结构和数组等复杂数据类型及其他 PLC 数据类型等。PLC 数据类型嵌套 PLC 数据类型的深度限制为 8 级。

PLC 数据类型可以在 DB 块和 OB/FC/FB 块的接口区中定义。

PLC 数据类型可以在程序中被统一更改和重复使用，一旦某 PLC 数据类型被修改，那么在执行程序编译后，将自动更新所有使用该数据类型的变量。

示例：定义一个电机变量的 PLC 数据类型，它包含电机启动按钮、电机停止按钮、电机复位按钮、电机急停按钮、电机运行状态、电机故障状态、电机运行电流、电机运行频率和电机设定频率。

第一步：新建 PLC 数据。

在“项目树”窗格中，选择“PLC 数据类型”选项，双击“添加新数据类型”选项，弹出“用户数据类型_1”编辑框。

第二步：添加变量。

在工作区中，添加变量名和数据类型，如图 3-3-13 所示

第三步：使用 PLC 数据类型。

在 DB 块中使用新添加的 PLC 数据类型，如图 3-3-14 所示。

用户数据类型_1

	名称	数据类型	默认值
1	电机启动按钮	Bool	false
2	电机停止按钮	Bool	false
3	电机复位按钮	Bool	false
4	电机急停按钮	Bool	false
5	电机运行状态	Bool	false
6	电机故障状态	Bool	false
7	电机运行电流	Real	0.0
8	电机运行频率	Real	0.0
9	电机设定频率	Real	0.0

图 3-3-13　添加变量名和数据类型

数据块_5

	名称	数据类型	起始值	保持
1	▼ Static			
2	▼ 1#电机控制点表	"用户数据类型_1"		
3	电机启动按钮	Bool	false	
4	电机停止按钮	Bool	false	
5	电机复位按钮	Bool	false	
6	电机急停按钮	Bool	false	
7	电机运行状态	Bool	false	
8	电机故障状态	Bool	false	
9	电机运行电流	Real	0.0	
10	电机运行频率	Real	0.0	
11	电机设定频率	Real	0.0	

图 3-3-14　PLC 数据类型的使用

3.3.4　指针数据类型

VARIANT 类型的参数是一个可以指向不同数据类型变量（而不是实例）的指针。VARIANT 指针可以是基本数据类型（如 Int、Real）的对象，也可以是 String、长日期时

间、结构类型的 Array，或者 PLC 数据类型的 Array。VARIANT 指针可以识别结构，并指向各个结构元素。VARIANT 类型的操作数不占用背景数据块或工作存储器空间，但是占用 CPU 存储空间。

VARIANT 类型的变量不是一个对象，而是对另一个对象的引用。在函数块的块接口中的 VAR_IN、VAR_IN_OUT 和 VAR_TEMP 中，VARIANT 类型的单个元素只能声明为形参。因此，不能在数据块或函数块的块接口静态部分中声明。

表 3-3-5 列出了 VARIANT 指针的属性。

表 3-3-5　VARIANT 指针的属性

长度/字节	表示方式	格式	示例输入
0	符号	操作数	MyTag
		数据块名称.操作数名称.元素	“MyDB”.Struct1.pressure
	绝对	操作数	%MW10
		数据块编号.操作数 类型长度（仅对可标准访问的块有效）	P#DB10.DBX10.0 INT 12

3.4　地址区及寻址方法

博途 STEP 7 软件支持符号寻址和绝对地址寻址。为了更好地理解 PLC 的存储区结构及其寻址方式，本节对 PLC 变量引用的绝对寻址进行说明。

3.4.1　地址区

S7-1200 CPU 地址区包括过程映像输入（I）区、过程映像输出（Q）区、位存储（M）区和数据块（DB）区等地址区，地址区的说明如表 3-4-1 所示。

表 3-4-1　地址区的说明

地　址　区	可以访问的地址单位	符　　号	说　　明
过程映像输入（I）区	输入位	I	CPU 在循环开始时从输入模块读取输入值并将这些值保存在过程映像输入表中
	输入字节	IB	
	输入字	IW	
	输入双字	ID	
过程映像输出（Q）区	输出位	Q	CPU 在循环开始时将过程映像输出表中的值写入输出模块
	输出字节	QB	
	输出字	QW	
	输出双字	QD	
位存储（M）区	位存储区位	M	此区域用于存储程序中计算出的中间结果
	存储区字节	MB	
	存储区字	MW	
	存储区双字	MD	

续表

地　址　区	可以访问的地址单位	符　　号	说　　明
数据块（DB）区	数据位	DBX	数据块存储程序信息，可以对数据块进行定义以便所有代码块都可以对其进行访问，也可将其分配给特定的 FB 函数块
	数据字节	DBB	
	数据字	DBW	
	数据双字	DBD	
局部数据	局部数据位	L	此区域包含块处理过程中块的临时数据
	局部数据字节	LB	
	局部数据字	LW	
	局部数据双字	LD	
I/O 输入区域	I/O 输入位	<变量>:P	两区域均允许直接访问 I/O 模块
	I/O 输入字节		
	I/O 输入字		
	I/O 输入双字		
I/O 输出区域	I/O 输出位		
	I/O 输出字节		
	I/O 输出字		
	I/O 输出双字		

3.4.2　寻址方法

1．寻址规则

每个存储单元都有唯一的地址。用户程序利用这些地址访问存储单元中的信息。

绝对地址由以下元素组成。

（1）地址区助记符，如 I、Q 或 M。

（2）要访问数据的单位，如 B 表示 Byte，W 表示 Word，D 表示 DWord。

（3）数据地址，如 Byte 3、Word 3。

当访问地址中的位时，不需要输入要访问数据的单位，仅输入数据的地址区助记符、字节位置和位位置（如 I0.0、Q0.1 或 M3.4）即可。

M3.4 寻址方式举例，如图 3-4-1 所示。

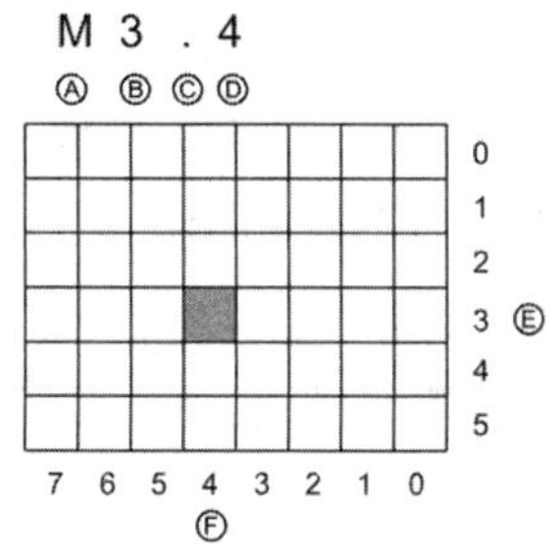

Ⓐ—存储器标识符；Ⓑ—字节地址；Ⓒ—分隔符；Ⓓ—位在字节中的位置；Ⓔ—存储区的字节；Ⓕ—字节中的位

图 3-4-1　M3.4 寻址方式举例

2．I 区寻址方法

I 区（过程映像输入区）：CPU 仅在每个扫描周期的循环 OB 块执行之前对外围（物理）输入点进行采样，并将这些值写入 I 区。可以按位、字节、字或双字访问 I 区。I 区通常为只读状态。I 区寻址方法如表 3-4-2 所示。

表 3-4-2　I 区寻址方法

数据大小	表示方法	示例
位	I[字节地址].[位地址]	I0.1
字节、字或双字	I[大小][起始字节地址]	IB4，IW5 或 ID12

3．Q 区寻址方法

Q 区（过程映像输出区）：CPU 将存储在输出过程映像区中的值复制到物理输出区。可以按位、字节、字或双字访问 Q 区。Q 区允许读访问和写访问。Q 区寻址方法如表 3-4-3 所示。

表 3-4-3　Q 区寻址方法

数据大小	表示方法	示例
位	Q[字节地址].[位地址]	Q0.1
字节、字或双字	Q[大小][起始字节地址]	QB4，QW5 或 QD12

4．M 区寻址方法

M 区（位存储区）：用于存储操作的中间状态或其他控制信息。可以按位、字节、字或双字访问 M 区。M 区允许读访问和写访问。M 区寻址方法如表 3-4-4 所示。

表 3-4-4　M 区寻址方法

数据大小	表示方法	示例
位	M[字节地址].[位地址]	M0.1
字节、字或双字	M[大小][起始字节地址]	MB4，MW5 或 MD12

5．DB 区寻址方法

DB 区（数据块区）：DB 区用于存储各种类型的数据，其中包括存储操作的中间状态或 FB 块的背景信息参数等。可以按位、字节、字或双字访问 DB 区。DB 区一般允许读访问和写访问。DB 区寻址方法如表 3-4-5 所示。

表 3-4-5　DB 区寻址方法

数据大小	表示方法	示例
位	DBX[字节地址].[位地址]	DB1.DBX2.3
字节、字或双字	DB[大小].[起始字节地址]	DB1.DBB4，DB10.DBW2，DB20.DBD8

第 4 章　S7-1200 PLC 编程指令

编程指令是用户表达程序的重要组成部分，用户可在博途 STEP 7 指令树中获取 S7-1200 PLC 的指令，S7-1200 PLC 的指令包括基本指令、扩展指令、工艺和通信等，本章主要围绕常用的位逻辑指令、定时器指令、计数器指令和功能指令进行说明。

4.1　位逻辑指令

S7-1200 PLC 大部分的位逻辑指令结构如图 4-1-1 所示，其中，①为操作数；②为能流输入信号；③为能流输出信号。当能流输入信号为“1”时，该指令被激活。

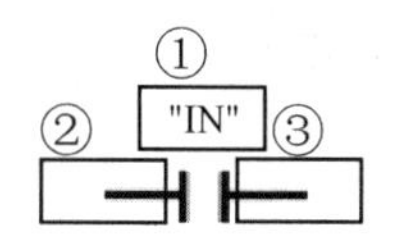

图 4-1-1　位逻辑指令结构

4.1.1　触点指令及线圈指令

1．指令概述

在位逻辑中，指令的基础主要是触点和线圈，触点读取位的状态，线圈将状态写入位中。

2．指令说明

触点指令及线圈指令说明如表 4-1-1 所示。

表 4-1-1　触点指令及线圈指令说明

指令名称	指令符号	操作数类型	说明
常开触点	"IN" ─┤ ├─	Bool	当操作数的信号状态为“1”时，常开触点将接通，输出的信号状态为“1”； 当操作数的信号状态为“0”时，常开触点将断开，输出的信号状态为“0”
常闭触点	"IN" ─┤/├─	Bool	当操作数的信号状态为“1”时，常闭触点将断开，输出的信号状态为“0”； 当操作数的信号状态为“0”时，常闭触点将接通，输出的信号状态为“1”
取反 RLO	─┤ NOT ├─	无	当触点左边输入的信号状态为“1”时，右边输出的信号状态为“0”； 当触点左边输入的信号状态为“0”时，右边输出的信号状态为“1”
线圈	"OUT" ─( )─	Bool	当线圈的输入信号状态为“1”时，分配操作数为“1”； 当线圈的输入信号状态为“0”时，分配操作数为“0”

续表

指令名称	指令符号	操作数类型	说明
赋值取反	"OUT" —(/)—	Bool	当线圈的输入信号状态为“1”时，分配操作数为“0”； 当线圈的输入信号状态为“0”时，分配操作数为“1”

常开触点在指定的位状态为“1”时闭合，为“0”时断开。常闭触点在指定的位状态为“1”时断开，常闭触点在指定的位状态为“0”时闭合。

两个触点（常开触点和常闭触点）串联进行“与”运算，两个触点并联进行“或”运算。

可以使用线圈指令来置位指定操作数的位，如果线圈输入的逻辑运算结果（RLO）的信号状态为“1”，则将指定操作数的位置为“1”；如果线圈输入的逻辑运算结果（RLO）的信号状态为“0”，则将指定操作数的位置为“0”。

3．示例

触点指令和线圈指令示例如图 4-1-2 所示。

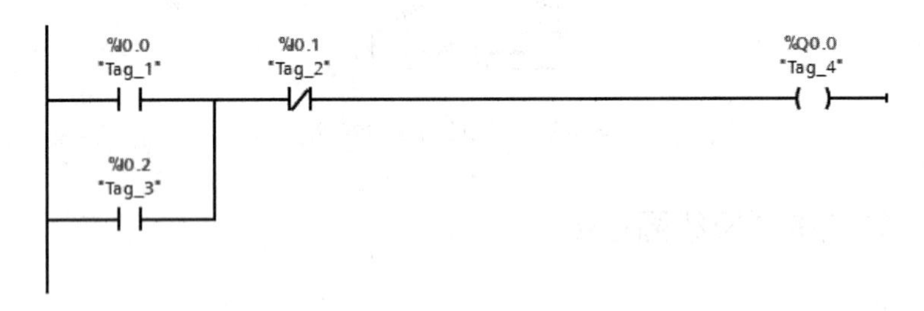

图 4-1-2　触点指令和线圈指令示例

当满足以下条件之一时，线圈“Tag_4”为“1”：①操作数“Tag_1”的信号状态为“1”，且操作数“Tag_2”的信号状态为“0”；②操作数“Tag_3”的信号状态为“1”，且操作数“Tag_2”的信号状态为“0”。

4.1.2　置位指令及复位指令

1．指令概述

置位指令及复位指令的主要特点是具有记忆和保持功能，被置位或复位的操作数只能通过复位指令或置位指令还原。

2．指令说明

置位指令与复位指令说明如表 4-1-2 所示。

使用置位指令，将指定操作数的信号状态置位为“1”；使用复位指令，将指定操作数的信号状态复位为“0”。

表 4-1-2 置位指令及复位指令说明

指令名称	指令符号	操作数类型	说明
置位	"OUT" —(S)—	Bool	若输入信号状态为“1”，则置位操作数的信号状态为“1”； 若输入信号状态为“0”，则保持操作数的信号状态不变
复位	"OUT" —(R)—	Bool	若输入信号状态为“1”，则复位操作数的信号状态为“0”； 若输入信号状态为“0”，则保持操作数的信号状态不变
置位位域	"OUT" —(SET_BF)— "n"	OUT：Bool n：UInt	若输入信号状态为“1”，则将操作数“OUT”所在地址开始的“n”位置位为“1”； 若输入信号状态为“0”，则指定操作数的信号状态将保持不变
复位位域	"OUT" —(RESET_BF)— "n"	OUT：Bool n：UInt	若输入信号状态为“1”，则将操作数“OUT”所在地址开始的“n”位复位为“0”； 若输入信号状态为“0”，则指定操作数的信号状态将保持不变

3. 示例

置位指令及复位指令示例如图 4-1-3 所示。

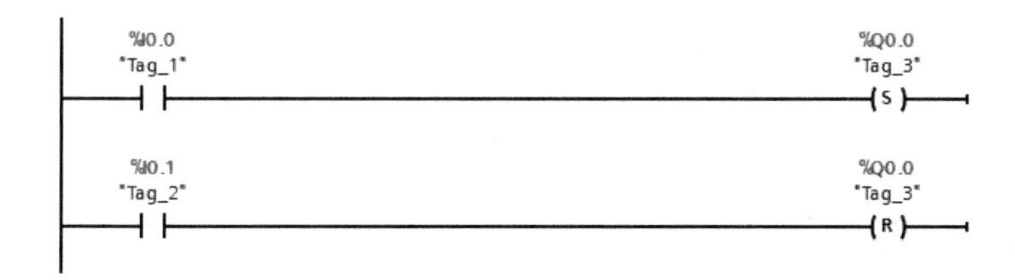

图 4-1-3 置位指令及复位指令示例

图 4-1-4 为操作数“Tag_1”、操作数“Tag_2”和操作数“Tag_3”的时序图。

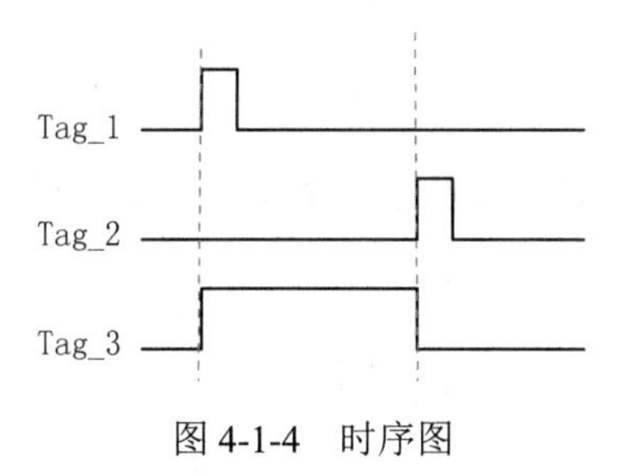

图 4-1-4 时序图

4.1.3 脉冲检测指令

1. 指令概述

脉冲检测指令可用来判断所指定操作数的信号状态是否从“0”变为“1”或从“1”变为“0”。上一次扫描的信号状态保存在边沿存储位（指令下方的操作数）中，脉冲检测指令将操作数的当前信号状态与边沿存储位状态进行比较，如果该指令检测到逻辑运算结果（RLO）从“0”变为“1”，则说明出现了一个上升沿，如果该指令检测到逻辑运算结果（RLO）从“1”变为“0”，则说明出现了一个下降沿。

2. 指令说明

脉冲检测指令说明如表 4-1-3 所示。

表 4-1-3 脉冲检测指令说明

指令名称	指令符号	操作数类型	说明
上升沿触点	"IN" —|P|— "M_BIT"	IN：Bool M_BIT：Bool	当在操作数“IN”位上检测到上升沿时，触点接通一个扫描周期
下降沿触点	"IN" —|N|— "M_BIT"	IN：Bool M_BIT：Bool	当在操作数“IN”位上检测到下降沿时，触点接通一个扫描周期
上升沿线圈	"OUT" —(P)— "M_BIT"	OUT：Bool M_BIT：Bool	当在输入能流中检测到信号上升沿时，立即将操作数“OUT” 置位一个扫描周期，在其他情况下，操作数“OUT”的信号状态均为“0”
下降沿线圈	"OUT" —(N)— "M_BIT"	OUT：Bool M_BIT：Bool	当在输入能流中检测到信号下降沿时，立即将操作数“OUT” 置位一个扫描周期，在其他情况下，操作数“OUT”的信号状态均为“0”

3. 示例

脉冲检测指令示例如图 4-1-5 所示。

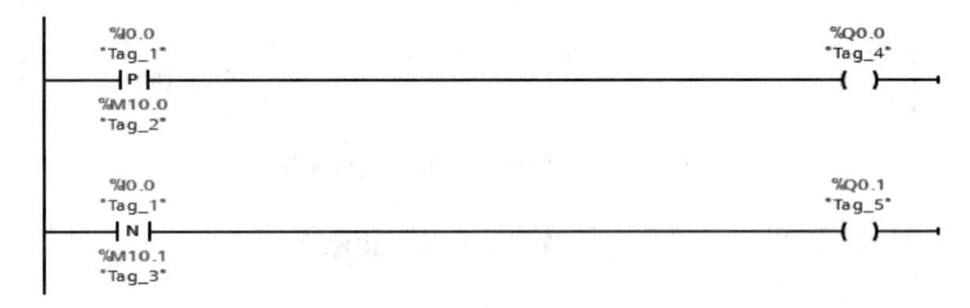

图 4-1-5 脉冲检测指令示例

图 4-1-6 为操作数“Tag_1”、操作数“Tag_4”和操作数“Tag_5”的时序图。

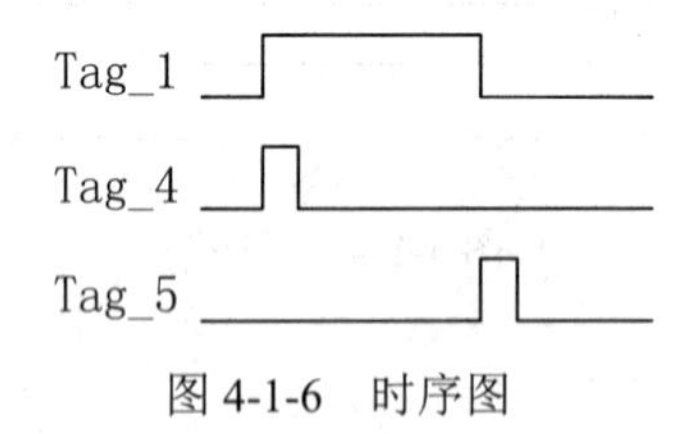

图 4-1-6 时序图

4.1.4 应用实例

（1）实例名称：指示灯的置位和复位应用实例。

（2）实例描述：按下启动按钮，绿色指示灯点亮；按下停止按钮，绿色指示灯熄灭。

（3）S7-1200 PLC 输入/输出分配表：输入/输出分配表如表 4-1-4 所示。

表 4-1-4　输入/输出分配表

输入		输出	
启动按钮（SB1）	I0.0	绿色指示灯（GL）	Q0.0
停止按钮（SB2）	I0.1	—	—

（4）S7-1200 PLC 接线图：如图 4-1-7 所示。

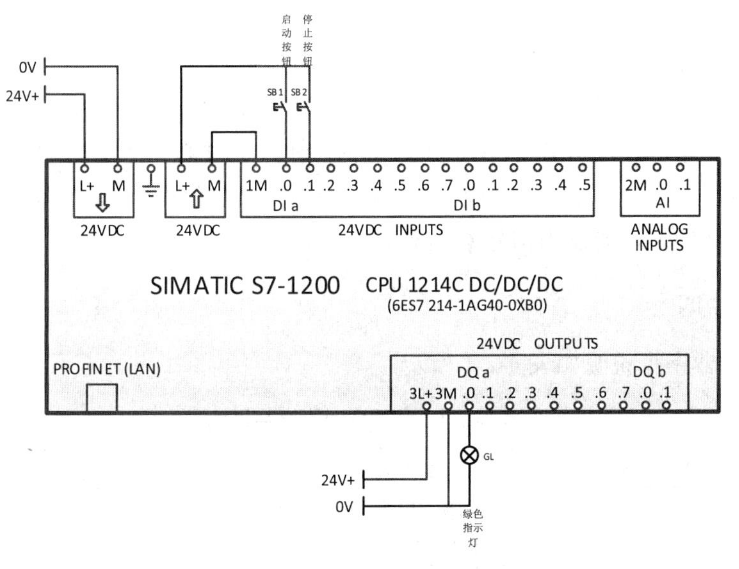

图 4-1-7　S7-1200 PLC 接线图

（5）PLC 变量表：如图 4-1-8 所示。

变量表_1

		名称	数据类型	地址	保持
1		启动按钮	Bool	%I0.0	
2		停止按钮	Bool	%I0.1	
3		绿色指示灯	Bool	%Q0.0	

图 4-1-8　PLC 变量表

（6）程序编写：实例程序如图 4-1-9 所示。

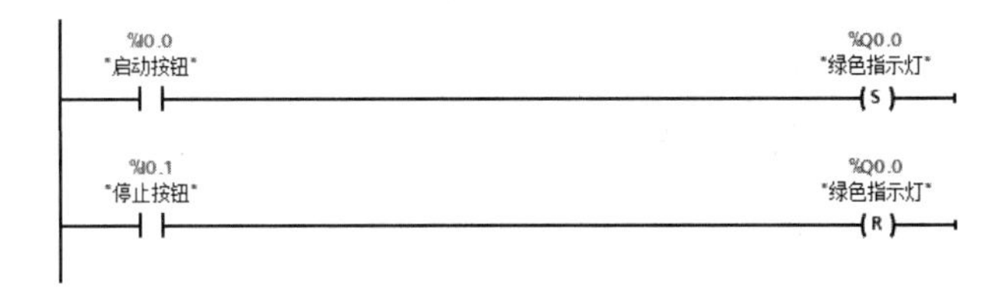

图 4-1-9　实例程序

4.2　定时器指令

定时器指令具有延时的功能，程序中使用定时器的最大数量受 CPU 存储器容量的限制，所有定时器均使用 16 字节 IEC_TIMER 数据类型的 DB 结构来存储指令的操作数。

常用的定时器有 4 种：①脉冲定时器（TP）；②接通延时定时器（TON）；③关断延时定时器（TOF）；④时间累加器（TONR）。

4.2.1 脉冲定时器指令

1．指令概述

使用脉冲定时器指令可以将输出信号 *Q* 置位为预设的一段时间，如表 4-2-1 所示，当输入信号 IN 从“0”变为“1”（信号上升沿）时，启动该指令。脉冲定时器指令启动后，计时器 ET 开始计时，在预设的时间 PT 内，脉冲定时器将保持输出信号 *Q* 置位，无论后续输入信号 IN 的状态如何变化，均不影响该指令的计时过程。当计时器 ET 的计时等于 PT 时，脉冲定时器输出信号 *Q* 复位。

2．指令说明

脉冲定时器指令说明如表 4-2-1 所示。

表 4-2-1　脉冲定时器指令说明

指令名称	指令符号	操作数类型		说明
脉冲定时器（功能框）	IEC_Timer_0 TP Time IN Q PT ET	输入信号	IN：Bool（脉冲有效）	在输入信号 IN 位上升沿时，定时器开始计时；当 ET<PT 时，输出信号 *Q* 为“1”；当 ET=PT 时，输出信号 *Q* 为“0”
			PT：TIME	
		输出信号	*Q*：Bool	
			ET：TIME	

脉冲定时器指令的时序图如图 4-2-1 所示。

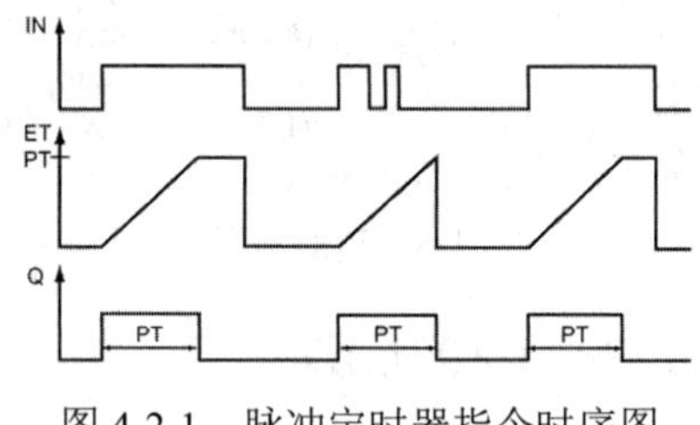

图 4-2-1　脉冲定时器指令时序图

4.2.2 接通延时定时器指令

1．指令概述

接通延时定时器指令可以将输出信号 *Q* 置位推迟到预设的一段时间后再输出，如表 4-2-2 所示，当输入信号 IN 从“0”变为“1”，并且保持为“1”时，启动该指令。接通延时定位器指令启动后，计时器 ET 开始计时，当计时器 ET 的计时值等于 PT 时，输出信号 *Q* 为“1”。在任意时刻，当输入信号 IN 从“1”变为“0”时，接通延时定时器将复位，且输出信号 *Q* 复位。

2. 指令说明

接通延时定时器指令说明如表 4-2-2 所示。

表 4-2-2　接通延时定时器指令说明

指令名称	指令符号	操作数类型		说明
接通延时定时器（功能框）	IEC_Timer_1 TON Time IN　Q PT　ET	输入信号	IN：Bool（电平有效）	在输入信号 IN 位上升沿时，计时器 ET 开始计时。当 ET=PT 时，输出信号 *Q* 为“1”。在任意条件下，当输入信号 IN 位下降沿时，复位接通延时定时器，输出信号 *Q* 为“0”
			PT：TIME	
		输出信号	*Q*：Bool	
			ET：TIME	

接通延时定时器指令的时序图如图 4-2-2 所示。

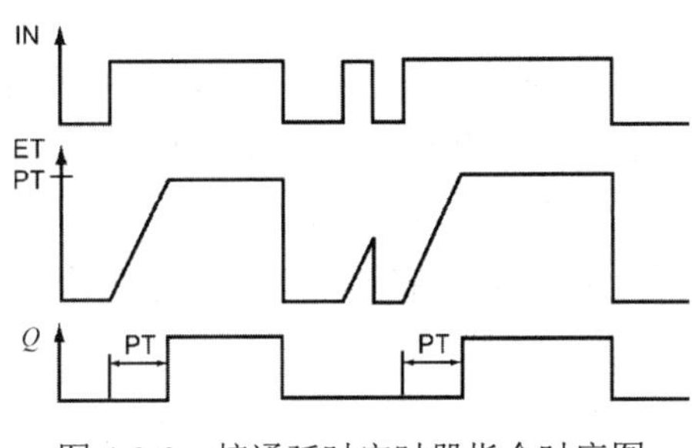

图 4-2-2　接通延时定时器指令时序图

4.2.3　关断延时定时器指令

1. 指令概述

关断延时定时器指令可以将输出信号 *Q* 复位推迟预设的一段时间，如表 4-2-3 所示，当输入信号 IN 从“0”变为“1”，并且保持为“1”时，启动该指令。关断延时定时器指令启动后，输出信号 *Q* 为“1”。当输入信号 IN 从“1”变为“0”时，计时器 ET 开始计时，输出信号 *Q* 的状态不变，当计时器 ET 的计时值等于 PT 时，输出信号 *Q* 变为“0”。

2. 指令说明

关断延时定时器指令说明如表 4-2-3 所示。

表 4-2-3　关断延时定时器指令说明

指令名称	指令符号	操作数类型		说明
关断延时定时器（功能框）	IEC_Timer_2 TOF Time IN　Q PT　ET	输入信号	IN：Bool（电平有效）	当 ET<PT，输入信号 IN 位上升沿时，输出信号 *Q* 为“1”；在输入信号 IN 位下降沿时，计时器 ET 开始计时，当 ET=PT 时，输出信号 *Q* 变为“0”
			PT：TIME	
		输出信号	*Q*：Bool	
			ET：TIME	

关断延时定时器指令的时序图如图 4-2-3 所示。

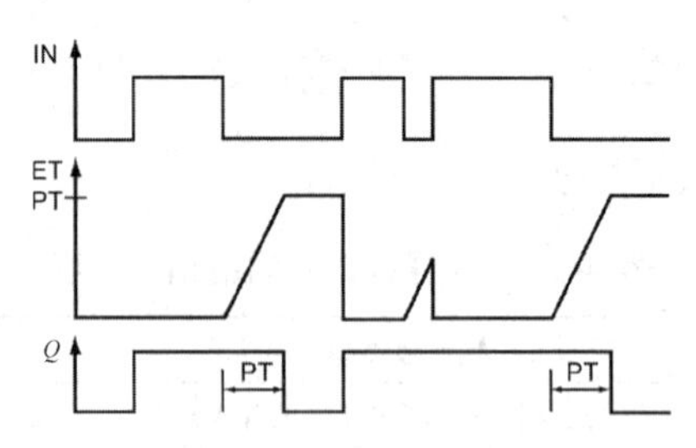

图 4-2-3　关断延时定时器指令时序图

4.2.4　时间累加器指令

1．指令概述

时间累加器指令可以累计预设的一段时间，如表 4-2-4 所示，当输入信号 IN 从“0”变为“1”时，累加器 ET 开始计时。当输入信号 IN 从“1”变为“0”时，时间累加器暂停计时，累加器 ET 的值保持不变。当输入信号 IN 从“0”变为“1”时，时间累加器继续计时。到达预设的时间后，输出信号 *Q* 置位，直到输入信号 *R* 从“0”变为“1”，时间累加器复位，输出信号 *Q* 也复位。

2．指令说明

时间累加器指令说明如表 4-2-4 所示。

表 4-2-4　时间累加器指令说明

指令名称	指令符号	操作数类型		说明
时间累加器（功能框）	IEC_Timer_3 TONR Time IN　Q R　ET PT	输入信号	IN：Bool（电平有效）	当 ET<PT，输入信号 IN 从“0”变为“1”时，累加器 ET 开始计时；当输入信号 IN 从“1”变为“0”时，时间累加器暂停计时。当 ET=PT 时，输出信号 *Q* 为“1”。在任意条件下，当输入信号 *R* 位上升沿时，复位时间累加器，输出信号 *Q* 为“0”，ET 为“0”
			R：Bool（脉冲有效）	
			PT：TIME	
		输出信号	*Q*：Bool	
			ET：TIME	

时间累加器指令的时序图如图 4-2-4 所示。

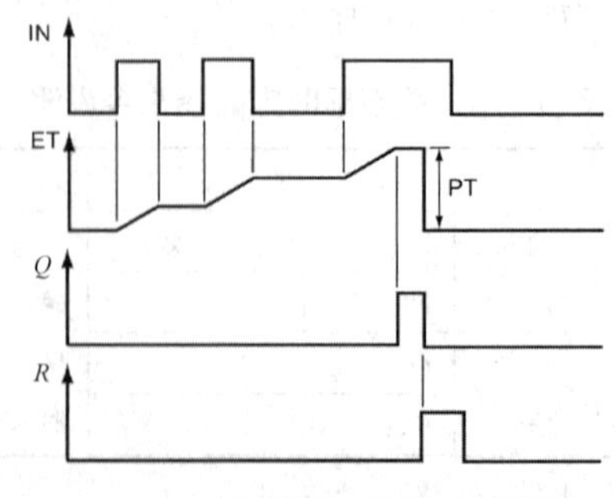

图 4-2-4　时间累加器指令时序图

4.2.5　应用实例

（1）实例名称：指示灯的延时点亮应用实例。

（2）实例描述：按下启动按钮，延时 5s，绿色指示灯点亮。按下停止按钮，绿色指示灯熄灭。

（3）S7-1200 PLC 输入/输出分配表：输入/输出分配表如表 4-2-5 所示。

表 4-2-5　输入/输出分配表

输入		输出	
启动按钮（SB1）	I0.0	绿色指示灯（GL）	Q0.0
停止按钮（SB2）	I0.1	—	—

（4）S7-1200 PLC 接线图：如图 4-2-5 所示。

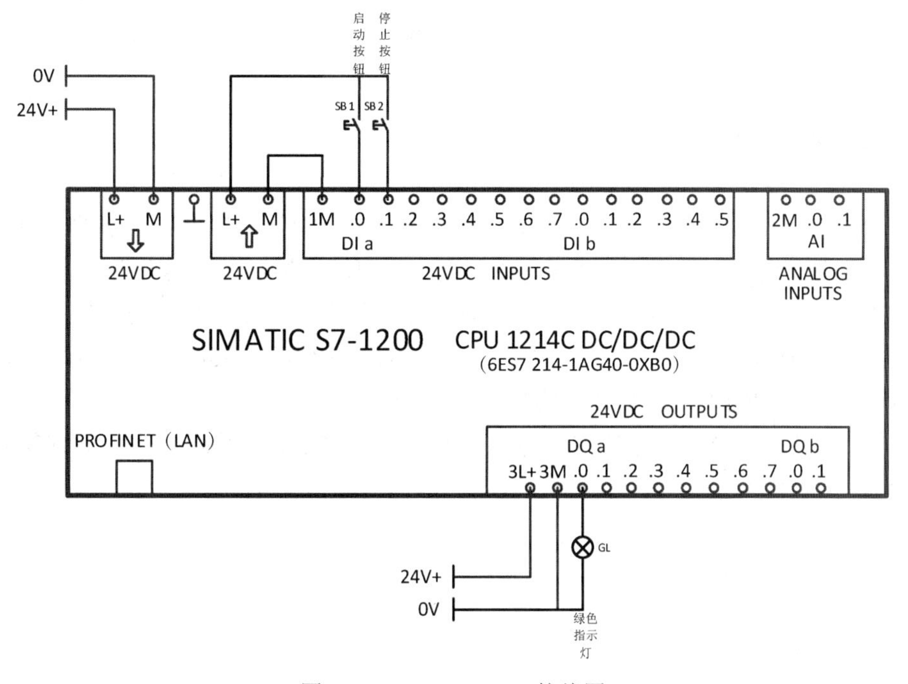

图 4-2-5　S7-1200 PLC 接线图

（5）PLC 变量表：如图 4-2-6 所示。

变量表_1

	名称	数据类型	地址	保持
1	启动按钮	Bool	%I0.0	
2	停止按钮	Bool	%I0.1	
3	绿色指示灯	Bool	%Q0.0	
4	辅助继电器	Bool	%M10.0	

图 4-2-6　PLC 变量表

（6）程序编写：实例程序如图 4-2-7 所示。

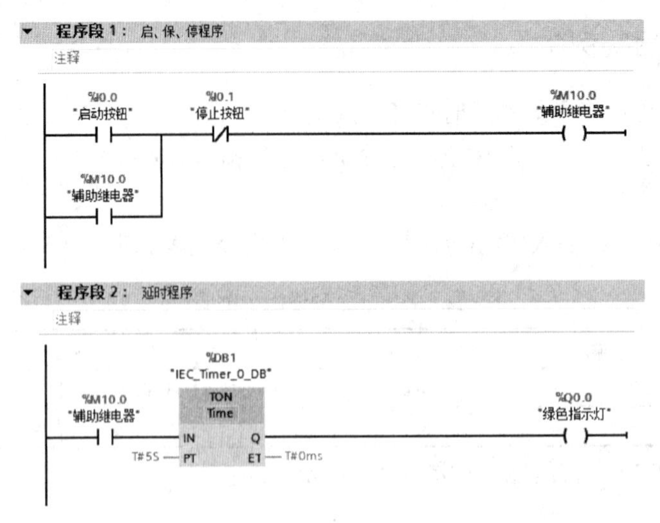

图 4-2-7　实例程序

4.3　计数器指令

计数器指令具有对事件进行计数的功能，该事件既可以是内部程序事件，也可以是外部过程事件。程序中使用计数器的最大数量受 CPU 存储器容量的限制，计数器在计数脉冲的上升沿进行计数；计数器的最大计数速率受所在 OB 块的执行速率的限制，如果脉冲的频率高于 OB 块的执行速率，则需要使用高速计数器（HSC）。每个计数器都是使用数据块中存储的结构来保存计数器数据的。

S7-1200 PLC 支持的计数器有 3 种：①加计数器（CTU）；②减计数器（CTD）；③加减计数器（CTUD）。

4.3.1　加计数器指令

1．指令概述

如表 4-3-1 所示，如果输入信号 CU 从“0”变为“1”（信号上升沿），则执行加计数器指令，同时输出信号 CV 的当前计数值加 1，每检测到一个信号上升沿，计数值就会加 1，直到达到输出信号 CV 中所指定数据类型的上限，当达到上限时，输入信号 CU 的信号状态将不再影响加计数器指令。

输出信号 *Q* 的状态由参数 PV 决定。如果输出信号 CV 的当前计数值大于或等于参数 PV 的值，则将输出信号 *Q* 的状态置位为“1”，在其他情况下，输出信号 *Q* 的状态均为“0”。

当输入信号 *R* 的状态变为“1”时，输出信号 CV 被复位为“0”。

2．指令说明

加计数器指令说明如表 4-3-1 所示。

表 4-3-1　加计数器指令说明

指令名称	指令符号	操作数类型		说明
加计数器	"Counter name" CTU Int CU　Q R　CV PV	输入信号	CU：Bool（脉冲有效）	当 CV < PV 时，输出信号 Q 为“0”；当 CV≥PV 时，输出信号 Q 为“1”。 当输入信号 R 为“1”时，CV = 0；当输入信号 R 为“0”，当 CU 位上升沿时，输出信号 CV 的当前值加 1
			R：Bool（脉冲有效）	
			PV：任何整数数据类型	
		输出信号	Q：Bool	
			CV：任何整数数据类型	

3. 示例

图 4-3-1 和图 4-3-2 分别为加计数器指令示例及其时序图。

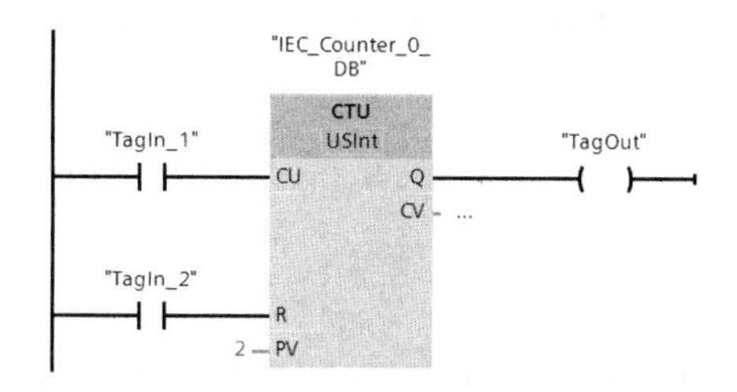

图 4-3-1　加计数器指令示例

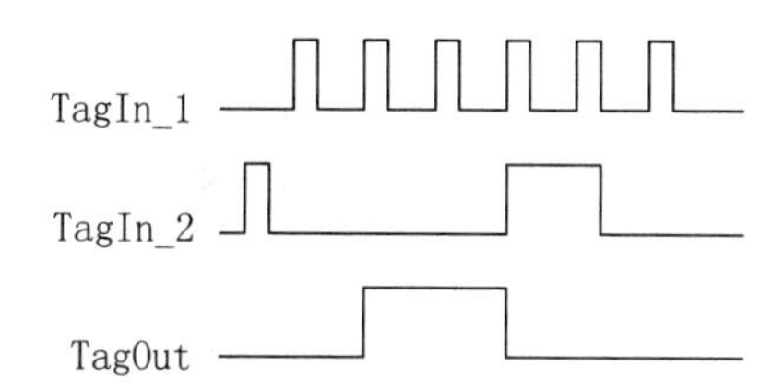

图 4-3-2　加计数器指令示例时序图

4.3.2　减计数器指令

1. 指令概述

如表 4-3-2 所示，如果输入信号 CD 从“0”变为“1”（信号上升沿），则执行减计数器指令，同时输出信号 CV 的当前计数值减 1，每检测到一个信号上升沿，输出信号 CV 的值就会减 1，直到达到输出信号 CV 中所指定数据类型的下限，当达到下限时，输入信号 CD 的信号状态将不再影响减计数器指令。

如果输出信号 CV 的当前计数值小于或等于“0”，则将输出信号 Q 置位为“1”，在其他情况下，输出信号 Q 的信号状态均为“0”。

2. 指令说明

减计数器指令说明如表 4-3-2 所示。

表 4-3-2　减计数器指令说明

指令名称	指令符号	操作数类型		说明
减计数器	"Counter name" CTD Int CD　Q LD　CV PV	输入信号	CD：Bool（脉冲有效）	当 CV > 0 时，输出信号 Q 为“0”；当 CV≤0 时，输出信号 Q 为“1”。 当输入信号 LD 为“1”时，会将预置在 PV 里的计数次数赋给 CV，即 CV=PV；当输入信号 LD 为“0”，CD 位上升沿时，输出信号 CV 的当前值减 1
			LD：Bool（电平有效）	
			PV：任何整数数据类型	
		输出信号	Q：Bool	
			CV：任何整数数据类型	

3．示例

图 4-3-3 和图 4-3-4 分别为减计数器指令示例及其时序图。

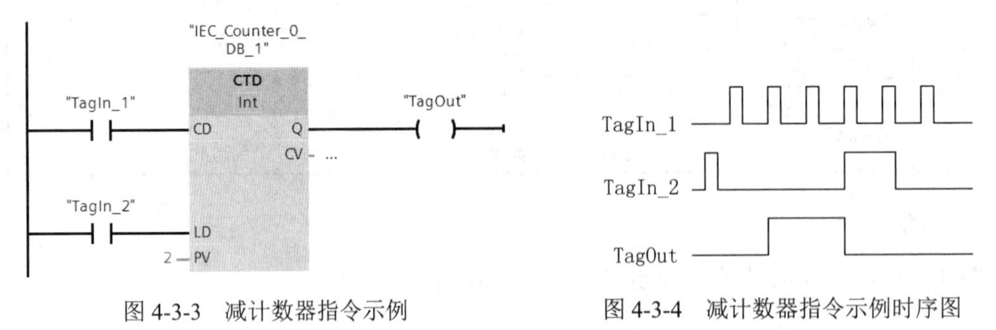

图 4-3-3　减计数器指令示例　　图 4-3-4　减计数器指令示例时序图

4.3.3　加减计数器指令

1．指令概述

使用加减计数器指令可以进行递增和递减计数，如表 4-3-3 所示，CU 为加计数信号输入，CD 为减计数信号输入。加减计数器的功能类似于一个加计数器和一个减计数器的组合。如果输入信号 CU 的状态从“0”变为“1”（信号上升沿），则输出信号 CV 的计数值加 1 并存储在 CV 中。如果输入信号 CD 的状态从“0”变为“1”（信号上升沿），则输出信号 CV 的当前计数值减 1，如果在一个程序周期内，输入信号 CU 和 CD 都出现信号上升沿，则输出信号 CV 的当前计数器值保持不变。

当输入信号 LD 的状态变为“1”时，会将输出信号 CV 的当前计数值置位为参数 PV 的值。只要输入信号 LD 的状态为“1”，输入信号 CU 和 CD 的状态就不会影响加减计数器指令。

当输入信号 *R* 的状态变为“1”时，输出信号 CV 的当前计数值复位为“0”，只要输入信号 *R* 的状态为“1”，输入信号 CU、CD 和 LD 的状态就不会影响加减计数器指令。

可以在输出信号 QU 中查询加计数器的状态，如果输出信号 CV 的计数值大于或等于参数 PV 的值，则将输出信号 QU 的状态置位为“1”，在其他情况下，输出信号 QU 的状态均为“0”。

可以在输出信号 QD 中查询减计数器的状态，如果输出信号 CV 的当前计数值小于或等于“0”，则将输出信号 QD 的状态置位为“1”，在其他情况下，输出信号 QD 的状态均为“0”。

2．指令说明

加减计数器指令说明如表 4-3-3 所示。

表 4-3-3　加减计数器指令说明

<table>
<tr><th>指令名称</th><th>指令符号</th><th colspan="3">操作数类型</th><th>说明</th></tr>
<tr><td rowspan="7">加减计数器</td><td rowspan="7">"Counter name"
CTUD
Int
CU　QU
CD　QD
R　CV
LD
PV</td><td rowspan="3">输入信号</td><td>CU：Bool</td><td>CD：Bool</td><td rowspan="7">当输入信号 CU 位上升沿时，CV 的当前值加 1；当输入信号 CD 位上升沿时，CV 的当前值减 1。
当 CV < PV 时，输出信号 QU 为“0”，
当 CV≥PV 时，输出信号 QU 为“1”。
当 CV > 0 时，输出信号 QD 为“0”；
当 CV≤0 时，输出信号 QD 为“1”。
当输入信号 R 为“1”时，CV=0，输出信号 QU 为“0”，输出信号 QD 为“1”。
当输入信号 LD 为“1”时，CV=PV</td></tr>
<tr><td>R：Bool</td><td>LD：Bool</td></tr>
<tr><td colspan="2">PV：任何整数数据类型</td></tr>
<tr><td rowspan="3">输出信号</td><td colspan="2">QU：Bool</td></tr>
<tr><td colspan="2">QD：Bool</td></tr>
<tr><td colspan="2">CV：任何整数数据类型</td></tr>
<tr><td colspan="3">Counter name：
IEC_SCOUNTER
IEC_USCOUNTER
IEC_COUNTER
IEC_UCOUNTER
IEC_DCOUNTER
IEC_UDCOUNTER
CTUD_SINT
CTUD_USINT
CTUD_INT
CTUD_UINT
CTUD_DINT
CTUD_UDINT</td></tr>
</table>

当 PV=4 时，加减计数器指令的时序图如图 4-3-5 所示。

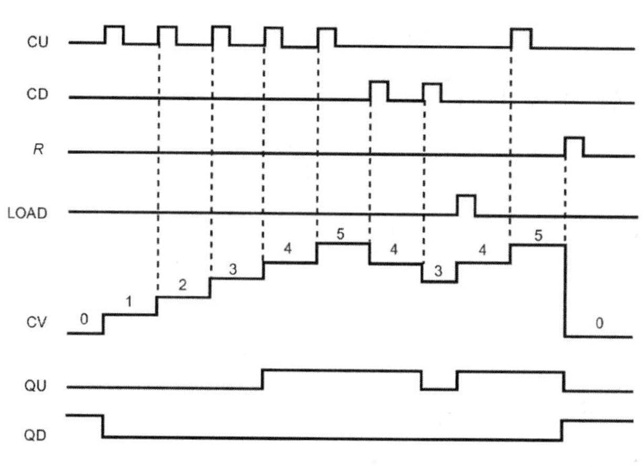

图 4-3-5　当 PV=4 时，加减计数器指令时序图

4.3.4　应用实例

（1）实例名称：指示灯点亮次数计数应用实例。

（2）实例描述：按下启动按钮，延时 5s，绿色指示灯点亮，计数器加 1；按下停止按钮，绿色指示灯熄灭；按下复位按钮，计数值复位。

（3）S7-1200 PLC 输入/输出分配表：输入/输出分配表如表 4-3-4 所示。

表 4-3-4　输入/输出分配表

输入		输出	
启动按钮（SB 1）	I0.0	绿色指示灯（GL）	Q0.0
停止按钮（SB 2）	I0.1	—	—
复位按钮（SB 3）	I0.2	—	—

（4）S7-1200 PLC 接线图：如图 4-3-6 所示。

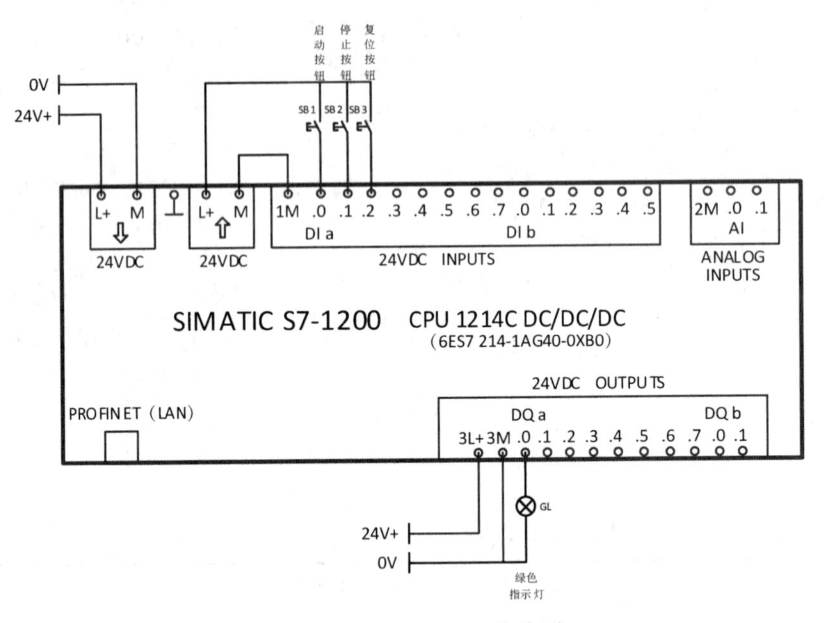

图 4-3-6　S7-1200 PLC 接线图

（5）PLC 变量表：如图 4-3-7 所示。

变量表_1

	名称	数据类型	地址	保持
1	启动按钮	Bool	%I0.0	
2	停止按钮	Bool	%I0.1	
3	复位按钮	Bool	%I0.2	
4	绿色指示灯	Bool	%Q0.0	
5	辅助继电器	Bool	%M10.0	
6	指示灯计数值	Int	%MW12	

图 4-3-7　PLC 变量表

（6）程序编写：实例程序如图 4-3-8 所示。

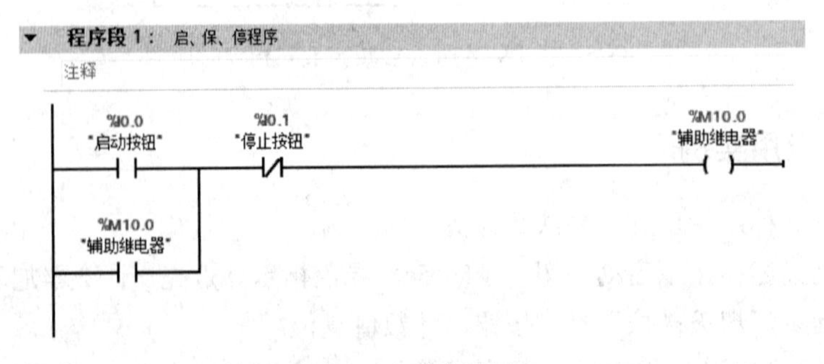

图 4-3-8　实例程序

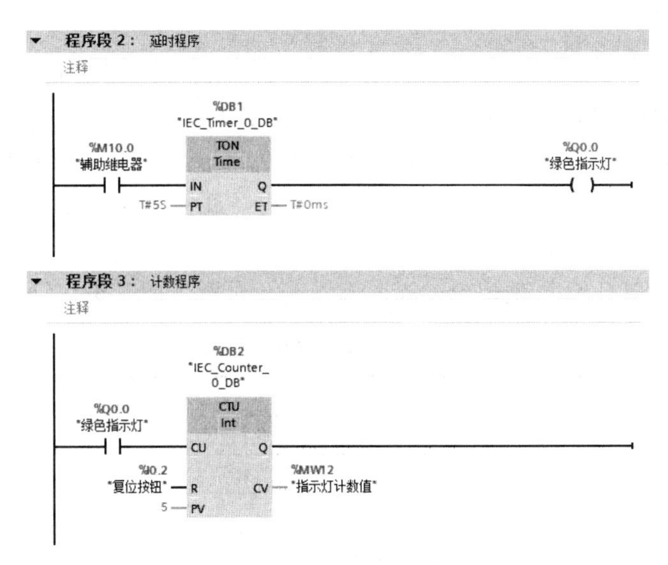

图 4-3-8　实例程序（续）

4.4　功能指令

4.4.1　比较器指令

1. 指令概述

使用比较器指令可以对数据类型相同的两个值进行比较。

2. 指令说明

比较器指令说明如表 4-4-1 所示。

表 4-4-1　比较器指令说明

指令名称	指令符号	操作数类型	说明
比较值	"IN1" == Byte "IN2"	IN1，IN2：Byte/Word/DWord/SInt/Int/DInt/USInt/UInt/UDInt/Real/LReal/String/WString/Char/Char/Time/Date/TOD/DTL/常数	比较 IN1 和 IN2，如果结果为真，则该触点被激活
范围内值	IN_RANGE ??? MIN VAL MAX	MIN，VAL，MAX：SInt/Int/DInt/USInt/UInt/UDInt/Real/LReal/常数	如果测试 VAL 输入值是在指定的 MAX 和 MIN 范围之内（MIN< VAL<MAX），则输出为“1”，否则输出为“0”
范围外值	OUT_RANGE ??? MIN VAL MAX	MIN，VAL，MAX：SInt/Int/DInt/USInt/UInt/UDInt/Real/LReal/常数	如果测试 VAL 输入值是在指定的 MAX 和 MIN 范围之外（MAX< VAL 或 VAL< MIN），则输出为“1”，否则输出为“0”

3. 应用实例

（1）实例名称：比较指令应用实例。

（2）实例描述：按下启动按钮，延时 5s，绿色指示灯点亮，计数器加 1；按下停止按钮，绿色指示灯熄灭；当绿色指示灯点亮 5 次时，红色指示灯点亮；按下复位按钮，绿色指示灯和红色指示灯均熄灭。

（3）S7-1200 PLC 输入/输出分配表：输入/输出分配表如表 4-4-2 所示。

表 4-4-2　输入/输出分配表

输入		输出	
启动按钮（SB 1）	I0.0	绿色指示灯（GL）	Q0.0
停止按钮（SB 2）	I0.1	红色指示灯（RL）	Q0.1
复位按钮（SB 3）	I0.2	—	—

（4）S7-1200 PLC 接线图：如图 4-4-1 所示。

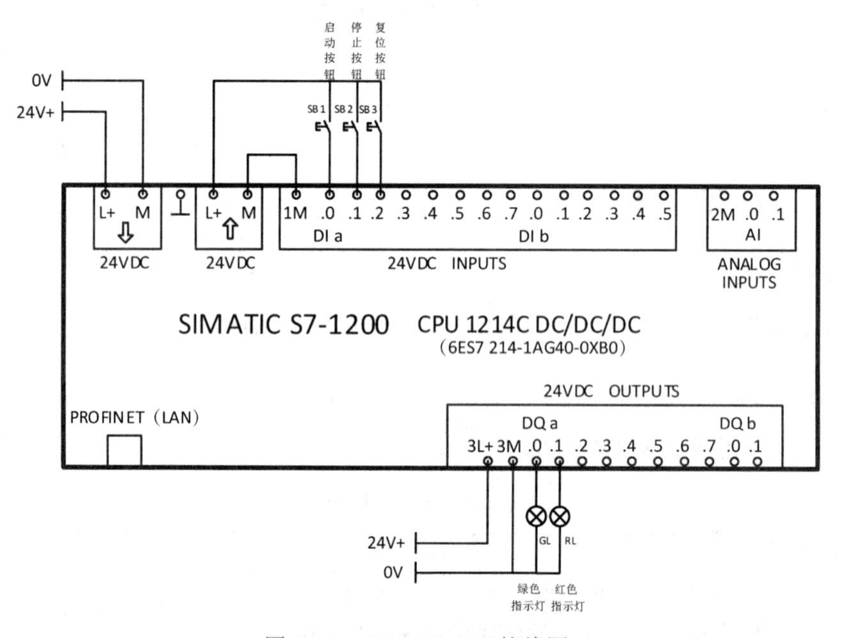

图 4-4-1　S7-1200 PLC 接线图

（5）PLC 变量表：如图 4-4-2 所示。

变量表_1

	名称	数据类型	地址 ▲	保持
1	启动按钮	Bool	%I0.0	
2	停止按钮	Bool	%I0.1	
3	复位按钮	Bool	%I0.2	
4	绿色指示灯	Bool	%Q0.0	
5	红色指示灯	Bool	%Q0.1	
6	辅助继电器	Bool	%M10.0	
7	指示灯计数值	Int	%MW12	

图 4-4-2　PLC 变量表

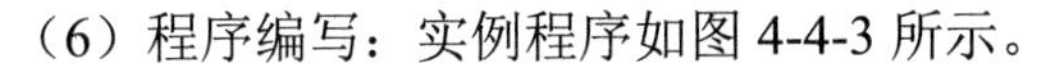

（6）程序编写：实例程序如图 4-4-3 所示。

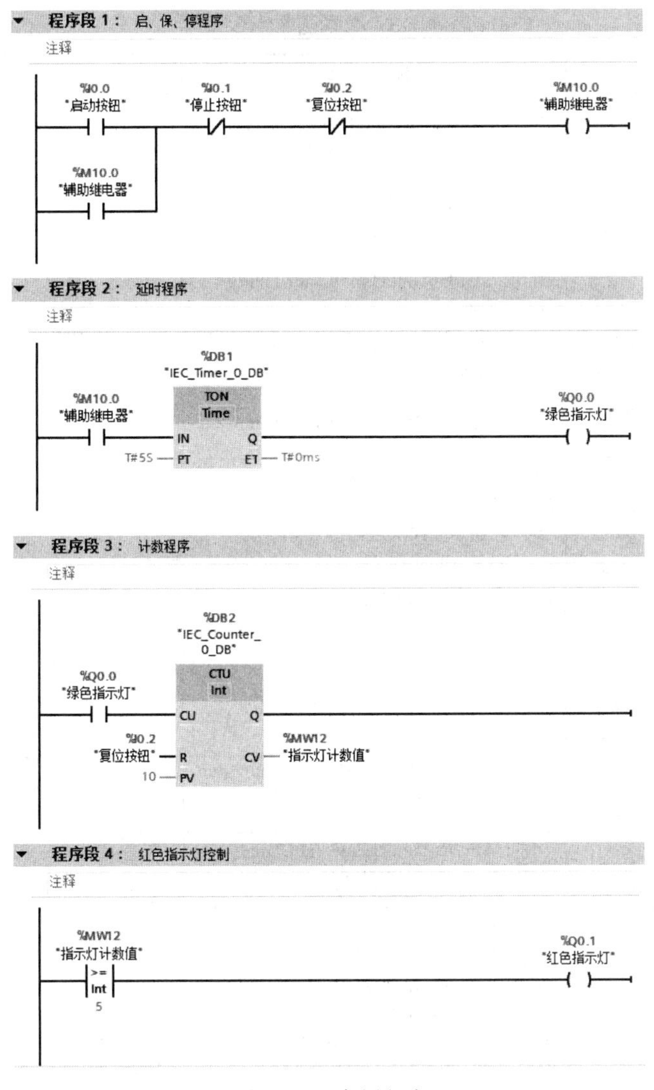

图 4-4-3　实例程序

4.4.2　数学函数指令

1．指令概述

数学函数指令具有数学运算的功能，数学函数指令包含整数运算指令、浮点数运算指令及三角函数运算指令等，在使用数学函数指令时，输入与输出的数据类型必须保持一致，可通过指令框中的“???”下拉列表选择该指令的数据类型。

2．指令说明

数学函数指令说明如表 4-4-3 所示。部分指令的输入可增加，如 ADD 指令，单击 IN2

旁边的 ✲ 图标，可以插入多个输入。

表 4-4-3　数学函数指令说明

指令名称	指令符号	操作数类型	说　明
计算	CALCULATE ??? EN　ENO OUT := <???> IN1　OUT IN2✲	IN1，IN2，OUT：SInt/Int/DInt/USInt/UInt/UDInt/Real/LReal/Byte/Word/DWord	单击计算器图标“<???>”定义数学函数，并根据定义的等式在 OUT 处生成结果
加、减、乘、除	ADD ??? EN　ENO IN1　OUT IN2✲	IN1，IN2：SInt/Int/DInt/USInt/UInt/UDInt/Real/LReal/常数 OUT：SInt/Int/DInt/USInt/UInt/UDInt/Real/LReal	ADD：加法（OUT = IN1 + IN2） SUB：减法（OUT = IN1 − IN2） MUL：乘法（OUT = IN1 × IN2） DIV：除法（OUT = IN1 / IN2）
求余	MOD ??? EN　ENO IN1　OUT IN2	IN1，IN2：SInt/Int/DInt/USInt/UInt/UDInt/常数 OUT：SInt/Int/DInt/USInt/UInt/UDInt	MOD 指令返回整数除法运算的余数，即将 IN1 除以 IN2 后得到的余数输出到 OUT 中
取反	NEG ??? EN　ENO IN　OUT	IN1：SInt/Int/DInt/Real/LReal/Constant OUT：SInt/Int/DInt/Real/LReal	将参数 IN 的值的算术符号取反（求二进制补码），并将结果存储在参数 OUT 中
递增、递减	INC ??? EN　ENO IN/OUT	IN/OUT：SInt/Int/DInt/USInt/UInt/UDInt	INC：递增（IN/OUT=IN/OUT+1） DEC：递减（IN/OUT=IN/OUT−1）
绝对值	ABS ??? EN　ENO IN　OUT	IN，OUT：SInt/Int/DInt/Real/LReal/	将输入信号 IN 的有符号整数或实数的绝对值输出到 OUT 中
最大值	MAX ??? EN　ENO IN1　OUT IN2 ✲	IN1，IN2，…，IN32：SInt/Int/DInt/USInt/UInt/UDInt/Real/LReal/Time/Date/TOD/常数 OUT：SInt/Int/DInt/USInt/UInt/UDInt/Real/LReal/Time/Date/TOD	依次比较输入端的值并将最大的值输出到 OUT 中，最多可以支持 32 个输入
最小值	MIN ??? EN　ENO IN1　OUT IN2✲	IN1，IN2，…，IN32：SInt/Int/DInt/USInt/UInt/UDInt/Real/LReal/Time/Date/TOD/常数 OUT：SInt/Int/DInt/USInt/UInt/UDInt/Real/LReal/Time/Date/TOD	依次比较输入端的值并将最小的值输出到 OUT 中，最多可以支持 32 个输入
设置限值	LIMIT ??? EN　ENO MN　OUT IN MX	MN，IN，MX：SInt/Int/DInt/USInt/UInt/UDInt/Real/LReal/Time/Date/TOD/常数 OUT：SInt/Int/DInt/USInt/UInt/UDInt/Real/LReal/Time/Date/TOD	LIMIT 指令用于测试参数 IN 的值是否在参数 MN 和 MX 指定的值范围内。 当在 MN<MX 时，OUT 输出符合以下逻辑： 当 IN ≤ MN 时，OUT = MN； 当 IN ≥ MX 时，OUT = MX； 当 MN < IN < MX 时，OUT = IN。 当 MN≥MX 时，OUT = IN
平方、平方根	SQR ??? EN　ENO IN　OUT	IN：Real/LReal/常数 OUT：Real/ LReal	SQR：平方（OUT = IN^2）； SQRT：平方根（OUT = $\sqrt{IN}$）
自然对数	LN ??? EN　ENO IN　OUT	IN：Real/LReal/常数 OUT：Real/ LReal	自然对数，即 OUT = ln(IN)

续表

指令名称	指令符号	操作数类型	说　明
指数值	EXP ??? EN　ENO IN　OUT	IN：Real/LReal/常数 OUT：Real/ LReal	指数值（OUT = e^{IN}），其中底数 e = 2.71 828 182 845 904 523 536
正弦值、反正弦值	SIN ??? EN　ENO IN　OUT	IN：Real/LReal/常数 OUT：Real/ LReal	SIN：正弦值 即 OUT = sin(IN); ASIN：反正弦值 即 OUT = arcsin(IN)
余弦值、反余弦值	COS ??? EN　ENO IN　OUT	IN：Real/LReal/常数 OUT：Real/ LReal	COS：余弦值 即 OUT = cos(IN); ACOS：反余弦值 即 OUT = arccos(IN)
正切值、反正切值	TAN ??? EN　ENO IN　OUT	IN：Real/LReal/常数 OUT：Real/ LReal	TAN：正切值 即 OUT = tan(IN); ATAN：反正切值 即 OUT = arctan(IN)
取小数	FRAC ??? EN　ENO IN　OUT	IN：Real/LReal/常数 OUT：Real/ LReal	提取浮点数 IN 的小数部分并输出到 OUT 中
取幂	EXPT ??? ** ??? EN　ENO IN1　OUT IN2	IN1，IN2：Real/LReal/常数 OUT：Real/ LReal	取幂（OUT = $IN1^{IN2}$）

3．应用实例

（1）实例名称：圆柱形容器的体积计算应用实例。

（2）实例描述：已知圆柱形容器的底部圆的半径和液位高度，计算液体体积。

（3）程序编写：实例程序如图 4-4-4 所示。

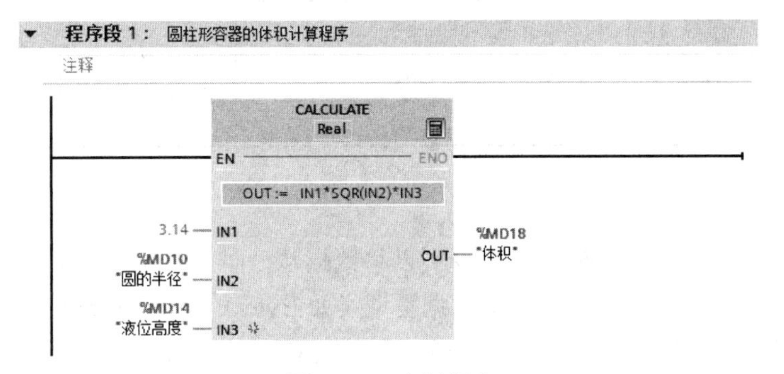

图 4-4-4　实例程序

4.4.3　数据处理指令

数据处理指令分为数据传送指令、数据转换指令、字逻辑运算指令和移位及循环移位指令等。

1. 数据传送指令

（1）指令概述。使用数据传送指令可以将数据元素复制到新的存储器地址并从一种数据类型转换为另一种数据类型。

（2）指令说明。数据传送指令说明如表 4-4-4 所示。

表 4-4-4　数据传送指令说明

指令名称	指令符号	操作数类型	说　明
移动	MOVE EN ENO IN OUT1	IN，OUT：SInt/Int/DInt/USInt/UInt/UDInt/Real/LReal/Byte/Word/DWord/Char/WChar/Array/Struct/DTL/Time/Date/TOD/IEC 数据类型/PLC 数据类型	MOVE 指令将单个数据元素从参数 IN 指定的源地址复制到参数 OUT 指定的目标地址
移动块	MOVE_BLK EN ENO IN OUT COUNT	IN，OUT：SInt/Int/DInt/USInt/UInt/UDInt/Real/LReal/Byte/Word/DWord/Time/Date/TOD/WChar COUNT：UInt	MOVE_BLK 指令将数据元素块复制到新地址的可中断移动块中，COUNT 用于指定要复制的数据元素的个数
无中断移动块	UMOVE_BLK EN ENO IN OUT COUNT	IN，OUT：SInt/Int/DInt/USInt/UInt/UDInt/Real/LReal/Byte/Word/DWord/Time/Date/TOD/WChar COUNT：UInt	UMOVE_BLK 指令将数据元素块复制到新地址的不可中断移动块中，COUNT 用于指定要复制的数据元素的个数
填充块	FILL_BLK EN ENO IN OUT COUNT	IN，OUT：SInt/Int/DInt/USInt/UInt/UDInt/Real/LReal/Byte/Word/DWord/Time/Date/TOD/Char/WChar COUNT：USInt/UInt/UDInt	用 IN 输入的值填充一个存储区域（目标范围），从输出 OUT 指定的地址开始填充目标范围。可以使用参数 COUNT 指定复制操作的重复次数
无中断填充块	UFILL_BLK EN ENO IN OUT COUNT	IN，OUT：SInt/Int/DInt/USInt/UInt/UDInt/Real/LReal/Byte/Word/DWord/Time/Date/TOD/Char/WChar COUNT：USInt/UInt/UDInt	用 IN 输入的值填充一个存储区域（目标范围），从输出 OUT 指定的地址开始填充目标范围。可以使用参数 COUNT 指定复制操作的重复次数
交换字节	SWAP ??? EN ENO IN OUT	IN，OUT：Word/DWord	用于反转二字节和四字节数据元素的字节顺序，不改变每个字节中的位顺序

2. 数据转换指令

（1）指令概述。使用数据转换指令可以将数据从一种数据类型转换为另一种数据类型，数据转换指令的输入不支持位串数据类型（如 Byte、Word 和 DWord）。如果需要对位串类型的数据进行转换操作，则必须选择位长度相同的无符号整型。例如，为 Byte 选择 USInt，为 Word 选择 UInt，为 DWord 选择 UDInt。对输入的 BCD16 数据进行转换仅限于 Int 数据类型，对输入的 BCD32 数据进行转换仅限于 DInt 数据类型。

（2）指令说明。数据转换指令说明如表 4-4-5 所示。

表 4-4-5 数据转换指令说明

指令名称	指令符号	操作数类型	说 明
转换	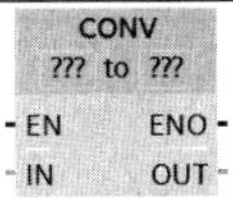 CONV ??? to ??? EN ENO IN OUT	IN，OUT：位串/SInt/USInt/Int/UInt/DInt/UDInt/Real/LReal/BCD16/BCD32/Char/WChar	读取参数 IN 的内容，并根据指令框中选择的数据类型对其进行转换。转换值将输出到 OUT 中
取整	 ROUND Real to ??? EN ENO IN OUT	IN：Real/LReal OUT：SInt/Int/DInt/USInt/UInt/UDInt/Real/LReal	将输入 IN 的值四舍五入取整为最接近的整数，并将结果输出到 OUT 中
截尾取整	 TRUNC Real to ??? EN ENO IN OUT	IN：Real/LReal OUT：SInt/Int/DInt/USInt/UInt/UDInt/Real/LReal	选择输入浮点数的整数部分，并将其输出到 OUT 中
上取整	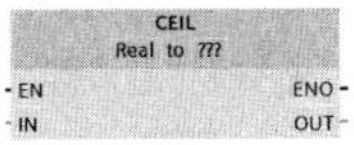 CEIL Real to ??? EN ENO IN OUT	IN：Real/LReal OUT：SInt/Int/DInt/USInt/UInt/UDInt/Real/LReal	将输入 IN 的值向上取整为相邻整数并输出到 OUT 中。输出值总大于或等于输入值
下取整	 FLOOR Real to ??? EN ENO IN OUT	IN：Real/LReal OUT：SInt/Int/DInt/USInt/UInt/UDInt/Real/LReal	将输入 IN 的值向下取整为相邻整数并输出到 OUT 中。输出值总是小于或等于输入值
标准化	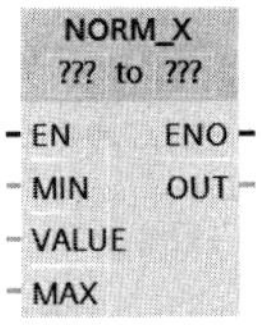 NORM_X ??? to ??? EN ENO MIN OUT VALUE MAX	MIN，MAX，VALUE：SInt/Int/DInt/USInt/UInt/UDInt/Real/LReal OUT：Real/LReal	将输入 VALUE 变量的值映射到线性标尺并对其进行标准化： OUT = (VALUE − MIN)/(MAX − MIN)，其中，0.0≤OUT≤1.0 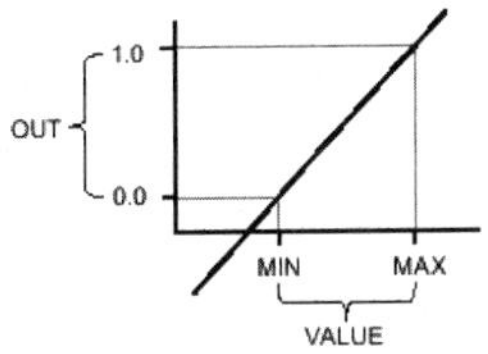 （图：OUT 1.0、0.0；MIN、MAX；VALUE）
标定	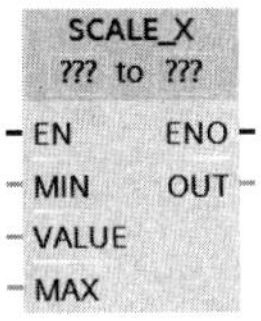 SCALE_X ??? to ??? EN ENO MIN OUT VALUE MAX	MIN，MAX，OUT：SInt/Int/DInt/USInt/UInt/UDInt/Real/LReal VALUE：Real/LReal	将输入 VALUE 变量的值映射到指定的值范围内，把该值缩放到由参数 MIN 和 MAX 定义的值范围： OUT = VALUE (MAX − MIN)+ MIN，其中，0.0≤VALUE≤1.0 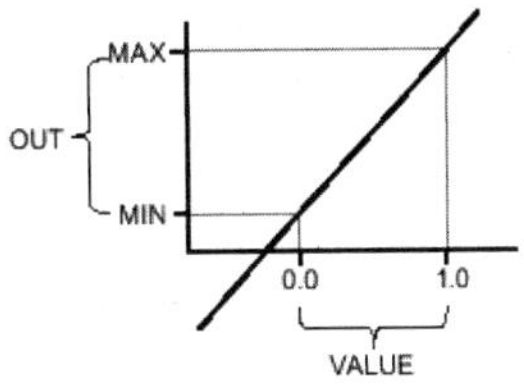 （图：OUT MAX、MIN；0.0、1.0；VALUE）

3．字逻辑运算指令

（1）指令概述。使用字逻辑运算指令可对输入的位串类型数据进行逻辑运算，常用的字逻辑运算包括与、或和异或等运算。

（2）指令说明。字逻辑运算指令说明如表 4-4-6 所示。

表 4-4-6　字逻辑运算指令说明

指令名称	指令符号	操作数类型	说　明
与、或、异或	AND ??? EN ENO IN1 OUT IN2	IN1，IN2，OUT：Byte/Word/DWord	AND（与）：OUT = IN1 AND IN2 OR（或）：OUT = IN1 OR IN2 XOR（异或）：OUT = IN1 XOR IN2
按位取反	INV ??? EN ENO IN OUT	IN，OUT：SInt/Int/DInt/USInt/UInt/UDInt/Byte/Word/DWord	通过对参数 IN 各个二进制位的值取反来计算反码（将每个 0 变为 1，将每个 1 变为 0）。执行按位取反指令后，ENO 总是为 TRUE
编码	ENCO ??? EN ENO IN OUT	IN：Byte/Word/DWord OUT：Int	编码指令用于选择输入 IN 值的最低有效位，并将该位号输出到 OUT 中
解码	DECO UInt to ??? EN ENO IN OUT	IN：UInt OUT：Byte/Word/DWord	解码指令用于读取输入 IN 的值，并将输出值中位号为读取值的位置位为“1”
选择	SEL ??? EN ENO G OUT IN0 IN1	参数 G：Bool IN0，IN1，OUT：SInt/Int/DInt/USInt/UInt/UDInt/Real/LReal/Byte/Word/DWord/Time/Date/TOD/Char/WChar	根据参数 G 的值，将两个输入值的其中一个参数输出到 OUT 中： 当 G = 0 时，OUT = IN0； 当 G = 1 时，OUT = IN1
多路复用	MUX ??? EN ENO K OUT IN0 IN1 ELSE	参数 K：UInt IN0，IN1，…，INn，ELSE，OUT：SInt/Int/DInt/USInt/UInt/UDInt/Real/LReal/Byte/Word/DWord/Time/Date/TOD/Char/WChar	根据参数 K 的值，将多个输入值的其中一个输出到 OUT 中。如果参数 K 的值大于（INn−1），则会将参数 ELSE 的值参数输出到 OUT 中。 当 K = 0 时，OUT = IN0； 当 K = 1 时，OUT = IN1； 当 K = n 时，OUT = INn
多路分用	DEMUX ??? EN ENO K OUT0 IN OUT1 ELSE	参数 K：UInt IN，ELSE，OUT0，OUT1，…，OUTn：SInt/Int/DInt/USInt/UInt/UDInt/Real/LReal/Byte/Word/DWord/Time/Date/TOD/Char/WChar	根据参数 K 的值，将输入值输出到多个 OUT 的其中一个中。如果参数 K 的值大于（OUTn−1），则会将 IN 输出到参数 ELSE 中。 当 K = 0 时，OUT0 = IN； 当 K = 1 时，OUT1 = IN； 当 K = n 时，OUTn = IN

4．移位及循环移位指令

（1）指令概述。使用移位及循环移位指令可以移动操作数的位序列。

（2）指令说明。移位及循环移位指令说明如表 4-4-7 所示。

表 4-4-7　移位及循环移位指令说明

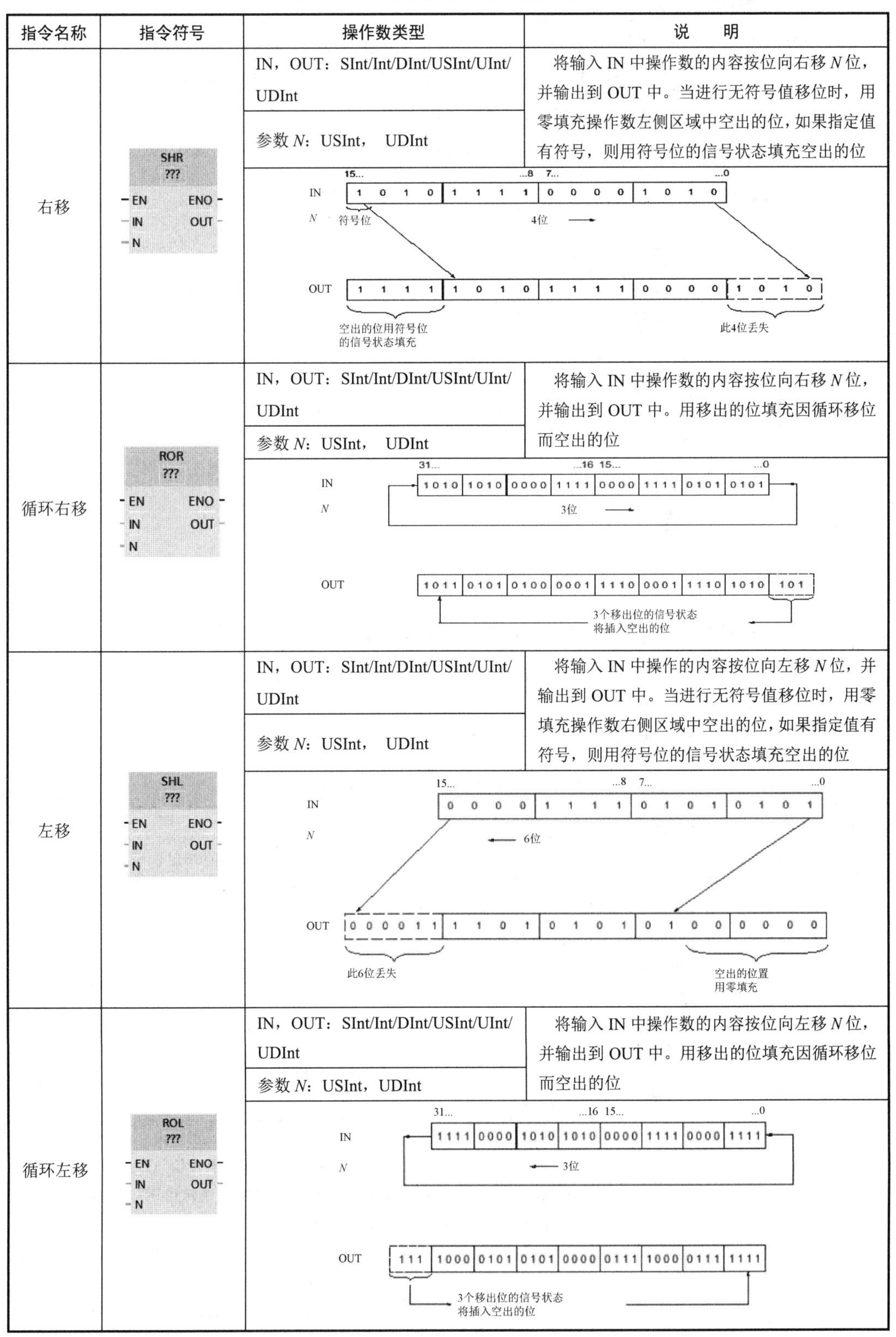

指令名称	指令符号	操作数类型	说　明
右移	SHR ??? EN ENO IN OUT N	IN，OUT：SInt/Int/DInt/USInt/UInt/UDInt 参数 *N*：USInt，　UDInt	将输入 IN 中操作数的内容按位向右移 *N* 位，并输出到 OUT 中。当进行无符号值移位时，用零填充操作数左侧区域中空出的位，如果指定值有符号，则用符号位的信号状态填充空出的位
循环右移	ROR ??? EN ENO IN OUT N	IN，OUT：SInt/Int/DInt/USInt/UInt/UDInt 参数 *N*：USInt，　UDInt	将输入 IN 中操作数的内容按位向右移 *N* 位，并输出到 OUT 中。用移出的位填充因循环移位而空出的位
左移	SHL ??? EN ENO IN OUT N	IN，OUT：SInt/Int/DInt/USInt/UInt/UDInt 参数 *N*：USInt，　UDInt	将输入 IN 中操作的内容按位向左移 *N* 位，并输出到 OUT 中。当进行无符号值移位时，用零填充操作数右侧区域中空出的位，如果指定值有符号，则用符号位的信号状态填充空出的位
循环左移	ROL ??? EN ENO IN OUT N	IN，OUT：SInt/Int/DInt/USInt/UInt/UDInt 参数 *N*：USInt，UDInt	将输入 IN 中操作数的内容按位向左移 *N* 位，并输出到 OUT 中。用移出的位填充因循环移位而空出的位

5．应用实例

（1）实例名称：圆柱形容器的体积计算和移位应用实例。

（2）实例描述：已知圆柱形容器的底部圆的半径和液体高度，计算液体体积，并将液体体积数据从 MD18 数据区移到 MD22 数据区。

（3）程序编写：实例程序如图 4-4-5 所示。

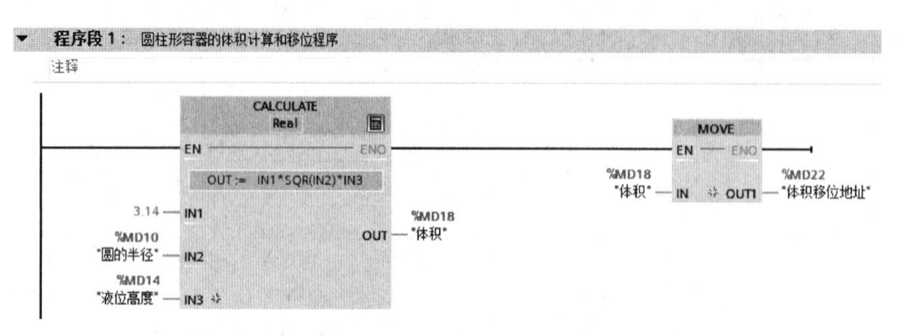

图 4-4-5　实例程序

4.4.4　程序控制指令

1．指令概述

程序控制指令具有强制命令程序跳转至指定位置开始执行的功能。

2．指令说明

常用程序控制指令说明如表 4-4-8 所示。

表 4-4-8　常用程序控制指令说明

指令名称	指令符号	操作数类型	说明
跳转	tag -(JMP)-	tag：程序标签（LABEL）	当逻辑运算结果 RLO =“1”时，程序跳转到标签 tag（LABEL）程序段处继续执行
0 跳转	tag -(JMPN)-	tag：程序标签（LABEL）	当逻辑运算结果 RLO =“0”时，程序跳转到标签 tag（LABEL）程序段处继续执行
跳转标签	tag	tag：标签标识符	LABEL：跳转指令及相应跳转目标程序标签的标识符。各标签在代码块内必须唯一
跳转列表	JMP_LIST EN DEST0 K DEST1	参数 *K*：UInt DEST0，DEST1：程序标签（LABEL）	根据输入的 *K* 值跳转到相应的程序标签
跳转分配器	SWITCH ??? EN DEST0 K DEST1 == ELSE ==	参数 *K*：UInt ==，<>，<，<=，>，>=：SInt/Int/DInt/USInt/UInt/UDInt/Real/LReal/Byte/Word/DWord/Time/TOD/Date DEST0，DEST1，…，[DEST*n*]，ELSE：程序标签	将参数 *K* 中指定要比较的值与各个输入值进行比较，如果 *K* 值与该输入值的比较结果为“真”，则跳转到分配给 DEST0 的标签。下一个比较测试使用下一个输入，如果比较结果为“真”，则跳转到分配给 DEST1 的标签。依次对其他比较进行类似的处理，如果比较结果都不为“真”，则跳转到分配给 ELSE 的标签

续表

指令名称	指令符号	操作数类型	说明
返回	"Return_Value" —(RET)—	Return_Value：Bool	终止当前块的执行，与 LABEL 配合使用

4.5　基本指令综合应用实例

4.5.1　实例内容

（1）实例名称：两台电机的时间控制应用实例。

（2）实例描述：两台电机控制方式如下。

① 当系统处于手动控制状态时，按下每台电机的启动按钮，电机启动运行，同时累计运行时间，按下每台电机的停止按钮，电机停止运行。

② 当系统处于自动控制状态时，按下自动启动按钮，系统会自动启动运行累计时间短的电机，按下自动停止按钮，电机停止运行。

（3）硬件组成：①S7-1200 PLC（CPU1214C DC/DC/DC），一台，订货号为 6ES7 214-1AG40-0XB0；②编程计算机，一台，已安装博途 STEP 7 专业版 V15.1 软件。

4.5.2　实例实施

第一步：新建项目及组态。

打开博途软件，在 Portal 视图中，单击“创建新项目”选项，在弹出的界面中输入项目名称（两台电机的时间控制应用实例）、路径和作者等信息，然后单击“创建”按钮即可生成新项目。

进入项目视图，在左侧的“项目树”窗格中，单击“添加新设备”选项，弹出“添加新设备”对话框，如图 4-5-1 所示，在此对话框中选择 CPU 的订货号和版本（必须与实际设备相匹配），然后单击“确定”按钮。

第二步：设置 CPU 属性。

在“项目树”窗格中，单击“PLC_1[CPU 1214C DC/DC/DC]”下拉按钮，双击“设备组态”选项，在“设备视图”的工作区中，选中 PLC_1，依次单击其巡视窗格中的“属性”→“常规”→“PROFINET 接口[X1]”→“以太网地址”选项，修改以太网 IP 地址，如图 4-5-2 所示。

第三步：新建 PLC 变量表。

在“项目树”窗格中，依次选择“PLC_1[CPU 1214C DC/DC/DC]”→“PLC 变量”选项，双击“添加新变量表”选项，并将新添加的变量表命名为“PLC 变量表”，然后在“PLC 变量表”中新建变量，如图 4-5-3 所示。

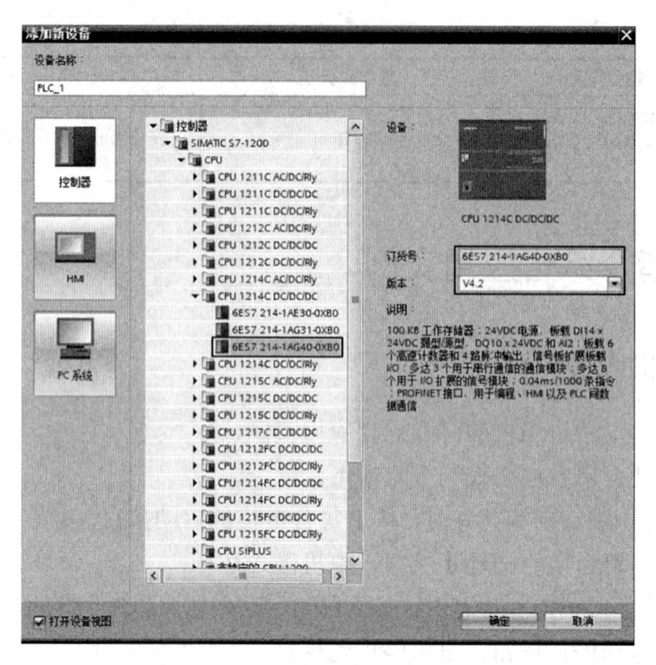

图 4-5-1 “添加新设备”对话框

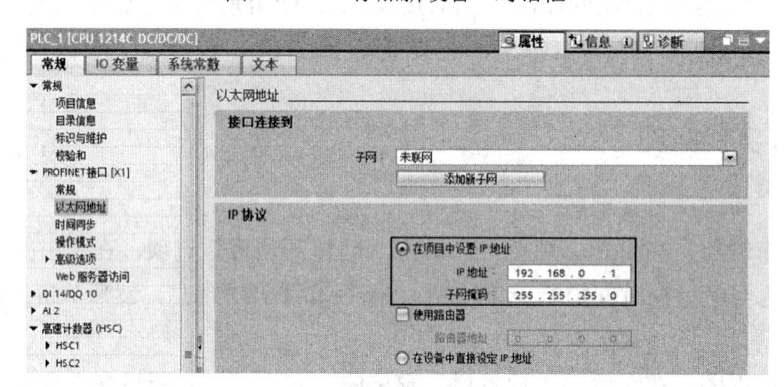

图 4-5-2 设置以太网 IP 地址

PLC变量表

	名称	数据类型	地址	保持
1	手/自动选择开关	Bool	%M10.0	
2	自动启动按钮	Bool	%M10.1	
3	自动停止按钮	Bool	%M10.2	
4	复位按钮	Bool	%M10.3	
5	1#电机启动按钮	Bool	%M30.0	
6	1#电机停止按钮	Bool	%M30.1	
7	1#电机控制	Bool	%M30.2	
8	1#电机控制运行反馈	Bool	%M30.3	
9	1#辅助继电器1	Bool	%M30.4	
10	1#辅助继电器2	Bool	%M30.5	
11	1#电机运行累计时间	DInt	%MD32	
12	2#电机启动按钮	Bool	%M40.0	
13	2#电机停止按钮	Bool	%M40.1	
14	2#电机控制	Bool	%M40.2	
15	2#电机控制运行反馈	Bool	%M40.3	
16	2#辅助继电器1	Bool	%M40.4	
17	2#辅助继电器2	Bool	%M40.5	
18	2#电机运行累计时间	DInt	%MD42	

图 4-5-3 PLC 变量表

第四步：编写 OB1 主程序。

OB1 主程序的编写，如图 4-5-4 所示。

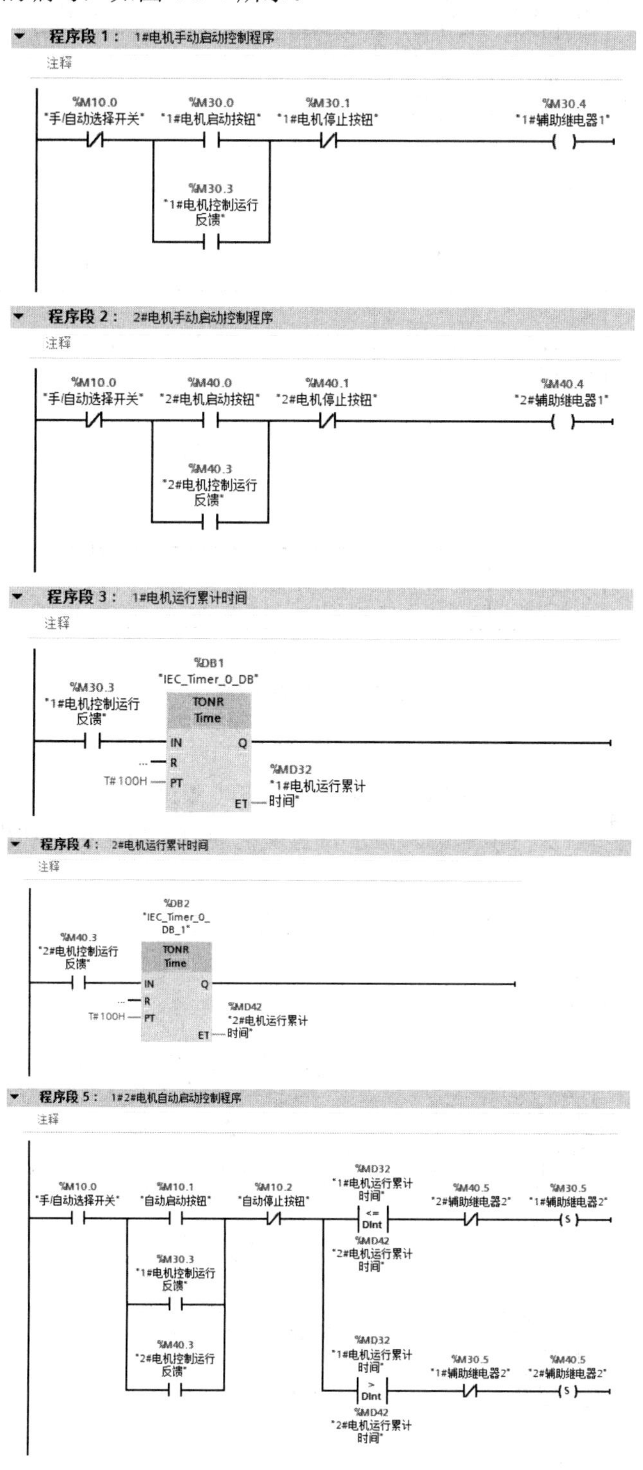

图 4-5-4　实例程序

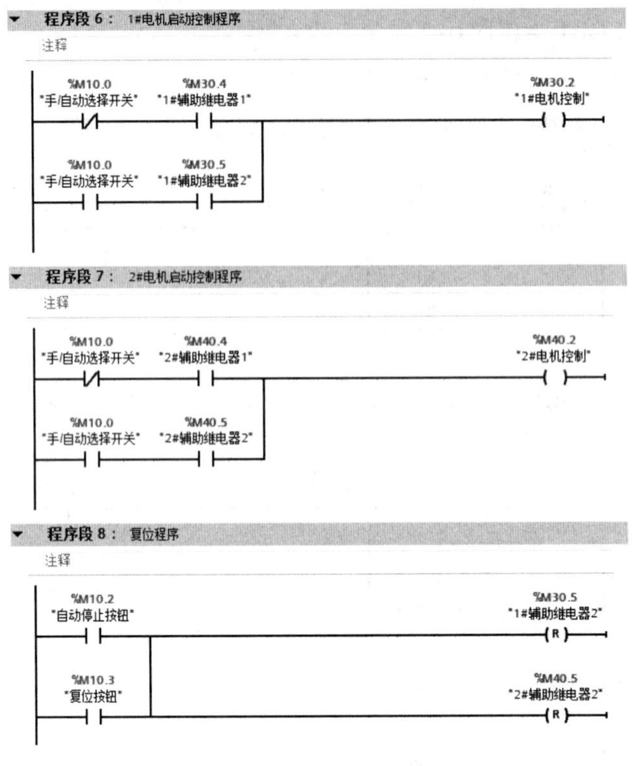

图 4-5-4 实例程序（续）

第五步：程序测试。

程序编译后，下载到 S7-1200 CPU 中，按以下步骤进行程序测试。

（1）手/自动选择开关为 0 状态，按下每台电机的电机启动按钮和电机停止按钮，可以实现电机的启停控制。

（2）手/自动选择开关为 1 状态，按下自动启动按钮，启动运行累计时间短的电机，按下自动停止按钮，电机停止运行。

PLC 监控表如图 4-5-5 所示。

两台电机的时间控制应用实例 ▸ PLC_1 [CPU 1214C DC/DC/DC] ▸ 监控与强制表 ▸ PLC监控表

	i	名称	地址	显示格式	监视值	修改值	⚡		注释
1		"手/自动选择开关"	%M10.0	布尔型	TRUE	TRUE	☑	!	
2		"自动启动按钮"	%M10.1	布尔型	FALSE	FALSE	☑	!	
3		"自动停止按钮"	%M10.2	布尔型	FALSE	FALSE	☑	!	
4		"复位按钮"	%M10.3	布尔型	FALSE		☐		
5		"1#电机启动按钮"	%M30.0	布尔型	FALSE		☐		
6		"1#电机停止按钮"	%M30.1	布尔型	FALSE		☐		
7		"1#电机控制运行反馈"	%M30.3	布尔型	FALSE	FALSE	☑	!	
8		"2#电机启动按钮"	%M40.0	布尔型	FALSE		☐		
9		"2#电机停止按钮"	%M40.1	布尔型	FALSE		☐		
10		"2#电机控制运行反馈"	%M40.3	布尔型	TRUE	TRUE	☑	!	
11		"1#电机运行累计时间"	%MD32	带符号十进制	18100		☐		
12		"2#辅助继电器2"	%M40.5	布尔型	TRUE		☐		
13		"1#辅助继电器2"	%M30.5	布尔型	FALSE		☐		
14		"2#电机运行累计时间"	%MD42	带符号十进制	64450		☐		
15		"1#辅助继电器1"	%M30.4	布尔型	FALSE		☐		
16		"2#辅助继电器1"	%M40.4	布尔型	FALSE		☐		
17		"1#电机控制"	%M30.2	布尔型	FALSE		☐		
18		"2#电机控制"	%M40.2	布尔型	TRUE		☐		

图 4-5-5 PLC 监控表

第 5 章　S7-1200 PLC 数据块和程序块

用户程序工作在 S7-1200 PLC 的操作系统上，操作系统调用用户程序，以便完成用户程序的执行。

用户程序包括数据块（DB）和程序块，其中程序块有三种类型：组织块（OB）、函数（FC）和函数块（FB）。

5.1　数据块

数据块用于存储程序数据，数据块中包含由用户程序使用的变量数据。

5.1.1　数据块种类

数据块有以下两种类型。

1．全局数据块

全局数据块存储所有其他块都可以使用的数据，数据块的大小因 CPU 的不同而各异。用户可以自定义全局数据块的结构，也可以选择使用 PLC 数据类型 （UDT）作为创建全局数据块的模板。

每个组织块、函数或者函数块都可以从全局数据块中读取数据或向其写入数据。

2．背景数据块

背景数据块通常直接分配给函数块，背景数据块的结构取决于函数块的接口声明，不能任意定义。

背景数据块具有以下特性。

（1）背景数据块通常直接分配给函数块。

（2）背景数据块的结构与相应函数块的接口相同，且只能在函数块中更改。

（3）背景数据块在调用函数块时自动生成。

5.1.2　数据块的创建及变量编辑步骤

第一步：数据块的创建。

在“项目树”窗格中单击“程序块”下拉按钮，双击“添加新块”选项，选择“数据块（DB）”选项，并将其命名为“数据块_1”，如图 5-1-1 所示，然后单击“确定”按钮。

第二步：数据块变量编辑方法。

进入数据块_1 的工作区对数据块变量进行编辑，数据块变量编辑方法如图 5-1-2 所示。

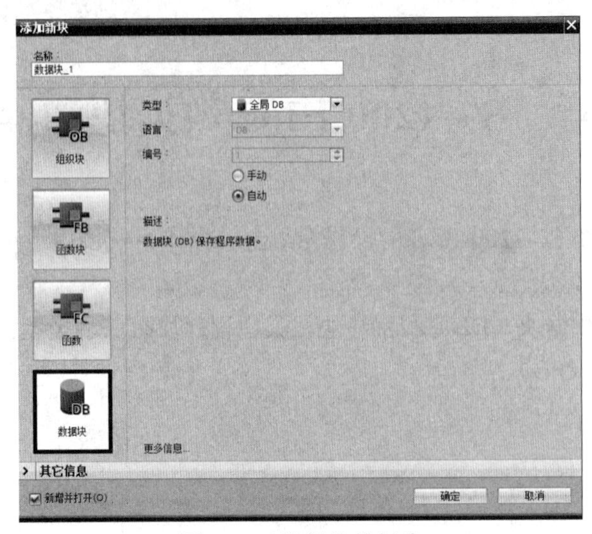

图 5-1-1　数据块的创建

数据块_1

	名称	数据类型	起始值	保持
1	▼ Static			
2	启动按钮	Bool	false	
3	停止按钮	Bool	false	
4	急停按钮	Bool	false	
5	运行状态反馈	Bool	false	
6	故障状态反馈	Bool	false	
7	电机控制	Bool	false	

图 5-1-2　数据块变量编辑方法

5.1.3　数据块访问模式

在数据块的“属性”选项卡中，依次选择“常规”→“属性”选项，设置数据块的访问模式，如图 5-1-3 所示。激活“优化的块访问”复选框，数据块为优化访问模式，取消“优化的块访问”复选框，数据块为标准访问模式。

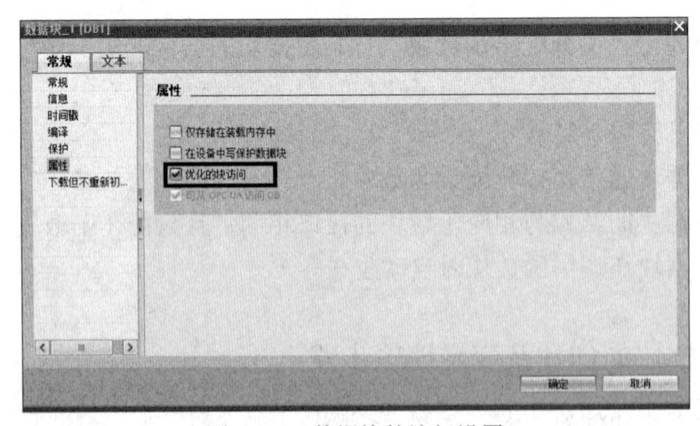

图 5-1-3　数据块的访问设置

1．优化访问模式

优化访问的数据块仅为数据元素分配一个符号名称，而不分配固定地址，变量的存储地址是由系统自动分配的，变量无偏移地址。

2. 标准访问模式（与 S7-300/400 PLC 兼容）

标准访问的数据块不仅为数据元素分配一个符号名称，还分配固定地址，变量的存储地址在数据块中，每个变量的偏移地址均可见。

5.1.4　数据块与位存储区的使用区别

（1）数据块可以设置为优化的块访问，通过符号访问，不需要绝对地址，而位存储区一定会分配绝对地址。

（2）数据块是由用户定义的，而位存储区是已经在 CPU 中定义好的。

（3）数据块中可以创建基于系统数据类型和 PLC 数据类型的数据，而位存储区不可以创建基于系统数据类型和 PLC 数据类型的数据。

5.2　组织块

组织块构成了操作系统和用户程序之间的接口，组织块由操作系统调用，可以进行以下操作。

（1）启动。

（2）循环程序的执行。

（3）中断程序的执行。

（4）错误处理。

5.2.1　组织块种类

在“项目树”窗格中选择“程序块”选项，双击“添加新块”选项，然后选择“组织块（OB）”选项，组织块种类如图 5-2-1 所示。

图 5-2-1　组织块种类

组织块主要种类说明如表 5-2-1 所示。

表 5-2-1　组织块主要种类说明

组织块名称	数量	组织块编号	说明
程序循环组织块	≥1	1 或者≥123	程序循环组织块在 CPU 处于 RUN 模式时循环执行
启动组织块	≥1	100 或者≥123	启动组织块在 CPU 的操作模式从 STOP 模式切换到 RUN 模式时执行一次
延时中断组织块	≤4	20～23 或者≥123	延时中断组织块在组态的时延后执行
循环中断组织块	≤4	30～38 或者≥123	循环中断组织块以指定的时间间隔执行
硬件中断组织块	≤50	40～47 或者≥123	硬件中断组织块在发生相关硬件事件时执行
诊断错误组织块	1	82	当 CPU 检测到诊断错误，或者具有诊断功能的模块发现错误且为该模块启用了诊断错误中断时，将执行诊断错误组织块
时间错误组织块	1	80	当扫描周期超过最大周期时间或发生错误事件时，将执行时间错误组织块
拔出或插入模块组织块	1	83	当已组态和非禁用分布式 I/O 模块或子模块（PROFIBUS、PROFINET、AS-i）生成插入或拔出模块相关事件时，系统将执行拔出或插入模块组织块
机架或站故障组织块	1	86	当 CPU 检测到分布式机架或站出现故障或发生通信丢失时，将执行机架或站故障组织块

5.2.2　组织块应用说明

（1）组织块（OB）是由操作系统直接调用的。

（2）一个程序可以包括多个组织块。

5.3　函数

函数（FC）是不带存储器的代码块。由于没有可以存储块参数值的数据存储器，所以在调用函数时，必须给所有形参分配实参。

5.3.1　函数的接口区

函数的接口区如图 5-3-1 所示。

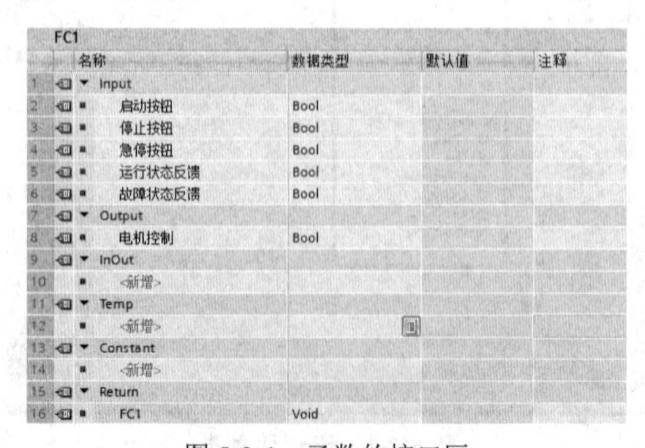

图 5-3-1　函数的接口区

函数的接口区的具体说明如表 5-3-1 所示。

表 5-3-1　函数的接口区的具体说明

类型	区域	功能
输入参数	Input	其值是由函数读取的参数
输出参数	Output	其值是由函数写入的参数
输入/输出参数	InOut	调用时由函数读取其值，执行后又由函数写入其值的参数
临时局部数据	Temp	用于存储临时中间结果的变量。只保留一个周期的临时局部数据。如果使用临时局部数据，则必须确保在要读取这些值的周期内写入这些值。否则，这些值将为随机数
常量	常量	在块中使用，且带有声明符号名

5.3.2　函数的创建及编程方法

第一步：新建 PLC 变量表。

在“项目树”窗格中单击“PLC 变量”下拉按钮，然后双击“添加新变量表”选项，在变量表工作区中进行变量的定义，如图 5-3-2 所示。

PLC变量表

	名称	数据类型	地址	保持
1	启动按钮	Bool	%I0.0	
2	停止按钮	Bool	%I0.1	
3	急停按钮	Bool	%I0.2	
4	运行状态反馈	Bool	%I0.3	
5	故障状态反馈	Bool	%I0.4	
6	电机控制	Bool	%Q0.0	

图 5-3-2　PLC 变量表 1

第二步：函数的创建。

在“项目树”窗格中选择“程序块”下拉按钮，双击“添加新块”选项，选择“函数（FC）”选项，并将其命名为“FC1”，如图 5-3-3 所示，然后单击“确定”按钮。

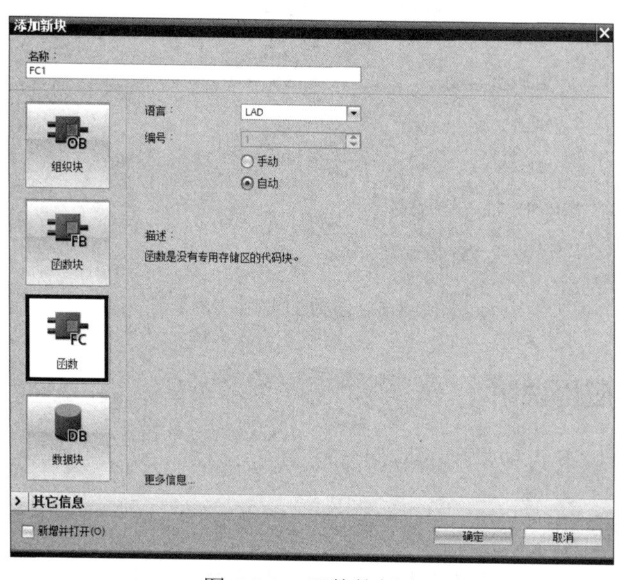

图 5-3-3　函数的创建

第三步：函数接口区参数设置。

进入函数 FC1 的工作区，进行函数接口区参数的设置，如图 5-3-4 所示。

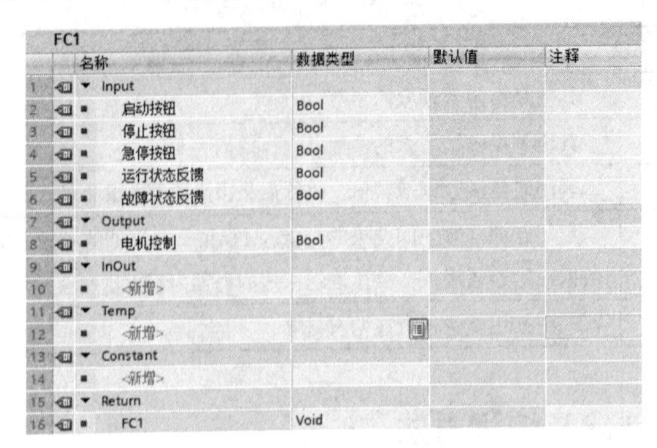

FC1

	名称	数据类型	默认值	注释
1	▼ Input			
2	启动按钮	Bool		
3	停止按钮	Bool		
4	急停按钮	Bool		
5	运行状态反馈	Bool		
6	故障状态反馈	Bool		
7	▼ Output			
8	电机控制	Bool		
9	▼ InOut			
10	<新增>			
11	▼ Temp			
12	<新增>			
13	▼ Constant			
14	<新增>			
15	▼ Return			
16	FC1	Void		

图 5-3-4 函数接口区参数设置

第四步：函数程序的编写。

进入函数 FC1 的工作区编写程序，函数程序的编写如图 5-3-5 所示。

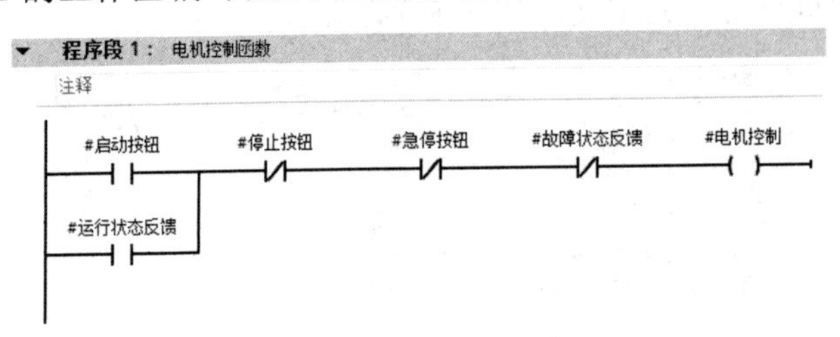

图 5-3-5 函数程序的编写

第五步：函数程序的调用及赋值。

将函数 FC1 拖拽到 OB1 中，然后给其赋值，如图 5-3-6 所示。

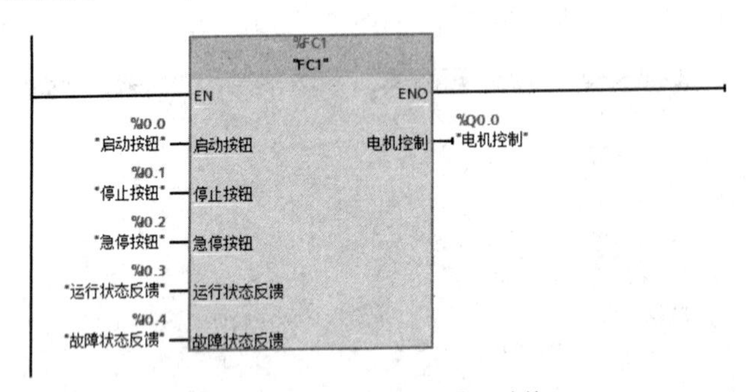

图 5-3-6 函数的调用及赋值

5.3.3 函数应用说明

函数（FC）有以下两种常用的应用方法。

1. 作为子程序应用

将相互独立的控制功能或者设备分成不同的函数进行编写，并统一由组织块调用，实现程序的结构化设计，程序易读性强，便于调试和维护。

2．作为标准功能块应用

函数（FC）中通常带有形参，通过多次调用，对形参赋不同的实参，可实现对相同功能类设备的统一编程和控制。同时函数的形参只能用符号名寻址，不能用绝对地址寻址。

5.4　函数块

与函数（FC）相比，在调用函数块（FB）时必须为其分配背景数据块。函数块的输入参数、输出参数、输入/输出参数和静态变量均存储在背景数据块中，在执行完函数块后，这些值仍然有效。

5.4.1　函数块的接口区

函数块的接口区如图 5-4-1 所示。

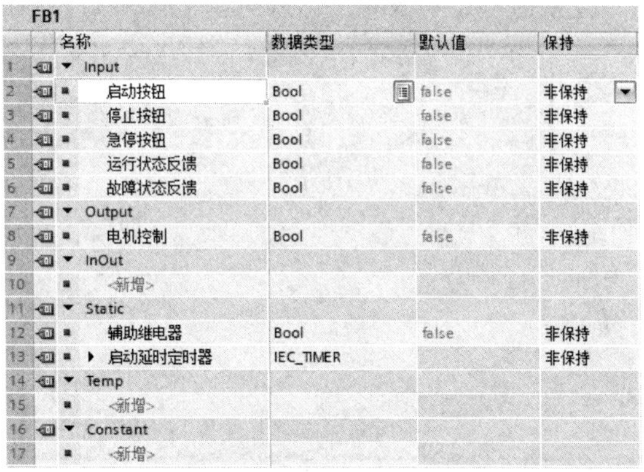

FB1

	名称	数据类型	默认值	保持
1	▼ Input			
2	启动按钮	Bool	false	非保持
3	停止按钮	Bool	false	非保持
4	急停按钮	Bool	false	非保持
5	运行状态反馈	Bool	false	非保持
6	故障状态反馈	Bool	false	非保持
7	▼ Output			
8	电机控制	Bool	false	非保持
9	▼ InOut			
10	<新增>			
11	▼ Static			
12	辅助继电器	Bool	false	非保持
13	▸ 启动延时定时器	IEC_TIMER		非保持
14	▼ Temp			
15	<新增>			
16	▼ Constant			
17	<新增>			

图 5-4-1　函数块的接口区

函数块的接口区具体说明如表 5-4-1 所示。

表 5-4-1　函数块的接口区具体说明

类　型	区域	功　能
输入参数	Input	其值是由函数块读取的参数
输出参数	Output	其值是由函数块写入的参数
输入/输出参数	InOut	调用时由函数块读取其值，执行后又由函数块写入其值的参数
临时局部数据	Temp	用于存储临时中间结果的变量。只保留一个周期的临时局部数据。如果使用临时局部数据，则必须确保在要读取这些值的周期内写入这些值。否则，这些值将为随机数
静态局部数据	Static	用于在背景数据块中存储静态中间结果的变量。静态数据会一直保留到被覆盖（这可能在几个周期之后）。作为多重实例调用函数块的背景数据块，也将存储在静态局部数据中
常量	常量	在块中使用，且带有声明符号名

5.4.2 函数块的创建及编程方法

第一步：新建 PLC 变量表。

在“项目树”窗格中选择“PLC 变量”下拉按钮，然后双击“添加新变量表”选项，在变量表工作区中进行变量定义，如图 5-4-2 所示。

PLC变量表

	名称	数据类型	地址	保持
1	启动按钮	Bool	%I0.0	
2	停止按钮	Bool	%I0.1	
3	急停按钮	Bool	%I0.2	
4	故障状态反馈	Bool	%I0.4	
5	电机控制	Bool	%Q0.0	

图 5-4-2 PLC 变量表 2

第二步：函数块的创建。

在“项目树”窗格中选择“程序块”下拉按钮，双击“添加新块”选项，选择“函数块（FB）”选项，并将其命名为“FB1”，如图 5-4-3 所示，然后单击“确定”按钮。

图 5-4-3 函数块的创建

第三步：函数块接口区参数设置。

进入函数块 FB1 的工作区，函数块接口区参数设置如图 5-4-4 所示。

FB1

	名称	数据类型	默认值	保持
1	▼ Input			
2	启动按钮	Bool	false	非保持
3	停止按钮	Bool	false	非保持
4	急停按钮	Bool	false	非保持
5	故障状态反馈	Bool	false	非保持
6	▼ Output			
7	电机控制	Bool	false	非保持
8	▼ InOut			
9	<新增>			
10	▼ Static			
11	辅助继电器	Bool	false	非保持
12	▸ 启动延时定时器	IEC_TIMER		非保持
13	▼ Temp			
14	<新增>			
15	▼ Constant			

图 5-4-4 函数块接口区参数设置 1

第四步：函数块程序的编写。

进入函数块 FB1 的工作区编写程序，程序的编写如图 5-4-5 所示。

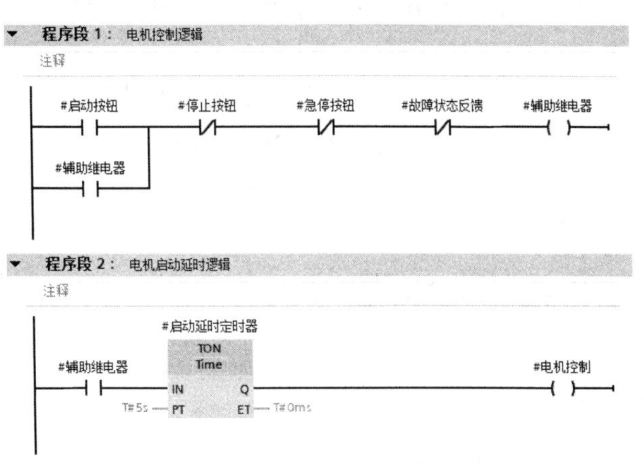

图 5-4-5　函数块程序的编写 1

第五步：函数块程序的调用及赋值。

将函数块 FB1 拖拽到 OB1 中，会自动生成背景数据块，如图 5-4-6 所示，单击“确定”按钮。然后对函数块 FB1 的输入/输出引脚进行赋值，如函数块 FB1 的输入引脚启动按钮为 I0.0，输出引脚电机控制为 Q0.0 等，如图 5-4-7 所示。

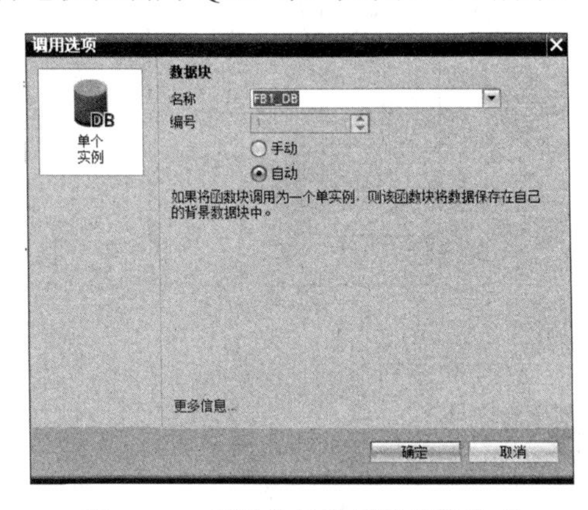

图 5-4-6　函数块的背景数据块生成

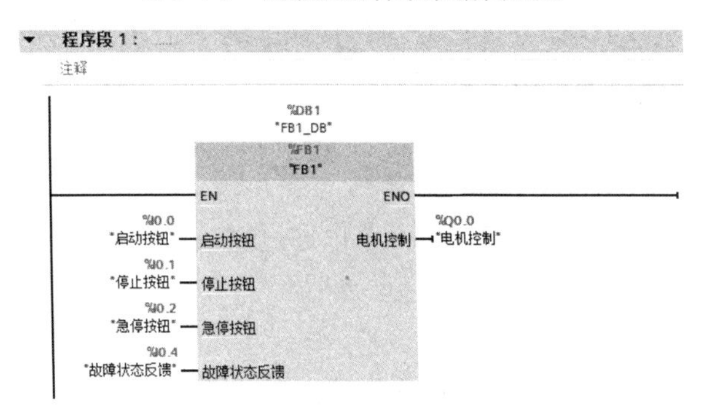

图 5-4-7　函数块的赋值

5.4.3 函数块应用说明

（1）当调用函数块时，必须为其分配一个背景数据块，背景数据块不能重复使用，否则会产生数据冲突。

（2）当调用函数块时，可以不对形参赋值，而直接对背景数据块赋值。

（3）当多次调用函数块时，可以使用多重背景数据块，生成一个总的背景数据块，避免生成多个独立的数据块，影响数据块资源的使用。

5.5 线性编程和结构化编程

5.5.1 线性编程

小型自动化任务可在程序循环组织块中进行线性化编程。线性编程方式适用于简单程序的编写。图 5-5-1 是一个线性化程序，“Main1”程序循环组织块包含整个用户程序。

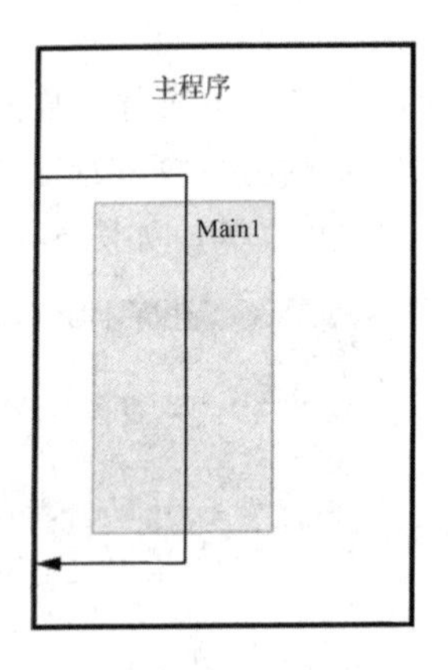

图 5-5-1 线性化程序

5.5.2 结构化编程

将复杂自动化任务分割成与过程工艺功能相对应或者可重复使用的更小的子任务，将更易于对这些复杂自动化任务进行处理和管理。这些子任务在用户程序中用程序块来表示。因此，每个程序块都是用户程序的独立部分。

结构化编程具有以下优点。

（1）更容易进行复杂程序的编程。

（2）各个程序段都可以实现标准化，可以通过更改参数实现程序段的反复使用。

（3）程序结构更简单。

（4）更改程序变得更容易。

（5）可以分别测试程序段、简化程序排错过程。

图 5-5-2 是一个结构化程序，“Main1”程序循环组织块依次调用一些子程序，这些

子程序执行所定义的子任务。

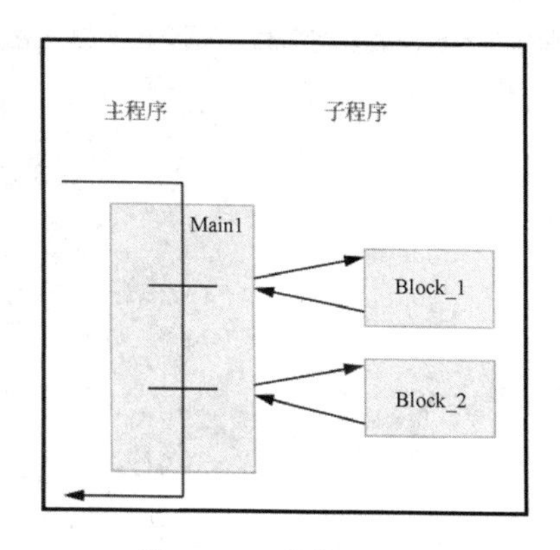

图 5-5-2　结构化程序

5.6　函数块应用实例

5.6.1　实例内容

（1）实例名称：三台电机启、保、停控制应用实例。

（2）实例简述：三台电机控制方法相同。按下启动按钮，电机延时 5s 后运行；按下停止按钮，电机停止运行。使用函数块，制作电机控制模型，三台电机调用函数块进行控制。

（3）硬件组成：①S7-1200 PLC（CPU1214C DC/DC/DC），一台，订货号为 6ES7 214-1AG40-0XB0；②编程计算机，一台，已安装博途 STEP 7 专业版 V15.1 软件；③按钮、继电器、接触器、24V DC 电源和电机等。

5.6.2　实例实施

第一步：新建项目及组态。

打开博途软件，在 Portal 视图中，单击“创建新项目”选项，在弹出的界面中输入项目名称（三台电机启、保、停控制应用实例）、路径和作者等信息，然后单击“创建”按钮即可生成新项目。

进入项目视图，在左侧的“项目树”窗格中，双击“添加新设备”选项，弹出“添加新设备”对话框，如图 5-6-1 所示，在此对话框中选择 CPU 的订货号和版本（必须与实际设备相匹配），然后单击“确定”按钮。

第二步：设置 CPU 属性。

在“项目树”窗格中，单击“PLC_1[CPU 1214C DC/DC/DC]”下拉按钮，双击“设备组态”选项，在“设备视图”的工作区中，选中 PLC_1，依次单击其巡视窗格的“属性”→“常规”→“PROFINET 接口[X1]”→“以太网地址”选项，修改以太网 IP 地址，如图 5-6-2 所示。

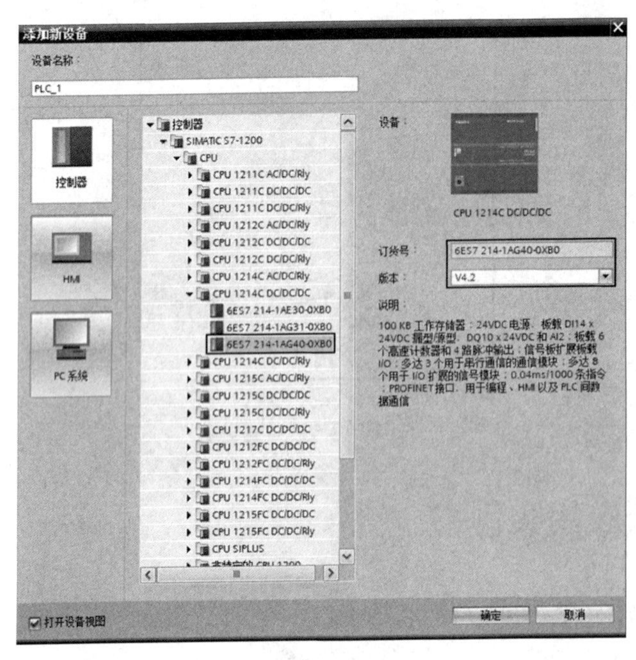

图 5-6-1 “添加新设备”对话框

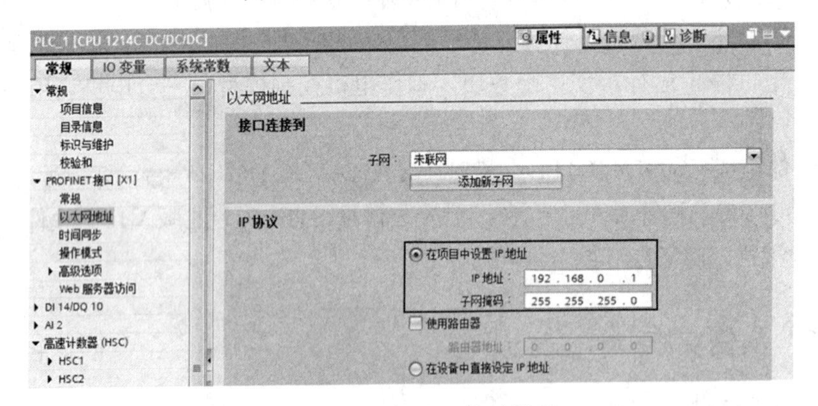

图 5-6-2 以太网 IP 地址设置

第三步：新建 PLC 变量表。

在“项目树”窗格中，依次单击“PLC_1[CPU 1214C DC/DC/DC]”→“PLC 变量”选项，然后双击“添加新变量表”选项，并将新添加的变量表命名为“PLC 变量表”，在“PLC 变量表”中新建变量，如图 5-6-3 所示。

第四步：创建函数块（FB）。

在“项目树”窗格中，依次单击“PLC_1[CPU 1214C DC/DC/DC]”→“程序块”选项，双击“添加新块”选项，选择“函数块”（FB）选项，并将新添加的函数块命名为“电机启、保、停控制函数块”，然后单击“确定”按钮，如图 5-6-4 所示。

第五步：编写函数块程序。

（1）函数块接口区参数设置如图 5-6-5 所示。

PLC变量表

	名称	数据类型	地址 ▲	保持
1	1#电机启动按钮	Bool	%M10.0	
2	1#电机停止按钮	Bool	%M10.1	
3	1#电机急停按钮	Bool	%M10.2	
4	1#电机故障状态反馈	Bool	%M10.4	
5	1#电机控制	Bool	%M10.5	
6	2#电机启动按钮	Bool	%M20.0	
7	2#电机停止按钮	Bool	%M20.1	
8	2#电机急停按钮	Bool	%M20.2	
9	2#电机故障状态反馈	Bool	%M20.4	
10	2#电机控制	Bool	%M20.5	
11	3#电机启动按钮	Bool	%M30.0	
12	3#电机停止按钮	Bool	%M30.1	
13	3#电机急停按钮	Bool	%M30.2	
14	3#电机故障状态反馈	Bool	%M30.4	
15	3#电机控制	Bool	%M30.5	

图 5-6-3　PLC 变量表 3

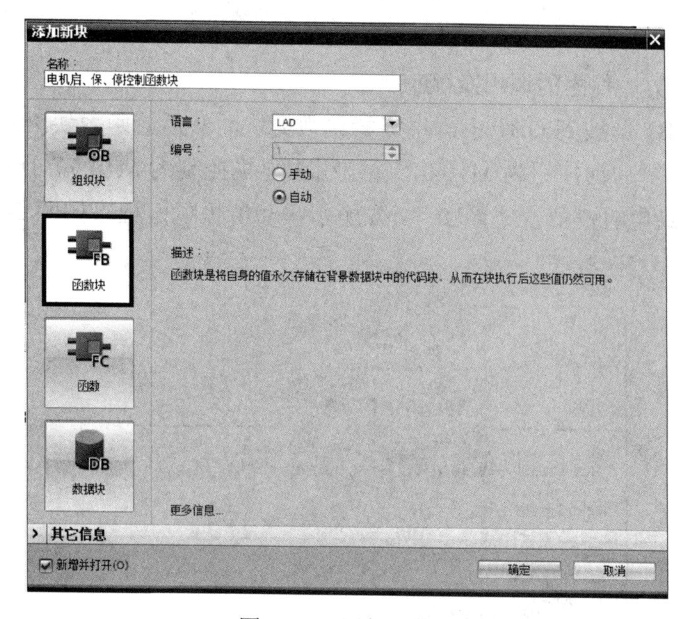

图 5-6-4　添加函数块

电机启、保、停控制函数块

	名称	数据类型	默认值	保持
1	▼ Input			
2	启动按钮	Bool	false	非保持
3	停止按钮	Bool	false	非保持
4	急停按钮	Bool	false	非保持
5	故障状态反馈	Bool	false	非保持
6	▼ Output			
7	电机控制	Bool	false	非保持
8	▼ InOut			
9	<新增>			
10	▼ Static			
11	辅助继电器	Bool	false	非保持
12	▶ 启动延时定时器	IEC_TIMER		非保持
13	▼ Temp			
14	<新增>			
15	▼ Constant			

图 5-6-5　函数块接口区参数设置 2

（2）函数块程序的编写，如图 5-6-6 所示。

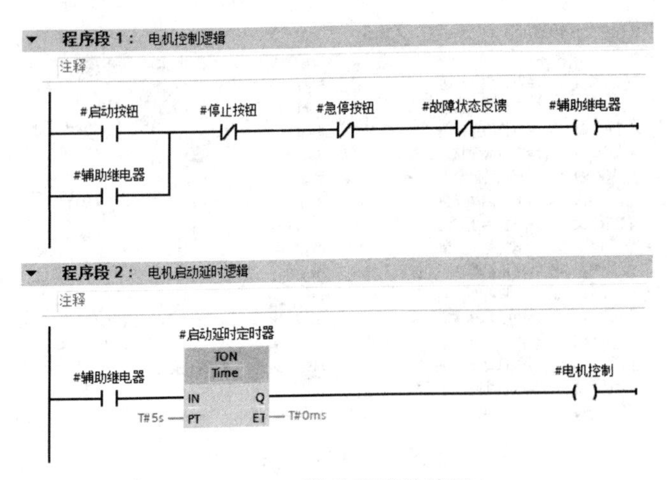

图 5-6-6 函数块程序的编写 2

第六步：函数块程序的调用及赋值。

将函数块 FB1 拖拽到 OB1 中，生成背景数据块，然后给函数块 FB1 赋值，如函数块 FB1 的输入引脚启动按钮为 M10.0，输出引脚电机控制为 M10.5。1#电机赋值程序如图 5-6-7 所示，2#电机赋值程序如图 5-6-8 所示，3#电机赋值程序如图 5-6-9 所示。

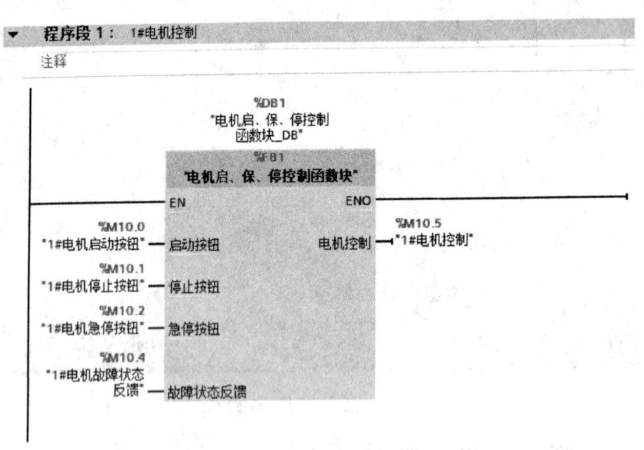

图 5-6-7 1#电机赋值程序

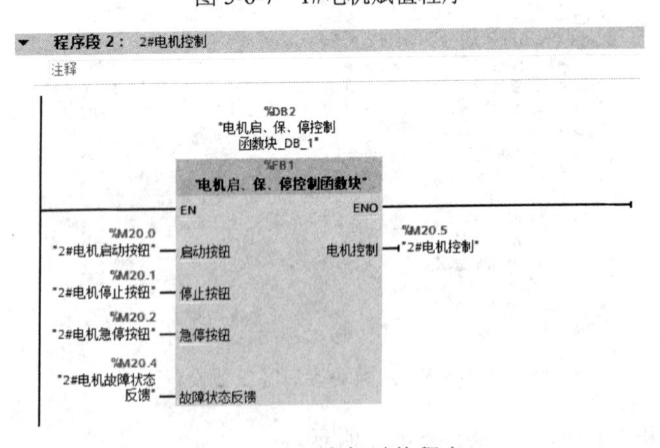

图 5-6-8 2#电机赋值程序

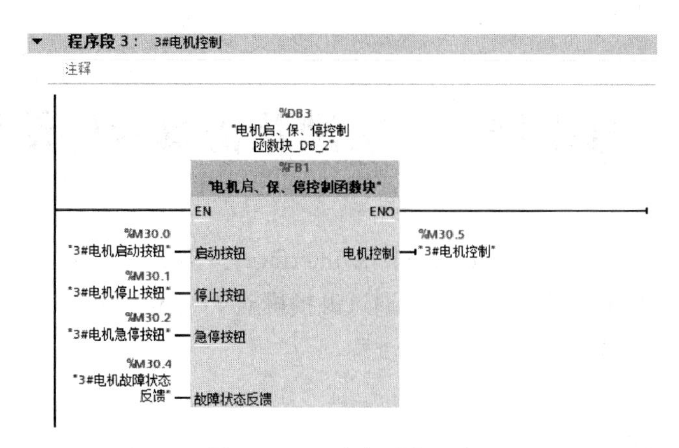

图 5-6-9　3#电机赋值程序

第七步：程序测试。

程序编译后，下载到 S7-1200 CPU 中，按以下步骤进行程序测试。

（1）按下 1#电机启动按钮（M10.0），延时 5s 后，1#电机控制（M10.5）接通；按下 1#电机停止按钮（M10.1），1#电机控制（M10.5）断开。

（2）按下 2#电机启动按钮（M20.0），延时 5s 后，2#电机控制（M20.5）接通；按下 2#电机停止按钮（M20.1），2#电机控制（M20.5）断开。

（3）按下 3#电机启动按钮（M30.0），延时 5s 后，3#电机控制（M30.5）接通；按下 3#电机停止按钮（M30.1），3#电机控制（M30.5）断开。

PLC 监控表如图 5-6-10 所示。

三台电机启、保、停控制应用实例 ▸ PLC_1 [CPU 1214C DC/DC/DC] ▸ 监控与强制表 ▸ PLC监控表

	i	名称	地址	显示格式	监视值	修改值	⚡		注释
1		"1#电机启动按钮"	%M10.0	布尔型	TRUE	TRUE	☑	⚠	
2		"1#电机停止按钮"	%M10.1	布尔型	FALSE		☐		
3		"1#电机急停按钮"	%M10.2	布尔型	FALSE		☐		
4		"1#电机故障状态反馈"	%M10.4	布尔型	FALSE		☐		
5		"1#电机控制"	%M10.5	布尔型	TRUE		☐		
6		"2#电机启动按钮"	%M20.0	布尔型	TRUE	TRUE	☑	⚠	
7		"2#电机停止按钮"	%M20.1	布尔型	FALSE		☐		
8		"2#电机急停按钮"	%M20.2	布尔型	FALSE		☐		
9		"2#电机故障状态反馈"	%M20.4	布尔型	FALSE		☐		
10		"2#电机控制"	%M20.5	布尔型	TRUE		☐		
11		"3#电机启动按钮"	%M30.0	布尔型	TRUE	TRUE	☑	⚠	
12		"3#电机停止按钮"	%M30.1	布尔型	FALSE		☐		
13		"3#电机急停按钮"	%M30.2	布尔型	FALSE		☐		
14		"3#电机故障状态反馈"	%M30.4	布尔型	FALSE		☐		
15		"3#电机控制"	%M30.5	布尔型	TRUE		☐		

图 5-6-10　PLC 监控表

第 6 章　触摸屏应用实例及仿真软件使用方法

触摸屏又称人机界面（Human Machine Interface，HMI），触摸屏已经广泛应用于工业控制现场，常与 PLC 配套使用。可以通过触摸屏对 PLC 进行参数设置、数据显示，以及用曲线、动画等形式描述自动化控制过程。

6.1　触摸屏概述

6.1.1　触摸屏主要功能

（1）过程可视化。在触摸屏画面上动态显示过程数据。

（2）操作员对设备的控制。操作员通过图形界面控制设备。例如，操作员可以通过触摸屏来修改设定参数或控制电机等。

（3）显示报警。设备的故障状态会自动触发报警并显示报警信息。

（4）记录功能。记录过程值和报警信息。

（5）配方管理。将设备的参数存储在配方中，可以将这些参数下载到 PLC 中。

6.1.2　西门子触摸屏简介

西门子触摸屏产品主要分为精简触摸屏（见图 6-1-1）、精智触摸屏和移动触摸屏。精简触摸屏是面向基本应用的触摸屏，适合与 S7-1200 PLC 配合使用，可以通过博途 WinCC 进行组态。

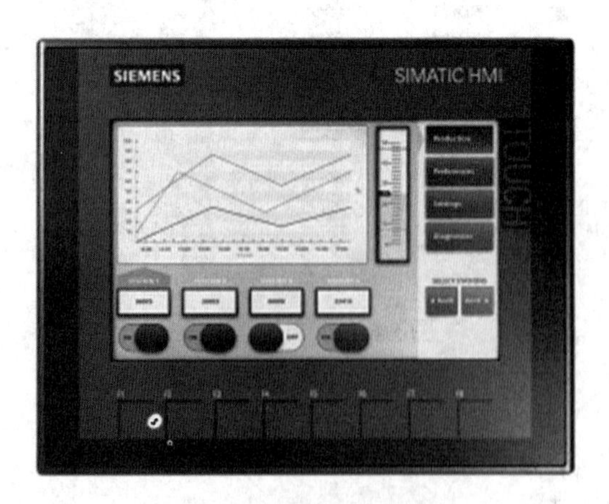

图 6-1-1　精简触摸屏

精简触摸屏主要型号如表 6-1-1 所示。

表 6-1-1　精简触摸屏主要型号

型号	屏幕尺寸	可组态按键	分辨率/ppi	变量
KTP400 Basic	4.3 "	4	480×272	800
KTP700 Basic	7 "	8	800×480	800
KTP700 Basic DP	7 "	8	800×480	800
KTP900 Basic	9 "	8	800×480	800
KTP1200 Basic	12 "	10	1280×800	800
KTP1200 Basic DP	12 "	10	1280×800	800

6.2　触摸屏应用实例

6.2.1　实例内容

（1）实例名称：触摸屏指示灯延时点亮控制应用实例。

（2）实例描述：在触摸屏上制作“启动按钮”“停止按钮”“指示灯”“时间设定”。在“时间设定”中输入延时启动时间。按下触摸屏启动按钮，当到达延时时间时，触摸屏指示灯点亮；按下触摸屏停止按钮，触摸屏指示灯熄灭。

（3）硬件组成：①S7-1200 PLC（CPU1214C DC/DC/DC），一台，订货号为 6ES7 214-1AG40-0XB0；②精简触摸屏 KTP700，一台，订货号为 6AV2 123-2GB03-0AX0；③四口工业交换机，一台；④编程计算机，一台，已安装博途专业版 V15.1 软件。

6.2.2　实例实施

1. PLC 程序编写

第一步：新建项目及组态。

打开博途软件，在 Portal 视图中，单击“创建新项目”选项，在弹出的界面中输入项目名称（触摸屏指示灯延时点亮控制应用实例）、路径和作者等信息，然后单击“创建”按钮即可生成新项目。

进入项目视图，在左侧的“项目树”窗格中，双击“添加新设备”选项，弹出“添加新设备”对话框，如图 6-2-1 所示，在此对话框中选择 CPU 的订货号和版本（必须与实际设备相匹配），然后单击“确定”按钮。

第二步：设置 CPU 属性。

在“项目树”窗格中，单击“PLC_1[CPU 1214C DC/DC/DC]”下拉按钮，双击“设备组态”选项，在“设备视图”的工作区中，选中 PLC_1，依次单击其巡视窗格的“属性”→“常规”→“PROFINET 接口[X1]”→“以太网地址”选项，修改以太网 IP 地址，如图 6-2-2 所示。

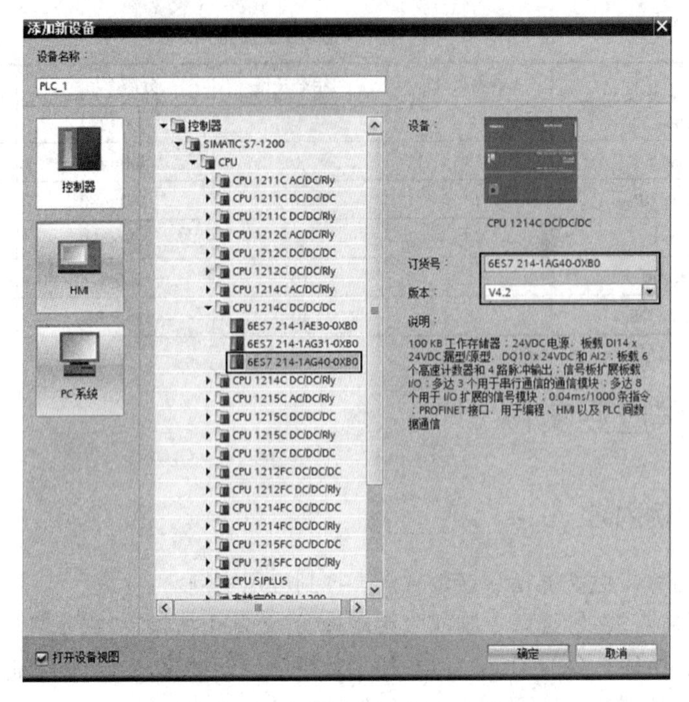

图 6-2-1 “添加新设备”对话框 1

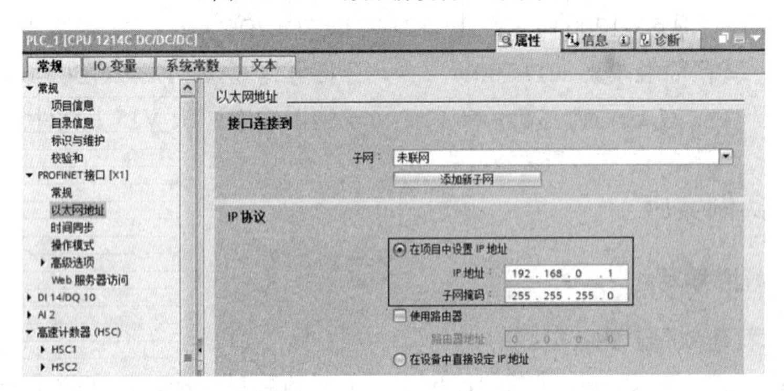

图 6-2-2 以太网 IP 地址设置 1

第三步：创建 PLC 变量表。

在“项目树”窗格中，依次单击“PLC_1[CPU 1214C DC/DC/DC]”→“PLC 变量”选项，双击“添加新变量表”选项，并将新添加的变量表命名为“PLC 变量表”，然后在“PLC 变量表”中新建变量，如图 6-2-3 所示。

PLC变量表

	名称	数据类型	地址	保持
1	启动按钮	Bool	%M10.0	
2	停止按钮	Bool	%M10.1	
3	辅助继电器	Bool	%M10.2	
4	触摸屏指示灯	Bool	%M10.3	
5	触摸屏时间设定	DInt	%MD12	
6	定时器时间设定	DInt	%MD16	

图 6-2-3 PLC 变量表

第四步：编写 OB1 主程序，如图 6-2-4 所示。

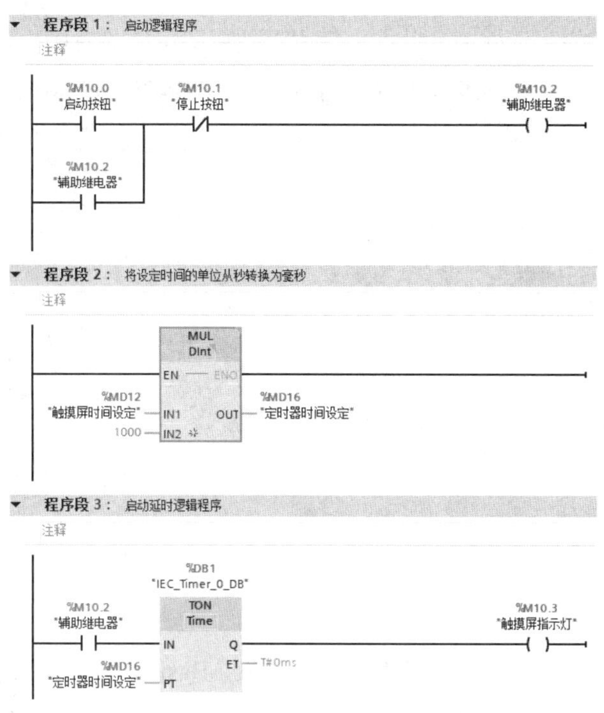

图 6-2-4　程序段

2．触摸屏程序编写

第一步：组态触摸屏。

打开“触摸屏指示灯延时点亮控制应用实例”项目文件，进入项目视图，在左侧的“项目树”窗格中，双击“添加新设备”选项，弹出“添加新设备”对话框，如图 6-2-5 所示，在此对话框中选择触摸屏的订货号和版本（必须与实际设备相匹配），然后单击“确定”按钮。

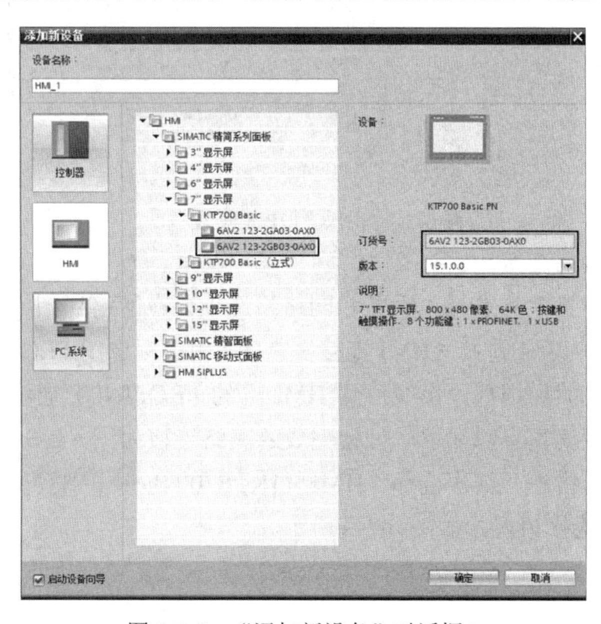

图 6-2-5　“添加新设备”对话框 2

在图 6-2-6 所示的对话框中，单击“完成”按钮即可完成对触摸屏的组态。

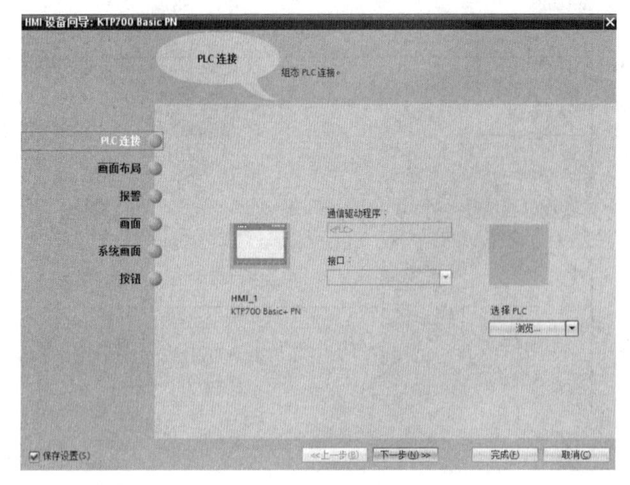

图 6-2-6　组态触摸屏

第二步：设置触摸屏属性。

在“项目树”窗格中，单击“HMI_1 [KTP700 Basic PN]”下拉按钮，双击“设备组态”选项，在“设备视图”的工作区中，选中 HMI_1，依次单击其巡视窗格的“属性”→“常规”→“PROFINET 接口[X1]”→“以太网地址”选项，修改以太网 IP 地址，如图 6-2-7 所示。

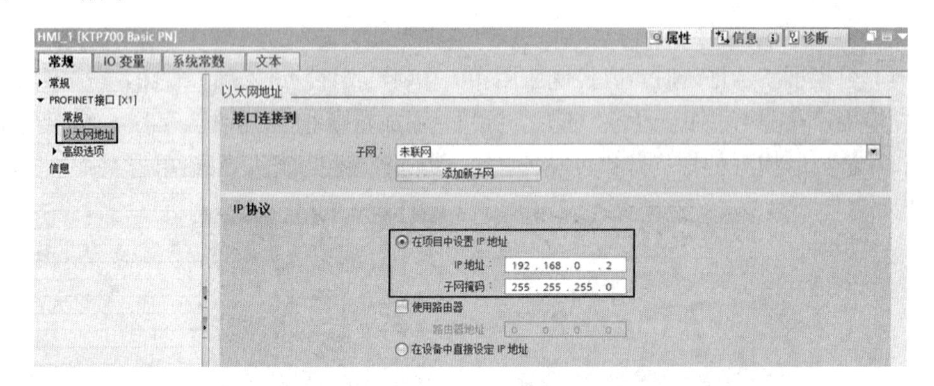

图 6-2-7　以太网 IP 地址设置 2

第三步：创建网络连接。

在“项目树”窗格中，选择“设备和网络”选项，在网络视图中，单击“连接”按钮，在“连接”下拉列表中选择“HMI 连接”选项，用鼠标选中 PLC_1 的 PROFINET 通信口的绿色小方框，然后拖拽一条线，到 HMI_1 的 PROFINET 通信口的绿色小方框，最后松开鼠标，连接就建立起来了。创建完成的网络连接如图 6-2-8 所示。

在“项目树”窗格中，依次选择“HMI_1 [KTP700 Basic PN]”→“连接”选项，查看触摸屏与 PLC 的连接情况，如图 6-2-9 所示。

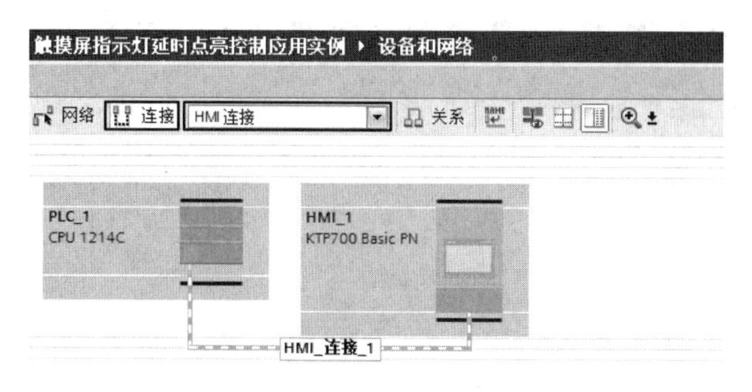

图 6-2-8　创建完成的网络连接

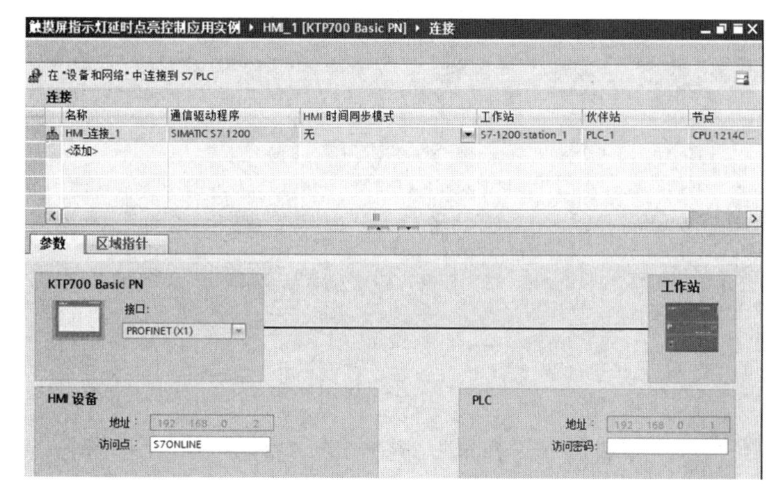

图 6-2-9　连接视图

第四步：创建变量表。

在“项目树”窗格中，依次选择“HMI_1 [KTP700 Basic PN]”→“HMI 变量”选项，双击“添加新变量表”选项。HMI 变量表如图 6-2-10 所示。

变量表_1

名称	数据类型	连接	PLC 名称	PLC 变量
启动按钮	Bool	HMI_连接_1	PLC_1	启动按钮
停止按钮	Bool	HMI_连接_1	PLC_1	停止按钮
指示灯	Bool	HMI_连接_1	PLC_1	触摸屏指示灯
定时器时间设定	DInt	HMI_连接_1	PLC_1	触摸屏时间设定

图 6-2-10　HMI 变量表

第五步：画面制作。

在“项目树”窗格中，选择“HMI_1 [KTP700 Basic PN]”→“画面”选项，双击“根画面”选项，进入画面制作视图。

（1）组态“启动按钮”。

在右侧的“工具箱”窗格中找到“元素”→“按钮”，然后将“按钮”拖拽到工作区，如图 6-2-11 所示。

在工作区中，选中“按钮”，依次单击其巡视窗格的“属性”→“属性”→“常规”选项，修改标签文本为“启动按钮”，如图 6-2-12 所示。

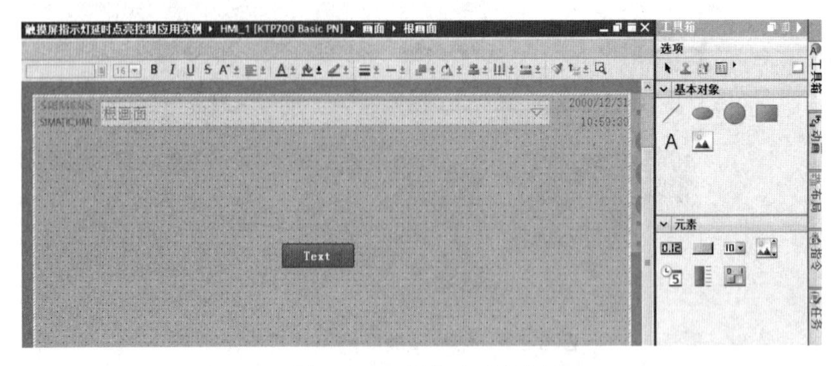

图 6-2-11　添加启动按钮

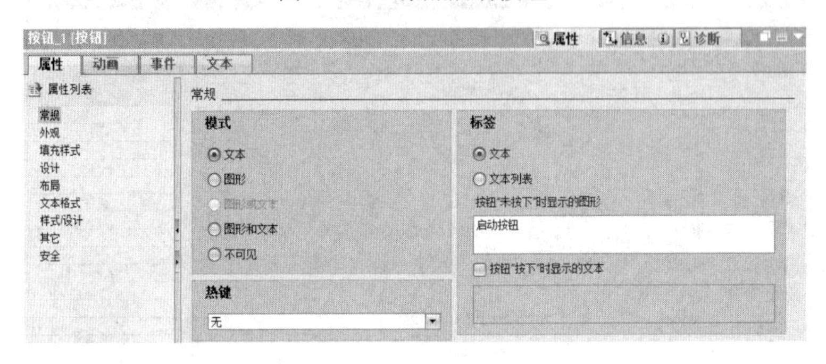

图 6-2-12　修改按钮标签

执行“属性”→“事件”→“按下”命令，对“启动按钮”进行相关参数配置，如图 6-2-13 所示。

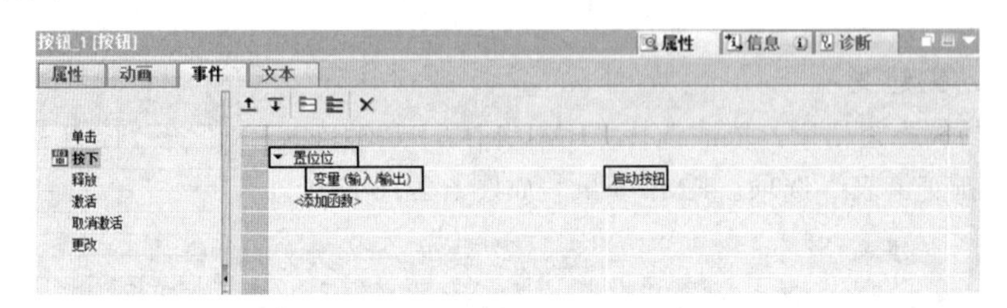

图 6-2-13　启动按钮“按下”事件

执行“属性”→“事件”→“释放”命令，对“启动按钮”进行相关参数配置，如图 6-2-14 所示。

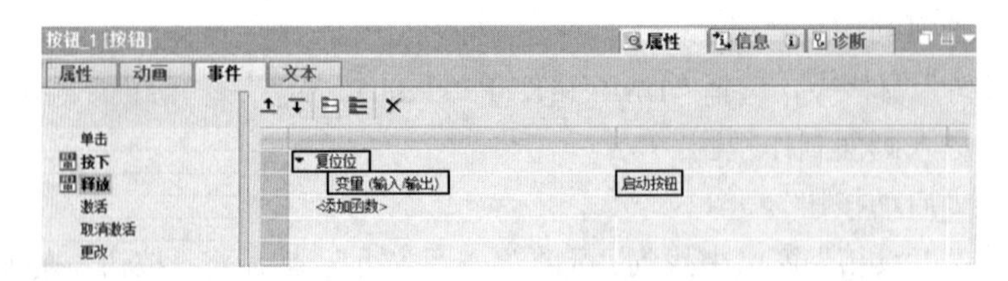

图 6-2-14　启动按钮“释放”事件

（2）组态“停止按钮”。

再拖拽“按钮”到工作区，并修改标签文本为“停止按钮”，如图 6-2-15 所示。

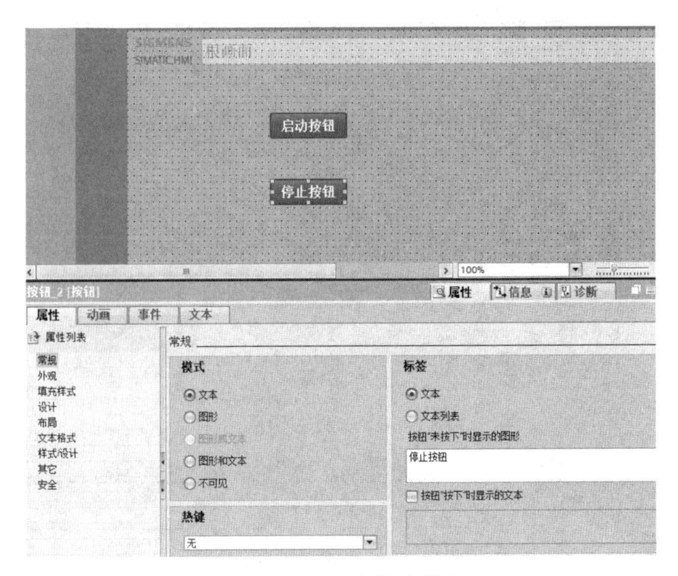

图 6-2-15　添加停止按钮

执行“属性”→“事件”→“按下”命令，对“停止按钮”进行相关参数配置，如图 6-2-16 所示。

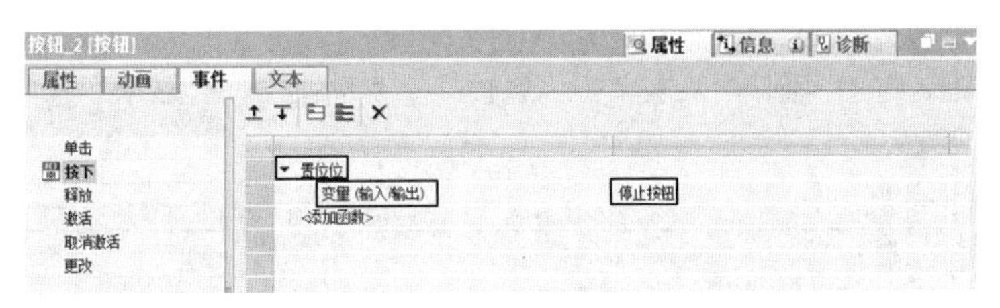

图 6-2-16　停止按钮“按下”事件

执行“属性”→“事件”→“释放”命令，对“停止按钮”进行相关参数配置，如图 6-2-17 所示。

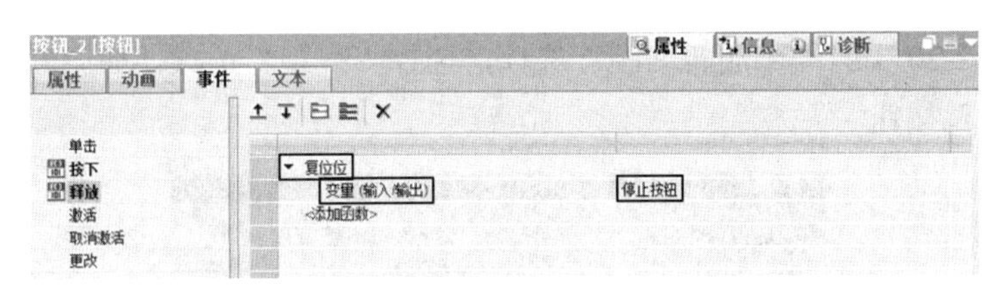

图 6-2-17　停止按钮“释放”事件

（3）组态“指示灯”。

在右侧的“工具箱”窗格中找到“基本对象”→“文本域”，然后将“文本域”拖拽到工作区。用同样的方法找到“基本对象”→“圆”，然后将“圆”拖拽到工作区，如图 6-2-18 所示。

在工作区中，选中“文本域”，依次单击其巡窗视格的“属性”→“属性”→“常规”选项，修改文本为“指示灯”，如图 6-2-19 所示。

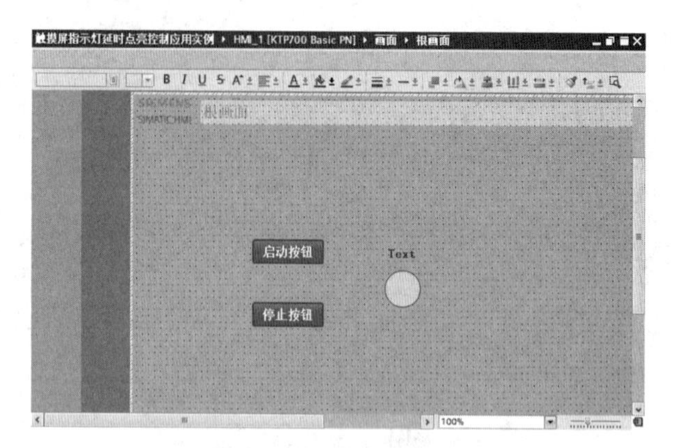

图 6-2-18　添加指示灯

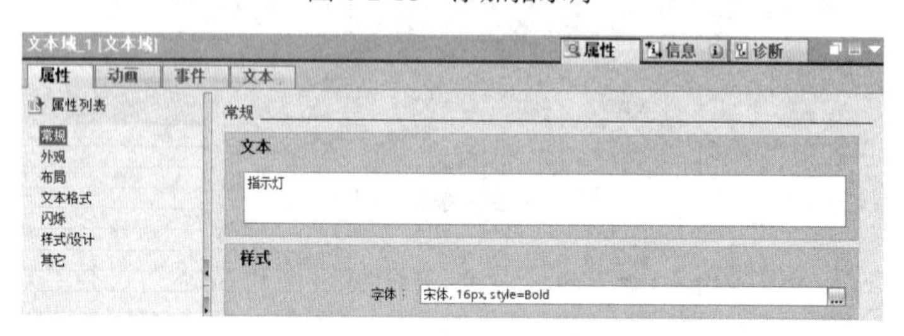

图 6-2-19　文本属性

在工作区中，选中“圆”，依次单击“属性”→“动画”→“显示”选项，如图 6-2-20 所示。

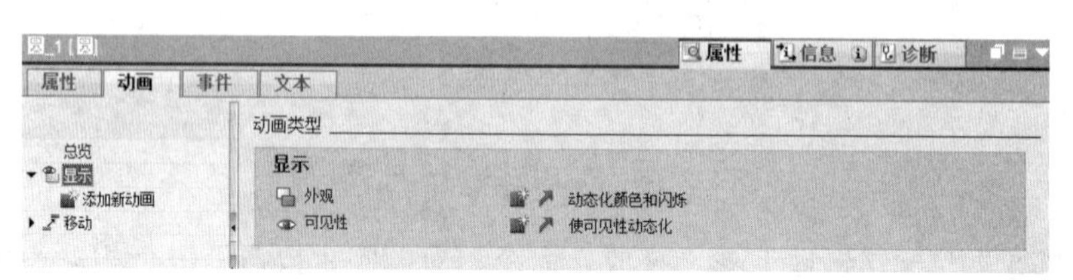

图 6-2-20　圆属性

双击图 6-2-20 中的“添加新动画”选项，选择“外观”选项，如图 6-2-21 所示，然后单击“确定”按钮。

图 6-2-21　添加动画

圆的外观参数配置如图 6-2-22 所示。

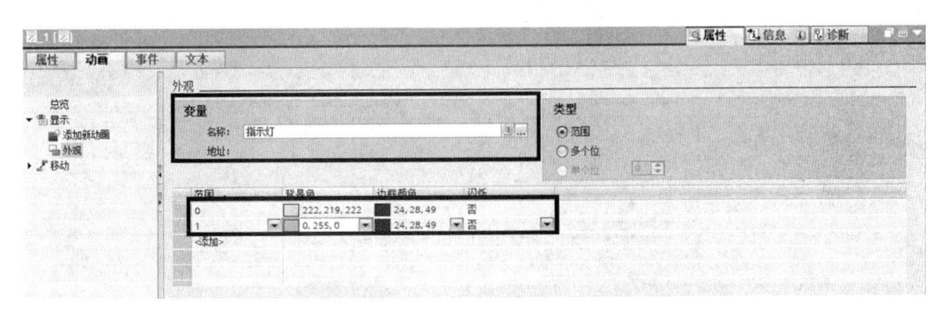

图 6-2-22　圆的外观参数配置

（4）组态“时间设置”I/O 域。

在右侧的“工具箱”窗格中找到“基本对象”→“文本域”，然后将“文本域”拖拽到工作区。用同样的方法找到“元素”→“I/O 域”，然后将“I/O 域”拖拽到工作区，如图 6-2-23 所示。

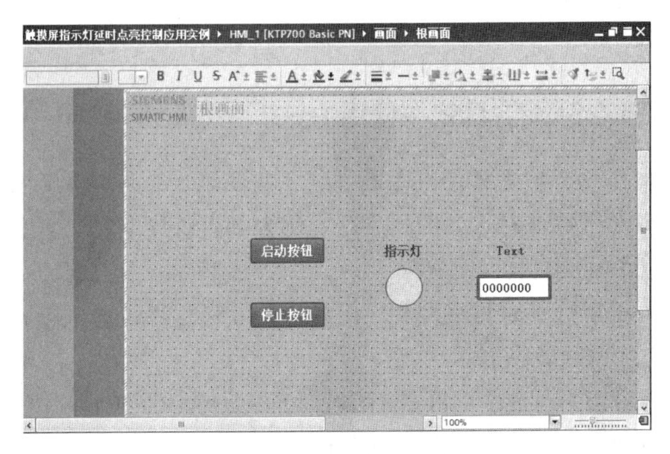

图 6-2-23　添加 I/O 域

在工作区中，选中文本域，依次单击“属性”→“属性”→“常规”选项，修改文本为“时间设定”，如图 6-2-24 所示。

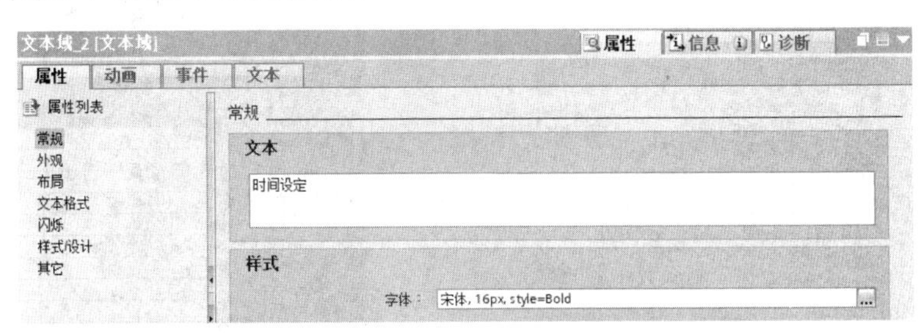

图 6-2-24　文本属性

在工作区中，选中“I/O 域”，依次单击“属性”→“属性”→“常规”选项，修改“过程”工作区中的“变量”，如图 6-2-25 所示。

至此触摸屏画面制作完成，可以将其下载到触摸屏和 PLC 中进行测试。

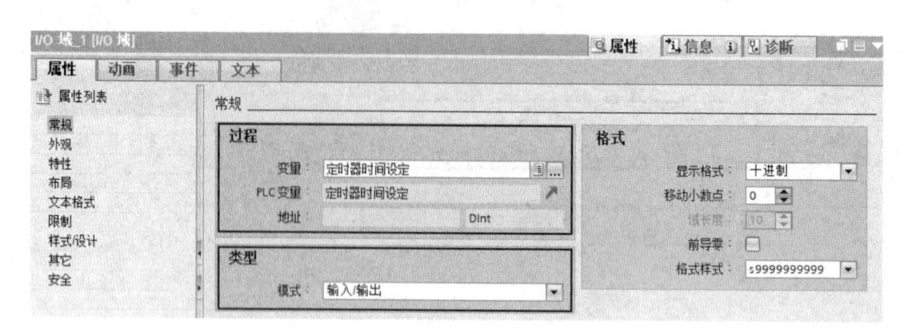

图 6-2-25 I/O 域属性

6.3 仿真软件使用方法

编写完 PLC 和触摸屏程序后，在没有硬件设备的情况下，可以通过仿真软件验证 PLC 和触摸屏程序，博途仿真软件主要包括 PLC 仿真软件和触摸屏仿真软件。

6.3.1 S7-PLCSIM 仿真软件使用方法

PLC 仿真软件是一个独立软件，需要安装才能使用，软件名称为 S7-PLCSIM。

下面以触摸屏指示灯延时点亮控制应用实例为例进行说明。

第一步：打开 PLC 项目。

打开“触摸屏指示灯延时点亮控制应用实例”项目文件，进入项目视图。

第二步：启动 PLC 仿真软件。

在“项目树”窗格中，选中“PLC_1[CPU 1214C DC/DC/DC]”，找到菜单栏中的“在线”→“仿真”→“启动”选项，如图 6-3-1 所示。

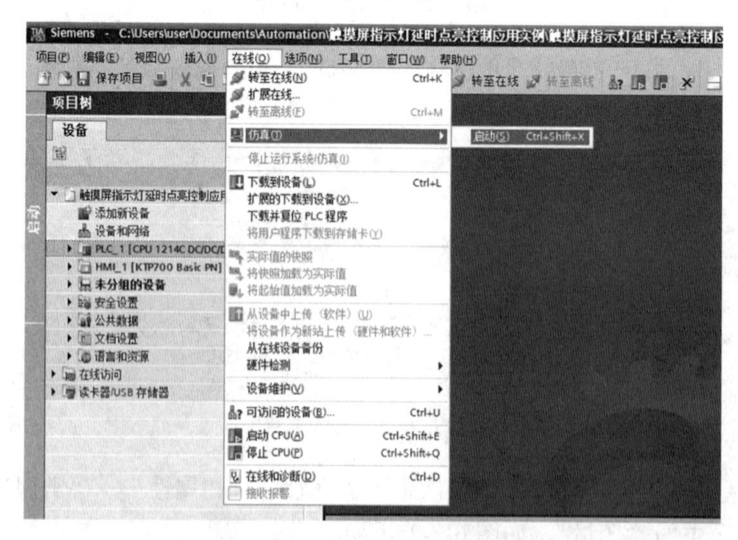

图 6-3-1 打开 PLC 仿真软件

单击“启动”选项，打开 PLC 仿真软件，如图 6-3-2 所示。此时 PLC 仿真软件已经启动。

图 6-3-2　启动 PLC 仿真软件

第三步：将 PLC 程序下载到仿真软件中。

依次选择菜单栏中的“在线”→“扩展的下载到设备”选项，并进行相关参数设置，如图 6-3-3 所示。

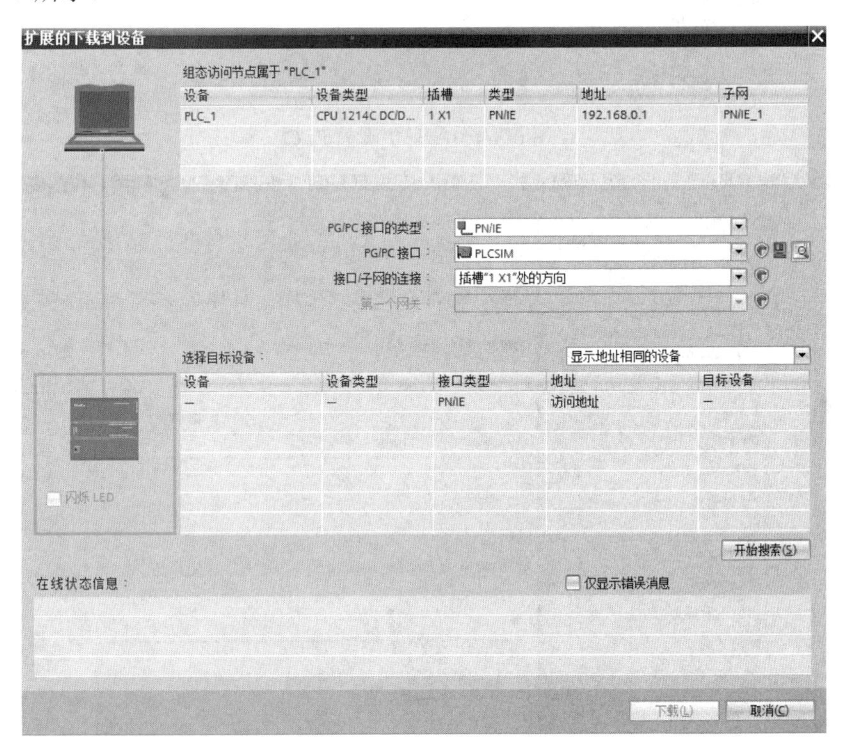

图 6-3-3　下载 PLC 程序

备注：PG/PC 接口选择 PLCSIM。

单击“开始搜索”按钮，选中搜索到的仿真的 PLC，如图 6-3-4 所示，然后单击“下载”按钮，PLC 程序就下载到 PLC 仿真软件中了。

第四步：程序在线监控。

单击工具栏中的“在线监控”按钮，可以监控 PLC 程序的状态，如图 6-3-5 所示，操作方法和真实的 PLC 一致。

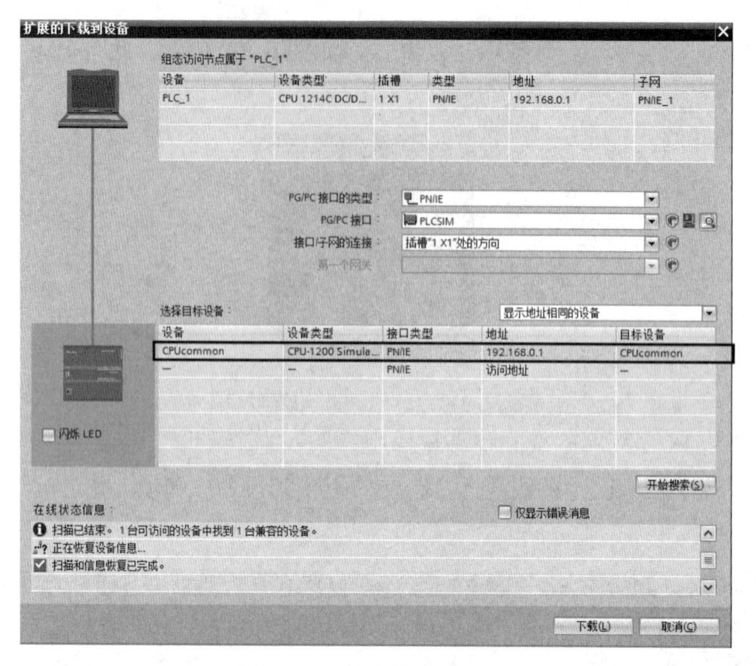

图 6-3-4　搜索仿真的 PLC

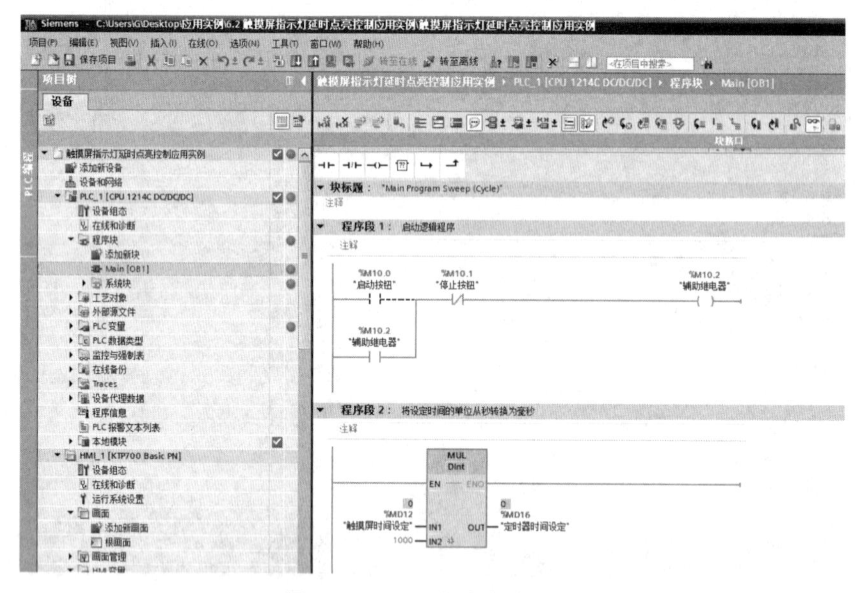

图 6-3-5　PLC 程序在线监控

6.3.2　博途 WinCC 仿真软件使用方法

触摸屏仿真软件已经被集成到博途 WinCC 中，因此不需要安装。

下面以触摸屏指示灯延时点亮控制应用实例为例来说明博途 WinCC 仿真软件的使用方法。

第一步：打开项目。

打开“触摸屏指示灯延时点亮控制应用实例”项目文件，进入项目视图。

第二步：启动触摸屏仿真软件。

在“项目树”窗格中，选中“HMI_1 [KTP700 Basic PN]”选项，找到工具栏中的“启动仿真”按钮，如图 6-3-6 所示。

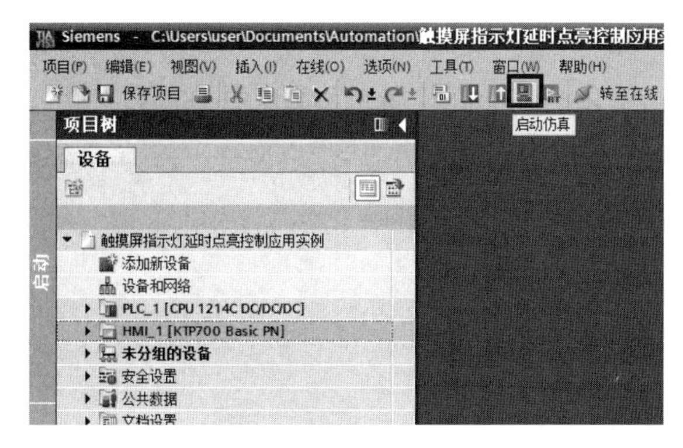

图 6-3-6　“启动仿真”按钮

单击“启动仿真”按钮，打开触摸屏仿真软件，直接进入画面运行状态，如图 6-3-7 所示。仿真的触摸屏与仿真的 PLC 连接成功，按钮和参数设置等操作和真实的设备一样。

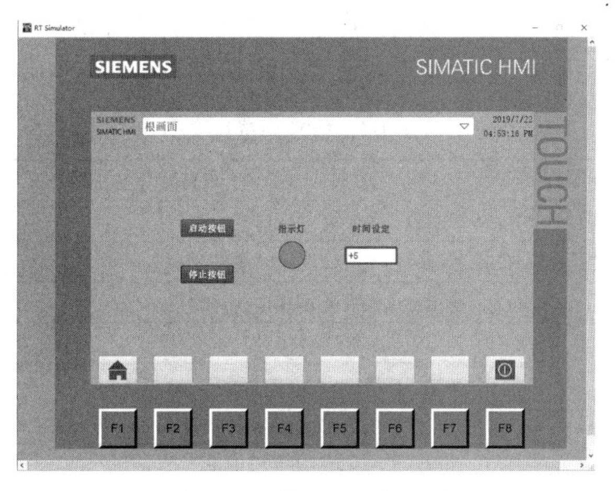

图 6-3-7　触摸屏仿真画面

6.3.3　应用经验总结

（1）S7-PLCSIM 是一个单独安装的软件，在博途软件中与 STEP 7 组合使用。

（2）博途 STEP 7 和 S7-PLCSIM 的版本必须一致。

（3）只有当 S7-1200 CPU 版本为 4.0 或更高版本时，才能在 S7-PLCSIM 中进行仿真。

（4）触摸屏仿真软件已经被集成到博途 WinCC 中，因此不需要独立安装。

（5）仿真的 PLC 和仿真的触摸屏可以通信。如果不能通信，那么可能需要在控制面板中修改 PG/PC 的设置。

第 7 章　模拟量及 PID 控制应用实例

在自动化控制和工业生产过程中，特别是在连续型的过程控制中，经常需要对模拟量信号进行处理，PLC 通过模拟量输入模块读取温度、压力、流量等信号，通过模拟量输出模块对阀门、变频器等设备进行控制。

7.1　模拟量转换应用实例

7.1.1　功能概述

1．模拟量模块类型

S7-1200 PLC 模拟量模块包括模拟量输入模块、模拟量输出模块，以及模拟量输入/输出一体化模块。模拟量输入模块支持电压、电流、热电阻和热电偶等信号类型，模拟量输出模块支持电压和电流信号类型，模拟量模块类型如表 7-1-1 所示。

表 7-1-1　模拟量模块类型

型号	具体内容
SM1231	SM1231 模拟量输入模块 AI 4 13 位分辨率
	SM1231 模拟量输入模块 AI 4 16 位分辨率
	SM1231 模拟量输入模块 AI 8 13 位分辨率
	SM1231 热电阻模块 RTD 4 16 位分辨率
	SM1231 热电偶模块 TC 4 16 位分辨率
	SM1231 热电阻模块 RTD 8 16 位分辨率
	SM1231 热电偶模块 TC 8 16 位分辨率
SM1232	SM1232 模拟量输出模块 AQ 2 14 位分辨率
	SM1232 模拟量输出模块 AQ 4 14 位分辨率
SM1234	SM1234 模拟量输入/输出模块 AI 4/AQ 2

2．模拟量模块主要技术参数

（1）模拟量模块的转换量程范围：当模拟量模块输入信号为 0～10V、0～20 mA 和 4～20 mA 时，转换量程为 0～27648；当模拟量模块输入信号为-10～10 V、-5～5 V、-2.5～2.5 V 时，转换量程为-27 648～27 648。

（2）模拟量模块的分辨率：分辨率是 A/D 转换芯片的转换精度，即用多少位的数字来表示模拟量，如表 7-1-2 所示。

表 7-1-2　数字化模拟值表

分辨率	模拟值															
位	15	14	13	12	11	10	9	8	7	6	5	4	3	2	1	0
位值	215	214	213	212	211	210	29	28	27	26	25	24	23	22	21	20
16 位	0	1	0	0	0	1	1	0	0	1	0	1	1	1	1	1
12 位	0	1	0	0	0	1	1	0	0	1	0	1	1	0	0	0

如表 7-1-2 所示，当转换精度小于 16 位时，相应的位左侧对齐，未使用的最低位补“0”。例如，表 7-1-2 中 12 位分辨率的模块，其最小变化单位 2^3=8，则 bit 0～bit 2 补“0”，故 12 位的 A/D 模拟量转换芯片的转换精度为 $2^3/2^{15}$=1/4096，即能够反映模拟量变化的最小单位是满量程的 1/4096。

（3）模拟量模块的转换误差：模拟量转换的误差除了取决于 A/D 转换芯片的分辨率，还受转换芯片的外围电路的影响。

7.1.2　指令说明

由于本实例需要进行模拟量的量程转换，所以会用到“SCALE_X”（缩放）指令和“NORM_X”（标准化）指令，指令说明如下。

在“指令”选项卡中选择“基本指令”→“转换操作”选项，就可以找到“SCALE_X”（缩放）指令和“NORM_X”（标准化）指令，如图 7-1-1 所示。

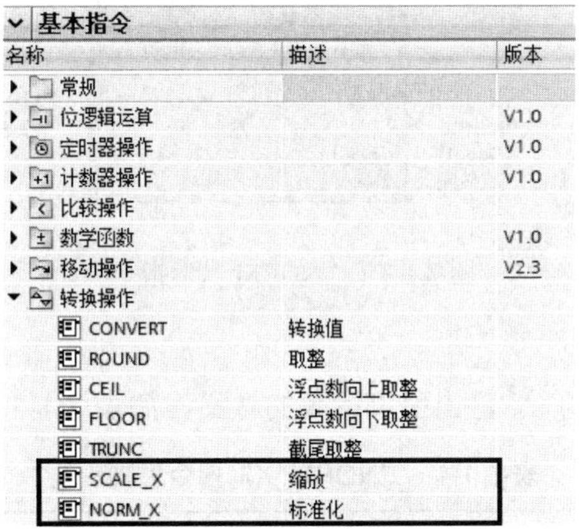

图 7-1-1　转换操作指令

1．“SCALE_X”指令

（1）指令介绍。

可使用“SCALE_X”指令（见图 7-1-2），将输入参数 VALUE 的值映射到指定的值范围进行缩放处理，计算公式为 OUT = [VALUE × (MAX−MIN)] + MIN。

（2）指令参数。

“SCALE_X”指令的输入/输出引脚参数的意义，如表 7-1-3 所示。

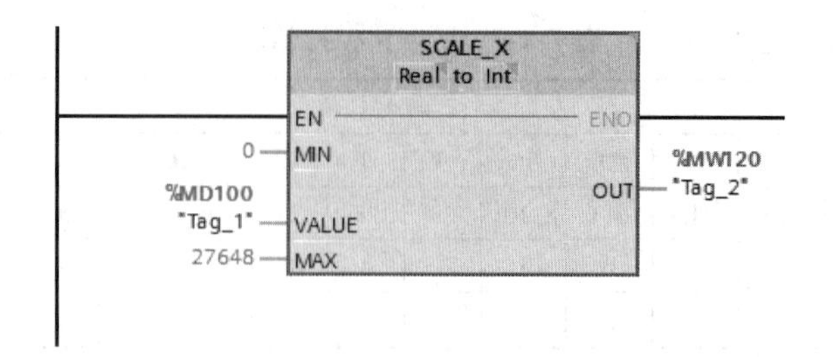

图 7-1-2 “SCALE_X”指令

表 7-1-3 “SCALE_X”指令引脚参数

引脚参数	数据类型	说明
MIN	整数、浮点数	取值范围的下限
VALUE	浮点数	需要缩放的值
MAX	整数、浮点数	取值范围的上限
OUT	整数、浮点数	缩放的结果

2. “NORM_X”指令

（1）指令介绍。

可使用“NORM_X”指令（见图 7-1-3），通过将输入参数 VALUE 的值映射到线性标尺对其进行标准化处理，计算公式为 OUT = (VALUE − MIN)/(MAX − MIN)。

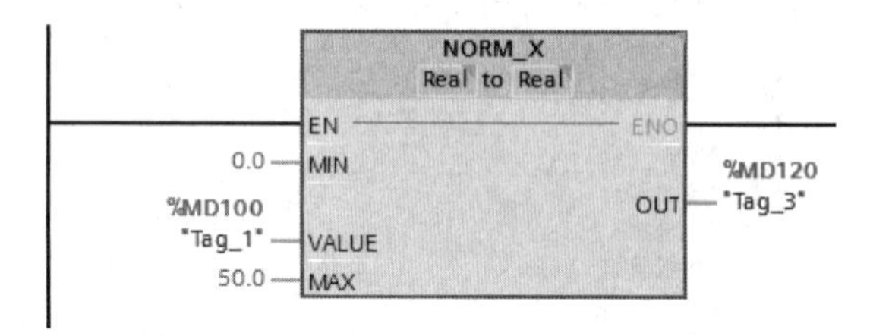

图 7-1-3 “NORM_X”指令

（2）指令参数。

“NORM_X”指令的输入/输出引脚参数的意义，如表 7-1-4 所示。

表 7-1-4 “NORM_X”指令引脚参数

引脚参数	数据类型	说明
MIN	整数、浮点数	取值范围的下限
VALUE	整数、浮点数	需要标准化的值
MAX	整数、浮点数	取值范围的上限
OUT	浮点数	标准化的结果

7.1.3 实例内容

（1）实例名称：温度传感器测量值转换为工程量的应用实例。

（2）实例描述：温度传感器，模拟量输出为 4～20 mA，对应 0℃～50℃的量程换算示例。

（3）硬件组成：①S7-1200 PLC（CPU1214C DC/DC/DC），一台，订货号为 6ES7 214-1AG40-0XB0；②模拟量输入/输出模块，一台，订货号为 6ES7 234-4HE32-0XB0；③温度传感器，一台，24V DC 供电，4～20 mA 输出，0℃～50℃，两线制；④编程计算机，一台，已安装博途专业版 V15.1 软件。

7.1.4　实例实施

1. S7-1200 PLC 接线图

温度传感器测量值转换为工程量的应用实例的接线图，如图 7-1-4 所示。

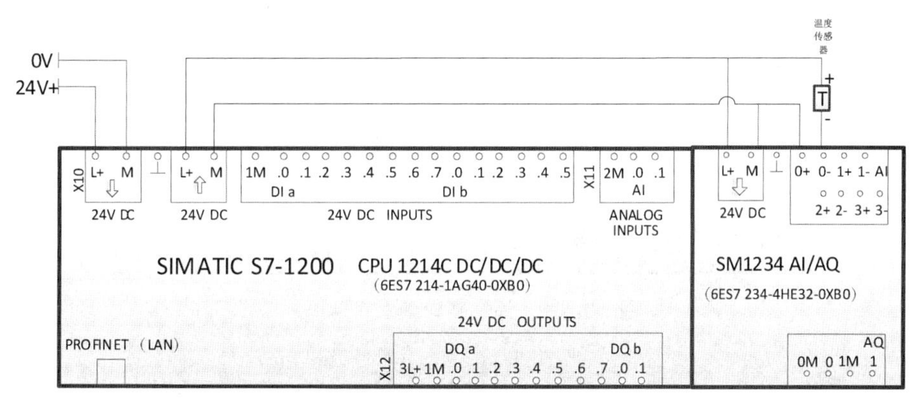

图 7-1-4　S7-1200 PLC 接线图

2. PLC 程序编写

第一步：新建项目及组态。

打开博途软件，在 Portal 视图中，单击“创建新项目”选项，在弹出的界面中输入项目名称（温度传感器测量值转换为工程量的应用实例）、路径和作者等信息，然后单击“创建”按钮即可生成新项目。

进入项目视图，在左侧的“项目树”窗格中，双击“添加新设备”选项，弹出“添加新设备”对话框，如图 7-1-5 所示，在此对话框中选择 CPU 的订货号和版本（必须与实际设备相匹配），然后单击“确定”按钮。

第二步：设置 CPU 属性。

在“项目树”窗格中，单击“PLC_1[CPU 1214C DC/DC/DC]”下拉按钮，双击“设备组态”选项，在“设备视图”的工作区中，选中 PLC_1，依次单击其巡视窗格中的“属性”→“常规”→“PROFINET 接口[X1]”→“以太网地址”选项，修改以太网 IP 地址，如图 7-1-6 所示。

图 7-1-5 “添加新设备”对话框 1

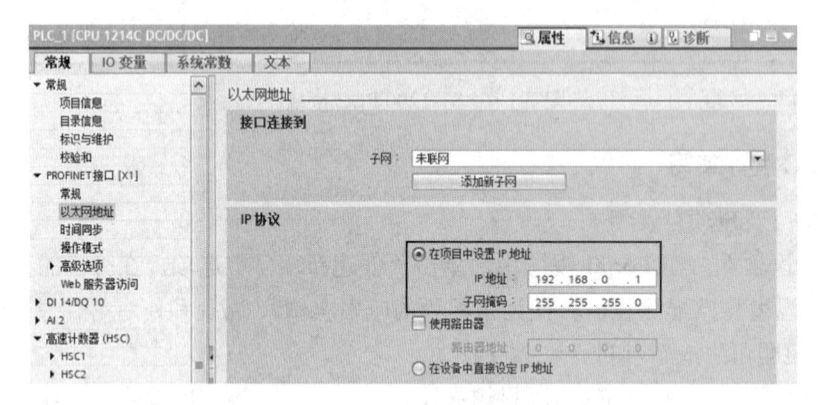

图 7-1-6 以太网 IP 地址设置 1

第三步：组态模拟量模块。

在“项目树”窗格中，单击“PLC_1[CPU 1214C DC/DC/DC]”下拉按钮，双击“设备组态”选项，在硬件目录中找到“AI/AQ”→“AI 4×13BIT/AQ 2×14BIT”→“6ES7 234-4HE32-0XB0”，拖拽此模块至 CPU 插槽 2 即可，如图 7-1-7 所示。

在“设备视图”的工作区中，选中模拟量模块，依次单击其巡视窗格的“属性”→“常规”→“AI 4/AQ 2”→“模拟量输入”→“通道 0”选项，配置通道 0 的相关参数，如图 7-1-8 所示。

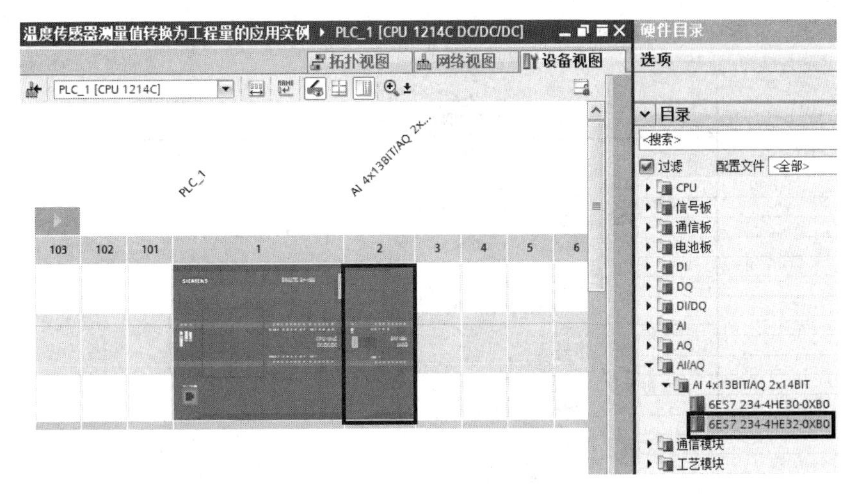

图 7-1-7　组态模拟量模块 1

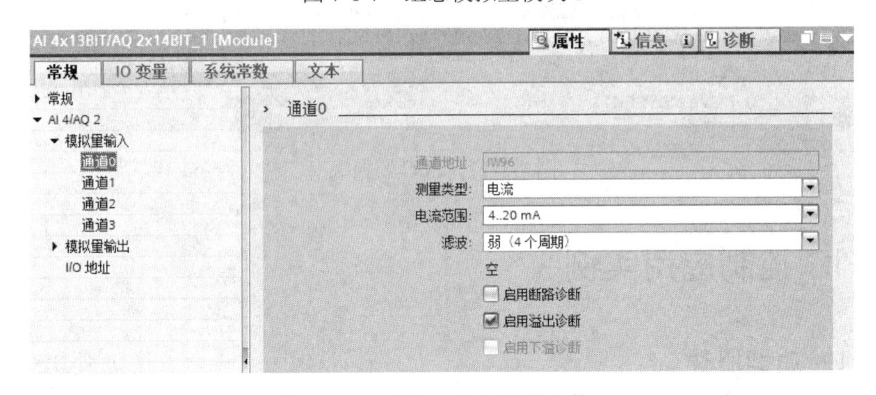

图 7-1-8　模拟量输入通道参数 1

备注：温度传感器连接模拟量输入通道 0，通道地址为 IW96。

第四步：新建 PLC 变量表。

在“项目树”窗格中，依次选择“PLC_1[CPU 1214C DC/DC/DC]”→“PLC 变量”选项，双击“添加新变量表”选项，并将新添加的变量表命名为“PLC 变量表”，然后在“PLC 变量表”中新建变量，如图 7-1-9 所示。

PLC变量表

	名称	数据类型	地址 ▲	保持
1	模拟量通道输入测量值	Int	%IW96	
2	测量值规格化	Real	%MD10	
3	工程量值	Real	%MD14	

图 7-1-9　PLC 变量表 1

第四步：编写 OB1 主程序。

编写的 OB1 主程序如图 7-1-10 所示。

备注：%MD14 为转换的工程量。

第五步：程序测试。

程序编译后，下载到 S7-1200 CPU，通过 PLC 监控表监控转换结果，如图 7-1-11 所示。

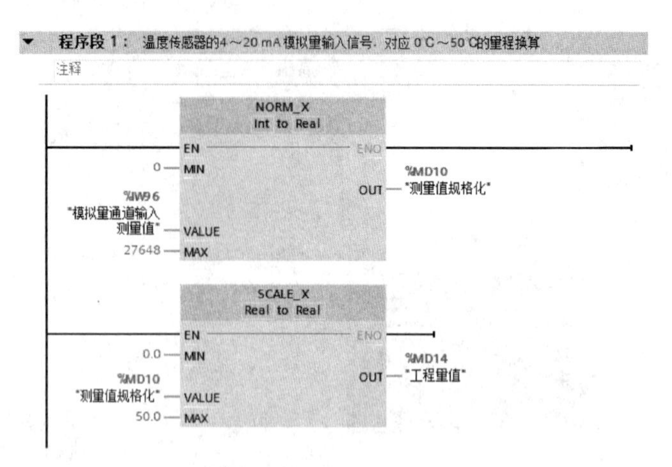

图 7-1-10　OB1 主程序

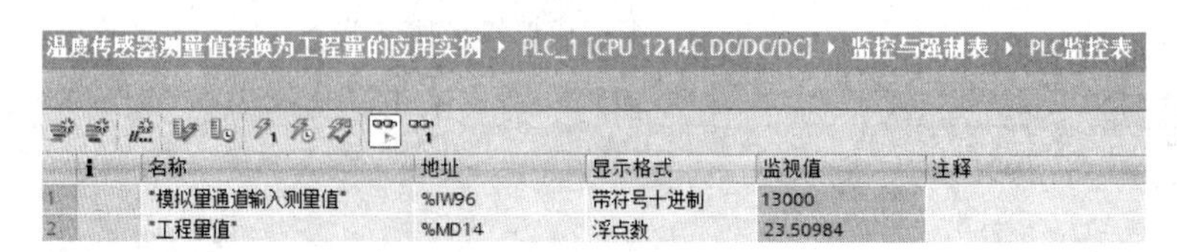

温度传感器测量值转换为工程量的应用实例 ▸ PLC_1 [CPU 1214C DC/DC/DC] ▸ 监控与强制表 ▸ PLC监控表

	i	名称	地址	显示格式	监视值	注释
1		"模拟量通道输入测量值"	%IW96	带符号十进制	13000	
2		"工程量值"	%MD14	浮点数	23.50984	

图 7-1-11　PLC 监控表

7.2　PID 控制应用实例

7.2.1　功能概述

PID 控制又称为比例、积分、微分控制，它在控制回路中连续检测被控变量的实际测量值，将其与设定值进行比较，并使用生成的控制偏差来计算控制器的输出，以尽可能快速、平稳地将被控变量调整到设定值。PID 系统图如图 7-2-1 所示。

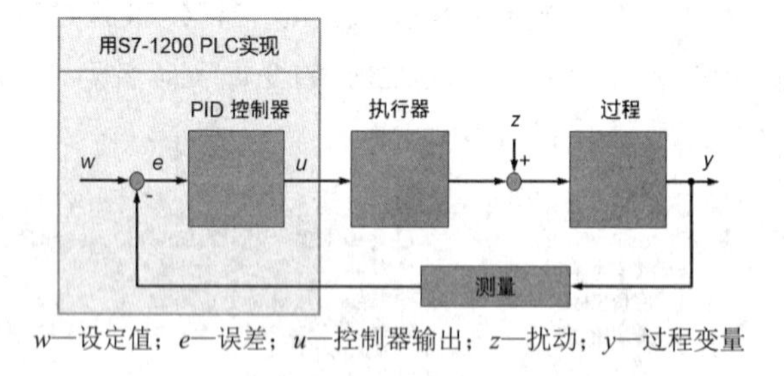

w—设定值；*e*—误差；*u*—控制器输出；*z*—扰动；*y*—过程变量

图 7-2-1　PID 系统图

S7-1200 PLC 提供了多达 16 路的 PID 控制回路，用户可手动调试参数，也可使用自整定功能，由 PID 控制器自动整定参数。另外博途软件还提供了调试面板，用户可以直观地了解被控变量的状态。

S7-1200 PLC 的 PID 控制功能主要由 3 部分组成：PID 指令块、循环中断块和工艺对象。PID 指令块定义了控制器的控制算法，在循环中断块中按一定周期执行，PID 工艺对象用于定义输入/输出参数、调试参数及监控参数等。

7.2.2　指令说明

在“指令”窗格中选择“工艺”→“PID 控制”→“Compact PID”选项，“Compact PID”指令集如图 7-2-2 所示。

“Compact PID”指令集主要包括 3 个指令：“PID_Compact”(集成了调节功能的通用 PID 控制器)、“PID_3Step”（集成了阀门调节功能的 PID 控制器）和“PID_Temp”(温度 PID 控制器)。每个指令块在被拖拽到程序工作区时都将自动分配背景数据块，背景数据块的名称可以自行修改，背景数据块的编号可以手动或自动分配。“PID_Compact”指令为常用指令，本书主要介绍该指令。

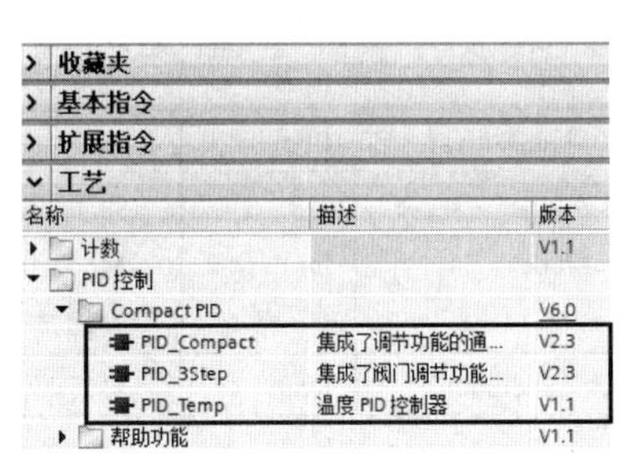

图 7-2-2　“Compact PID”指令集

1．指令介绍

“PID_Compact”指令提供了一种集成了调节功能的通用 PID 控制器，具有抗积分饱和的功能，并且能够对比例作用和微分作用进行加权运算，需要在时间中断 OB（组织块）中调用“PID_Compact”指令。“PID_Compact”指令如图 7-2-3 所示。

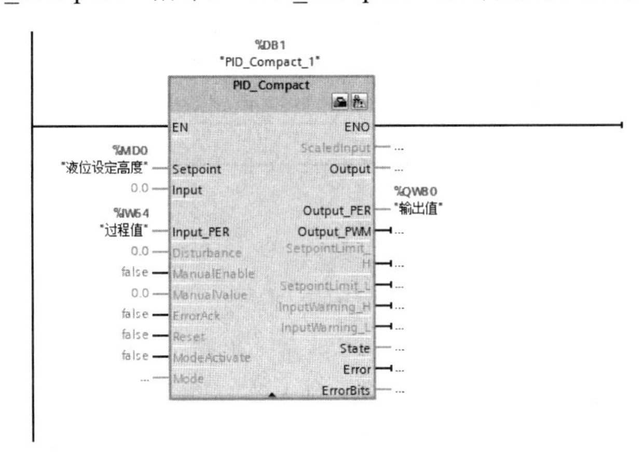

图 7-2-3　“PID_Compact”指令

2．指令参数

“PID_Compact”指令的输入/输出引脚参数的意义，如表 7-2-1 所示。

表 7-2-1　“PID_Compact”指令引脚参数

引脚参数	数据类型	说　明
Setpoint	Real	自动模式下的设定值
Input	Real	用户程序的变量用作过程值的源
Input_PER	Word	模拟量输入用作过程值的源

续表

引脚参数	数据类型	说　明
Disturbance	Real	扰动变量或预控制值
ManualEnable	Bool	当 0→1 上升沿时，激活“手动模式”； 当 1→0 下降沿时，激活由 Mode 指定的工作模式
ManualValue	Real	手动模式下的输出值
ErrorAck	Bool	当 0→1 上升沿时，将复位 ErrorBits 和 Warning
Reset	Bool	重新启动控制器
ModeActivate	Bool	当 0→1 上升沿时，将切换到保存在 Mode 参数中的工作模式
Mode	Int	指定 PID_Compact 将转换的工作模式，具体如下。 Mode=0：未激活；Mode=1：预调节；Mode=2：精确调节；Mode=3：自动模式；Mode=4：手动模式
ScaledInput	Real	标定的过程值
Output	Real	Real 形式的输出值
Output_PER	Word	模拟量输出值
Output_PWM	Bool	脉宽调制输出值
SetpointLimit_H	Bool	当其值为 1 时，说明已达到设定值的绝对上限
SetpointLimit_L	Bool	当其值为 1 时，说明已达到设定值的绝对下限
InputWarning_H	Bool	当其值为 1 时，说明过程值已达到或超出警告上限
InputWarning_L	Bool	当其值为 1 时，说明过程值达到或低于警告下限
State	Int	显示了 PID 控制器的当前工作模式，具体如下。 State=0：未激活；State=1：预调节；State=2：精确调节；State=3：自动模式；State=4：手动模式；State=5：带错误监视的替代输出值
Error	Bool	当其值为 1 时，表示周期内错误消息未解决
ErrorBits	DWord	错误消息代码

7.2.3　实例内容

（1）实例名称：水箱液位 PID 控制应用实例。

（2）实例描述：水箱结构图如图 7-2-4 所示，水箱主要由储水箱、回水箱、水泵、进水管道、排水管道、排水阀和液位传感器组成。通过改变排水阀排水量的大小，PLC 自动控制水泵的转速，保证水箱内的液位稳定。

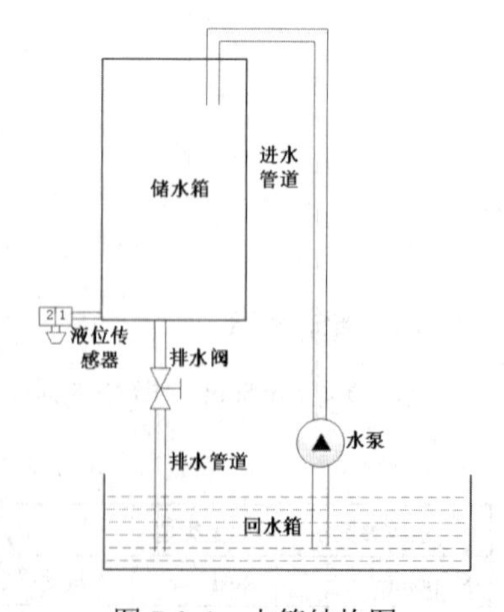

图 7-2-4　水箱结构图

（3）硬件组成：①S7-1200 PLC（CPU1214C DC/DC/DC），一台，订货号为 6ES7 214-1AG40-0XB0；②模拟量输入/输出模块，一台，订货号为 6ES7 234-4HE32-0XB0；③编程计算机，一台，已安装博途专业版 V15.1 软件；④液位传感器，一台，24V DC 供电，4～20 mA 输出，0～1m，两线制；⑤水泵控制器，一台，用模拟量 4～20 mA 控制其转速；⑥水箱，一台。

7.2.4　实例实施

1．S7-1200 PLC 接线图

水箱液位 PID 控制应用实例的 S7-1200 PLC 接线图，如图 7-2-5 所示。

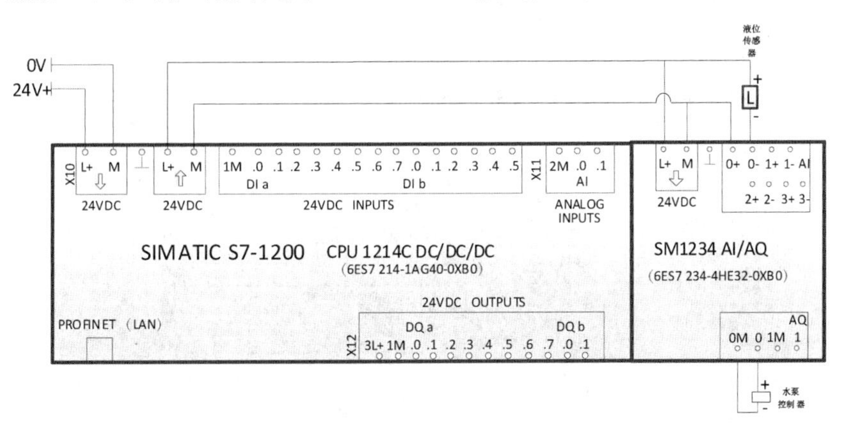

图 7-2-5　S7-1200 PLC 接线图

2．程序编写

第一步：新建项目及组态。

打开博途软件，在 Portal 视图中，单击“创建新项目”选项，在弹出的界面中输入项目名称（水箱液位 PID 控制应用实例）、路径和作者等信息，然后单击“创建”按钮即可生成新项目。

进入项目视图，在左侧的“项目树”窗格中，双击“添加新设备”选项，弹出“添加新设备”对话框，如图 7-2-6 所示，在此对话框中选择 CPU 的订货号和版本（必须与实际设备相匹配），然后单击“确定”按钮。

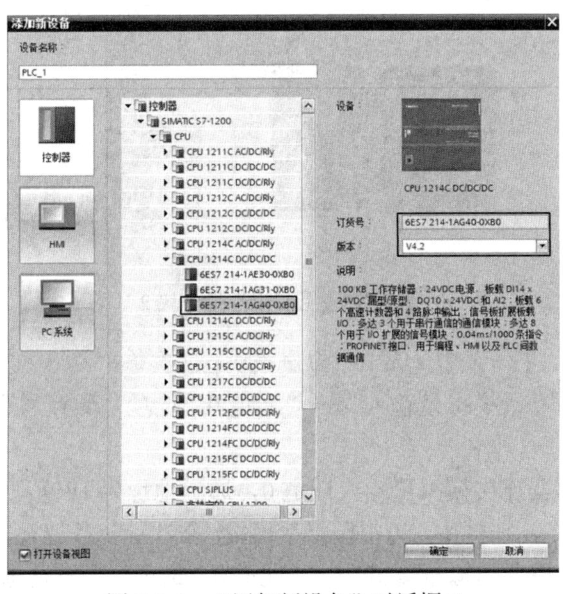

图 7-2-6　“添加新设备”对话框 2

第二步：设置 CPU 属性。

在“项目树”窗格中，单击“PLC_1[CPU 1214C DC/DC/DC]”下拉按钮，双击“设备组态”选项，在“设备视图”的工作区中，选中 PLC_1，依次单击其巡视窗格的“属性”→“常规”→“PROFINET 接口[X1]”→“以太网地址”选项，修改以太网 IP 地址，如图 7-2-7 所示。

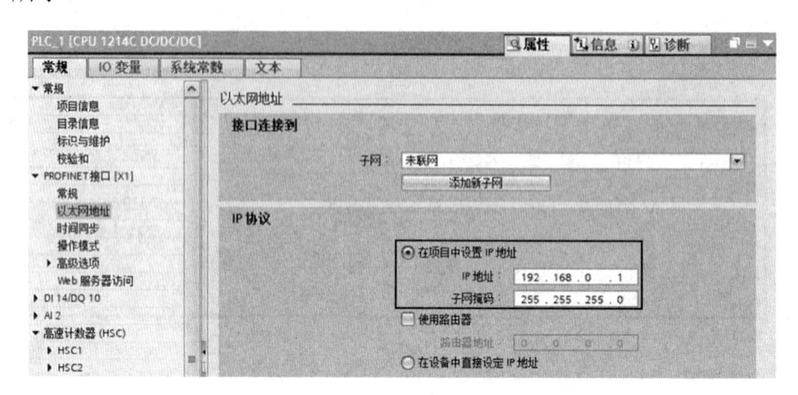

图 7-2-7　以太网 IP 地址设置 2

第三步：组态模拟量模块。

在“项目树”窗格中，单击“PLC_1[CPU 1214C DC/DC/DC]”下拉按钮，双击“设备组态”选项，在硬件目录中找到“AI/AQ”→“AI 4×13BIT/AQ 2×14BIT”→“6ES7 234-4HE32-0XB0”，然后拖拽此模块至 CPU 插槽 2 即可，如图 7-2-8 所示。

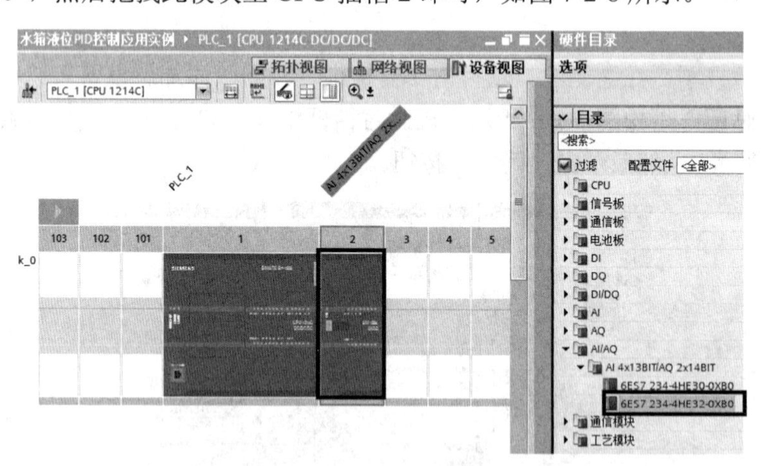

图 7-2-8　组态模拟量模块 2

在“设备视图”的工作区中，选中模拟量模块，依次单击其巡视窗格的“属性”→“常规”→“AI 4/AQ 2”→“模拟量输入”→“通道 0”选项，配置通道 0 参数，如图 7-2-9 所示。

备注：温度传感器连接模拟量输入通道 0，通道地址为 IW96。

在“设备视图”的工作区中，选中模拟量模块，依次单击其巡视窗格的“属性”→“常规”→“AI 4/AQ 2”→“模拟量输出”→“通道 0”选项，配置通道 0 参数，如图 7-2-10

所示。

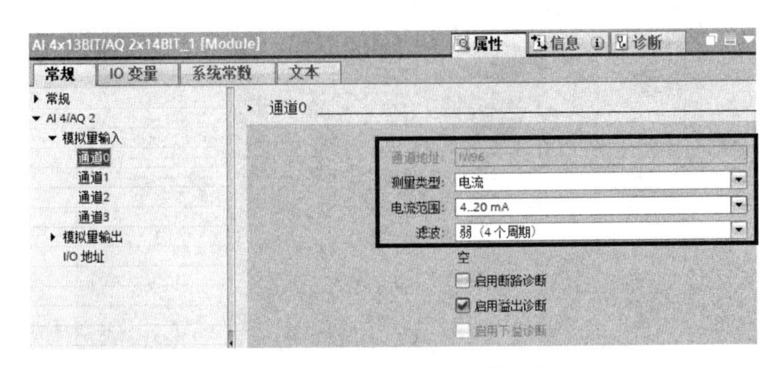

图 7-2-9　模拟量输入通道参数 2

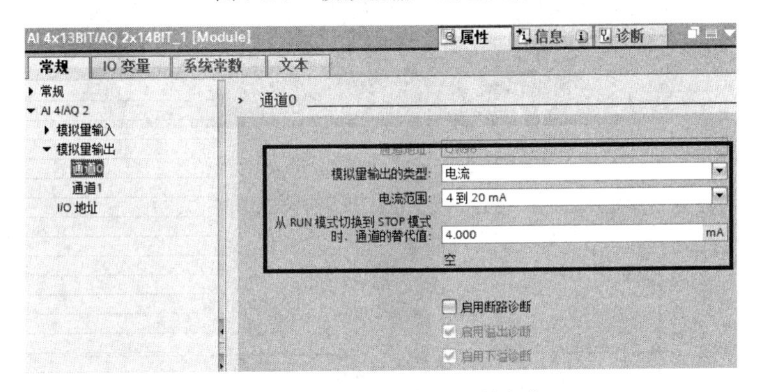

图 7-2-10　模拟量输出通道参数

备注：阀门控制连接模拟量输出通道 0，通道地址为 QW96。

第四步：新建 PLC 变量表。

在“项目树”窗格中，依次单击“PLC_1[CPU 1214C DC/DC/DC]”→“PLC 变量”选项，双击“添加新变量表”选项，并将新添加的变量表命名为“PLC 变量表”，然后在“PLC 变量表”中新建变量，如图 7-2-11 所示。

PLC变量表

		名称	数据类型	地址	保持
1		模拟量通道输入值	Int	%IW96	
2		模拟量通道输出值	Int	%QW96	
3		液位设定值	Real	%MD10	

图 7-2-11　PLC 变量表 2

第五步：添加循环中断程序块，并添加 PID 指令块。

在“项目树”窗格中，依次单击“PLC_1[CPU 1214C DC/DC/DC]”→“程序块”选项，双击“添加新块”选项，选择“Cyclic interrupt”选项，将“循环时间（ms）”设定为 500ms，然后单击“确定”按钮，如图 7-2-12 所示。该循环中断时间即为 PID 的采样时间。

在“指令”窗格的“工艺”→“PID 控制”→“Compact PID”中找到“PID_Compact”指令，将其拉入循环中断程序中，并进行参数配置，如图 7-2-13 所示。

图 7-2-12　添加循环中断程序块

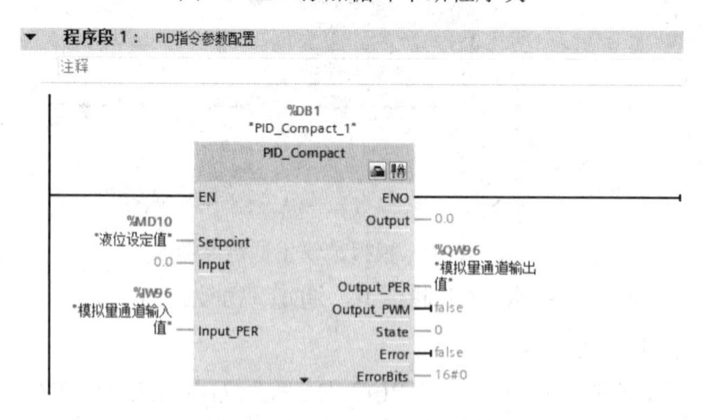

图 7-2-13　添加 PID 指令块

第六步：设定 PID 工艺对象的参数。

在“项目树”窗格中，依次单击“PLC_1[CPU 1214C DC/DC/DC]”→“工艺对象”→“PID_Compact_1”选项，然后双击“组态”选项，进入 PID 工艺对象参数设定画面，如图 7-2-14 所示。

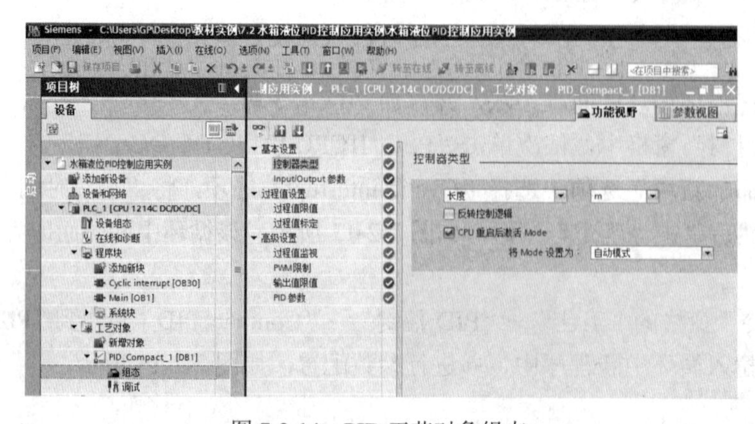

图 7-2-14　PID 工艺对象组态

（1）基本参数设置。

基本参数设置分为两类，分别是控制器类型设置和 Input/Output 参数设置。

① 控制器类型设置：控制类型选择“长度”，单位选择“m”。CPU 重启后激活，Mode 选择“自动模式”，配置如图 7-2-15 所示。

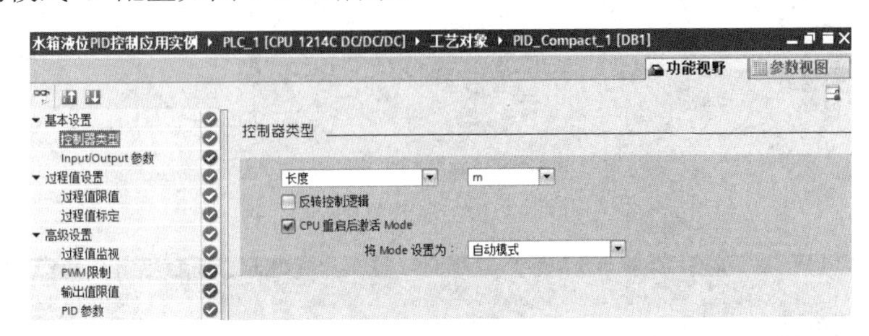

图 7-2-15　控制器类型设置

② Input/Output 参数设置：设置控制器的 Setpoint、Input 和 Output 参数，配置结果如图 7-2-16 所示。

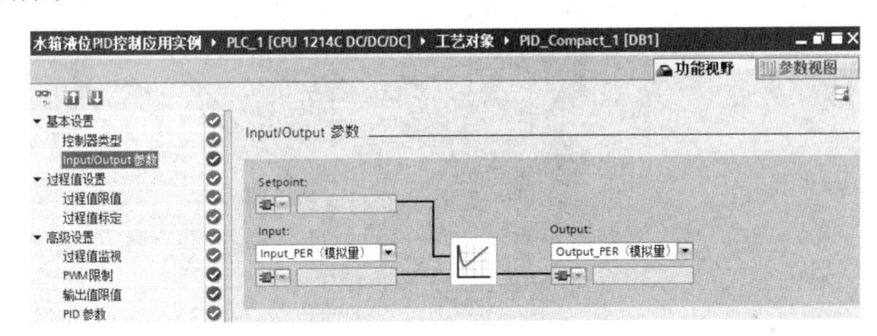

图 7-2-16　Input/Output 参数设置

主要参数说明如下。

Setpoint：PID 的设定值。

Input：可选“Input”和“Input_PER（模拟量）”，“Input”为缩放后的过程值，如 0～100%，或者 0～1m 等；“Input_PER（模拟量）”为模拟量通道输入值，0～27 648。

Output：可选“Output”“Output_PER（模拟量）”“Output_PWM”。“Output”为 0～100%；“Output_PER（模拟量）”为模拟量通道输出值，为 0～27 648；“Output_PWM”为脉宽调制输出。

（2）过程值设置。

过程值设置分为两类，分别是过程值限值和过程值标定。

① 过程值限值：表示在进行 PID 调节过程中的上限值和下限值。在本实例中，水位高度最小值为 0m，最大值为 1m，参数配置如图 7-2-17 所示。

② 过程值标定：表示被控对象与模拟量之间的对应关系。在本实例中，液位传感器输出为 4~20 mA，对应的水位高度为 0～1m，也就是说，当水位为 1m 时，对应的 PLC 模拟量输入为 20mA，其对应的数值为 27 648，参数配置如图 7-2-18 所示。

（3）高级设置。

高级设置有 4 项内容，分别是过程值监视、PWM 限制、输出值限值和 PID 参数。

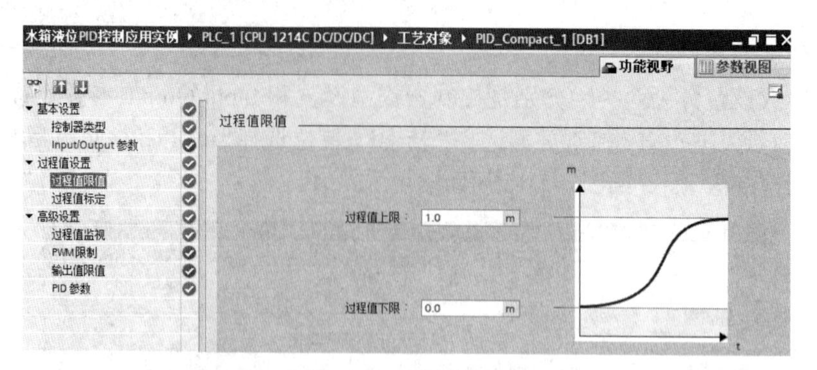

图 7-2-17　过程值限值

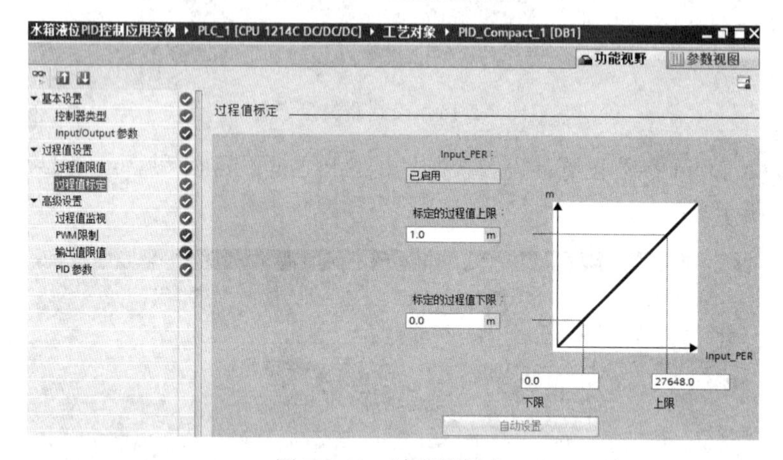

图 7-2-18　过程值标定

① 过程值监视：用来设置警告的上/下限值。如果在运行期间，过程值高于警告上限值，则输出 InputWarning_H；如果过程值低于警告下限值，则输出 InputWarning_L。在本实例中，设定警告的上限为 0.9m，警告的下限为 0.1m，参数配置如图 7-2-19 所示。

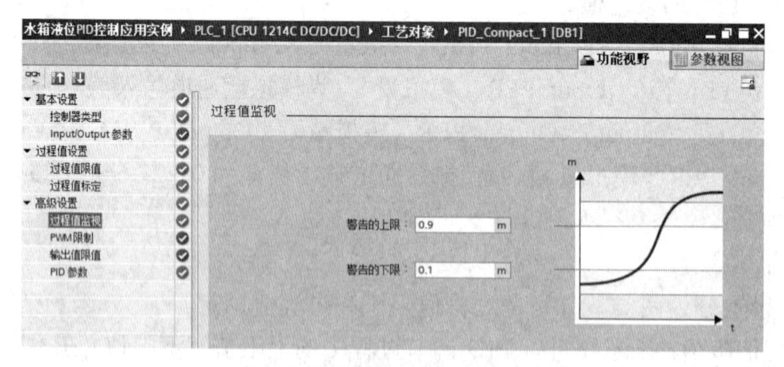

图 7-2-19　过程值监视

② PWM 限制：用来输出 PWM 的接通和断开时间，本实例中不需要设定。

③ 输出值限值：以百分比形式组态输出值的绝对限值，无论是在手动模式下，还是在自动模式下，都不会超过输出值的绝对限值。

在本实例中，输出值的上限设定为 100.0%，输出值的下限设定为 0.0%，参数配置如图 7-2-20 所示。

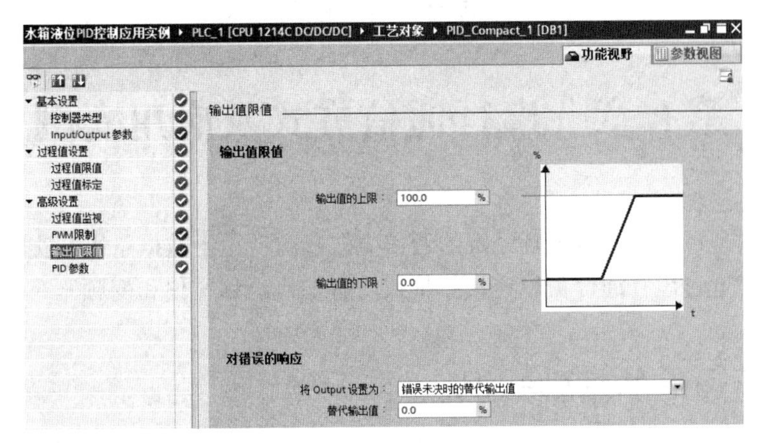

图 7-2-20　输出值限值

④ PID 参数：如图 7-2-21 所示，激活“启动手动输入”复选框，PID 算法采样时间设置为 0.5s，这个时间与循环中断程序 Cyclic interrupt 的循环时间一致。其他参数可以手动输入，也可以通过自整定功能实现参数设定，本实例通过手动输入来进行参数设定。

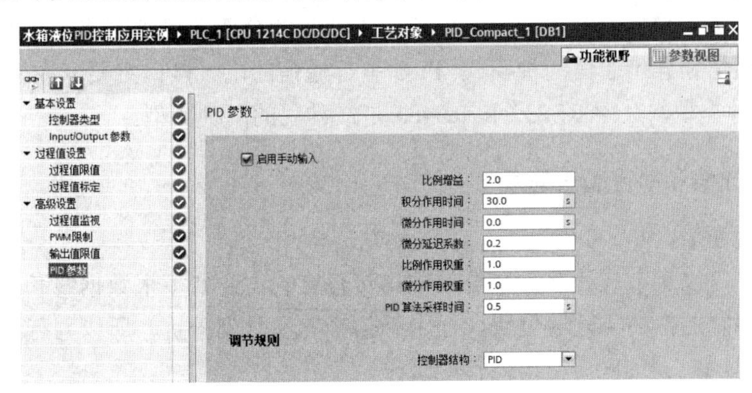

图 7-2-21　PID 参数

第七步：程序调试。

程序编译后，下载到 S7-1200 CPU 中，通过 PLC 监控表监控调试结果，如图 7-2-22 所示。

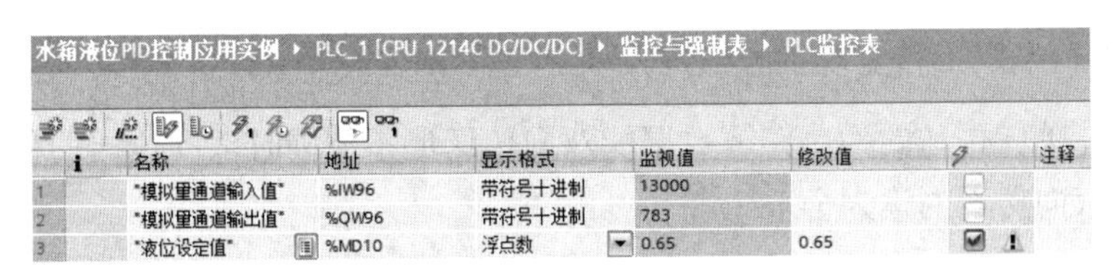

	i	名称	地址	显示格式	监视值	修改值		注释
1		"模拟量通道输入值"	%IW96	带符号十进制	13000			
2		"模拟量通道输出值"	%QW96	带符号十进制	783			
3		"液位设定值"	%MD10	浮点数	0.65	0.65	☑ !	

图 7-2-22　PLC 监控表

7.2.5　应用经验总结

（1）PID 指令块建议在时间中断组织块中执行，以便保证 PID 采样时间稳定。

（2）S7-1200 PLC 的 PID 具有参数自整定功能，可以使用 PID 工艺对象中的调节功能进行参数自整定。

第 8 章　串行通信方式及应用实例

串行通信是目前工业常用且经济的通信方式，主要用于数据量小、实时性要求不高的场合。PLC 通过串行通信可以连接扫描仪、打印机、称重仪和变频器等设备。

8.1　串行通信的基础知识

8.1.1　串行通信的概述

串行通信是指 PLC 与仪器和仪表等设备之间通过数据信号线连接，并按位传输数据的一种通信方式。串行通信方式使用的数据线少，非常适用于远距离通信。

串行通信按照数据流的方向分为单工、半双工和全双工三种方式，按照传输数据格式分为同步通信和异步通信两种模式。PLC 串行通信的电气接口主要分为 RS232、RS422 和 RS485 三种类型，其中 RS232 和 RS485 是最常用的两种类型。

1．并行通信和串行通信的概念

（1）并行通信。

并行通信是以字节或者字为单位的数据传输方式，需要多根数据线和控制线，虽然传输速度比串行通信的传输速度快，但由于信号容易受到干扰，所以并行通信在工业应用中很少使用。

（2）串行通信。

串行通信是以二进制位为单位的数据传输方式，每次只传送一个位，最多只需要两根传输线即可完成数据传送，由于抗干扰能力较强，所以其通信距离可以达到几千米，在工业自动化控制应用中，通常都会选择串行通信方式。

2．单工、半双工和全双工通信方式

数据只能单向传送的为单工，数据能双向传送但不能同时双向传送的称为半双工，数据能同时双向传送的称为全双工。

3．同步通信与异步通信

同步通信是在进行数据传输时，发送和接收双方要保持完全的同步。因此，要求接收和发送设备必须使用同一时钟。

异步通信是不需要使用同一时钟的，接收方不知道发送方什么时候发送数据，因此，在发送的信息中，必须有提示接收方开始接收的信息，如有起始位和停止位等。

工业自动化控制中涉及串行通信的设备主要使用的是异步通信方式。

4. 异步串行通信的数据格式

异步串行通信是逐个字符进行传递的，每个字符也是逐位进行传递的，并且每传递一个字符，字符之间没有固定的时间间隔要求。

每一个字符的前面必须有起始位，字符由 7 或 8 位数据位组成，数据位后面是一位校验位，校验位可以是奇数校验位、偶数校验位，也可以无校验位，最后是停止位，停止位后面是不定时长的空闲位，起始位规定为低电平，停止位和空闲位规定为高电平，如图 8-1-1 所示。

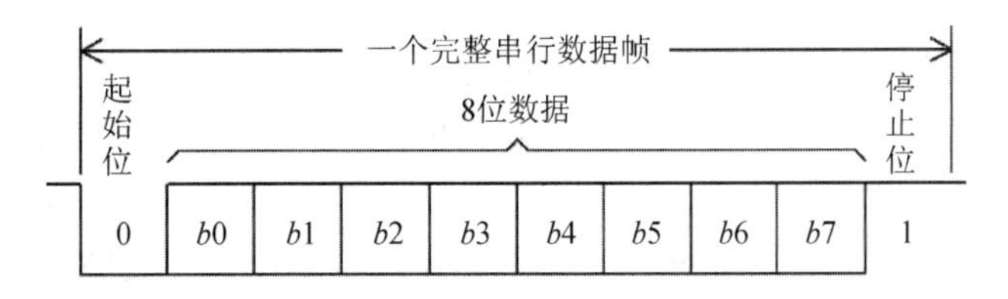

图 8-1-1　异步串行通信的数据格式

5. 串行通信的接口

按电气标准分类，串行通信的接口包括 RS232、RS422 和 RS485，其中 RS232 和 RS485 接口比较常用。

（1）RS232 接口。

RS232 接口是 PLC 与仪器和仪表等设备的一种串行接口方式，它以全双工方式工作，需要发送线、接收线和地线三条线。RS232 只能实现点对点的通信。逻辑“1”的电平为−15～−5V，逻辑“0”的电平为+5～+15V。通常 RS232 接口以 9 针 D 形接头出现，其接线图如图 8-1-2 所示。

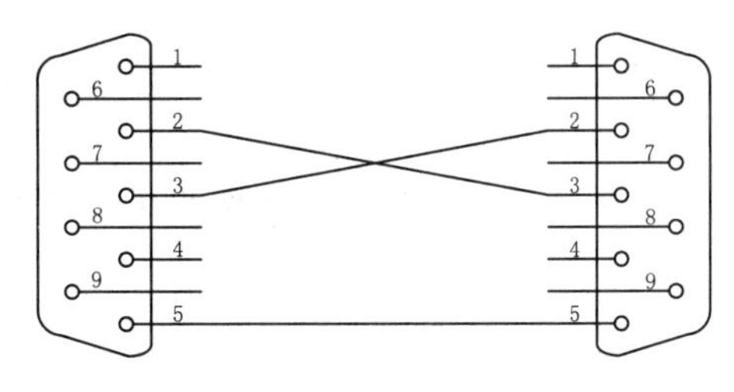

图 8-1-2　RS232 接线图

（2）RS485 接口。

RS485 接口是 PLC 与仪器和仪表等设备的一种串行接口方式，采用两线制方式，组成半双工通信网络。在 RS485 通信网络中一般采用的是主从通信方式，即一个主站带多个从站，RS485 采用差分信号，逻辑“1”的电平为+2～+6V，逻辑“0”的电平为−6～−2V，其网络图如图 8-1-3 所示，RS485 需要在总线电缆的开始和末端都并接终端电阻，终端电阻阻值为 120Ω。

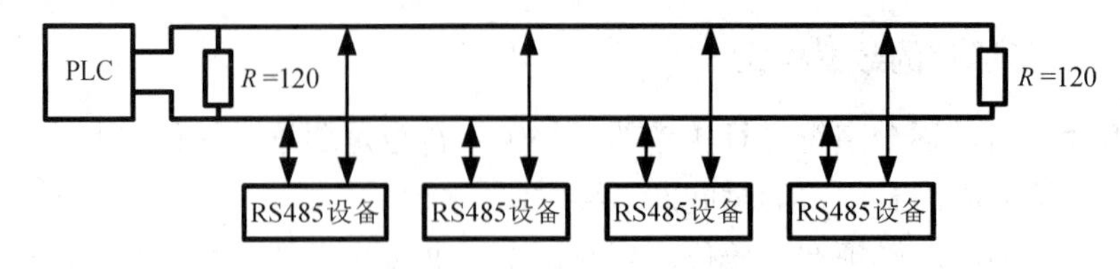

图 8-1-3　RS485 网络图

（3）RS232 接口与 RS485 接口的区别如下。

① 从电气特性上，RS485 接口信号电平比 RS232 接口信号电平低，不易损坏接口电路。

② 从接线上，RS232 是三线制，RS485 是两线制。

③ 从传输距离上，RS232 传输距离最长约为 15m，RS485 传输距离可以达到 1000m 以上。

④ 从传输方式上，RS232 是全双工传输，RS485 是半双工传输。

⑤ 从协议层上，RS232 一般针对点对点通信使用，而 RS485 支持总线形式的通信，即一个主站带多个从站（建议不超过 32 个从站）。

6．串行通信的参数

串行通信网络中设备的通信参数必须匹配，以保证通信正常。通信参数主要包括波特率、数据位、停止位和奇偶校验位。

（1）波特率。

波特率（Bit Per Second，bps）是通信速度的参数，表示每秒钟传送位的个数。例如，300bps 表示每秒钟发送 300 位。串行通信典型的波特率为 600bps、1 200bps、2 400bps、4800bps、9600bps、19 200bps 和 38 400bps 等。

（2）数据位。

数据位是通信中实际数据位数的参数，典型值为 7 位或 8 位。

（3）停止位。

停止位用于表示单个数据包的最后一位，典型值为 1 位或 2 位。

（4）奇偶校验位。

奇偶校验是串行通信中一种常用的校验方式，它包括 3 种校验方式：奇数校验、偶数校验和无校验。在通信时，应设定串口奇偶校验位，以确保传输的数据有偶数个或者奇数个逻辑高位。例如，如果数据是 0110 0011，那么对于偶数校验，校验位为 0，保证逻辑高的位数是偶数。

8.1.2　串口通信模块及支持的协议

1．串口通信模块

S7-1200 PLC 的串行通信需要增加串口通信模块或者通信板来扩展 RS232 接口或 RS485 接口。S7-1200 PLC 有两个串口通信模块（CM1241 RS232 和 CM1241 RS422/485）和一个通信板（CB1241 RS485），它们的外观图分别如图 8-1-4 和图 8-1-5 所示。

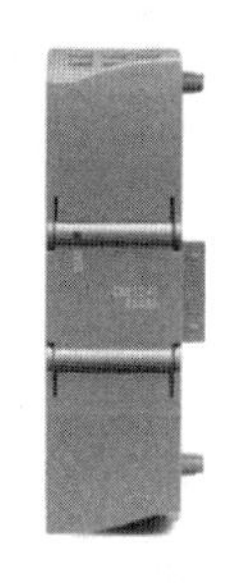

图 8-1-4　串口通信模块外观图

图 8-1-5　通信板外观图

串口通信模块安装在 S7-1200 CPU 的左侧，最多可以扩展 3 个。通信板安装在 S7-1200 CPU 的正面插槽中，最多可以扩展 1 个。S7-1200 PLC 最多可以同时扩展 4 个串行通信接口，各模块的相关信息如表 8-1-1 所示。

表 8-1-1　串口通信模块和通信板

类型	CM1241 RS232	CM1241 RS422/485	CB1241 RS485
订货号	6ES7241-1AH32-0XB0	6ES7241-1CAH32-0XB0	6ES7241-1CH30-0XB0
接口类型	RS232	RS422/485	RS485

2. 支持的协议

S7-1200 PLC 主要支持的常用通信协议如表 8-1-2 所示，本章详细讲解自由口 ASCII 和 Modbus RTU 协议，USS 协议在变频器章节中进行详细讲解，3964（R）协议使用很少，本章不做介绍。

表 8-1-2　S7-1200 PLC 主要支持的常用通信协议

类型	CM1241 RS232	CM1241 RS422/485	CB1241 RS485
自由口 ASCII	√	√	√
Modbus RTU	√	√	√
USS	×	√	√
3964（R）	√	√	×

注：√表示支持，×表示不支持。

3. 串口通信模块和通信板指示灯功能说明

串口通信模块 CM1241 有 3 个 LED 指示灯：DIAG、Tx 和 Rx。串口通信板 CB1241 有两个 LED 指示灯：TxD 和 RxD。

串口通信模块和通信板指示灯功能说明如表 8-1-3 所示。

表 8-1-3　串口通信模块和通信板指示灯功能说明

指示灯	功能	说明
DIAG	诊断显示	红闪：CPU 未正确识别到通信模块，诊断 LED 会一直红色闪烁； 绿闪：CPU 上电后已经识别到通信模块，但是通信模块还没有配置； 绿灯：CPU 已经识别到通信模块，且配置也已经下载到 CPU 中
Tx/TxD	发送显示	当通信端口向外传送数据时，LED 指示灯点亮
Rx/RxD	接收显示	当通信端口接收数据时，LED 指示灯点亮

8.2 Modbus RTU 通信应用实例

8.2.1 功能概述

1．概述

Modbus 串行通信协议是由 Modicon 公司在 1979 年开发的，它在工业自动化控制领域得到了广泛应用，已经成为一种通用的工业标准协议，许多工业设备都通过 Modbus 串行通信协议连成网络，进行集中控制。

Modbus 串行通信协议有 Modbus ASCII 和 Modbus RTU 两种模式，Modbus RTU 协议通信效率较高，应用更广泛。Modbus RTU 协议是基于 RS232 或 RS485 串行通信的一种协议，数据通信采用主从方式进行传送，主站发出具有从站地址的数据报文，从站接收到报文后发送相应报文到主站进行应答。Modbus RTU 协议网络上只能存在一个主站，主站在 Modbus RTU 网络上没有地址，每个从站必须有唯一的地址，从站的地址为 0～247，其中 0 为广播地址，因此从站的实际地址为 1～247。

2．报文结构

Modbus RTU 协议报文结构如表 8-2-1 所示。

表 8-2-1　Modbus RTU 协议报文结构

从站地址码	功　能　码	数　据　区	错误校验码	
1 字节	1 字节	0 到 252 字节	2 字节	
			CRC 低	CRC 高

（1）从站地址码表示 Modbus RTU 协议的从站地址，1 字节。

（2）功能码表示 Modbus RTU 协议的通信功能，1 字节。

（3）数据区表示传输的数据，*N*（0～252）字节，格式由功能码决定。

（4）错误校验码用于数据校验，2 字节。

报文举例：

从站地址码	功能码	数据地址		数据区		错误校验码	
01	06	00	01	00	17	98	04

这一串数据的作用是把数据 H0017（十进制数为 23）写入 01 号从站的地址 H0001 中。

3．功能码及数据地址

Modbus 设备之间的数据交换是通过功能码实现的，功能码有按位操作，也有按字操作。

在 S7-1200 PLC Modbus RTU 协议通信中，不同的 Modbus RTU 协议数据地址区对应不同的 S7-1200 PLC 数据区，Modbus 功能码及数据区如表 8-2-2 所示。

表 8-2-2　Modbus 功能码及数据区

功能码	描述	位/字操作	Modbus 数据地址	S7-1200 PLC 数据地址区
01	读取输出位	位操作	00 001～09 999	Q0.0～Q1 023.7

续表

功能码	描述	位/字操作	Modbus 数据地址	S7-1200 PLC 数据地址区
02	读取输入位	位操作	10 001～19 999	I0.0～I1 023.7
03	读取保持寄存器	字操作	40 001～49 999	DB 数据块、M 位存储区
04	读取输入字	字操作	30 001～39 999	IW0～IW1 022
05	写一个输出位	位操作	00 001～09 999	Q0.0～Q1 023.7
06	写一个保持寄存器	字操作	40 001～49 999	DB 数据块、M 位存储区
15	写多个输出位	位操作	00 001～09 999	Q0.0～Q1 023.7
16	写多个保持寄存器	字操作	40 001～49 999	DB 数据块、M 位存储区

8.2.2 指令说明

在“指令”窗格中依次选择“通信”→“通信处理器”→“MODBUS（RTU）”选项，出现 Modbus RTU 指令列表，如图 8-2-1 所示。

图 8-2-1　Modbus RTU 指令列表

Modbus RTU 指令主要包括 3 个指令：“Modbus_Comm_Load”（通信参数装载）指令、“Modbus_Master”（主站通信）指令和“Modbus_Slave”（从站通信）指令。每个指令块被拖曳到程序工作区中都将自动分配背景数据块，背景数据块的名称可以自行修改，背景数据块的编号可以手动或自动分配。

1．“Modbus_Comm_Load”指令

（1）指令介绍。

“Modbus_Comm_Load”指令用于组态 RS232 和 RS485 通信模块端口的通信参数，以便进行 Modbus RTU 协议通信，该指令如图 8-2-2 所示。每个 Modbus RTU 通信的端口，都必须执行一次“Modbus_Comm_Load”指令来组态。

（2）指令参数。

“Modbus_Comm_Load”指令的输入/输出引脚参数的意义，如表 8-2-3 所示。

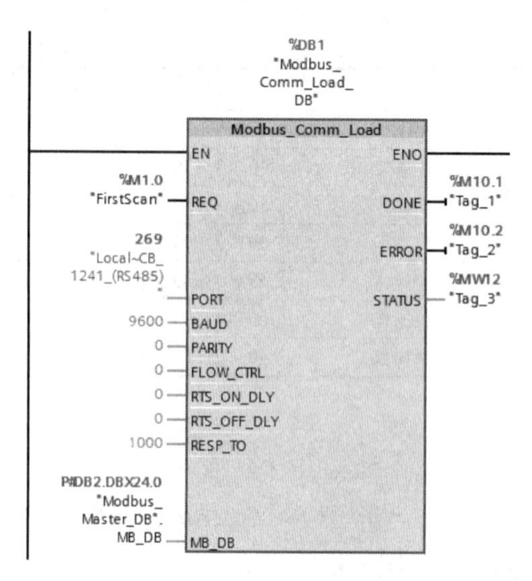

图 8-2-2　“Modbus_Comm_Load”指令

表 8-2-3　“Modbus_Comm_Load”指令引脚参数

引脚参数	数据类型	说明
REQ	Bool	在上升沿时执行该指令
PORT	PORT	是通信端口的硬件标识符。安装并组态通信模块后，通信端口的硬件标识符将出现在 PORT 功能框连接的“参数助手”下拉列表中。通信端口的硬件标识符在 PLC 变量表的“系统常数”（System constants）选项卡中指定并可应用于此处
BAUD	UDInt	选择通信波特率：300，600，1 200，2 400，4 800，9 600，19 200，38 400，57 600，76 800，115 200
PARITY	UInt	选择奇偶校验：0—无；1—奇数校验；2—偶数校验
FLOW_CTRL	UInt	流控制选择：0—默认值（无流控制）
RTS_ON_DLY	UInt	RTS 延时选择：0—默认值
RTS_OFF_DLY	UInt	RTS 关断延时选择：0—默认值
RESP_TO	UInt	响应超时：“Modbus_Master”允许用于从站响应的时间（以 ms 为单位）。如果从站在此时间段内未响应，“Modbus_Master”将重试请求，或者在发送指定次数的重试请求后终止请求并提示错误。其默认值为 1000
MB_DB	MB_BASE	对“Modbus_Master”指令或“Modbus_Slave”指令所使用的背景数据块的引用。在用户程序中放置“Modbus_Master”指令或“Modbus_Slave”指令后，该 DB 标识符将出现在 MB_DB 功能框连接的“参数助手”下拉列表中
DONE	Bool	如果上一个请求完成并且没有错误，那么 DONE 位将变为 TRUE 并保持一个周期
ERROR	Bool	如果上一个请求完成出错，那么 ERROR 位将变为 TRUE 并保持一个周期。STATUS 参数中的错误代码仅在 ERROR = TRUE 的周期内有效
STATUS	Word	错误代码

（3）指令使用说明如下。

① 在进行 Modbus RTU 通信前，必须先执行“Modbus_Comm_Load”指令组态模块通信端口，然后才能使用通信指令进行 Modbus RTU 通信。在启动 OB 中调用“Modbus_Comm_Load”指令，或者在 OB1 中使用首次循环标志位调用执行一次。

② 当“Modbus_Master”指令和“Modbus_Slave”指令被拖拽到用户程序时，将为其分配背景数据块，“Modbus_Comm_Load”指令的 MB_DB 参数将引用该背景数据块。

2. “Modbus_Master” 指令

（1）指令介绍。

“Modbus_Master” 指令可通过由 “Modbus_Comm_Load” 指令组态的端口作为 Modbus RTU 主站进行通信，该指令如图 8-2-3 所示。

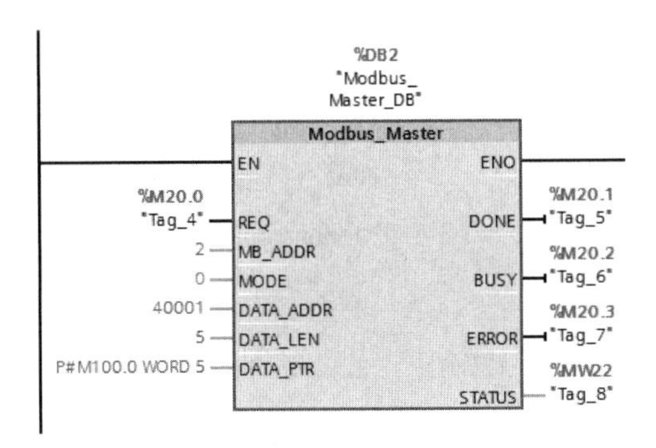

图 8-2-3　“Modbus_Master” 指令

（2）指令参数

“Modbus_Master” 指令的输入/输出引脚参数的意义，如表 8-2-4 所示。

表 8-2-4　“Modbus_Master” 指令引脚参数

引脚参数	数据类型	说明
REQ	Bool	在上升沿时执行该指令
MB_ADDR	UInt	Modbus RTU 从站地址。标准地址范围：1～247
MODE	USInt	模式选择：0 表示读操作、1 表示写操作
DATA_ADDR	UDInt	从站中的起始地址：指定 Modbus RTU 从站中将访问的数据的起始地址
DATA_LEN	UInt	数据长度：指定此指令将访问的位或字的个数
DATA_PTR	Variant	数据指针：指向要进行数据写入或数据读取的标记或数据块地址
DONE	Bool	如果上一个请求完成并且没有错误，那么 DONE 位将变为 TRUE 并保持一个周期
BUSY	Bool	0 表示无激活命令、1 表示命令执行中
ERROR	Bool	如果上一个请求完成出错，那么 ERROR 位将变为 TRUE 并保持一个周期。如果执行因错误而终止，那么 STATUS 参数中的错误代码仅在 ERROR = TRUE 的周期内有效
STATUS	Word	错误代码

（3）指令使用说明如下。

① 同一串行通信接口只能作为 Modbus RTU 主站或者从站。

② 当同一串行通信接口使用多个 “Modbus_Master” 指令时，“Modbus_Master” 指令必须使用同一个背景数据块，用户程序必须使用轮询方式执行指令。

3. “Modbus_Slave” 指令

（1）指令介绍。

“Modbus_Slave”指令可通过由“Modbus_Comm_Load”指令组态的端口作为 Modbus RTU 从站进行通信，该指令如图 8-2-4 所示。

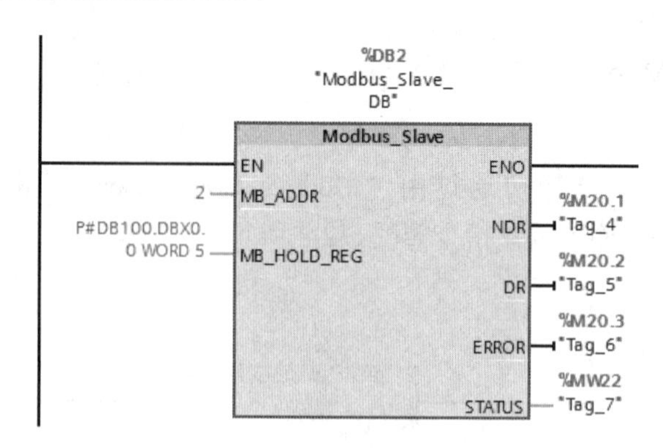

图 8-2-4 “Modbus_Slave”指令

（2）指令参数

“Modbus_Slave”指令的输入/输出引脚参数的意义，如表 8-2-5 所示。

表 8-2-5 “Modbus_Slave”指令引脚参数

引脚参数	数据类型	说明
MB_ADDR	UInt	Modbus RTU 从站的地址，默认地址范围：0～247
MB_HOLD_REG	Variant	Modbus 保持寄存器 DB 数据块的指针：Modbus 保持寄存器可能为位存储区或者 DB 数据块的存储区
NDR	Bool	新数据就绪：0 表示无新数据；1 表示新数据已由 Modbus RTU 主站写入
DR	Bool	数据读取：0 表示未读取数据；1 表示该指令已将 Modbus RTU 主站接收的数据存储在目标区域中
ERROR	Bool	如果上一个请求完成出错，那么 ERROR 位将变为 TRUE 并保持一个周期。如果执行因错误而终止，那么 STATUS 参数中的错误代码仅在 ERROR＝TRUE 的周期内有效
STATUS	Word	错误代码

8.2.3 实例内容

（1）实例名称：Modbus RTU 通信应用实例。

（2）实例描述：两台 S7-1200 PLC 进行 Modbus RTU 通信，一台作为主站，一台作为从站。主站读取从站的 DB100.DBW0～DB100.DBW4 的数据，并存放到主站的 DB10.DBW0～DB10.DBW4；主站将 DB10.DBX10.0～DB10.DBX10.4 的数据写到从站的 Q0.0～Q0.4 中。

（3）硬件组成：①S7-1200 PLC（CPU1214C DC/DC/DC），两台，订货号为 6ES7 214-1AG40-0XB0；②CB1241 RS422/485，两台，订货号为 6ES7 241-1CH30-1XB0；③编程计算机，一台，已安装博途专业版 V15.1 软件。

8.2.4 实例实施

1. S7-1200 PLC RS485 通信板接线图

Modbus RTU 通信应用实例的 S7-1200 PLC RS485 通信板接线图，如图 8-2-5 所示。

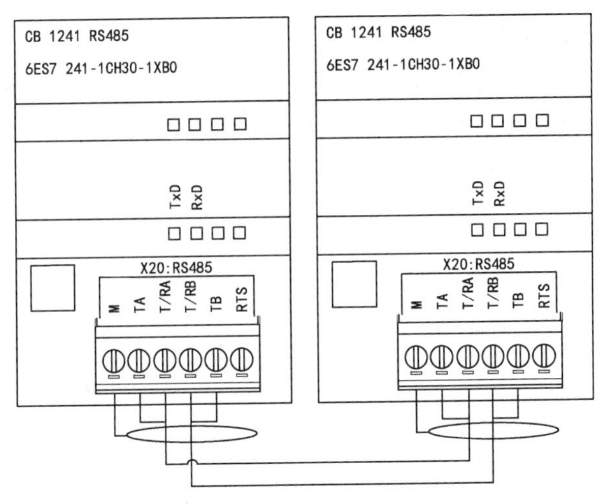

图 8-2-5　S7-1200 PLC RS485 通信板接线图

2．Modbus RTU 主站程序编写

第一步：新建项目及组态。

打开博途软件，在 Portal 视图中，单击“创建新项目”选项，在弹出的界面中输入项目名称（Modbus RTU 通信应用实例）、路径和作者等信息，然后单击“创建”按钮即可生成新项目。

进入项目视图，在左侧的“项目树”窗格中，双击“添加新设备”选项，弹出“添加新设备”对话框，如图 8-2-6 所示，在此对话框中选择 CPU 的订货号和版本（必须与实际设备相匹配），然后单击“确定”按钮。

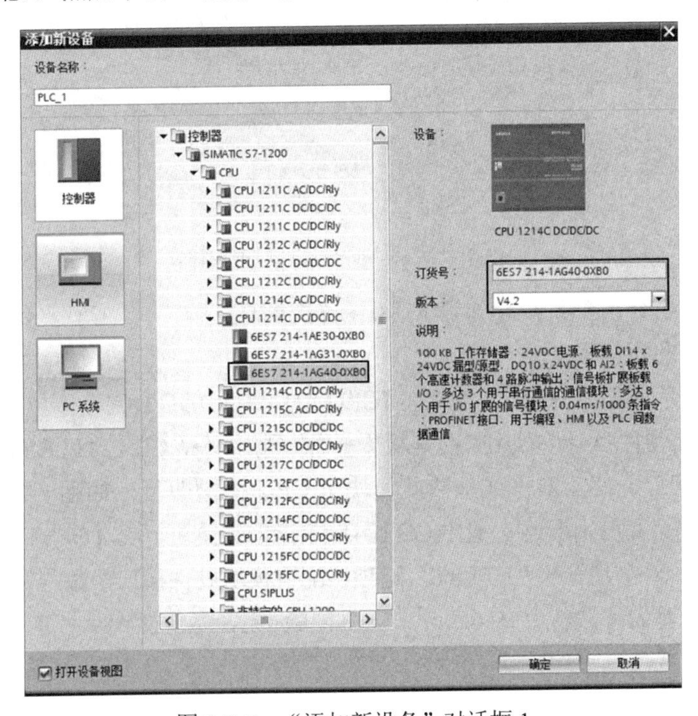

图 8-2-6　“添加新设备”对话框 1

第二步：设置 CPU 属性。

在“项目树”窗格中，单击“PLC_1[CPU 1214C DC/DC/DC]”下拉按钮，双击“设备组态”选项，在“设备视图”的工作区中，选中 PLC_1，依次单击其巡视窗格的“属性”→“常规”→“PROFINET 接口[X1]”→“以太网地址”选项，修改以太网 IP 地址，如图 8-2-7 所示。

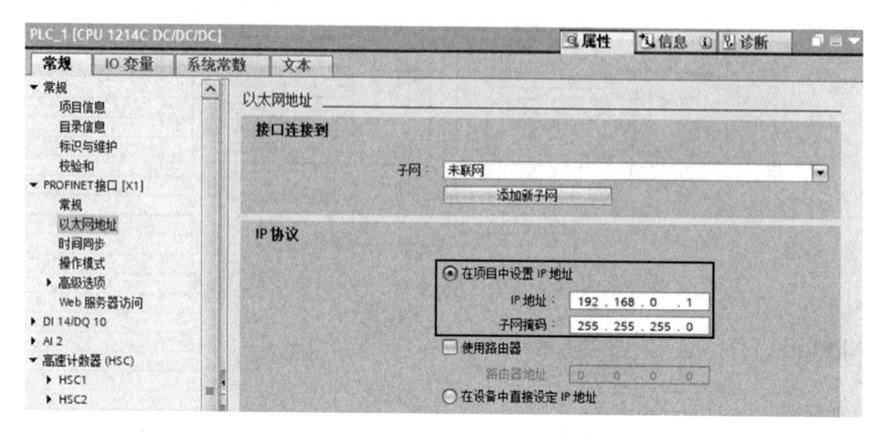

图 8-2-7　以太网 IP 地址设置 1

依次单击其巡视窗格的“属性”→“常规”→“系统和时钟存储器”选项，激活“启用系统存储器字节”复选框，如图 8-2-8 所示。

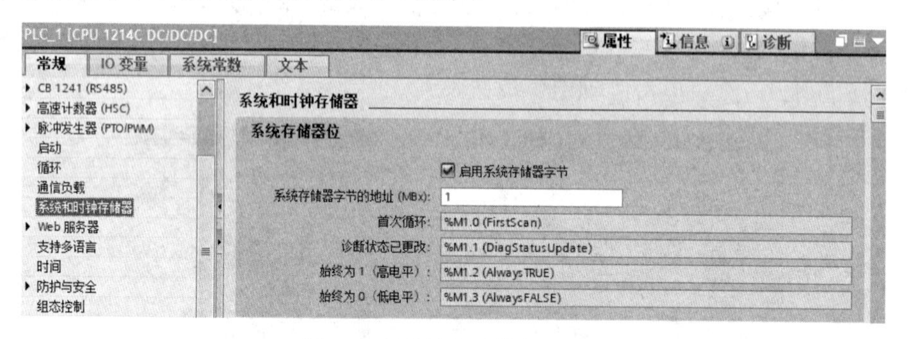

图 8-2-8　系统和时钟存储器 1

备注：程序中会用到系统存储器 M1.0（首次循环）。

第三步：组态通信板。

在“项目树”窗格中，单击“PLC_1[CPU 1214C DC/DC/DC]”下拉按钮，双击“设备组态”选项，在硬件目录中找到“通信板”→“点到点”→“CB 1241（RS485）”→“6ES7 241-1CH30-1XB0”，然后双击或拖拽此模块至 CPU 插槽即可，如图 8-2-9 所示。

在“设备视图”的工作区中，选中 CB 1241（RS485）模块，依次单击其巡视窗格的“属性”→“常规”→“常规”→“IO-Link”选项，配置模块硬件接口参数，如图 8-2-10 所示。

通信参数设置为：波特率=9.6kbps，奇偶校验=无，数据位=8 位/字符，停止位=1，其他保持默认设置。

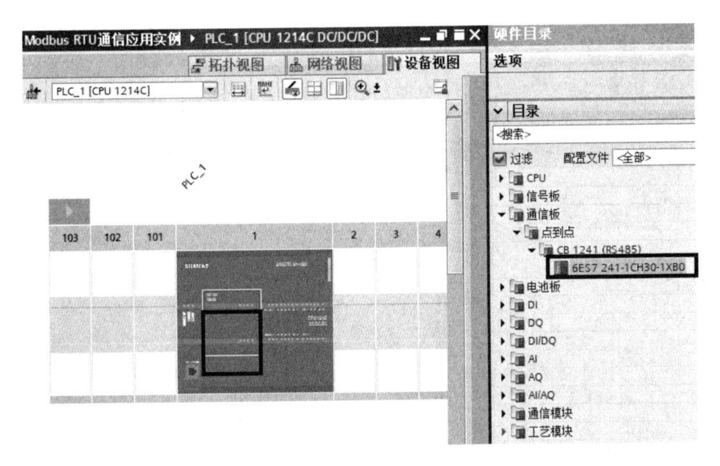

图 8-2-9　组态通信板 1

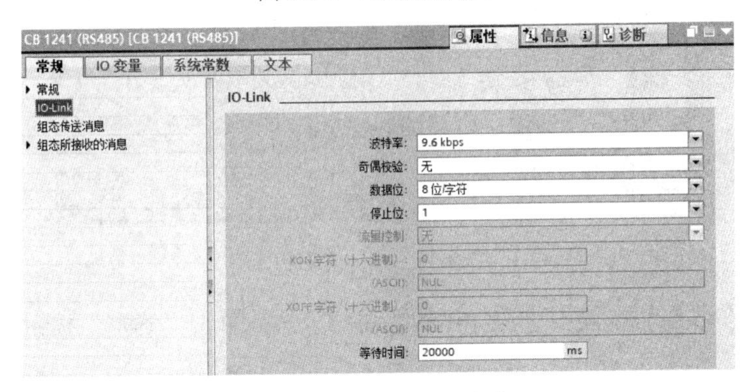

图 8-2-10　通信板接口参数 1

第四步：创建 PLC 变量表。

在“项目树”窗格中，依次单击“PLC_1[CPU 1214C DC/DC/DC]”→“PLC 变量”下拉按钮，双击“添加新变量表”选项，并将新添加的变量表命名为“PLC 变量表”，然后在“PLC 变量表”中新建变量，如图 8-2-11 所示。

PLC变量表

	名称	数据类型	地址	保持
1	通信组态完成	Bool	%M10.1	
2	通信组态错误	Bool	%M10.2	
3	通信组态状态	Word	%MW12	
4	主站读取完成	Bool	%M20.1	
5	主站读取进行	Bool	%M20.2	
6	主站读取错误	Bool	%M20.3	
7	主站读取状态	Word	%MW22	
8	主站写入完成	Bool	%M30.1	
9	主站写入进行	Bool	%M30.2	
10	主站写入错误	Bool	%M30.3	
11	主站写入状态	Word	%MW32	
12	主站读取使能	Bool	%M40.1	
13	主站写入使能	Bool	%M40.2	

图 8-2-11　PLC 变量表 1

第五步：创建数据发送和接收区。

（1）在“项目树”窗格中，依次选择“PLC_1[CPU 1214C DC/DC/DC]”→“程序

块”→“添加新块”选项，选择“数据块（DB）”选项创建数据块，数据块名称为“数据块_1”，手动修改数据块编号为 10，然后单击“确定”按钮，如图 8-2-12 所示。

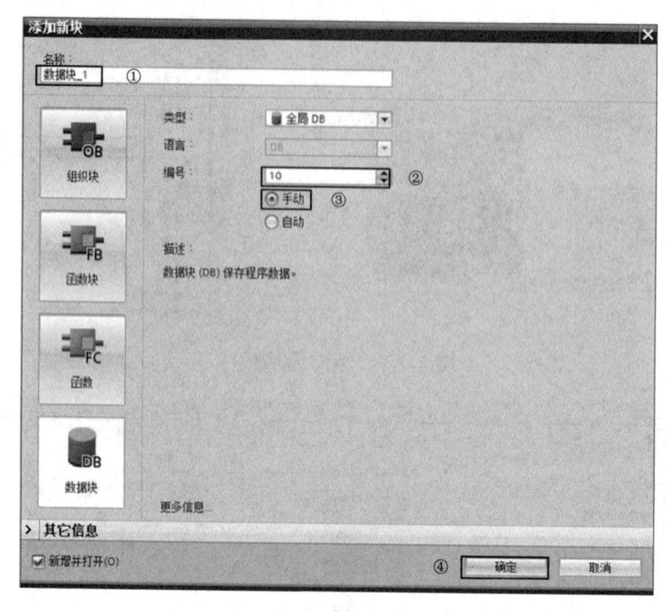

图 8-2-12　创建数据块 1

（2）需要在数据块属性中取消优化的块访问，然后单击“确定”按钮，如图 8-2-13 所示。

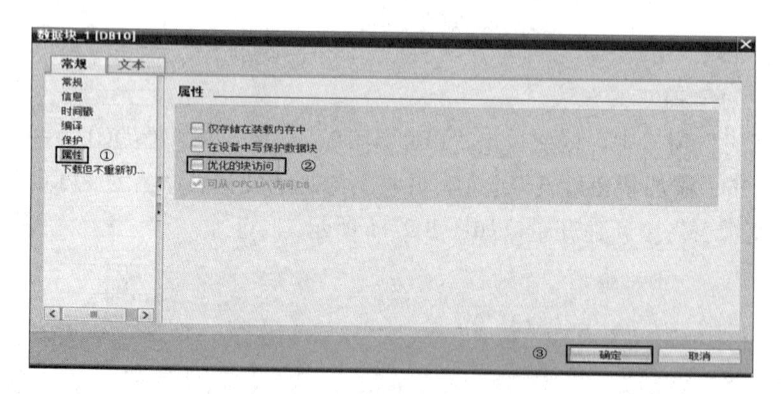

图 8-2-13　取消优化的块访问 1

（3）在数据块中，创建 5 个字的数组用于存放读取数据，创建 5 个位的数组用于存放写数据，如图 8-2-14 所示。

第六步：编写 OB1 主程序。

（1）设置通信端口的工作模式为 RS485 半双工两线制模式。

如图 8-2-15 所示，在 S7-1200 PLC 启动的第一个扫描周期，将数据 4 赋值给“Modbus_Comm_Load_DB”.MODE，工作模式设置为 RS485 半双工两线制模式。“Modbus_Comm_Load_DB”.MODE 地址为“Modbus_Comm_Load”指令的背景数据块中的地址，可以在“项目树”窗格中的“程序块”→“系统块”→“程序资源”中找到。

数据块_1

	名称	数据类型	偏移量	起始值	保持
1	▼ Static				
2	▼ 读取数据区	Array[0..4] of Word	0.0		
3	读取数据区[0]	Word	0.0	16#0	
4	读取数据区[1]	Word	2.0	16#0	
5	读取数据区[2]	Word	4.0	16#0	
6	读取数据区[3]	Word	6.0	16#0	
7	读取数据区[4]	Word	8.0	16#0	
8	▼ 写入数据区	Array[0..4] of Bool	10.0		
9	写入数据区[0]	Bool	10.0	false	
10	写入数据区[1]	Bool	10.1	false	
11	写入数据区[2]	Bool	10.2	false	
12	写入数据区[3]	Bool	10.3	false	
13	写入数据区[4]	Bool	10.4	false	

图 8-2-14　数据发送和接收区

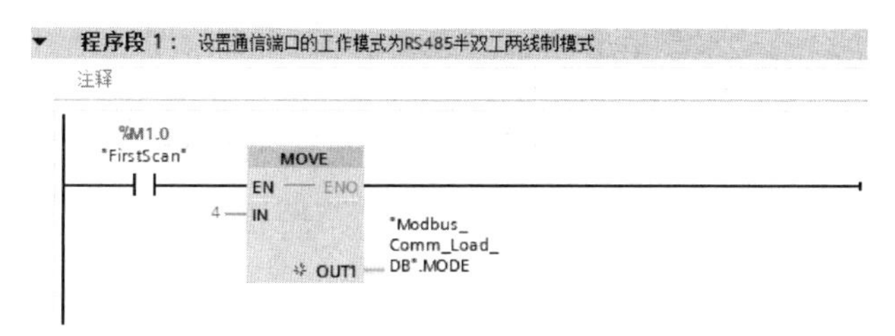

图 8-2-15　通信工作模式设置 1

备注：OUT1 输出引脚可以在“Modbus_Comm_Load”指令调用后再填写。

（2）设置通信端口为 Modbus RTU 通信模式。

为使通信端口在启动时就被设置为 Modbus RTU 通信模式，需要首先调用“Modbus_Comm_Load”指令，为各输入/输出引脚分配地址，如图 8-2-16 所示。

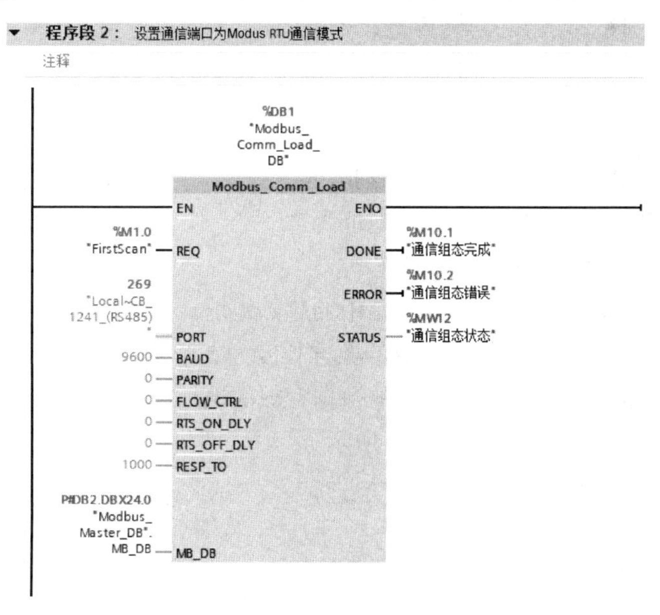

图 8-2-16　设置通信端口为 Modbus RTU 通信模式 1

图 8-2-16 中的主要参数说明如下。

① REQ 输入引脚在首次循环标志位调用执行一次。

② PORT 输入引脚是通信端口的硬件标识符。

③ MB_DB 输入引脚指向“Modbus_Master”指令的背景数据块，可以在“Modbus_Master”指令调用后再填写。

（3）启动读轮询操作，如图 8-2-17 所示。

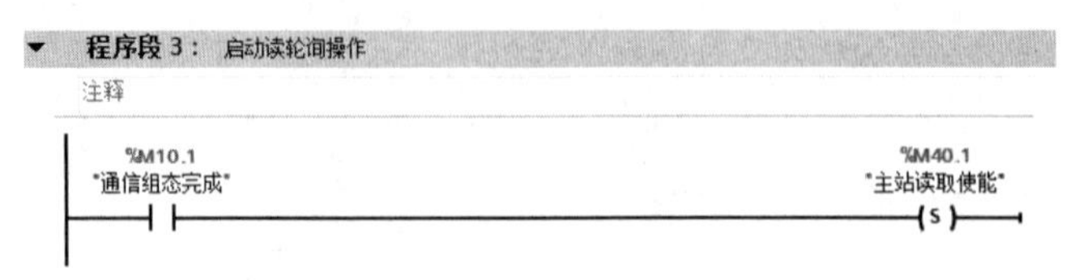

图 8-2-17 启动读轮询操作

（4）读从站数据区指令。

调用“Modbus_Master”指令，Modbus RTU 主站读取从站数据，如图 8-2-18 所示。

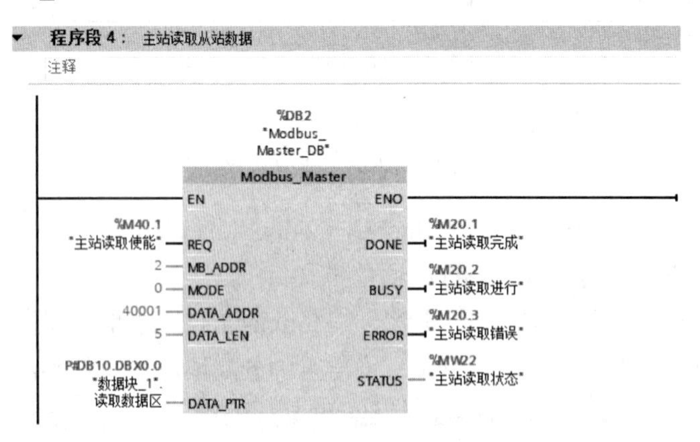

图 8-2-18 主站读取从站数据

图 8-2-18 中的主要参数说明如下。

① REQ 输入引脚在上升沿时执行该指令。

② MB_ADDR 输入引脚是指从站地址为 2。

③ MODE 输入引脚，0 表示读操作。

④ DATA_ADDR 输入引脚是指从站中的起始地址。

⑤ DATA_LEN 输入引脚指定读取的数据长度为 5 个字。

⑥ DATA_PTR 输入引脚读取从站的数据存放的地址。

（5）启动写轮询操作，如图 8-2-19 所示。

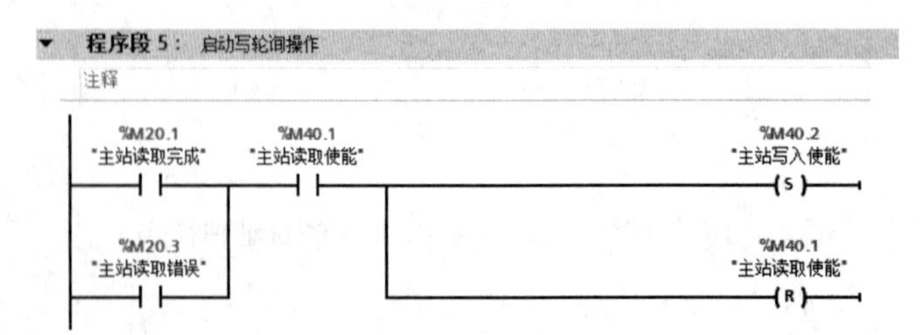

图 8-2-19 启动写轮询操作

（6）写从站数据区指令

调用“Modbus_Master”指令，Modbus RTU 主站写入从站数据，如图 8-2-20 所示。

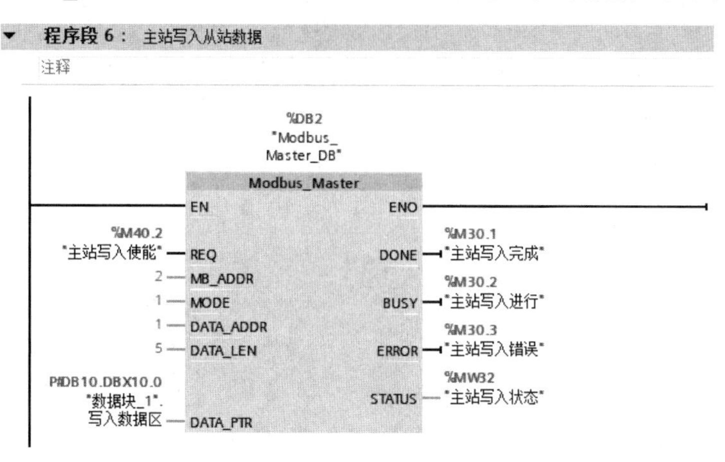

图 8-2-20　主站写入从站数据

（7）启动下一个循环，如图 8-2-21 所示。

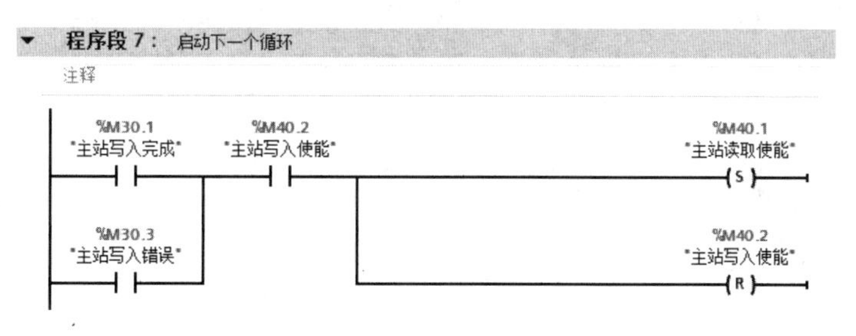

图 8-2-21　启动下一个循环

至此，Modbus RTU 主站 CPU 程序编写完毕。

3．Modbus RTU 从站程序编写

第一步：新建项目及组态。

打开 Modbus RTU 主站项目文件，进入项目视图，在左侧的“项目树”窗格中，双击“添加新设备”选项，弹出“添加新设备”对话框，如图 8-2-22 所示，在此对话框中选择 CPU 的订货号和版本（必须与实际设备相匹配），然后单击“确定”按钮。

第二步：设置 CPU 属性。

在“项目树”窗格中，单击“PLC_2[CPU 1214C DC/DC/DC]”下拉按钮，双击“设备组态”选项，在“设备视图”的工作区中，选中 PLC_2，依次单击其巡视窗格的“属性”→“常规”→“PROFINET 接口[X1]”→“以太网地址”选项，修改以太网 IP 地址，如图 8-2-23 所示。

依次单击其巡视窗格的“属性”→“常规”→“系统和时钟存储器”选项，激活“启用系统存储器字节”复选框，如图 8-2-24 所示。

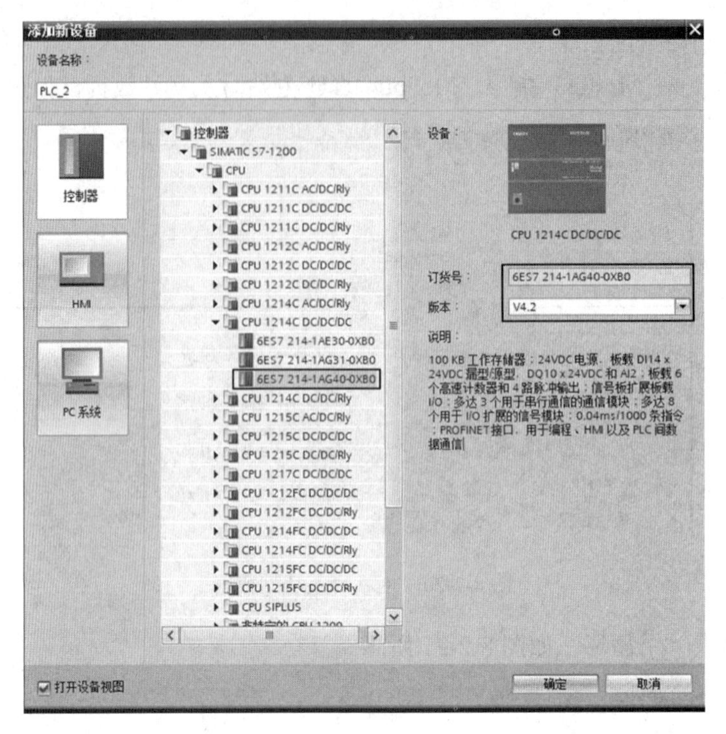

图 8-2-22 “添加新设备”对话框 2

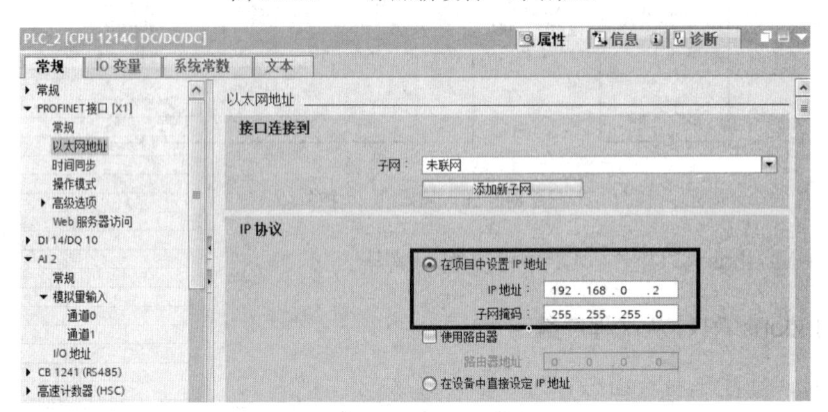

图 8-2-23 以太网 IP 地址设置 2

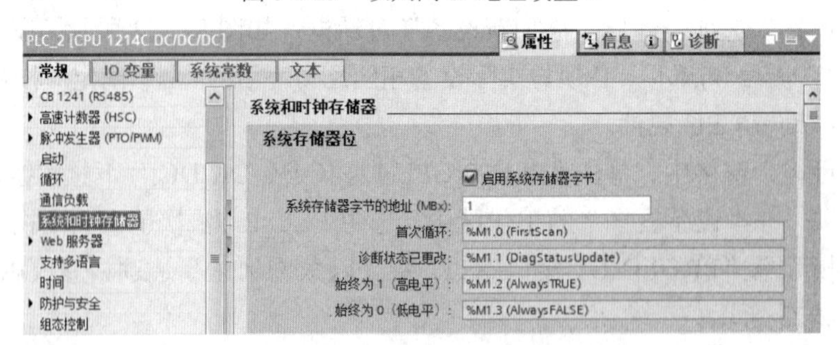

图 8-2-24 系统和时钟存储器 2

备注：程序中会用到系统存储器 M1.0（首次循环）。

第三步：组态通信板。

在“项目树”窗格中，单击“PLC_2[CPU 1214C DC/DC/DC]”下拉按钮，双击“设备组态”选项，在硬件目录中找到“通信板”→“点到点”→“CB1241（RS485）”→“6ES7 241-1CH30-1XB0”，然后双击或拖拽此模块至 CPU 插槽即可，如图 8-2-25 所示。

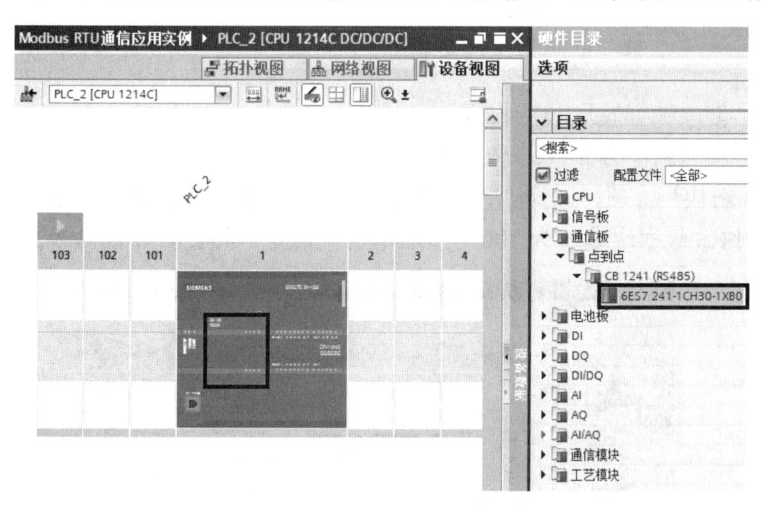

图 8-2-25　组态通信板 2

在“设备视图”的工作区中，选中 CB 1241（RS485）模块，依次单击其巡视窗格中的“属性”→“常规”→“常规”→“IO-Link”选项，配置模块硬件接口参数，如图 8-2-26 所示。

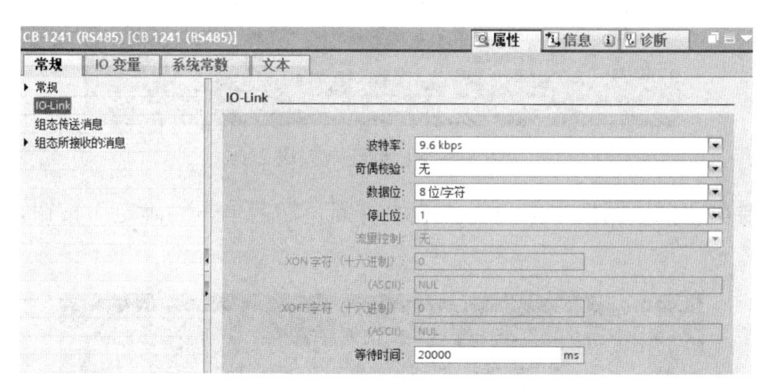

图 8-2-26　通信板接口参数 2

通信参数设置为：波特率=9.6kbps，奇偶校验=无，数据位=8 位/字符，停止位=1，其他保持默认设置。

第四步：创建 PLC 变量表。

在“项目树”窗格中，依次单击“PLC_2[CPU 1214C DC/DC/DC]”→“PLC 变量”选项，双击“添加新变量表”选项，并将新添加的变量表命名为“PLC 变量表”，然后在“PLC 变量表”中新建变量，如图 8-2-27 所示。

PLC变量表

	名称	数据类型	地址	保持
1	通信组态完成	Bool	%M10.1	
2	通信组态错误	Bool	%M10.2	
3	通信组态状态	Word	%MW12	
4	从站数据更新	Bool	%M20.1	
5	从站读取完成	Bool	%M20.2	
6	从站通信错误	Bool	%M20.3	
7	从站通信状态	Word	%MW22	

图 8-2-27　PLC 变量表 2

第五步：创建数据发送和接收区。

（1）在“项目树”窗格中，依次选择“PLC_2[CPU 1214C DC/DC/DC]”→“程序块”→“添加新块”选项，选择“数据块（DB）”选项创建数据块，数据块名称为“数据块_1”，手动修改数据块编号为 100，然后单击“确定”按钮，如图 8-2-28 所示。

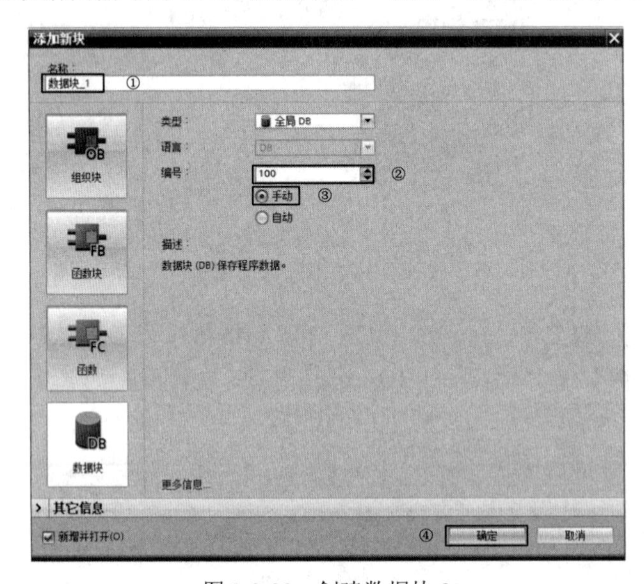

图 8-2-28　创建数据块 2

（2）需要在数据块属性中取消优化的块访问，然后单击“确定”按钮，如图 8-2-29 所示。

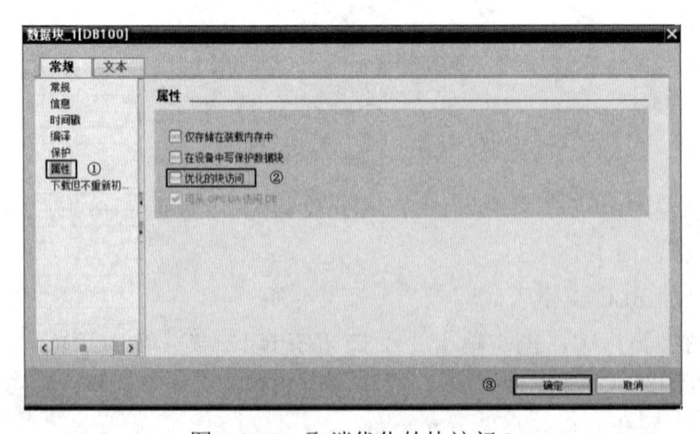

图 8-2-29　取消优化的块访问 2

（3）在数据块中创建 5 个字的数组用于存放写数据，如图 8-2-30 所示。

数据块_1

	名称	数据类型	偏移量	起始值	保持
1	▼ Static				
2	▼ 写入数据区	Array[0..4] of Word	0.0		
3	写入数据区[0]	Word	0.0	16#0	
4	写入数据区[1]	Word	2.0	16#0	
5	写入数据区[2]	Word	4.0	16#0	
6	写入数据区[3]	Word	6.0	16#0	
7	写入数据区[4]	Word	8.0	16#0	

图 8-2-30　写入数据区

第六步：编写 OB1 主程序。

（1）设置通信端口的工作模式为 RS485 半双工两线制模式。

如图 8-2-31 所示，在 S7-1200 启动的第一个扫描周期，将数据 4 赋值给“Modbus_Comm_Load_DB”.MODE，将工作模式设置为 RS485 半双工两线制模式。“Modbus_Comm_Load_DB”.MODE 地址为“Modbus_Comm_Load”指令的背景数据块中的地址，可以在“项目树”窗格中的“程序块”→“系统块”→“程序资源”中找到。

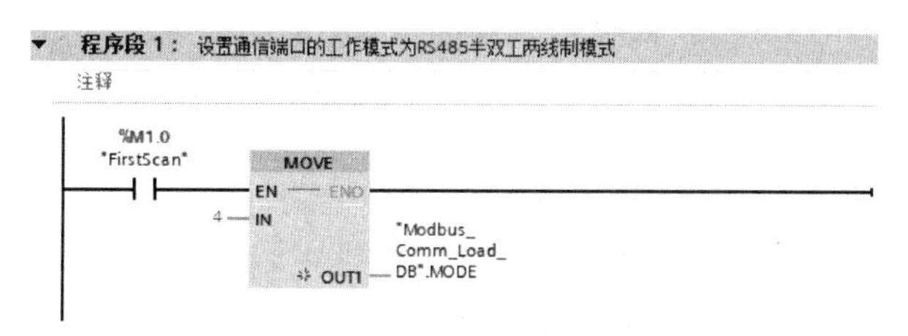

图 8-2-31　通信工作模式设置 2

（2）设置通信端口为 Modbus RTU 通信模式。

为使通信端口在启动时就被设置为 Modbus RTU 通信模式，需要首先调用“Modbus_Comm_Load”指令为各输入/输出引脚分配地址，如图 8-2-32 所示。

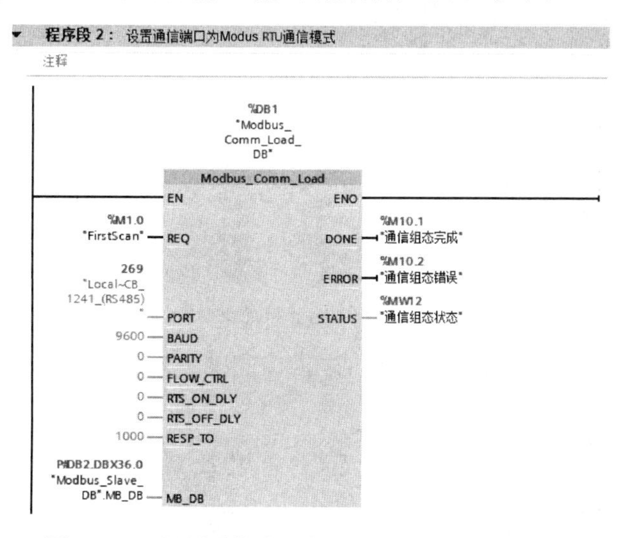

图 8-2-32　设置通信端口为 Modbus RTU 通信模式 2

图 8-2-32 中的主要参数说明。

MB_DB 输入引脚指向“Modbus_Slave”指令的背景数据块，可以在调用“Modbus_

Slave”指令后再填写。

（3）从站通信指令。

调用“Modbus_Slave”指令，如图 8-2-33 所示。

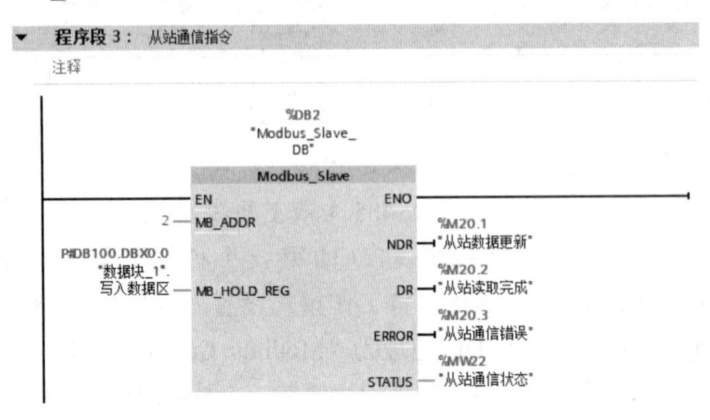

图 8-2-33　“Modbus_Slave”指令

图 8-2-33 中的主要参数说明如下。

① MB_ADDR：从站地址为 2。

② MB_HOLD_REG：Modbus 保持寄存器 40001 对应的地址。

至此 Modbus RTU 从站程序编写完毕。

4．程序测试

程序编译后，下载到 S7-1200 CPU 中，通过 PLC 监控表监控通信数据。PLC 监控表如图 8-2-34 和图 8-2-35 所示。

Modbus RTU通信应用实例 ▸ PLC_1 [CPU 1214C DC/DC/DC] ▸ 监控与强制表 ▸ PLC监控表

	i	名称	地址	显示格式	监视值	修改值	注释
1		"数据块_1".读取数据区[0]	%DB10.DBW0	十六进制	16#1111		
2		"数据块_1".读取数据区[1]	%DB10.DBW2	十六进制	16#2222		
3		"数据块_1".读取数据区[2]	%DB10.DBW4	十六进制	16#3333		
4		"数据块_1".读取数据区[3]	%DB10.DBW6	十六进制	16#4444		
5		"数据块_1".读取数据区[4]	%DB10.DBW8	十六进制	16#5555		
6		"数据块_1".写入数据区[0]	%DB10.DBX10.0	布尔型	TRUE	TRUE	
7		"数据块_1".写入数据区[1]	%DB10.DBX10.1	布尔型	TRUE	TRUE	
8		"数据块_1".写入数据区[2]	%DB10.DBX10.2	布尔型	TRUE	TRUE	
9		"数据块_1".写入数据区[3]	%DB10.DBX10.3	布尔型	TRUE	TRUE	
10		"数据块_1".写入数据...	%DB10.DBX10.4	布尔型	TRUE	TRUE	

图 8-2-34　PLC_1 监控表 1

Modbus RTU通信应用实例 ▸ PLC_2 [CPU 1214C DC/DC/DC] ▸ 监控与强制表 ▸ PLC监控表

	i	名称	地址	显示格式	监视值	修改值	注释
1		"数据块_1".写入数据区[0]	%DB100.DBW0	十六进制	16#1111	16#1111	
2		"数据块_1".写入数据区[1]	%DB100.DBW2	十六进制	16#2222	16#2222	
3		"数据块_1".写入数据区[2]	%DB100.DBW4	十六进制	16#3333	16#3333	
4		"数据块_1".写入数据区[3]	%DB100.DBW6	十六进制	16#4444	16#4444	
5		"数据块_1".写入数据区[4]	%DB100.DBW8	十六进制	16#5555	16#5555	
6			%Q0.0	布尔型	TRUE		
7			%Q0.1	布尔型	TRUE		
8			%Q0.2	布尔型	TRUE		
9			%Q0.3	布尔型	TRUE		
10			%Q0.4	布尔型	TRUE		

图 8-2-35　PLC_2 监控表 1

8.2.5　应用经验总结

（1）MODBUS 指令版本说明：在“指令”窗格中的“通信”→“通信处理器”选项下面，有“MODBUS（RTU）”指令和“MODBUS”指令，主要区别是“MODBUS”指令仅支持 S7-1200 PLC 中央机架的 CM 1241 和 CB 1241 的 Modbus RTU 通信，“MODBUS（RTU）”指令不仅支持 S7-1200 PLC 中央机架的 CM 1241 和 CB 1241 的 Modbus RTU 通信，还支持 PROFINET 或 PROFIBUS 分布式 I/O 机架上的 Modbus RTU 通信。

（2）“Modbus_Comm_Load”指令背景数据块中的静态变量“MODE”用于描述通信模块的工作模式，设置为数值 4，表示半双工（RS485）两线制模式。

（3）“Modbus_Master”指令因错误而终止后，ERROR 位将变为 TRUE 并保持一个扫描周期，并且 STATUS 参数中的错误代码值仅在 ERROR =TRUE 的一个扫描周期内有效，因此，无法通过程序或监控表查看错误的状态。可采用编程方式将 ERROR 和 STATUS 参数读出。

（4）Modbus RTU 通信是主—从协议，主站在同一时刻只能发起一个 Modbus 通信请求。当需要调用多个“Modbus_Master”指令时，“Modbus_Master”指令之间需要采用轮询方式调用，并且多个“Modbus_Master”指令需要使用同一个背景数据块。

8.3　自由口通信应用实例

8.3.1　功能概述

自由口通信是一个基于 RS232 或者 RS485 的无协议通信，可以通过用户程序自定义协议，而不像标准协议的通信有固定的数据格式、功能码和校验方式等。S7-1200 PLC 支持使用自由口协议的点对点通信，经常使用自由口通信方式与第三方设备（如扫描枪、打印机等）进行通信。

S7-1200 PLC 的 CM 1241 RS422/485 模块、CM 1241 RS232 模块和 CB 1241 RS485 通信板提供了用于自由口通信的电气接口，同时需要编写通信指令完成通信任务。自由口网络图如图 8-3-1 所示。

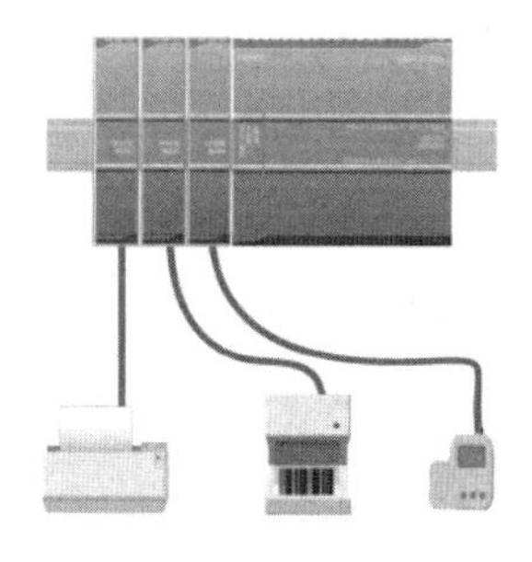

图 8-3-1　自由口网络图

8.3.2　指令说明

在“指令”窗格中依次选择“通信”→“通信处理器”→“PtP Communication”选项，出现自由口通信指令，如图 8-3-2 所示。

其中，“Send_P2P”（发送数据）指令和“Receive_P2P”（接收数据）指令是常用指令，下面对它们进行详细说明。

名称	描述	版本
S7 通信		V1.3
开放式用户通信		V5.1
WEB 服务器		V1.1
其它		
通信处理器		
PtP Communication		V2.3
Port_Config	组态 PtP 通信端口	V1.2
Send_Config	组态 PtP 发送方	V1.2
Receive_Config	组态 PtP 接收方	V1.2
P3964_Config	组态协议	V1.3
Send_P2P	发送数据	V2.2
Receive_P2P	接收数据	V1.5
Receive_Reset	删除接收缓冲区	V1.2
Signal_Get	读取状态	V1.3
Signal_Set	设置伴随信号	V1.2
Get_Features	获取扩展功能	V2.1
Set_Features	设置扩展功能	V2.1

图 8-3-2　自由口通信指令

1．“Send_P2P”指令

（1）指令介绍。

“Send_P2P”指令启动数据传输，将缓冲区中的数据传输到相关自由口通信模块，该指令如图 8-3-3 所示。

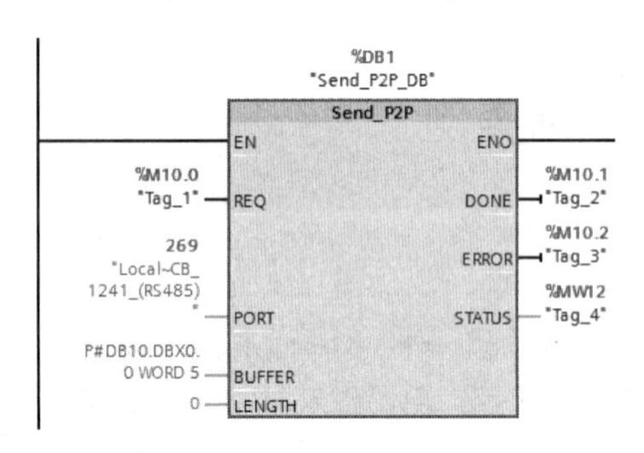

图 8-3-3　“Send_P2P”指令

（2）指令参数。

“Send_P2P”指令的输入/输出引脚参数的意义，如表 8-3-1 所示。

表 8-3-1　“Send_P2P”指令引脚参数

引脚参数	数据类型	说　明
REQ	Bool	在此输入的上升沿，开始向通信模块传输数据
PORT	PORT	通信端口的硬件标识符。安装并组态通信模块后，通信端口的硬件标识符将出现在 PORT 功能框连接的“参数助手”下拉列表中。通信端口的硬件标识符在 PLC 变量表的“系统常数”(System constants) 选项卡中指定并可应用于此处
BUFFER	Variant	指向发送缓冲区的存储区
LENGTH	UInt	要传输的数据长度（以字节为单位）
DONE	Bool	如果上一个请求无错完成，那么 DONE 位将变为 TRUE 并保持一个周期
ERROR	Bool	如果上一个请求完成但出现错误，那么 ERROR 位将变为 TRUE 并保持一个周期
STATUS	Word	错误代码

2．“Receive_P2P” 指令

（1）指令介绍。

使用“Receive_P2P”指令可启用接收消息，用于将通信模块中接收的数据传输至 CPU 的缓冲区，该指令如图 8-3-4 所示。

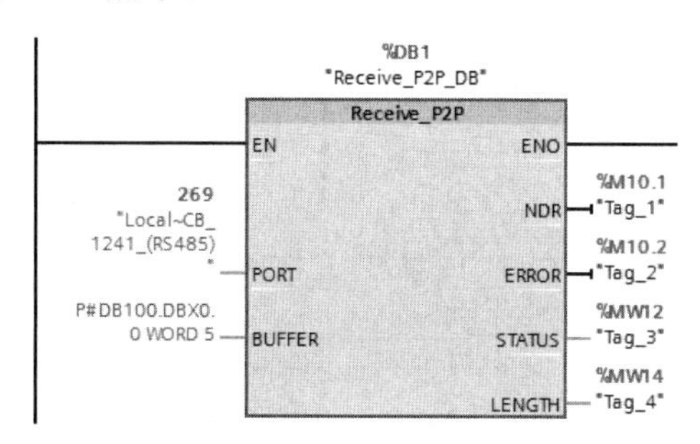

图 8-3-4　“Receive_P2P” 指令

（2）指令参数。

“Receive_P2P” 指令的输入/输出引脚参数的意义，如表 8-3-2 所示。

表 8-3-2　“Receive_P2P” 指令引脚参数

引脚参数	数据类型	说　明
PORT	PORT	通信端口的硬件标识符。安装并组态通信模块后，通信端口的硬件标识符将出现在 PORT 功能框连接的“参数助手”下拉列表中。通信端口的硬件标识符在 PLC 变量表的“系统常数”（System constants）选项卡中指定并可应用于此处
BUFFER	Variant	指向接收缓冲区的起始地址，此缓冲区必须足够大，以便接收最大帧长度
LENGTH	UInt	接收的帧的长度（以字节为单位）
NDR	Bool	如果新数据可用且指令无错完成，那么 NDR 位将变为 TRUE 且保持一个周期
ERROR	Bool	如果指令完成但出现错误，那么 ERROR 位将变为 TRUE 且保持一个周期
STATUS	Word	错误代码

8.3.3　实例内容

（1）实例名称：自由口通信应用实例。

（2）实例描述：两台 S7-1200 PLC 进行自由口通信，一台作为发送端，一台作为接收端。发送端将 DB10.DBW0～DB10.DBW4 中的数据，发送到接收端的 DB100.DBW0～DB100.DBW4 中。

（3）硬件组成：①S7-1200 PLC（CPU1214C DC/DC/DC），两台，订货号为 6ES7 214-1AG40-0XB0；②CB 1241 RS485，两台，订货号为 6ES7 241-1CH30-1XB0；③编程计算机，一台，已安装博途专业版 V15.1 软件。

8.3.4　实例实施

1．S7-1200 PLC RS485 通信板接线图

自由口通信应用实例的 S7-1200 PLC RS485 通信板接线图，如图 8-3-5 所示。

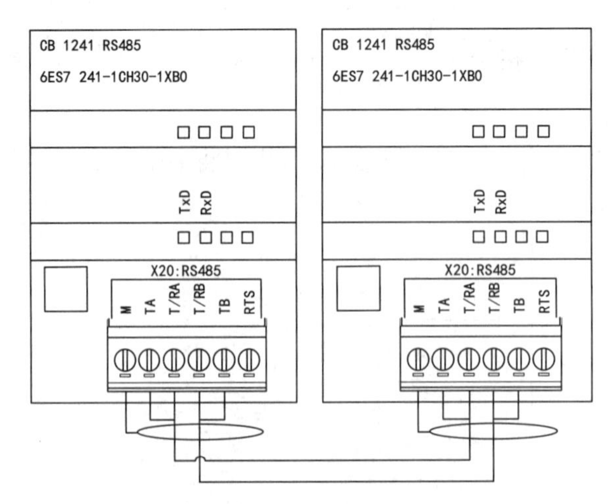

图 8-3-5　S7-1200 PLC RS485 通信板接线图

2. 发送端 PLC 程序编写

第一步：新建项目及组态发送端 S7-1200 PLC。

打开博途软件，在 Portal 视图中，单击“创建新项目”选项，在弹出的界面中输入项目名称（自由口通信应用实例）、路径和作者等信息，然后单击“创建”按钮即可生成新项目。

进入项目视图，在左侧的“项目树”窗格中，单击“添加新设备”选项，弹出“添加新设备”对话框，如图 8-3-6 所示，在此对话框中选择 CPU 的订货号和版本（必须与实际设备相匹配），然后单击“确定”按钮。

图 8-3-6　“添加新设备”对话框 3

在“项目树”窗格中，单击“PLC_1[CPU 1214C DC/DC/DC]”下拉按钮，双击“设备组态”选项，在“设备视图”的工作区中，选中 PLC_1，依次单击其巡视窗格中的“属性”→“常规”→“PROFINET 接口[X1]”→“以太网地址”选项，修改以太网 IP 地址，如图 8-3-7 所示。

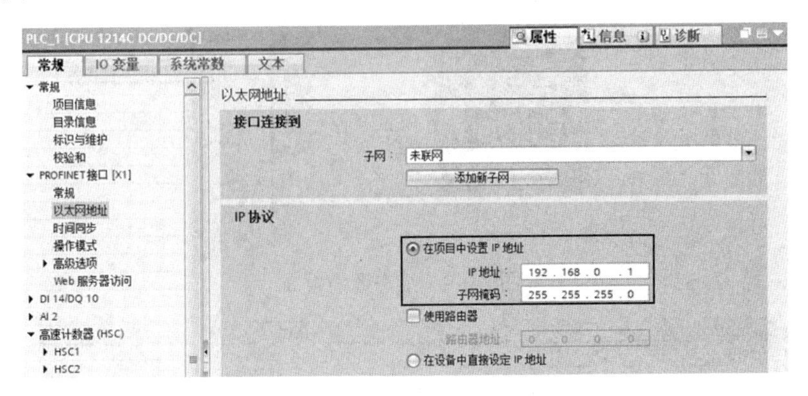

图 8-3-7　以太网 IP 地址设置 3

依次单击其巡视窗格的“属性”→“常规”→“系统和时钟存储器”选项，激活“启用时钟存储器字节”复选框，如图 8-3-8 所示。

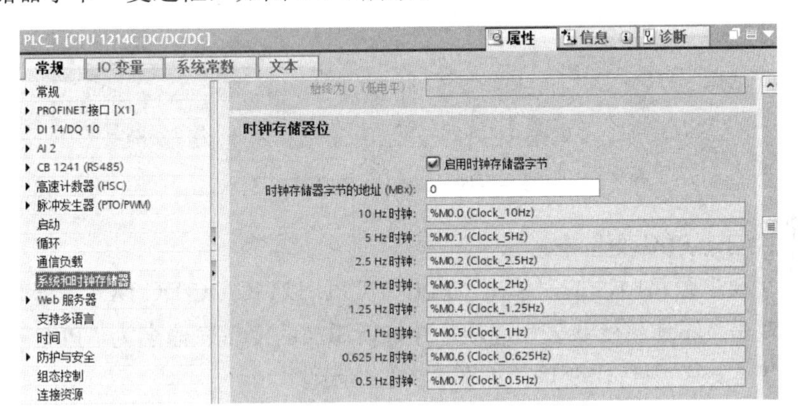

图 8-3-8　系统和时钟存储器 3

备注：程序中会用到时钟存储器 M0.5。

第二步：组态通信板。

在“项目树”窗格中，单击“PLC_1[CPU 1214C DC/DC/DC]”下拉按钮，双击“设备组态”选项，在硬件目录中找到“通信板”→“点到点”→“CB1241（RS485）”→“6ES7241-1CH30-1XB0”，然后双击或拖拽此模块至 CPU 插槽即可，如图 8-3-9 所示。

在“设备视图”的工作区中，选中 CB 1241（RS485）模块，依次单击其巡视窗格的“属性”→“常规”→“常规”→“IO-Link”选项，配置模块硬件接口参数，如图 8-3-10 所示。

通信参数设置为：波特率=9.6kbps，奇偶校验=无，数据位=8 位/字符，停止位=1，其他保持默认设置。

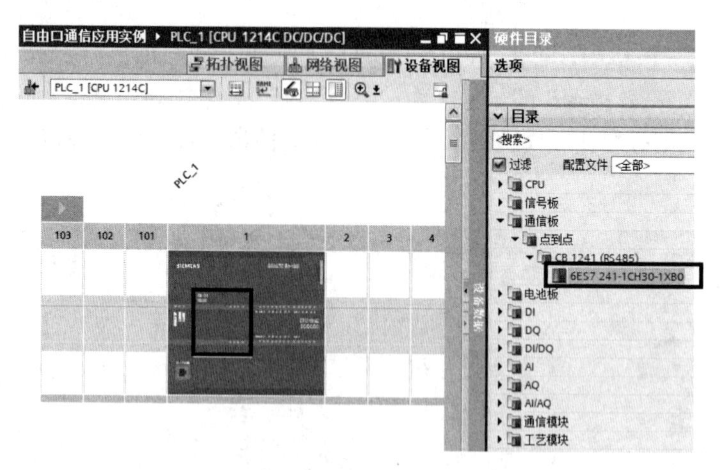

图 8-3-9　组态通信板 3

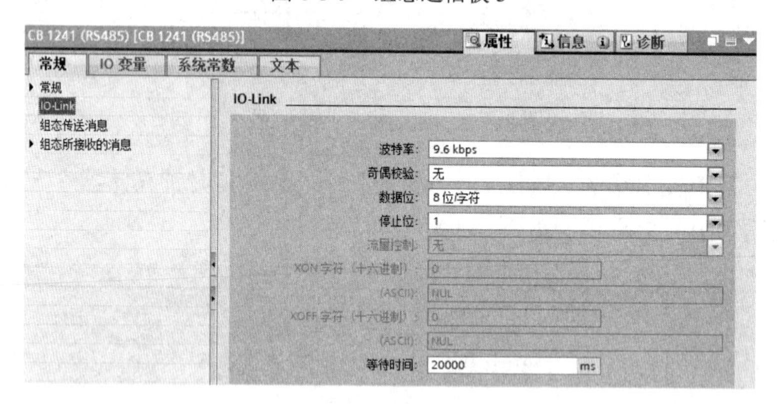

图 8-3-10　通信板接口参数 3

第三步：创建 PLC 变量表。

在“项目树”窗格中，依次单击“PLC_1[CPU 1214C DC/DC/DC]”→“PLC 变量”下拉按钮，双击“添加新变量表”选项，并将新添加的变量表命名为“PLC 变量表”，然后在“PLC 变量表”中新建变量，如图 8-3-11 所示。

PLC变量表

	名称	数据类型	地址	保持
1	发送完成	Bool	%M10.1	
2	发送错误	Bool	%M10.2	
3	发送状态	Word	%MW12	

图 8-3-11　PLC 变量表 3

第四步：创建数据发送区。

（1）在“项目树”窗格中，依次选择“PLC_1[CPU 1214C DC/DC/DC]”→“程序块”→“添加新块”选项，选择“数据块（DB）”选项创建数据块，数据块名称为“数据块_1”，手动修改数据块编号为 10，然后单击“确定”按钮，如图 8-3-12 所示。

（2）需要在数据块属性中取消优化的块访问，然后单击“确定”按钮，如图 8-3-13 所示。

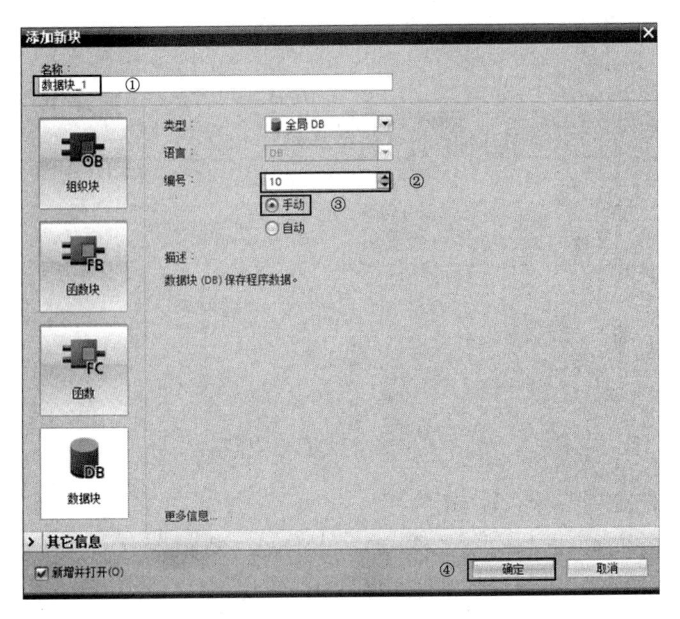

图 8-3-12　创建数据块 3

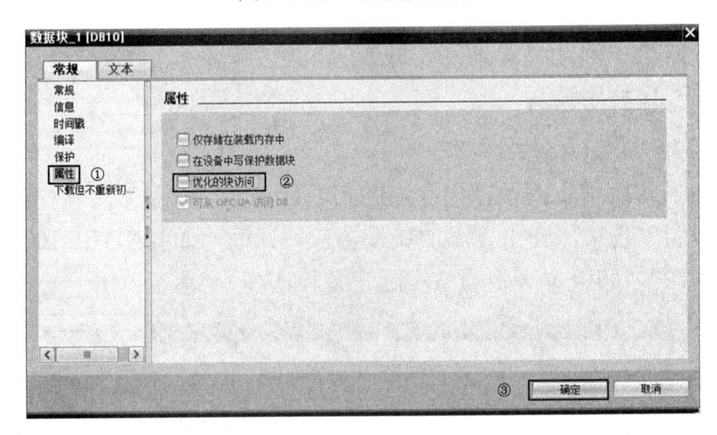

图 8-3-13　取消优化的块访问 3

（3）在数据块中创建 5 个字的数组用于存储发送数据，如图 8-3-14 所示。

数据块_1

	名称	数据类型	偏移量	起始值	保持
1	▼ Static				
2	▼ 数据发送区	Array[0..4] of Word	0.0		
3	数据发送区[0]	Word	0.0	16#0	
4	数据发送区[1]	Word	2.0	16#0	
5	数据发送区[2]	Word	4.0	16#0	
6	数据发送区[3]	Word	6.0	16#0	
7	数据发送区[4]	Word	8.0	16#0	

图 8-3-14　数据发送区

第四步：编写 OB1 主程序。

当 M0.5 上升沿有效时，执行“Send_P2P”指令，发送缓冲区中的数据。数据发送程序如图 8-3-15 所示。

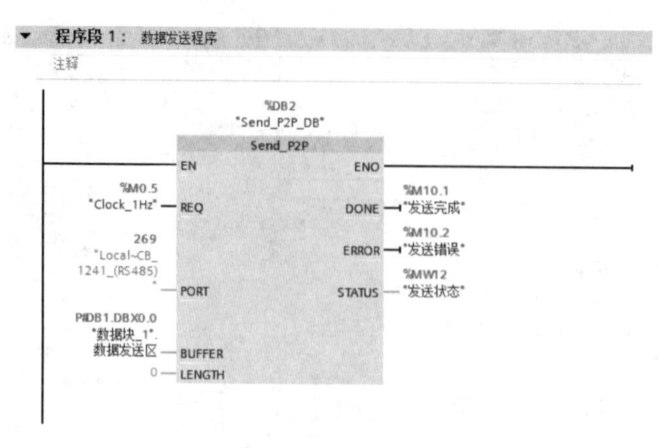

图 8-3-15　数据发送程序

图 8-3-15 中的主要参数说明如下。

① REQ 输入引脚为时钟存储器 M0.5，上升沿时执行指令。

② PORT 输入引脚是通信端口的硬件标识符。

③ BUFFER 输入引脚为发送的数据地址区。

至此发送端程序编写完毕。

3. 接收端 PLC 程序编写

第一步：组态 S7-1200 PLC。

打开自由口通信应用实例项目文件，进入项目视图，在左侧的“项目树”窗格中，单击“添加新设备”选项，弹出“添加新设备”对话框，如图 8-3-16 所示，在此对话框中选择 CPU 的订货号和版本（必须与实际设备相匹配），然后单击“确定”按钮。

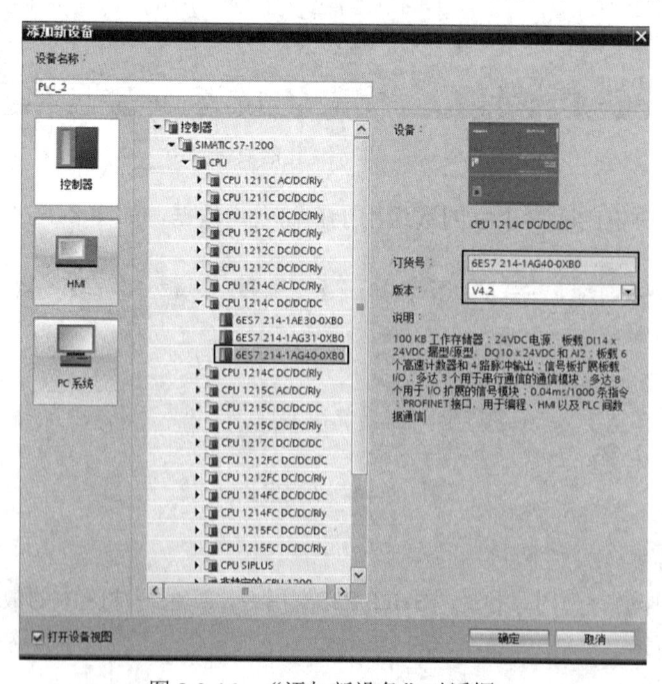

图 8-3-16　“添加新设备”对话框 4

在“项目树”窗格中，单击“PLC_2[CPU 1214C DC/DC/DC]”下拉按钮，双击“设备组态”选项，在“设备视图”中选中 PLC_2，依次单击“属性”→“常规”→“PROFINET 接口[X1]”→“以太网地址”选项，修改以太网 2P 地址，如图 8-3-17 所示。

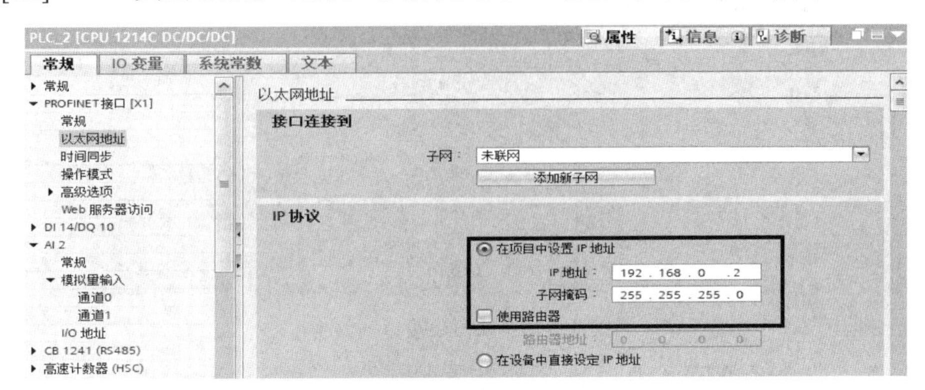

图 8-3-17　以太网 IP 地址设置 4

第二步：组态通信板。

在“项目树”窗格中，单击“PLC_2[CPU 1214C DC/DC/DC]”下拉按钮，双击“设备组态”选项，在硬件目录里找到“通信板”→“点到点”→“CB 1241（RS485）”→“6ES7 241-1CH30-1XB0”，然后双击或拖拽此模块至 CPU 插槽即可，如图 8-3-18 所示。

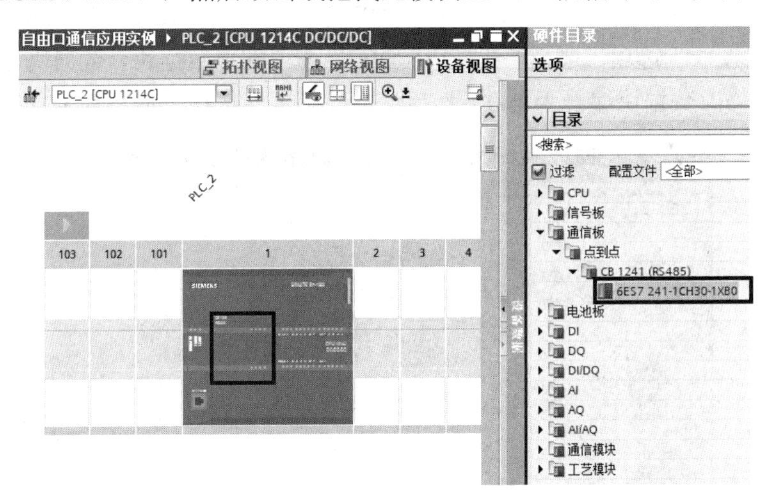

图 8-3-18　组态通信板 4

在“设备视图”的工作区中，选中 CB 1241（RS485）模块，依次单击其巡视窗格的“属性”→“常规”→“常规”→“IO-Link”选项，配置模块硬件接口参数，如图 8-3-19 所示。

通信参数设置为：波特率=9.6kbps，奇偶校验=无，数据位=8 位/字符，停止位=1，其他保持默认设置。

第三步：创建 PLC 变量表。

在“项目树”窗格中，选择“PLC_2[CPU 1214C DC/DC/DC]”→“PLC 变量”选项，

双击“添加新变量表”选项，并将新添加的变量表命名为“PLC 变量表”，然后在“PLC 变量表”中新建变量，如图 8-3-20 所示。

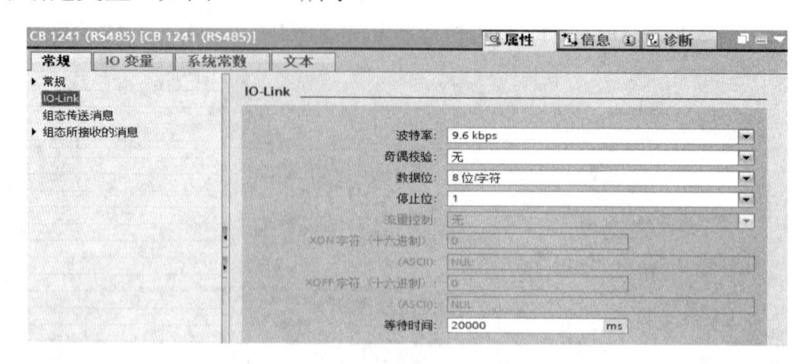

图 8-3-19　通信板接口参数 4

PLC变量表

		名称	数据类型	地址	保持
1		接收完成	Bool	%M10.1	
2		接收错误	Bool	%M10.2	
3		接收状态	Word	%MW12	

图 8-3-20　PLC 变量表 4

第四步：创建数据接收区。

（1）在“项目树”窗格中，依次选择“PLC_2[CPU 1214C DC/DC/DC]”→“程序块”→“添加新块”选项，选择“数据块（DB）”选项创建数据块，数据块名称为“数据块_1”，手动修改数据块编号为 100，然后单击“确定”按钮，如图 8-3-21 所示。

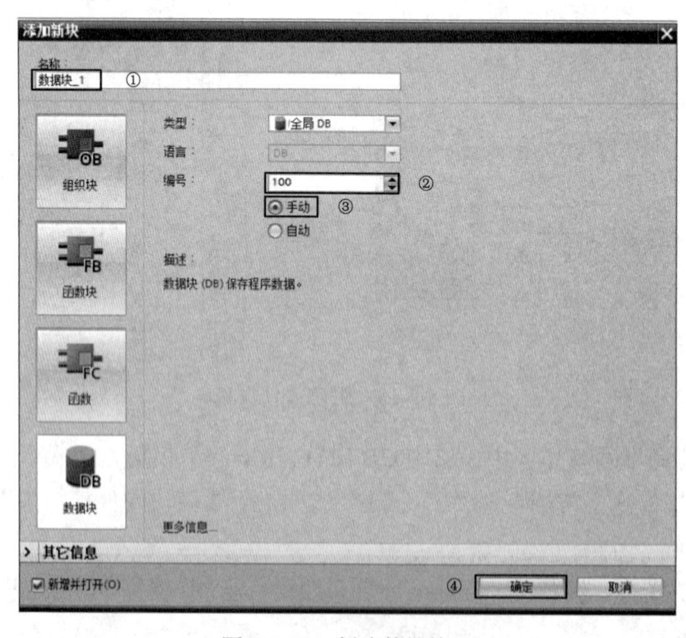

图 8-3-21　创建数据块 4

（2）需要在数据块属性中取消优化的块访问，然后单击“确定”按钮，如图 8-3-22

所示。

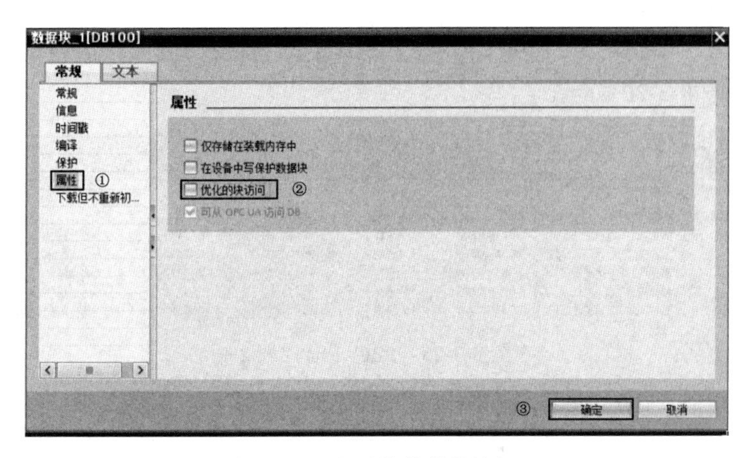

图 8-3-22　取消优化的块访问 4

（3）在数据块中创建 5 个字的数组用于存储接收数据，如图 8-3-23 所示。

数据块_1

	名称	数据类型	偏移量	起始值	保持
1	▼ Static				
2	▪ ▼ 数据接收区	Array[0..4] of Word	0.0		
3	▪ 数据接收区[0]	Word	0.0	16#0	
4	▪ 数据接收区[1]	Word	2.0	16#0	
5	▪ 数据接收区[2]	Word	4.0	16#0	
6	▪ 数据接收区[3]	Word	6.0	16#0	
7	▪ 数据接收区[4]	Word	8.0	16#0	

图 8-3-23　数据接收区

第四步：编写 OB1 主程序。

执行“Receive_P2P”指令，接收数据到缓冲区。数据接收程序如图 8-3-24 所示。

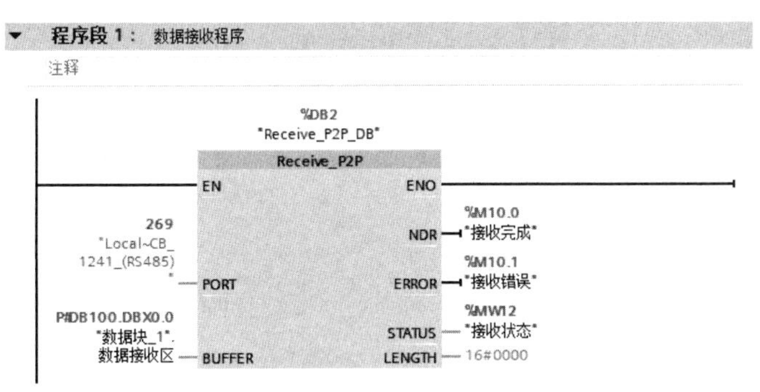

图 8-3-24　数据接收程序

图 8-3-24 中的主要参数说明如下。

① PORT 输入引脚是通信端口的硬件标识符。

② BUFFER 输入引脚为接收的数据地址区。

至此，接收端程序编写完毕。

4．程序测试

程序编译后，下载到 S7-1200 CPU 中，通过 PLC 监控表监控通信数据。PLC 监控表如图 8-3-25 和图 8-3-26 所示。

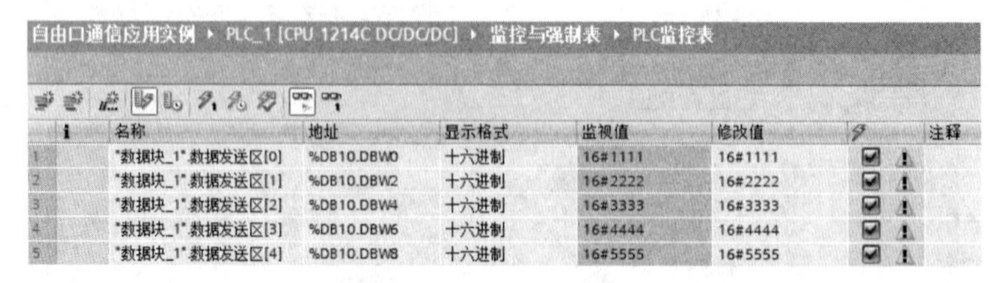

自由口通信应用实例 ▸ PLC_1 [CPU 1214C DC/DC/DC] ▸ 监控与强制表 ▸ PLC监控表

	i	名称	地址	显示格式	监视值	修改值		注释
1		"数据块_1".数据发送区[0]	%DB10.DBW0	十六进制	16#1111	16#1111	☑ !	
2		"数据块_1".数据发送区[1]	%DB10.DBW2	十六进制	16#2222	16#2222	☑ !	
3		"数据块_1".数据发送区[2]	%DB10.DBW4	十六进制	16#3333	16#3333	☑ !	
4		"数据块_1".数据发送区[3]	%DB10.DBW6	十六进制	16#4444	16#4444	☑ !	
5		"数据块_1".数据发送区[4]	%DB10.DBW8	十六进制	16#5555	16#5555	☑ !	

图 8-3-25　PLC_1 监控表 2

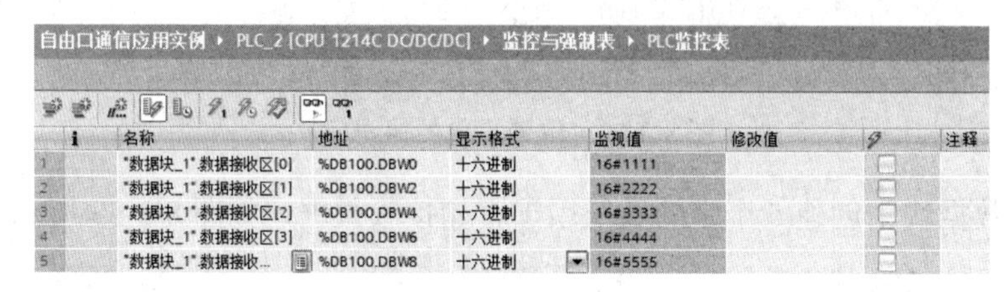

自由口通信应用实例 ▸ PLC_2 [CPU 1214C DC/DC/DC] ▸ 监控与强制表 ▸ PLC监控表

	i	名称	地址	显示格式	监视值	修改值		注释
1		"数据块_1".数据接收区[0]	%DB100.DBW0	十六进制	16#1111		☐	
2		"数据块_1".数据接收区[1]	%DB100.DBW2	十六进制	16#2222		☐	
3		"数据块_1".数据接收区[2]	%DB100.DBW4	十六进制	16#3333		☐	
4		"数据块_1".数据接收区[3]	%DB100.DBW6	十六进制	16#4444		☐	
5		"数据块_1".数据接收...	%DB100.DBW8	十六进制	16#5555		☐	

图 8-3-26　PLC_2 监控表 2

第 9 章　以太网通信方法及其应用实例

9.1　工业以太网的基础知识

工业以太网已经广泛应用于工业自动化控制现场，具有传输速度快、数据量大、便于无线连接和抗干扰能力强等特点，已成为主流的总线网络。

9.1.1　工业以太网概述

工业以太网是在以太网技术和 TCP/IP 技术的基础上开发的一种工业网络，在技术上与商业以太网（即 IEEE802.3 标准）兼容，是对商业以太网技术通信实时性和工业应用环境等进行改进，并添加了一些控制应用功能后，形成的工业以太网技术。

1．计算机网络通信的基础模型

开放系统互连（Open System Interconnection，OSI）模型是由国际标准化组织（ISO）和国际电报电话咨询委员会（CCITT）联合制定的，它为开放式互连信息系统提供了一种功能结构的框架，OSI 模型很快成了计算机网络通信的基础模型。OSI 模型简化了相关的网络操作，提供了不同厂商产品之间的兼容性，促进了标准化工作，在结构上进行了分层，易于学习和操作。OSI 模型的七层结构分别是物理层、链路层、网络层、传输层、会话层、表示层和应用层，如图 9-1-1 所示。

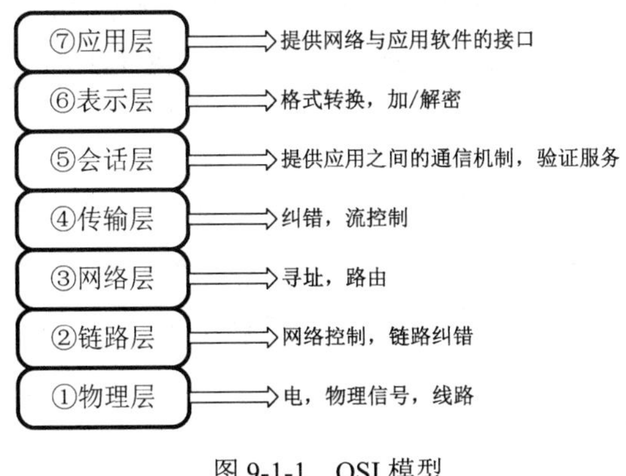

图 9-1-1　OSI 模型

① 物理层：提供建立、维护和拆除物理链路所需要的机械、电气、功能与规程。网卡、网线和集线器等都属于物理层设备。

② 链路层：在网络层实体间提供数据发送和接收的功能与过程，提供数据链路的流控。网桥和交换机等都属于链路层设备。

③ 网络层：具有控制分组传送系统的操作、路由选择、拥护控制和网络互连等功能，

它的作用是将具体的物理传送对高层透明。路由器属于网络层设备。

④ 传输层：具有建立、维护和拆除传送连接的功能，选择网络层提供最合适的服务，在系统之间提供可靠的、透明的数据传送，提供端到端的错误恢复和流量控制。

⑤ 会话层：提供两个进程之间建立、维护和结束会话连接的功能。

⑥ 表示层：代表应用进程协商数据，可以完成数据转换、格式化和文本压缩。

⑦ 应用层：提供 OSI 用户服务，如事务处理程序、文件传送协议和网络管理等。

2．IP 地址和子网掩码

（1）IP 地址。

IP 地址是指互联网协议地址（Internet Protocol Address）。IP 地址是 IP 协议提供的一种统一的地址格式，它为互联网上的每一个网络和每一台主机都分配了一个逻辑地址，以此来避免物理地址的差异。

每个设备都必须具有一个 IP 地址。每个 IP 地址分为 4 段，每段占 8 位，用十进制格式表示（如 192.168.0.100）。

（2）子网掩码。

子网掩码定义 IP 子网的边界。子网掩码不能单独存在，它必须结合 IP 地址一起使用。子网掩码只有一个作用，就是将某个 IP 地址划分成网络地址和主机地址两部分。

子网掩码是一个 32 位地址，对于 A 类 IP 地址，默认的子网掩码是 255.0.0.0；对于 B 类 IP 地址，默认的子网掩码是 255.255.0.0；对于 C 类 IP 地址，默认的子网掩码是 255.255.255.0。

3．MAC 地址

在网络中，制造商为每个设备都分配了一个介质访问控制地址（MAC 地址）以进行标识。MAC 地址由 6 组数字组成，每组两个十六进制数（如 01-23-45-67-89-AB）。

4．以太网拓扑结构

（1）总线型网络结构。早期以太网大多使用总线型的拓扑结构，连接简单，通常在小规模的网络中不需要专用的网络设备，但由于其不易隔离故障点、易造成网络拥塞等缺点，所以已经逐渐被以集线器和交换机为核心的星型网络代替。总线型网络结构如图 9-1-2 所示。

（2）星型网络结构。采用专用的网络设备（如交换机）作为核心节点，通过双绞线将局域网中的各台主机连接到核心节点上，就形成了星型网络结构。星型网络虽然需要的线缆比总线型网络多，但其连接器比总线型网络的连接器便宜。此外，星型拓扑可以通过级联的方式很方便地将网络扩展到很大的规模，因此得到了广泛应用，被绝大部分的以太网采用。星型网络结构如图 9-1-3 所示。

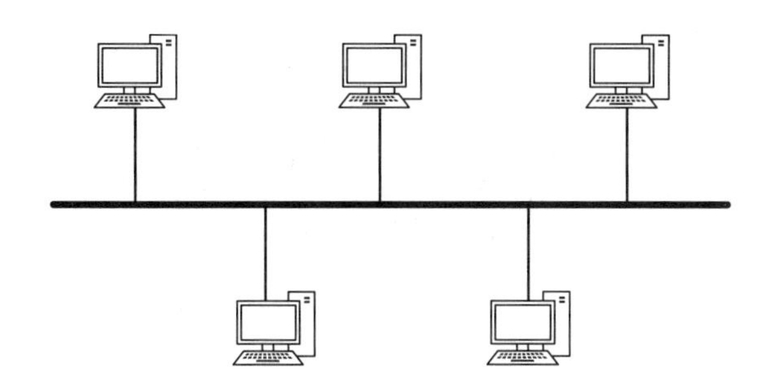

图 9-1-2　总线型网络结构

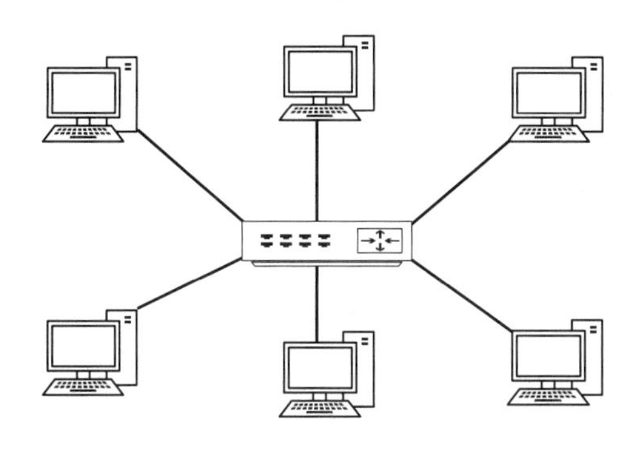

图 9-1-3　星型网络结构

9.1.2　S7-1200 PLC 以太网接口的通信服务

1. 网络连接方式

S7-1200 PLC 本体集成一个或两个以太网口，其中 CPU 1211、CPU 1212 和 CPU 1214 集成一个以太网口，CPU 1215 和 CPU 1217 集成两个以太网口，两个以太网口共用一个 IP 地址，具有交换机的功能。当 S7-1200 PLC 需要连接多个以太网设备时，可以通过交换机扩展接口。

S7-1200 CPU 的 PROFINET 口有以下两种网络连接方法。

（1）直接连接。当一台 S7-1200 CPU 与一个编程设备、HMI 或是其他 PLC 通信时，也就是说，当只有两个通信设备时，可以实现直接通信。直接连接不需要使用交换机，直接用网线连接两个设备即可，如图 9-1-4 所示。

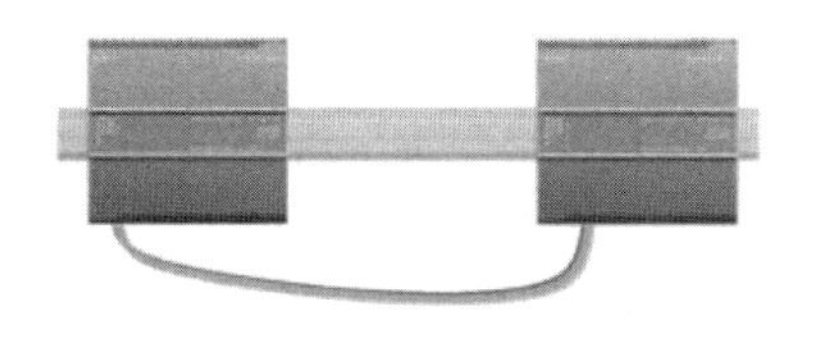

图 9-1-4　PLC 之间直接用网线连接

（2）交换机连接。当两台以上的 CPU 或 HMI 设备连接网络时，需要增加以太网交换机。使用安装在机架上的 CSM1277 4 端口以太网交换机来连接多台 CPU 和 HMI 设备，如图 9-1-5 所示。CSM1277 交换机是即插即用的，使用前不需要进行任何设置。

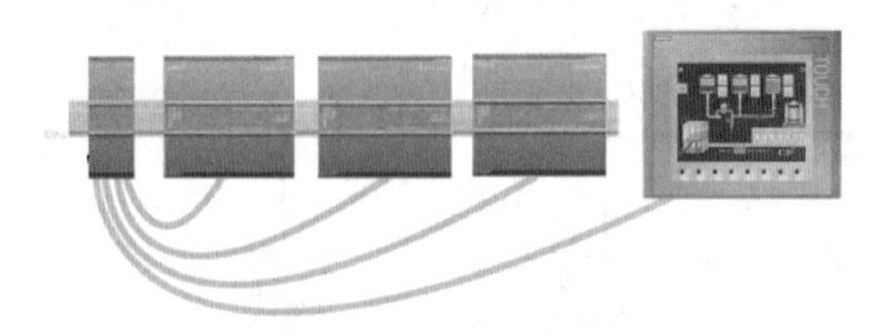

图 9-1-5　多台 CPU 和 HMI 通过交换机连接

2．通信服务

S7-1200 PLC 通过以太网接口可以支持实时通信和非实时通信。实时通信包括 PROFINET 通信，非实时通信包括 PG 通信、HMI 通信、S7 通信、Modbus TCP 通信和开放式用户通信，通信服务如表 9-1-1 所示。

表 9-1-1　通信服务

通信服务	功能	使用以太网口
PROFINET 通信	IO 控制器和 IO 设备之间的数据交换	√
PG 通信	调试、测试、诊断	√
HMI 通信	操作员控制和监视	√
S7 通信	使用已组态连接交换数据	√
Modbus TCP 通信	使用 Modbus TCP 协议通过工业以太网交换数据	√
开放式用户通信	使用 TCP/IP、ISO on TCP、UDP 协议通过工业以太网交换数据	√

注：√表示支持。

3．通信连接资源

S7-1200 PLC 以太网接口分配给每个通信服务的最大连接资源数为固定值，但可组态 6 个“动态连接”，在 CPU 硬件组态的“属性”→“常规”→“连接资源”中可以查看，如图 9-1-6 所示。

连接资源

	站资源			模块资源
	预留		动态	PLC_1 [CPU 1214C DC/DC/...
最大资源数：		62	6	68
	最大	已组态	已组态	已组态
PG 通信：	4	-	-	-
HMI 通信：	12	0	0	0
S7 通信：	8	0	0	0
开放式用户通信：	8	0	0	0
Web 通信：	30	-	-	-
其它通信:	-	-	0	0
使用的总资源：		0	0	0
可用资源：		62	6	68

图 9-1-6　S7-1200 PLC 以太网的连接资源

例如，S7-1200 CPU 具有 12 个 HMI 连接资源，根据使用的 HMI 类型或型号，以及使用的 HMI 功能，每台 HMI 实际可能使用的连接资源为 1 个、2 个或 3 个，因此可以使用 4 台以上的 HMI 同时连接 S7-1200 CPU，至少确保 4 台 HMI。

9.2　PROFINET 通信应用实例

9.2.1　功能概述

1．概述

PROFINET 基于工业以太网技术，使用 TCP/IP 和 IT 标准，是一种实时的现场总线标准。PROFINET 为自动化通信领域提供了一个完整的网络解决方案，包括实时以太网、运动控制、分布式自动化、故障安全及网络安全等应用，可以实现通信网络的一网到底，即从上到下都可以使用同一网络。西门子在十多年前就已经推出了 PROFINET，目前已经大规模应用于各个行业。

PROFINET 设备分为 IO 控制器、IO 设备和 IO 监视器。

（1）IO 控制器是用于对连接的 IO 设备进行寻址的设备，这意味着 IO 控制器将与分配的现场设备交换输入信号和输出信号。

（2）IO 设备是分配给其中一个 IO 控制器的分布式现场设备，如远程 IO 设备、变频器和伺服控制器等。

（3）IO 监控器是用于调试和诊断的编程设备，如 PC 或 HMI 设备等。

2．PROFINET 的 3 种传输方式

（1）非实时数据传输（NRT）。

（2）实时数据传输（RT）。

（3）等时实时数据传输（IRT）。

PROFINET 通信使用 OSI 参考模型第①层、第②层和第⑦层，支持灵活的拓扑方式，如总线型、星型等。

S7-1200 PLC 通过集成的以太网接口，既可以作为 IO 控制器控制现场 IO 设备，又可以作为 IO 设备被上一级 IO 控制器控制，此功能称为智能 IO 设备功能。

3．S7-1200 PLC PROFINET 通信口的通信能力

S7-1200 PLC PROFINET 通信口的通信能力如表 9-2-1 所示。

表 9-2-1　S7-1200 PLC PROFINET 通信口的通信能力

CPU 硬件版本	接口类型	控制器功能	智能 IO 设备功能	可带 IO 设备最大数量
V4.0	PROFINET	√	√	16
V3.0	PROFINET	√	×	16
V2.0	PROFINET	√	×	8

注：√表示支持，×表示不支持。

9.2.2　实例内容

（1）实例名称：PROFINET 通信应用实例。

（2）实例描述：两台 S7-1200 PLC 进行 PROFINET 通信，一台作为 IO 控制器，一台作为 IO 设备。IO 控制器将 IO 设备 QB500 中的数据读取到 IB500 中，将 QB500 中的数据写到 IB500 中。

（3）硬件组成：①S7-1200 PLC（CPU1214C DC/DC/DC），两台，订货号为 6ES7 214-1AG40-0XB0；②四口交换机，一台；③编程计算机，一台，已安装博途专业版 V15.1 软件。

9.2.3 实例实施

第一步：新建项目及组态作为 PROFINET IO 控制器。

打开博途软件，在 Portal 视图中，单击“创建新项目”选项，在弹出的界面中输入项目名称（PROFINET 通信应用实例）、路径和作者等信息，然后单击“创建”按钮即可生成新项目。

进入项目视图，在左侧的“项目树”窗格中，单击“添加新设备”选项，弹出“添加新设备”对话框，如图 9-2-1 所示，在此对话框中选择 CPU 的订货号和版本（必须与实际设备相匹配），然后单击“确定”按钮。

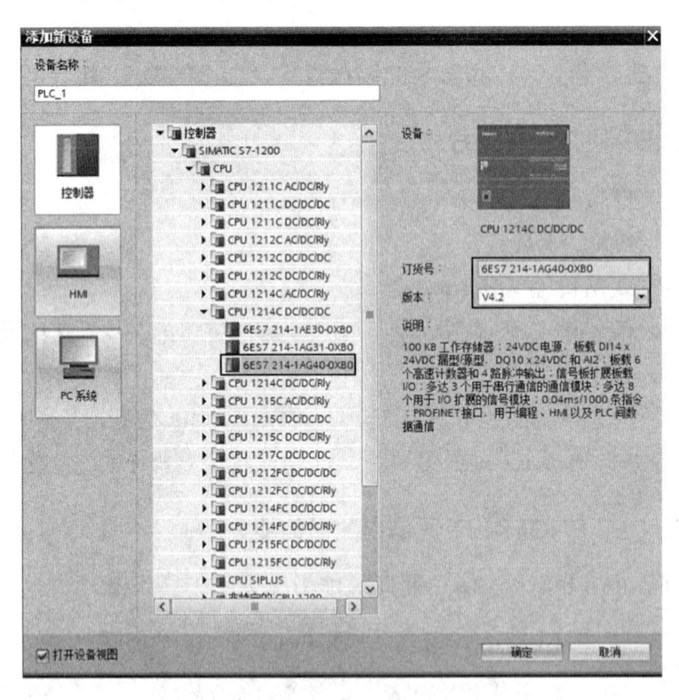

图 9-2-1 “添加新设备”对话框 1

第二步：设置 PROFINET IO 控制器的 CPU 属性。

在“项目树”窗格中，单击“PLC_1[CPU 1214C DC/DC/DC]”下拉按钮，双击“设备组态”选项，在“设备视图”的工作区中，选中 PLC_1，依次单击其巡视窗格中的“属性”→“常规”→“PROFINET 接口[X1]”→“以太网地址”选项，修改以太网 IP 地址，如图 9-2-2 所示。

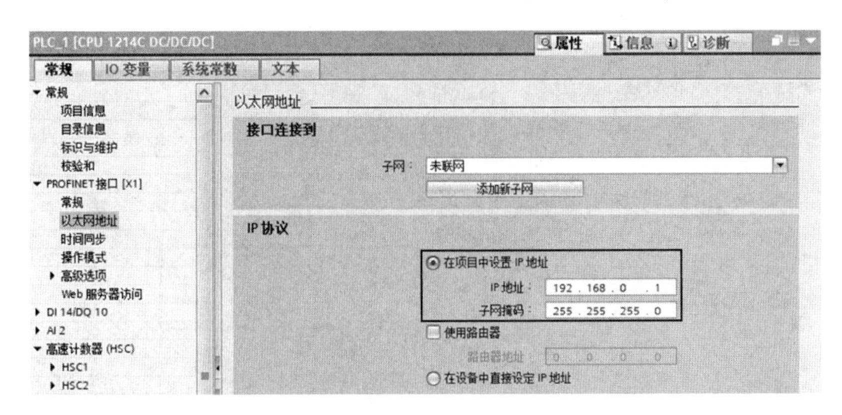

图 9-2-2　以太网 IP 地址设置 1

第三步：组态作为 PROFINET IO 设备的 CPU。

打开 PROFINET 通信应用实例项目文件，进入项目视图，在左侧的“项目树”窗格中，单击“添加新设备”选项，弹出“添加新设备”对话框，如图 9-2-3 所示，在此对话框中选择 CPU 的订货号和版本（必须与实际设备相匹配），然后单击“确定”按钮。

图 9-2-3　“添加新设备”对话框 2

第四步：设置 PROFINET IO 设备的 CPU 属性。

在“项目树”窗格中，单击“PLC_2[CPU 1214C DC/DC/DC]”下拉按钮，双击“设备组态”选项，在“设备视图”的工作区中，选中 PLC_2，依次单击其巡视窗格中的“属性”→“常规”→“PROFINET 接口[X1]”→“以太网地址”选项，修改以太网地址，如图 9-2-4 所示。

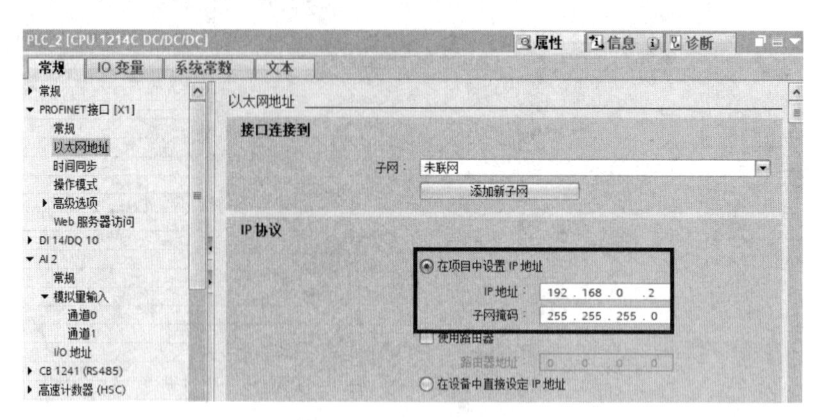

图 9-2-4　以太网 IP 地址设置 2

第五步：组态 PROFINET 通信数据交换区。

在“项目树”窗格中，单击“PLC_2[CPU 1214C DC/DC/DC]”下拉按钮，双击“设备组态”选项，在“设备视图”的工作区中，选中 PLC_2，依次单击其巡视窗格中的“属性”→“常规”→“PROFINET 接口[X1]”→“操作模式”选项，然后进行相应的配置，结果如图 9-2-5 所示。

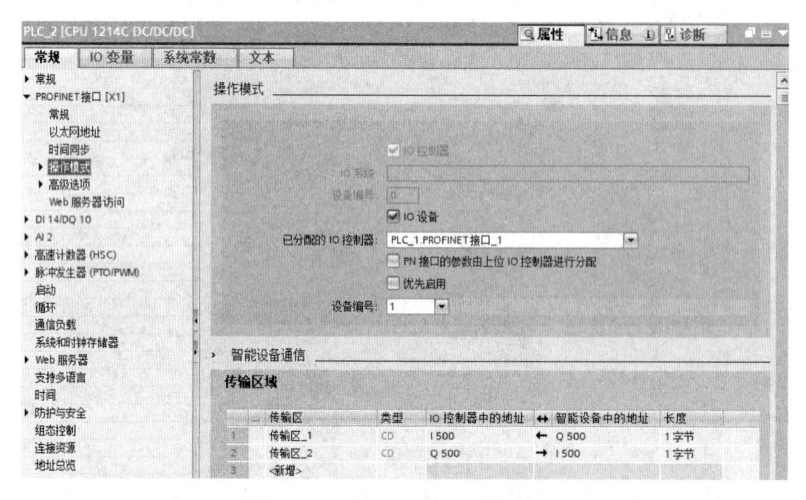

图 9-2-5　PROFINET 通信配置

图 9-2-5 中的主要参数说明如下。

① 激活“IO 设备”复选框。

② 在“已分配的 IO 控制器”下拉列表中选择 IO 控制器。选择 IO 控制器后，网络视图中将显示两个设备之间的网络连接。

③ 组态传输区域，组态数据如图 9-2-5 所示。

第六步：程序测试。

程序编译后，下载到 S7-1200 CPU 中，通过 PLC 监控表监控通信数据。PLC 监控表如图 9-2-6 和图 9-2-7 所示。

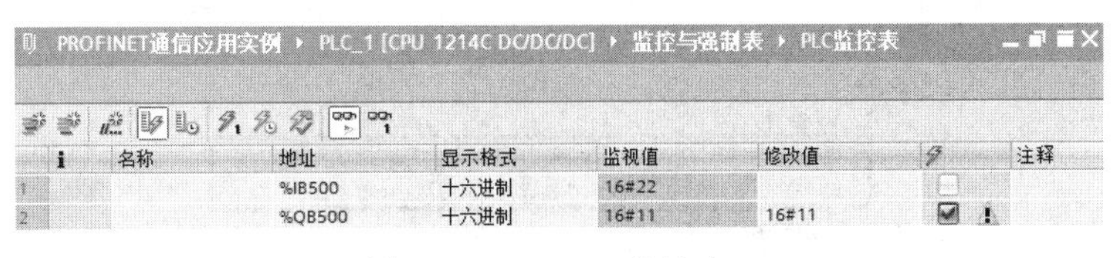

图 9-2-6　PLC_1 监控表 1

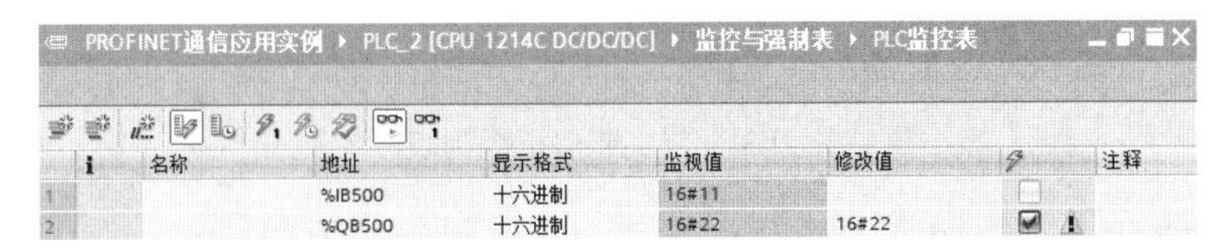

图 9-2-7　PLC_2 监控表 1

9.2.4　应用经验总结

（1）PROFINET 是基于连接的通信，需要组态通信连接，当连接断开时，CPU 故障灯会点亮。

（2）S7-1200 PLC 在 PROFINET 网络中，可以同时作为 IO 控制器和 IO 设备存在。

（3）以太网通信距离在 100m 以内，可以使用光纤等设备延长网络通信距离。

9.3　S7 通信应用实例

9.3.1　功能概述

S7 通信是西门子 S7 系列 PLC 基于 MPI、PROFIBUS 和以太网的一种优化的通信协议，它是面向连接的协议，在进行数据交换前，必须与通信伙伴建立连接。S7 通信属于西门子私有协议，本节主要介绍基于以太网的 S7 通信。

S7 通信服务集成在 S7 控制器中，属于 OSI 模型第⑦层（应用层）的服务，采用客户端—服务器原则。S7 连接属于静态连接，可以与同一个通信伙伴建立多个连接，同一时刻可以访问的通信伙伴的数量取决于 CPU 的连接资源。

S7-1200 PLC 通过集成的 PROFINET 接口支持 S7 通信，采用单边通信方式，只要客户端调用 PUT/GET 通信指令即可。

9.3.2　指令说明

在“指令”窗格中选择“通信”→“S7 通信”选项，出现 S7 通信指令列表，如图 9-3-1 所示。S7 通信指令主要包括两个通信指令：“GET”指令和“PUT”指令，每个指令块拖拽到程序工作区中将自动分配背景数据块，背景数据块的名称可自行修改，编号可以手动或自动分配。

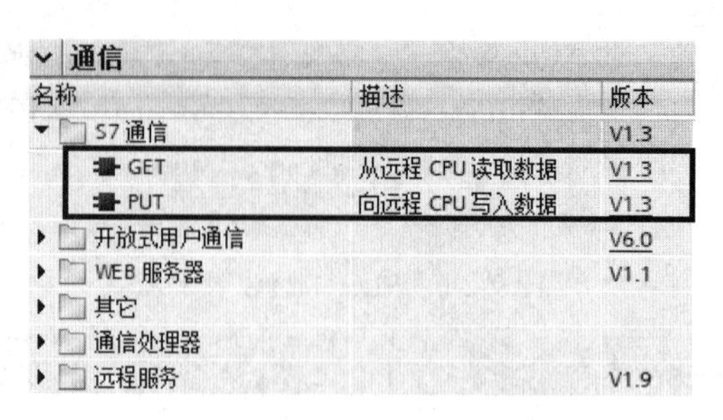

图 9-3-1　S7 通信指令列表

1．“GET”指令

（1）指令介绍。

“GET”指令可以从远程伙伴 CPU 读取数据。伙伴 CPU 可以处于 RUN 模式或 STOP 模式，且不论伙伴 CPU 处于何种模式，S7 通信都可以正常运行，该指令如图 9-3-2 所示。

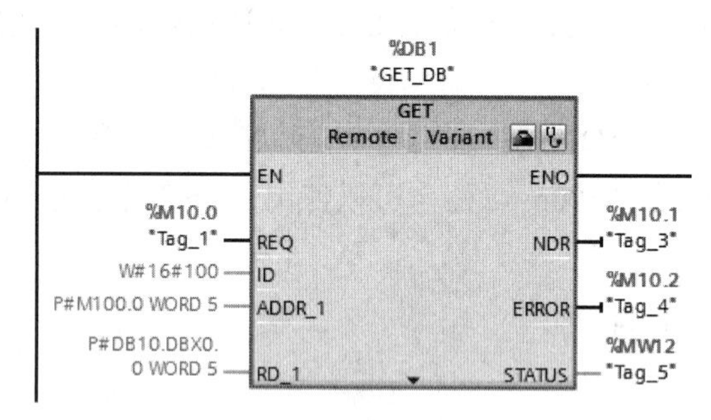

图 9-3-2　“GET”指令

（2）指令参数。

“GET”指令的输入/输出引脚参数的意义，如表 9-3-1 所示。

表 9-3-1　“GET”指令引脚参数

引脚参数	数据类型	说　明
REQ	Bool	在上升沿时执行该指令
ID	Word	用于指定与伙伴 CPU 连接的寻址参数
NDR	Bool	0：作业尚未开始或仍在运行； 1：作业已成功完成
ERROR	Bool	如果上一个请求有错完成，那么 ERROR 位将变为 TRUE 并保持一个周期
STATUS	Word	错误代码
ADDR_1	REMOTE	指向伙伴 CPU 中待读取区域的指针 当指针 REMOTE 访问某个数据块时，必须始终指定该数据块 示例：P#DB10.DBX5.0 WORD 10
ADDR_2	REMOTE	
ADDR_3	REMOTE	
ADDR_4	REMOTE	
RD_1	VARIANT	指向本地 CPU 中用于输入已读数据区域的指针
RD_2	VARIANT	
RD_3	VARIANT	
RD_4	VARIANT	

2. “PUT” 指令

（1）指令介绍。

“PUT”指令可以将数据写入一个远程伙伴 CPU。伙伴 CPU 可以处于 RUN 模式或 STOP 模式，且不论伙伴 CPU 处于何种模式，S7 通信都可以正常运行，该指令如图 9-3-3 所示。

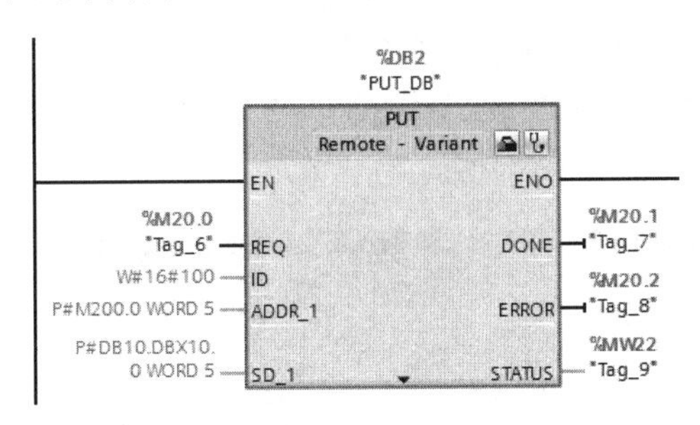

图 9-3-3　“PUT” 指令

（2）指令参数。

“PUT” 指令的输入/输出引脚参数的意义，如表 9-3-2 所示。

表 9-3-2　“PUT” 指令引脚参数

引脚参数	数据类型	说　明
REQ	Bool	在上升沿时执行该指令
ID	Word	用于指定与伙伴 CPU 连接的寻址参数
DONE	Bool	完成位：如果上一个请求无错完成，那么 ERROR 位将变为 TRUE 并保持一个周期
ERROR	Bool	如果上一个请求有错完成，那么 ERROR 位将变为 TRUE 并保持一个周期
STATUS	Word	错误代码
ADDR_1	REMOTE	指向伙伴 CPU 中用于写入数据的区域的指针 指针 REMOTE 访问某个数据块时，必须始终指定该数据块 示例：P#DB10.DBX5.0 字节 10
ADDR_2	REMOTE	
ADDR_3	REMOTE	
ADDR_4	REMOTE	
SD_1	VARIANT	指向本地 CPU 中包含要发送数据区域的指针
SD_2	VARIANT	
SD_3	VARIANT	
SD_4	VARIANT	

9.3.3　实例内容

（1）实例名称：S7 通信应用实例。

（2）实例描述：两台 S7-1200 PLC 进行 S7 通信，一台作为客户端，一台作为服务器。客户端读取服务器的 MW100~MW108 中的数据读取到客户端的 DB10.DBW0~DB10.DBW8 中；客户端将 DB10.DBW10~DB10.DBW18 的数据写到服务器的 MW200-MW208 中。

（3）硬件组成：①S7-1200 PLC（CPU1214C DC/DC/DC），两台，订货号为 6ES7 214-1AG40-0XB0；②四口交换机，一台；③编程计算机，一台，已安装博途专业版 V15.1 软件。

9.3.4 实例实施

第一步：新建项目及组态客户端 S7-1200 PLC。

打开博途软件，在 Portal 视图中，单击“创建新项目”选项，在弹出的界面中输入项目名称（S7 通信应用实例）、路径和作者等信息，然后单击“创建”按钮即可生成新项目。

进入项目视图，在左侧的“项目树”窗格中，单击“添加新设备”选项，弹出“添加新设备”对话框，如图 9-3-4 所示，在此对话框中选择 CPU 型号和版本号（必须与实际设备相匹配），然后单击“确定”按钮。

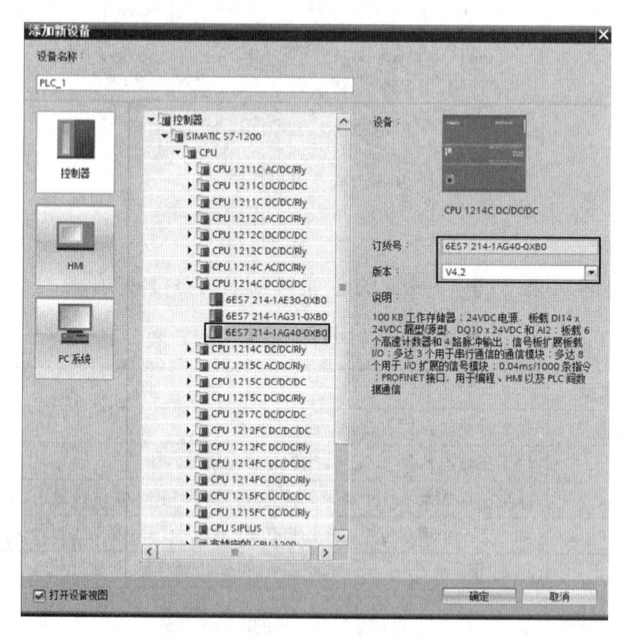

图 9-3-4 “添加新设备”对话框 3

第二步：设置客户端 CPU 属性。

在“项目树”窗格中，单击“PLC_1[CPU 1214C DC/DC/DC]”下拉按钮，双击“设备组态”选项，在“设备视图”的工作区中，选中 PLC_1，依次单击其巡视窗格中的“属性”→“常规”→“PROFINET 接口[X1]”→“以太网地址”选项，修改以太网 IP 地址，如图 9-3-5 所示。

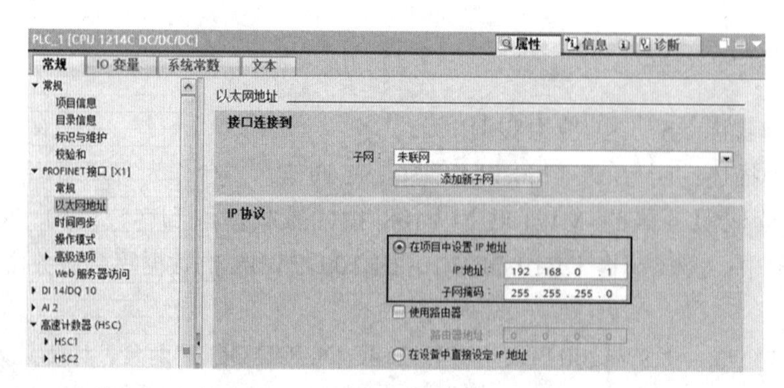

图 9-3-5 以太网 IP 地址设置 3

依次单击其巡视窗格的“属性”→“常规”→“系统和时钟存储器”选项，激活“启动时钟存储器字节”复选框，如图9-3-6所示。

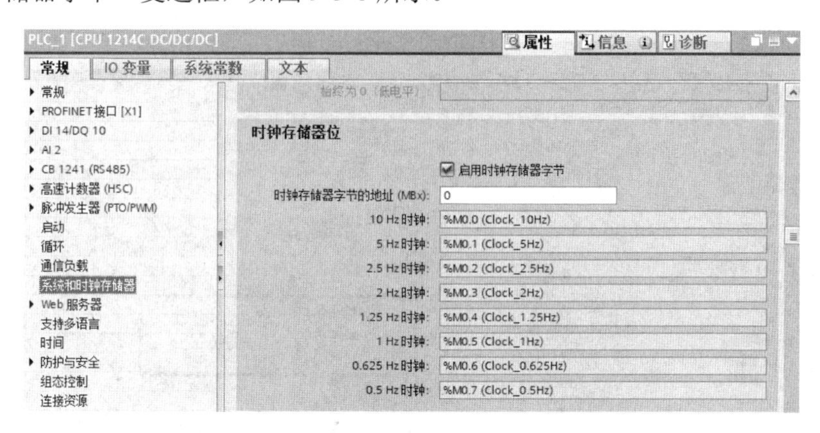

图9-3-6　系统和时钟存储器设置1

备注：程序中会用到时钟存储器M0.5。

第三步：组态服务器S7-1200 PLC。

在左侧的“项目树”窗格中，单击“添加新设备”选项，随即弹出“添加新设备”对话框，如图9-3-7所示，在此对话框中选择CPU的订货号和版本（必须与实际设备相匹配），然后单击“确定”按钮。

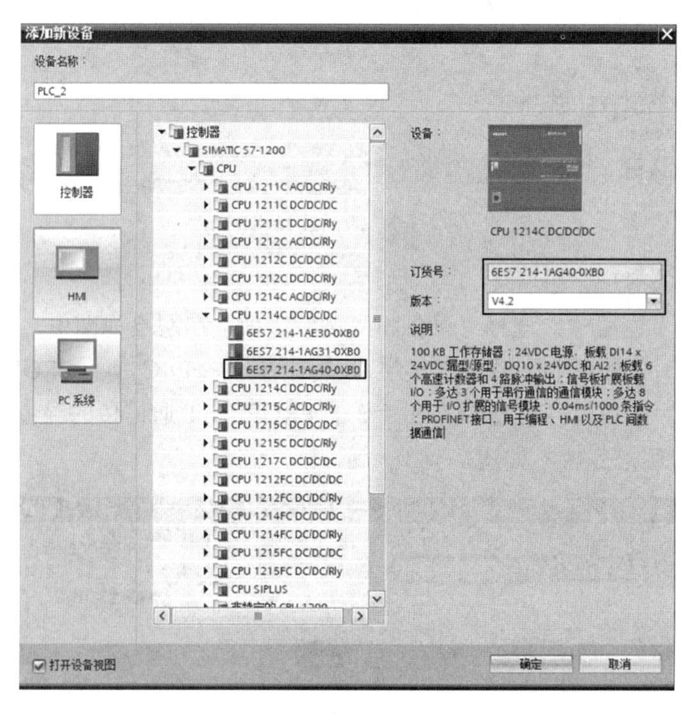

图9-3-7　“添加新设备”对话框4

第四步：设置服务器CPU属性。

在“项目树”窗格中，单击“PLC_2[CPU 1214C DC/DC/DC]”下拉按钮，双击“设

备组态”选项，在“设备视图”的工作区中，选中 PLC_2，依次单击其巡视窗格中的“属性”→“常规”→“PROFINET 接口[X1]”→“以太网地址”选项，修改以太网 IP 地址，如图 9-3-8 所示。

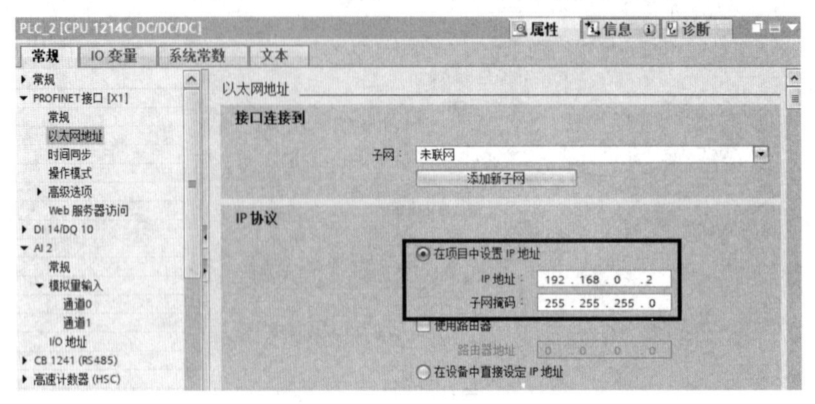

图 9-3-8　以太网 IP 地址设置 4

依次单击其巡视窗格的“属性”→“常规”→“防护与安全”→“连接机制”选项，激活“允许来自远程对象的 PUT/GET 通信访问”复选框，如图 9-3-9 所示。

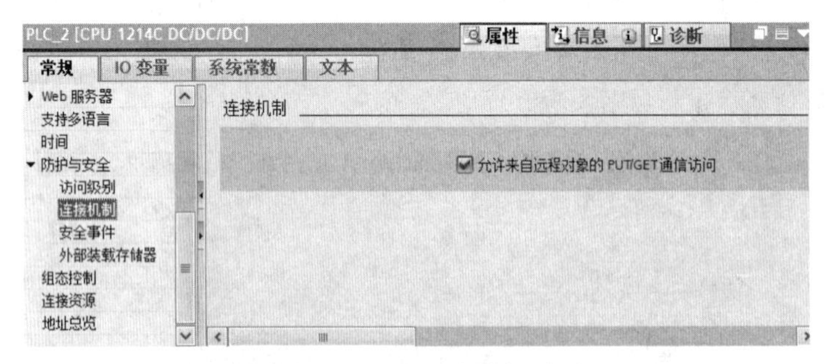

图 9-3-9　激活连接机制

第五步：组态 S7 连接。

在“项目树”窗格中，选择“设备和网络”选项，在网络视图中，单击“连接”按钮，在“连接”下拉列表中选择“S7 连接”，用鼠标选中 PLC_1 的 PROFINET 通信口的绿色小方框，然后拖拽出一条线，到 PLC_2 的 PROFINET 通信口的绿色小方框，然后松开鼠标，S7 连接组态完成，如图 9-3-10 所示。

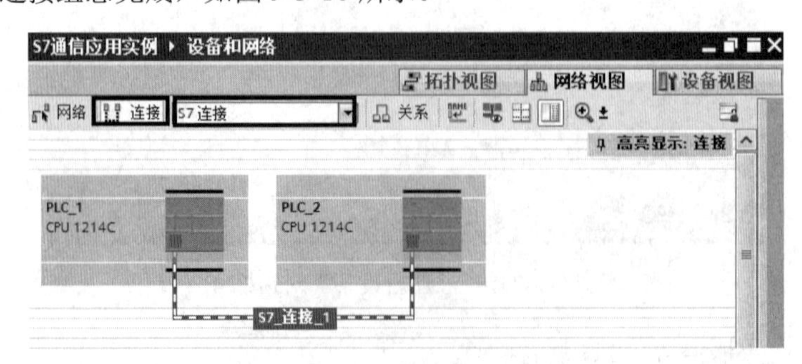

图 9-3-10　组态完成的 S7 连接

在网络视图中，选择“连接”选项卡，可以查看 S7 连接参数，如图 9-3-11 所示。

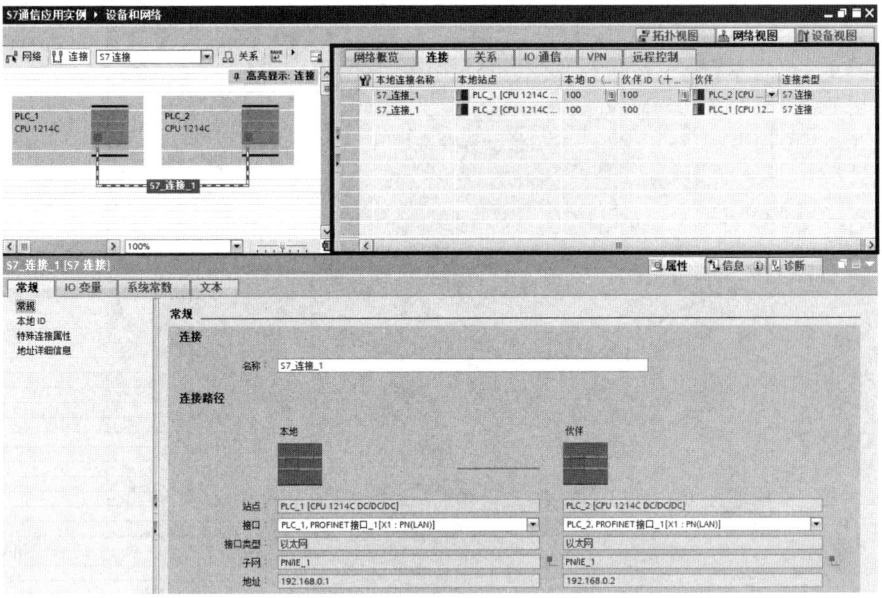

图 9-3-11　S7 连接参数

备注：方框中为网络数据画面。

第六步：创建客户端 PLC 变量表。

在“项目树”窗格中，依次单击“PLC_1[CPU 1214C DC/DC/DC]”→“PLC 变量”选项，双击“添加新变量表”选项，并将新添加的变量表命名为“PLC 变量表”，然后在“PLC 变量表”中新建变量，如图 9-3-12 所示。

PLC变量表

	名称	数据类型	地址	保持
1	接收数据成功	Bool	%M10.1	
2	接收数据错误	Bool	%M10.2	
3	接收数据状态	Word	%MW12	
4	发送数据成功	Bool	%M20.1	
5	发送数据错误	Bool	%M20.2	
6	发送数据状态	Word	%MW22	

图 9-3-12　PLC 变量表 1

第七步：创建接收和发送数据区。

（1）在“项目树”窗格中，依次选择“PLC_1[CPU 1214C DC/DC/DC]”→“程序块”→“添加新块”选项，选择“数据块（DB）”选项创建数据块，数据块名称为“数据块_1”，手动修改数据块编号为 10，然后单击“确定”按钮，如图 9-3-13 所示。

（2）需要在数据块属性中取消优化的块访问，然后单击“确定”按钮，如图 9-3-14 所示。

（3）在数据块中创建 5 个字的数组用于存放接收数据，创建 5 个字的数组用于存放发送数据，如图 9-3-15 所示。

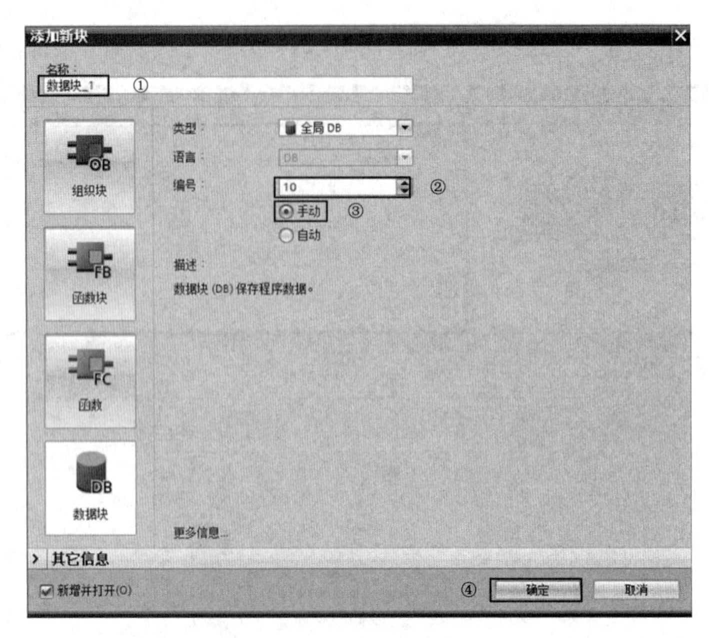

图 9-3-13　创建数据块 1

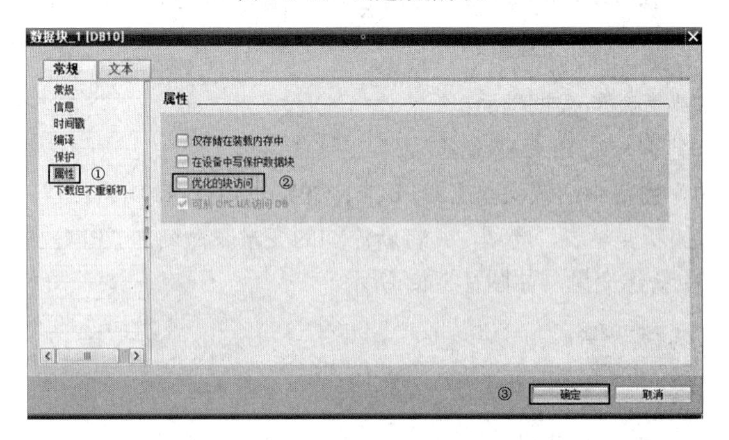

图 9-3-14　取消优化的块访问 1

数据块_1

	名称	数据类型	偏移量	起始值	保持
1	▼ Static				
2	▼ 接收数据区	Array[0..4] of Word	0.0		
3	接收数据区[0]	Word	0.0	16#0	
4	接收数据区[1]	Word	2.0	16#0	
5	接收数据区[2]	Word	4.0	16#0	
6	接收数据区[3]	Word	6.0	16#0	
7	接收数据区[4]	Word	8.0	16#0	
8	▼ 发送数据区	Array[0..4] of Word	10.0		
9	发送数据区[0]	Word	10.0	16#0	
10	发送数据区[1]	Word	12.0	16#0	
11	发送数据区[2]	Word	14.0	16#0	
12	发送数据区[3]	Word	16.0	16#0	
13	发送数据区[4]	Word	18.0	16#0	

图 9-3-15　接收数据区和发送数据区

第八步：编写 OB1 主程序。

（1）编写“GET”指令程序段部分，如图 9-3-16 所示。

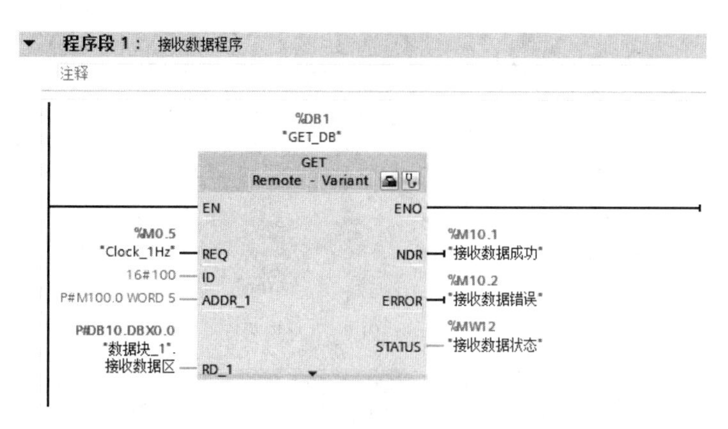

图 9-3-16　“GET”指令程序段

图 9-3-16 中的主要参数说明如下。

① REQ 输入引脚为时钟存储器 M0.5，在上升沿时指令执行。

② ID 输入引脚是连接 ID，要与连接配置中一致，为 16#100。

③ ADDR_1 输入引脚为发送到通信伙伴数据区的地址。

④ RD_1 输入引脚为本地接收数据区。

（2）编写“PUT”指令程序段部分，如图 9-3-17 所示。

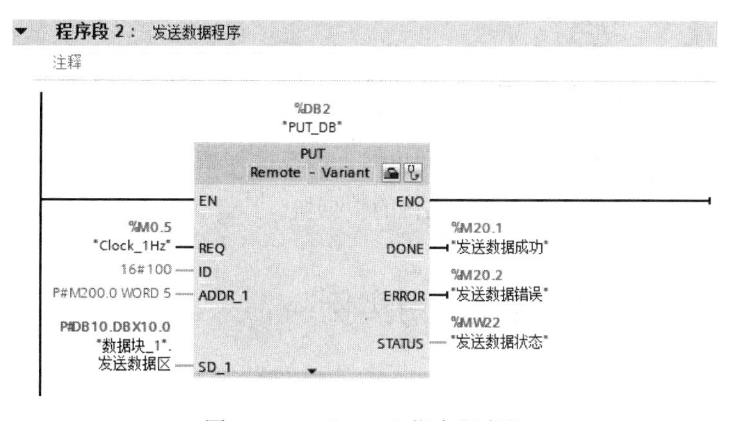

图 9-3-17　“PUT”指令程序段

图 9-3-17 中主要参数说明如下。

① REQ 输入引脚为时钟存储器 M0.5，在上升沿时指令执行。

② ID 输入引脚是连接 ID，要与连接配置中一致，为 16#100。

③ ADDR_1 输入引脚为从通信伙伴数据区读取数据的地址。

④ SD_1 输入引脚为本地发送数据地址。

第九步：程序测试。

程序编译后，下载到 S7-1200 CPU 中，通过 PLC 监控表监控通信数据。PLC 监控表如图 9-3-18 和图 9-3-19 所示。

S7通信应用实例 ▸ PLC_1 [CPU 1214C DC/DC/DC] ▸ 监控与强制表 ▸ PLC监控表

	i	名称	地址	显示格式	监视值	修改值		注释
1		"数据块_1".接收数据区[0]	%DB10.DBW0	十六进制	16#1210			
2		"数据块_1".接收数据区[1]	%DB10.DBW2	十六进制	16#1211			
3		"数据块_1".接收数据区[2]	%DB10.DBW4	十六进制	16#1212			
4		"数据块_1".接收数据区[3]	%DB10.DBW6	十六进制	16#1213			
5		"数据块_1".接收数据区[4]	%DB10.DBW8	十六进制	16#1214			
6		"数据块_1".发送数据区[0]	%DB10.DBW10	十六进制	16#1310	16#1310	!	
7		"数据块_1".发送数据区[1]	%DB10.DBW12	十六进制	16#1320	16#1320	!	
8		"数据块_1".发送数据区[2]	%DB10.DBW14	十六进制	16#1330	16#1330	!	
9		"数据块_1".发送数据区[3]	%DB10.DBW16	十六进制	16#1340	16#1340	!	
10		"数据块_1".发送数据区[4]	%DB10.DBW18	十六进制	16#1350	16#1350	!	

图 9-3-18　PLC_1 监控表 2

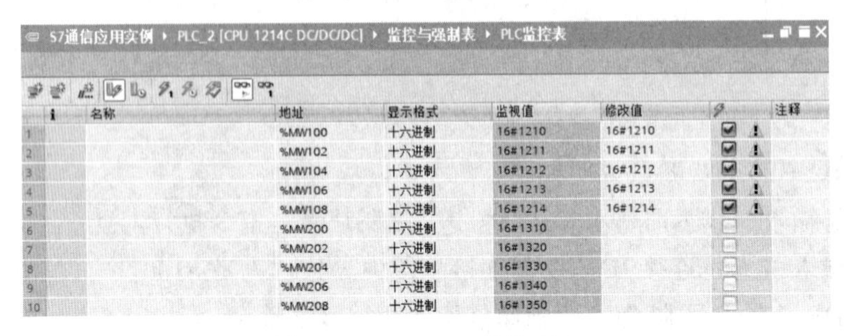

S7通信应用实例 ▸ PLC_2 [CPU 1214C DC/DC/DC] ▸ 监控与强制表 ▸ PLC监控表

	i	名称	地址	显示格式	监视值	修改值		注释
1			%MW100	十六进制	16#1210	16#1210	!	
2			%MW102	十六进制	16#1211	16#1211	!	
3			%MW104	十六进制	16#1212	16#1212	!	
4			%MW106	十六进制	16#1213	16#1213	!	
5			%MW108	十六进制	16#1214	16#1214	!	
6			%MW200	十六进制	16#1310			
7			%MW202	十六进制	16#1320			
8			%MW204	十六进制	16#1330			
9			%MW206	十六进制	16#1340			
10			%MW208	十六进制	16#1350			

图 9-3-19　PLC_2 监控表 2

9.3.5　应用经验总结

（1）S7-1200 PLC 作为 S7 通信的服务器，需要在 CPU 属性的“防护与安全”→“连接机制”中，激活“允许来自远程对象的 PUT/GET 通信”，才可以进行通信。

（2）S7 通信使用“GET”指令和“PUT”指令进行单边编程。

（3）伙伴 CPU 读/写区域不支持优化的数据块。

9.4　Modbus TCP 通信应用实例

9.4.1　功能概述

MODBUS TCP 通信是施耐德公司于 1996 年推出的基于以太网 TCP/IP 的 MODBUS 协议，简称 MODBUS TCP。Modbus TCP 通信协议是开放式协议，很多设备都集成此协议，如 PLC、机器人、智能工业相机和其他智能设备等。

MODBUS TCP 通信结合了以太网物理网络和 TCP/IP 网络标准，采用包含有 MODBUS 应用协议数据的报文传输方式。MODBUS 设备间的数据交换是通过功能码实现的，有些功能码是对位操作，有些功能码是对字操作。

S7-1200 PLC 集成的以太网口支持 MODBUS TCP 通信，可作为 MODBUS TCP 客户端或者服务器。MODBUS TCP 通信使用 TCP 通信作为通信路径，通信时将占用 S7-1200 PLC 的开放式用户通信连接资源，通过调用 Modbus TCP 客户端（MB_CLIENT）指令和服务器（MB_SERVER）指令进行数据交换。

9.4.2　指令说明

在“指令”选项卡中选择“通信”→“其他”→“MODBUS TCP”选项，出现 MODBUS TCP 通信指令列表，如图 9-4-1 所示。

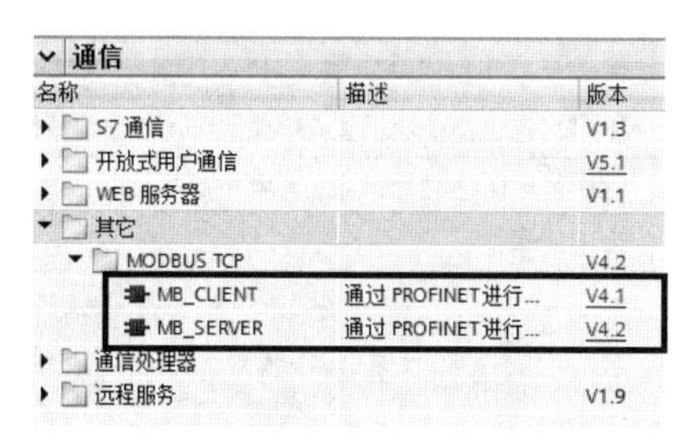

图 9-4-1　MODBUS TCP 通信指令列表

MODBUS TCP 通信主要包括两个指令：“MB_CLIENT”指令和“MB_SERVER”，每个指令块被拖拽到程序工作区中都将自动分配背景数据块，背景数据块的名称可自行修改，编号可以手动或自动分配。

1．“MB_CLIENT”指令

（1）指令介绍。

“MB_CLIENT”指令作为 MODBUS TCP 客户端指令，可以在客户端和服务器间建立连接、发送 Modbus 请求、接收响应和控制服务器断开，该指令如图 9-4-2 所示。

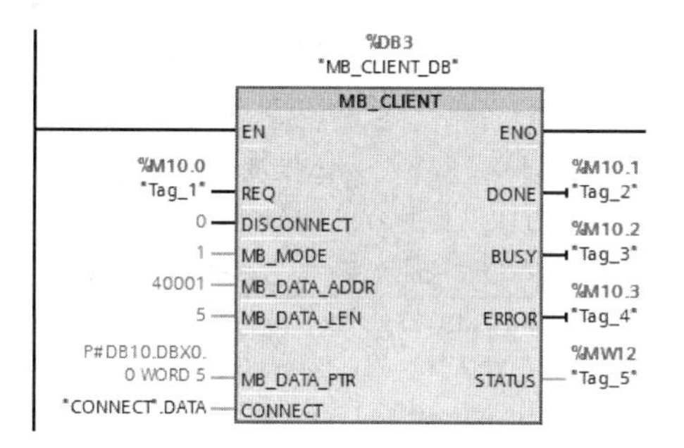

图 9-4-2　“MB_CLIENT”指令

（2）指令参数。

“MB_CLIENT”指令的输入/输出引脚参数的意义，如表 9-4-1 所示。

表 9-4-1　“MB_CLIENT”指令引脚参数

引脚参数	数据类型	说　明
REQ	Bool	与服务器之间的通信请求，上升沿有效
DISCONNECT	Bool	通过该参数，可以控制与 Modbus TCP 服务器建立和终止连接。 0：建立连接；1：终止连接
MB_MODE	USInt	选择 Modbus 请求模式（读取、写入或诊断）。0：读取；1：写入
MB_DATA_ADDR	UDInt	由“MB_CLIENT”指令所访问数据的起始地址
MB_DATA_LEN	UInt	数据长度：数据访问的位或字的个数

续表

引脚参数	数据类型	说　明
MB_DATA_PTR	VARIANT	指向 Modbus 数据寄存器的指针：寄存器缓冲数据进入 Modbus 服务器或来自 Modbus 服务器。指针必须分配一个未进行优化的全局数据块或 M 位存储器
CONNECT	VARIANT	引用包含系统数据类型为“TCON_IP_v4”的连接参数的数据块结构
DONE	Bool	最后一个作业成功完成，立即将输出参数 DONE 置位为“1”
BUSY	Bool	作业状态位：0 表示无正在处理的作业；1 表示作业正在处理
ERROR	Bool	错误位：0 表示无错误；1 表示出现错误，错误原因查看 STATUS
STATUS	Word	错误代码

2. “MB_SERVER”指令

（1）指令介绍。

“MB_SERVER”指令作为 MODBUS TCP 服务器，通过以太网连接进行通信。“MB_SERVER”指令将处理 MODBUS TCP 客户端的连接请求，并接收处理 Modbus 请求和发送响应，该指令如图 9-4-3 所示。

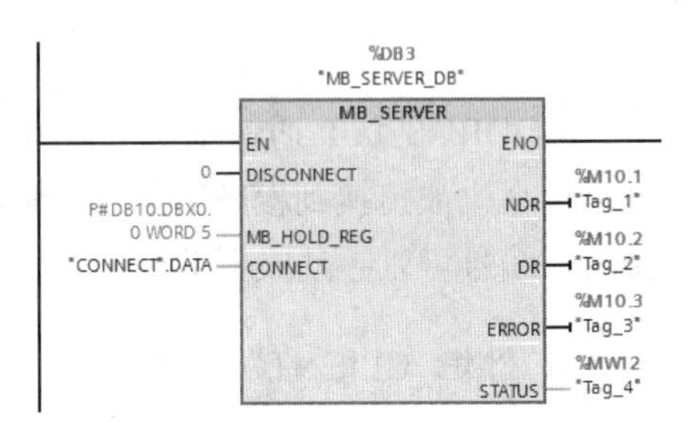

图 9-4-3　“MB_SERVER”指令

（2）指令参数。

“MB_SERVER”指令的输入/输出引脚参数的意义，如表 9-4-2 所示。

表 9-4-2　“MB_SERVER”指令引脚参数

引脚参数	数据类型	说　明
DISCONNECT	Bool	尝试与伙伴设备进行“被动”连接。也就是说，服务器被动地侦听来自任何请求 IP 地址的 TCP 连接请求。如果 DISCONNECT = 0 且不存在连接，则可以启动被动连接。如果 DISCONNECT = 1 且存在连接，则启动断开操作。该参数允许程序控制何时接受连接。每当启用此输入时，将无法尝试其他操作
MB_HOLD_REG	VARIANT	指向“MB_SERVER”指令中 MODBUS 保持寄存器的指针。MB_HOLD_REG 引用的存储区必须大于两个字节。保持寄存器中包含 MODBUS TCP 客户端通过 MODBUS 功能 3（读取）、6（写入）、16（多次写入）和 23（在一个作业中读/写）可访问的值。作为保持寄存器，MB_HOLD_REG 可以使用具有优化访问权限的全局数据块，也可以使用 M 位存储器
CONNECT	VARIANT	引用包含系统数据类型为“TCON_IP_v4”的连接参数的数据块结构
NDR	Bool	“New Data Ready”： 0 表示无新数据； 1 表示从 Modbus 客户端写入的新数据
DR	Bool	“Data Read”： 0 表示未读取数据； 1 表示从 Modbus 客户端读取的数据
ERROR	Bool	如果上一个请求有错完成，那么 ERROR 位将变为 TRUE 并保持一个周期
STATUS	Word	错误代码

9.4.3　实例内容

（1）实例名称：MODBUS TCP 通信应用实例。

（2）实例描述：两台 S7-1200 PLC 进行 MODBUS TCP 通信，一台作为客户端，一台作为服务器。客户端将 DB10.DBW0- DB10.DBW8 的数据写到服务器的 DB100.DBW0-DB100.DBW8 中。

（3）硬件组成：①S7-1200 PLC（CPU1214C DC/DC/DC），两台，订货号为 6ES7 214-1AG40-0XB0；②四口交换机，一台；③编程计算机，一台，已安装博途专业版 V15.1 软件。

9.4.4　实例实施

1．客户端程序编写

第一步：新建项目及组态 S7-1200 PLC。

打开博途软件，在 Portal 视图中，单击“创建新项目”选项，在弹出的界面中输入项目名称（Modbus TCP 通信应用实例）、路径和作者等信息，然后单击“创建”按钮即可生成新项目。

进入项目视图，在左侧的“项目树”窗格中，单击“添加新设备”选项，弹出“添加新设备”对话框，如图 9-4-4 所示，在此对话框中选择 CPU 的订货号和版本（必须与实际设备相匹配），然后单击“确定”按钮。

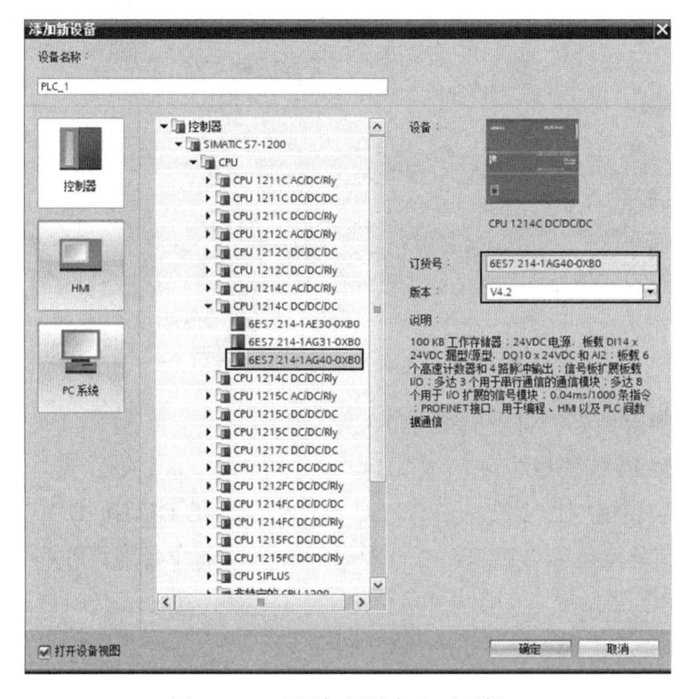

图 9-4-4　“添加新设备”对话框 5

第二步：设置 CPU 属性。

在“项目树”窗格中，单击“PLC_1[CPU 1214C DC/DC/DC]”下拉按钮，双击“设

备组态”选项，在“设备视图”的工作区中，选中 PLC_1，依次单击其巡视窗格中的“属性”→“常规”→“PROFINET 接口[X1]”→“以太网地址”选项，修改以太网 IP 地址，如图 9-4-5 所示。

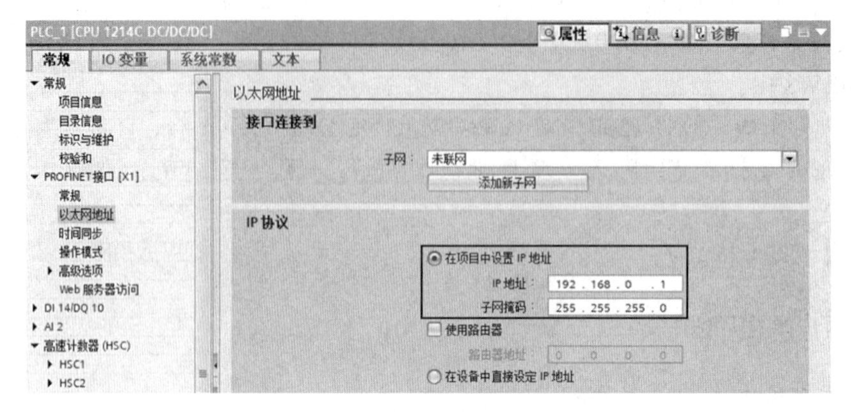

图 9-4-5　以太网 IP 地址设置 5

依次单击其巡视窗格的“属性”→“常规”→“系统和时钟存储器”，激活“启用时钟存储器字节”复选框，如图 9-4-6 所示。

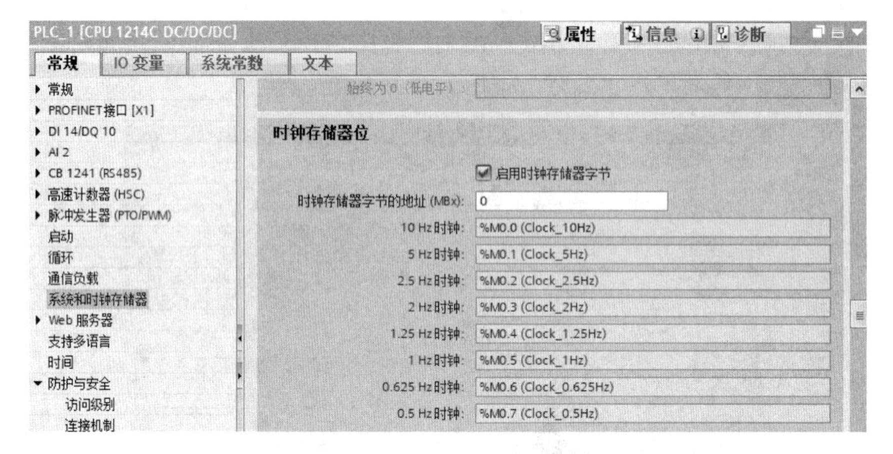

图 9-4-6　系统和时钟存储器设置 2

备注：程序中会用到时钟存储器 M0.5。

第三步：创建 PLC 变量表。

在“项目树”窗格中，依次单击“PLC_1[CPU 1214C DC/DC/DC]”→“PLC 变量”选项，双击“添加新变量表”选项，并将新添加的变量表命名为“PLC 变量表”，然后在“PLC 变量表”中新建变量，如图 9-4-7 所示。

PLC变量表

	名称	数据类型	地址	保持
1	通信完成	Bool	%M10.0	
2	通信作业中	Bool	%M10.1	
3	通信错误	Bool	%M10.2	
4	通信状态	Word	%MW12	

图 9-4-7　PLC 变量表 2

第四步：创建发送数据区。

（1）在“项目树”窗格中，依次选择“PLC_1[CPU 1214C DC/DC/DC]”→“程序块”→“添加新块”选项，选择“数据块（DB）”选项创建数据块，数据块名称为“数据块_1”，手动修改数据块编号为 10，然后单击“确定”按钮，如图 9-4-8 所示。

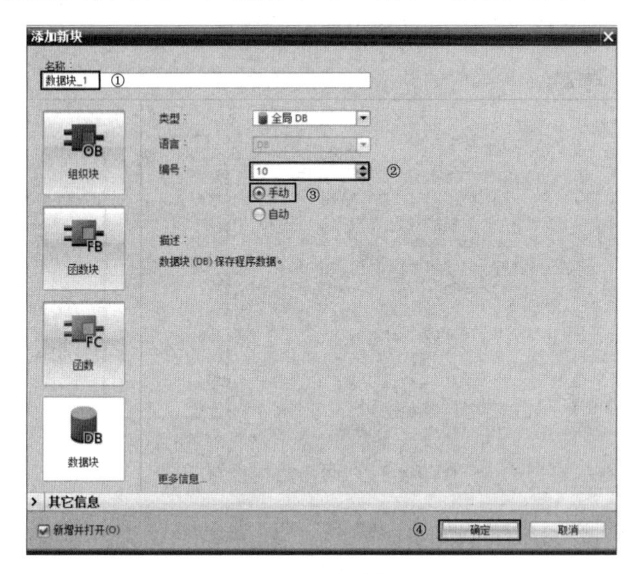

图 9-4-8　创建数据块 2

（2）需要在数据块属性中取消优化的块访问，然后单击“确定”按钮，如图 9-4-9 所示。

图 9-4-9　取消优化的块访问 2

（3）在数据块中，创建 5 个字的数组用于存储发送数据，如图 9-4-10 所示。

数据块_1

	名称	数据类型	偏移量	起始值	保持
1	▼ Static				
2	▼ 发送数据区	Array[0..4] of Word	0.0		
3	发送数据区[0]	Word	0.0	16#0	
4	发送数据区[1]	Word	2.0	16#0	
5	发送数据区[2]	Word	4.0	16#0	
6	发送数据区[3]	Word	6.0	16#0	
7	发送数据区[4]	Word	8.0	16#0	

图 9-4-10　发送数据区 1

第五步：创建“MB_CLIENT”指令的连接描述数据块。

在“项目树”窗格中，依次选择“PLC_1[CPU 1214C DC/DC/DC]”→“程序块”→“添加新块”选项，选择“数据块（DB）”选项创建数据块，数据块名称为“数据块_2”，手动修改数据块编号为11，然后单击“确定”按钮。在“数据块_2”中添加变量“通信设置”，数据类型为TCON_IP_v4，如图9-4-11所示。

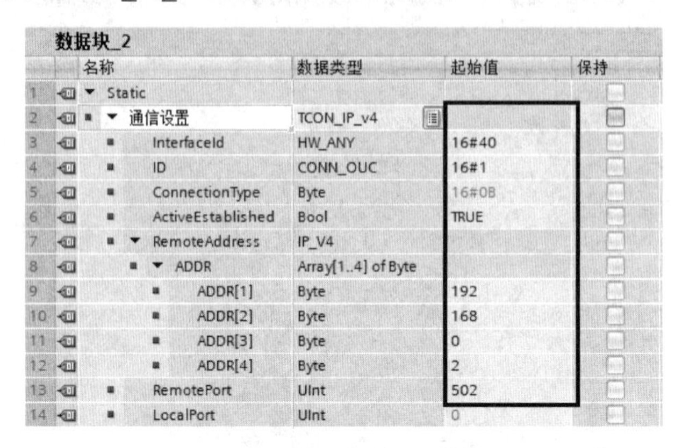

数据块_2

	名称	数据类型	起始值	保持
1	Static			
2	通信设置	TCON_IP_v4		
3	InterfaceId	HW_ANY	16#40	
4	ID	CONN_OUC	16#1	
5	ConnectionType	Byte	16#0B	
6	ActiveEstablished	Bool	TRUE	
7	RemoteAddress	IP_V4		
8	ADDR	Array[1..4] of Byte		
9	ADDR[1]	Byte	192	
10	ADDR[2]	Byte	168	
11	ADDR[3]	Byte	0	
12	ADDR[4]	Byte	2	
13	RemotePort	UInt	502	
14	LocalPort	UInt	0	

图9-4-11　通信数据设置1

图9-4-11中的主要参数说明如下。

① Interfaceid：在变量表的默认变量表中可以找到PROFINET接口的硬件标识符。

② ID：输入一个1～4095的连接ID编号。

③ ConnectionType：对于 TCP/IP，使用默认值 16#0B（十进制数 =11）。

④ ActiveEstablished：该值必须为 1 或 TRUE。主动连接，由 MB_CLIENT 启动 Modbus TCP通信。

⑤ RemoteAddress：目标Modbus TCP服务器的IP地址。

⑥ RemotePort：默认值为 502。该编号为 MB_CLIENT 试图连接与通信的Modbus服务器的IP端口号。

⑦ LocalPort：对于 MB_CLIENT 连接，该值必须为 0。

第五步：编写OB1主程序。

编写“MB_CLIENT”指令程序段部分，如图9-4-12所示。当M0.5上升沿有效时，客户端将MB_DATA_PTR数据写入服务器的Modbus地址40 001~40 005中。

图9-4-12中的主要参数说明如下。

① REQ：在上升沿时执行该指令。

② DISCONNECT：0表示建立连接。

③ MB_MODE：1表示写操作。

④ MB_DATA_ADDR：从站中的起始地址。

⑤ MB_DATA_LEN：写的数据长度。

⑥ MB_DATA_PTR：写的数据地址。

⑦ CONNECT：引用包含系统数据类型为“TCON_IP_v4”的连接参数的数据块。

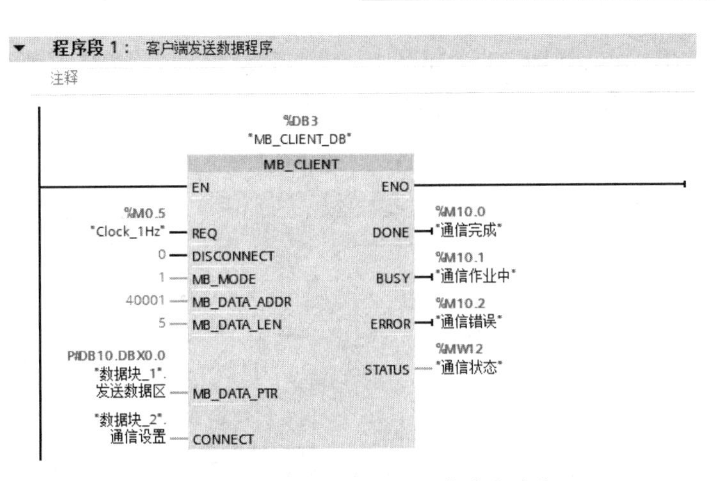

图 9-4-12　“MB_CLIENT”指令程序段

2. 服务器程序编写

第一步：组态 S7-1200 PLC。

在左侧的“项目树”窗格中，单击“添加新设备”选项，弹出“添加新设备”对话框，如图 9-4-13 所示，在此对话框中选择 CPU 的订货号和版本（必须与实际设备相匹配），然后单击“确定”按钮。

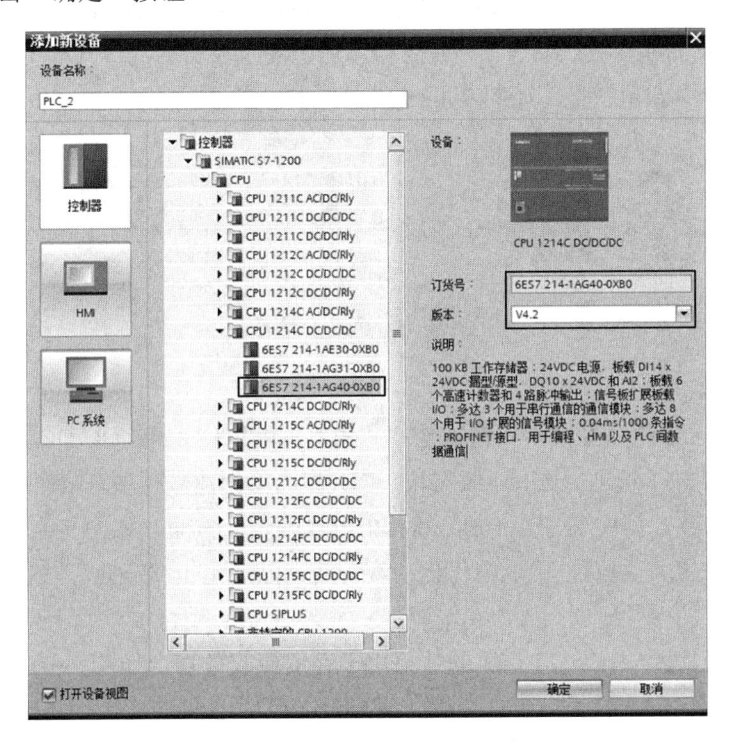

图 9-4-13　“添加新设备”对话框 6

第二步：设置 CPU 属性。

在“项目树”窗格中，单击“PLC_2[CPU 1214C DC/DC/DC]”下拉按钮，双击“设

备组态”选项，在“设备视图”的工作区中，选中 PLC_2，依次单击其巡视窗格中的“属性”→“常规”→“PROFINET 接口[X1]”→“以太网地址”选项，修改以太网地址，如图 9-4-14 所示。

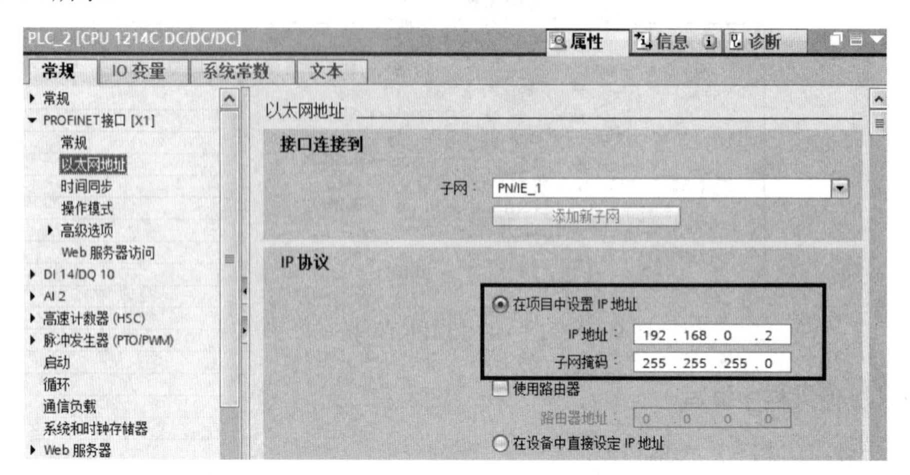

图 9-4-14　以太网 IP 地址设置 6

第三步：创建 PLC 变量表。

在“项目树”窗格中，依次单击“PLC_2[CPU 1214C DC/DC/DC]”→“PLC 变量”选项，双击“添加新变量表”选项，并将新添加的变量表命名为“PLC 变量表”，然后在“PLC 变量表”中新建变量，如图 9-4-15 所示。

PLC变量表

		名称	数据类型	地址	保持
1		数据写入完成	Bool	%M10.0	
2		数据读取完成	Bool	%M10.1	
3		通信错误	Bool	%M10.2	
4		通信状态	Word	%MW20	

图 9-4-15　PLC 变量表 3

第四步：创建数据接收区

（1）在“项目树”窗格中，依次选择“PLC_2[CPU 1214C DC/DC/DC]”→“程序块”→“添加新块”选项，选择“数据块（DB）”选项创建数据块，数据块名称为“数据块_1”，手动修改数据块编号为 100，然后单击“确定”按钮，如图 9-4-16 所示。

（2）需要在数据块属性中取消优化的块访问，然后单击“确定”按钮，如图 9-4-17 所示。

（3）在数据块中，创建 5 个字的数组用于存储接收数据，如图 9-4-18 所示。

第五步：创建“MB_CLIENT”指令的 CONNECT 引脚的连接描述指针数据块。

在“项目树”窗格中，依次单击“PLC_2[CPU 1214C DC/DC/DC]”→“程序块”选项，双击“添加新块”选项，选择“数据块（DB）”选项创建数据块，数据块名称为“数据块_2”，手动修改数据块编号为 101，然后单击“确定”按钮。在“数据块_2”中添加变量“通信设置”，数据类型为 TCON_IP_v4，如图 9-4-19 所示。

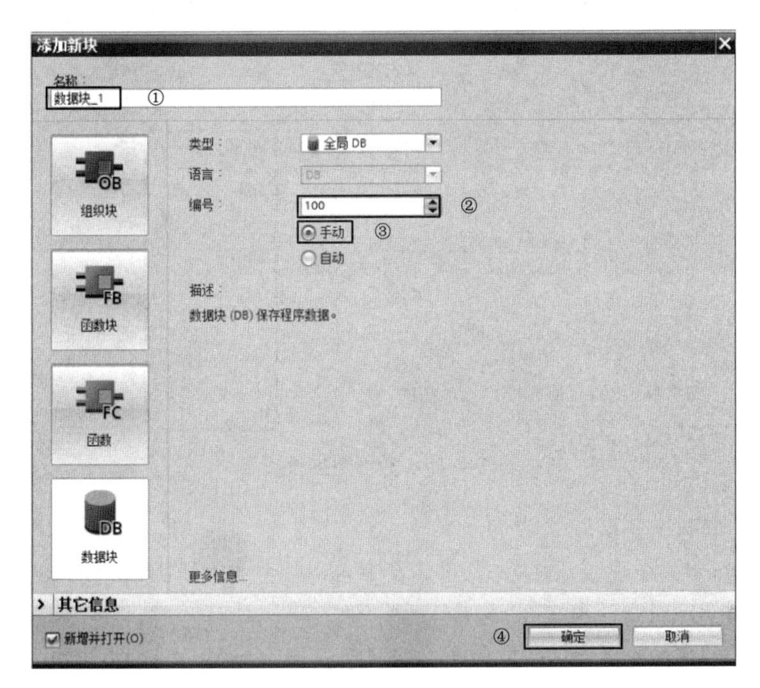

图 9-4-16 创建数据块 3

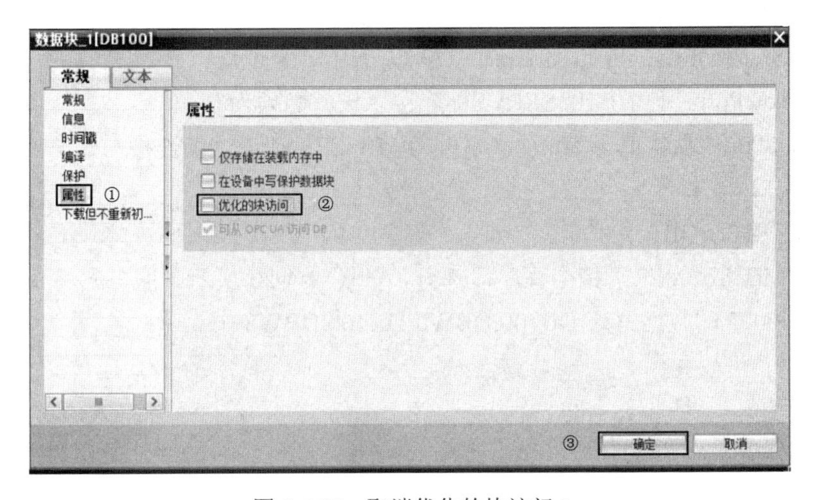

图 9-4-17 取消优化的块访问 3

数据块_1

	名称	数据类型	偏移量	起始值	保持
1	▼ Static				
2	▼ 接收数据区	Array[0..4] of Word	0.0		
3	接收数据区[0]	Word	0.0	16#0	
4	接收数据区[1]	Word	2.0	16#0	
5	接收数据区[2]	Word	4.0	16#0	
6	接收数据区[3]	Word	6.0	16#0	
7	接收数据区[4]	Word	8.0	16#0	

图 9-4-18 接收数据区 1

数据块_2

	名称	数据类型	起始值	保持
1	▼ Static			
2	▼ 通信设置	TCON_IP_v4		
3	InterfaceId	HW_ANY	16#40	
4	ID	CONN_OUC	16#1	
5	ConnectionType	Byte	16#0B	
6	ActiveEstablished	Bool	0	
7	▼ RemoteAddress	IP_V4		
8	▼ ADDR	Array[1..4] of Byte		
9	ADDR[1]	Byte	192	
10	ADDR[2]	Byte	168	
11	ADDR[3]	Byte	0	
12	ADDR[4]	Byte	1	
13	RemotePort	UInt	0	
14	LocalPort	UInt	502	

图 9-4-19　通信数据设置 2

图 9-4-19 中的主要参数说明如下。

① Interfaceid：在变量表的默认变量表中可以找到 PROFINET 接口的硬件标识符。

② ID：输入一个 1～4095 的连接 ID 编号。

③ ConnectionType：对于 TCP/IP，使用默认值 16#0B（十进制数 = 11）。

④ ActiveEstablished：该值必须为 0 或 FALSE。被动连接，MB_SERVER 正在等待 Modbus 客户端的通信请求。

⑤ RemoteAddress：目标 Modbus TCP 客户端的 IP 地址。

⑥ RemotePort：对于 MB_SERVER 连接，该值必须为 0。

⑦ LocalPort：默认值为 502，该编号为 MB_SERVER 试图连接与通信的 Modbus 客户端的 IP 端口号。

第六步：编写 OB1 主程序。

编写“MB_SERVER”指令程序段部分，如图 9-4-20 所示。服务器将 MODBUS 地址 40001～40005 的数据写入 DB100.DBW0-DB100.DBW8 中。

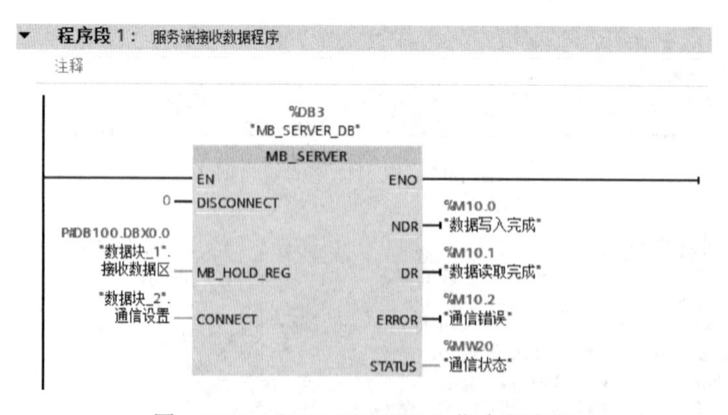

图 9-4-20　“MB_SERVER”指令程序段

图 9-4-20 中的主要参数说明如下。

① DISCONNECT：0 表示建立连接。

② MB_HOLD_REG：Modbus 保持寄存器 40 001 对应的地址。

③ CONNECT：引用包含系统数据类型为“TCON_IP_v4”的连接参数的数据块。

3．程序测试

程序编译后，下载到 S7-1200 CPU 中，通过 PLC 监控表监控通信数据。PLC 监控表如图 9-4-21 和图 9-4-22 所示。

项目1 ▸ PLC_1 [CPU 1214C DC/DC/DC] ▸ 监控与强制表 ▸ PLC监控表

	i	名称	地址	显示格式	监视值	修改值			注释
1		"数据块_1".发送数据区[0]	%DB10.DBW0	十六进制	16#1111	16#1111	☑	!	
2		"数据块_1".发送数据区[1]	%DB10.DBW2	十六进制	16#2222	16#2222	☑	!	
3		"数据块_1".发送数据区[2]	%DB10.DBW4	十六进制	16#3333	16#3333	☑	!	
4		"数据块_1".发送数据区[3]	%DB10.DBW6	十六进制	16#4444	16#4444	☑	!	
5		"数据块_1".发送数据区[4]	%DB10.DBW8	十六进制	16#5555	16#5555	☑	!	

图 9-4-21　PLC_1 监控表 3

项目1 ▸ PLC_2 [CPU 1214C DC/DC/DC] ▸ 监控与强制表 ▸ PLC监控表

	i	名称	地址	显示格式	监视值	修改值		注释
1		"数据块_1".接收数据区[0]	%DB100.DBW0	十六进制	16#1111		☐	
2		"数据块_1".接收数据区[1]	%DB100.DBW2	十六进制	16#2222		☐	
3		"数据块_1".接收数据区[2]	%DB100.DBW4	十六进制	16#3333		☐	
4		"数据块_1".接收数据区[3]	%DB100.DBW6	十六进制	16#4444		☐	
5		"数据块_1".接收数据区[4]	%DB100.DBW8	十六进制	16#5555		☐	

图 9-4-22　PLC_2 监控表 3

9.4.5　应用经验总结

（1）MODBUS TCP 客户端可以支持多个 TCP 连接，连接的最大数目取决于所使用的 CPU 类型。

（2）MODBUS TCP 客户端如果需要连接多个 MODBUS TCP 服务器，则需要调用多个“MB_CLIENT”指令，每个“MB_CLIENT”指令需要分配不同的背景数据块和不同的连接 ID。

（3）当 MODBUS TCP 客户端对同一个 MODBUS TCP 服务器进行多次读/写操作时，需要调用多个“MB_CLIENT”指令，每个“MB_CLIENT”指令需要分配相同的背景数据块和相同的连接 ID，且同一时刻只能有一个“MB_CLIENT”指令被触发。

9.5　开放式用户通信应用实例

9.5.1　功能概述

开放式用户通信（OUC 通信）是基于以太网进行数据交换的协议，适用于 PLC 之间、PLC 与第三方设备、PLC 与高级语言等进行数据交换。开放式用户通信的通信连接方式如下。

（1）TCP 通信连接方式。该通信连接方式支持 TCP/IP 的开放式数据通信。TCP/IP 采用面向数据流的数据传送，发送的长度最好是固定的。如果长度发生变化，在接收区需要判断数据流的开始和结束位置，比较烦琐，并且需要考虑发送和接收的时序问题。

（2）ISO-on-TCP 通信连接方式。由于 ISO 不支持以太网路由，所以西门子应用 RFC1006 将 ISO 映射到 TCP，从而实现网络路由。

（3）UDP（User Datagram Protocol）通信连接方式。该通信连接方式属于 OSI 模型第 4 层协议，支持简单数据传输，数据无需确认。与 TCP 通信连接方式相比，UDP 通信连接方式没有连接。

S7-1200 PLC 通过集成的以太网接口用于开放式用户通信连接，通过调用发送（“TSEND_C”）指令和接收（“TRCV_C”）指令进行数据交换。通信方式为双边通信，因此，两台 S7-1200 PLC 要进行开放式以太网通信，“TSEND_C”指令和“TRCV_C”指令就必须成对出现。

9.5.2 指令说明

（1）实例名称：开放式用户通信应用实例。

（2）实例描述：两台 S7-1200 PLC 进行开放式用户通信，一台作为客户端，一台作为服务器。客户端将 DB10.DBW0-DB10.DBW8 的数据写到服务器的 DB100.DBW0-DB100.DBW8 中。

（3）硬件组成：①S7-1200 PLC（CPU1214C DC/DC/DC），两台，订货号为 6ES7 214-1AG40-0XB0；②四口交换机，一台；③编程计算机，一台，已安装博途专业版 V15.1 软件。

9.5.3 实例内容

在“指令”窗格中选择“通信”→“开放式用户通信”选项，出现“开放式用户通信”指令列表，如图 9-5-1 所示。

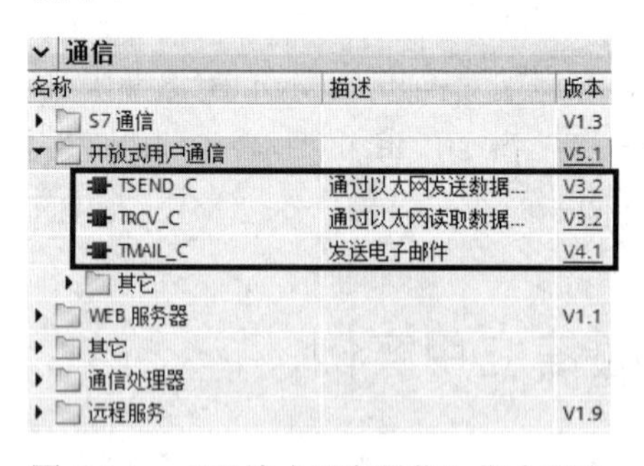

图 9-5-1 “开放式用户通信”指令列表

“开放式用户通信”指令主要包括 3 个通信指令：“TSEND_C”（发送数据）指令、“TRCV_C”（接收数据）指令和“TMAIL_C”（发送电子邮件）指令，还包括一个其他指令文件夹。

其中，“TSEND_C”（发送数据）指令和“TRCV_C”（接收数据）指令是常用指令，下面进行详细说明。

1. "TSEND_C" 指令

（1）指令介绍。

使用"TSEND_C"指令设置并建立通信连接，CPU 会自动保持和监视该连接。"TSEND_C"指令异步执行，首先设置并建立通信连接，然后通过现有的通信连接发送数据，最后终止或重置通信连接。"TSEND_C"指令如图 9-5-2 所示。

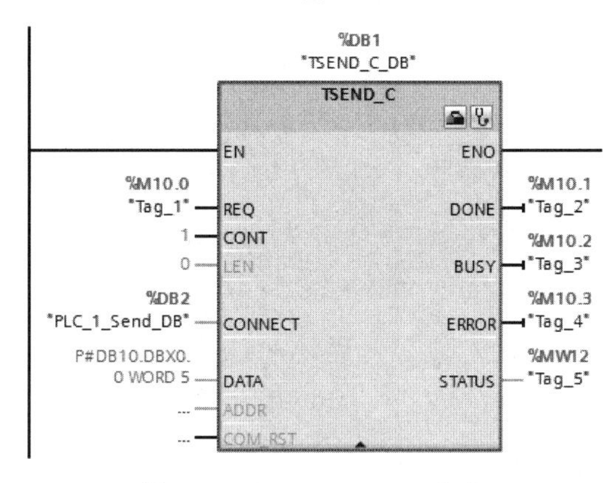

图 9-5-2　"TSEND_C" 指令

（2）指令参数。

"TSEND_C"指令的输入/输出引脚参数的意义，如表 9-5-1 所示。

表 9-5-1　"TSEND_C" 指令引脚参数

引脚参数	数据类型	说　明
REQ	Bool	在上升沿执行该指令
CONT	Bool	控制通信连接：为 0 时，断开通信连接；为 1 时，建立并保持通信连接
LEN	UDInt	可选参数（隐藏）：要通过作业发送的最大字节数。如果在 DATA 参数中使用具有优化访问权限的发送区，LEN 参数值必须为"0"
CONNECT	VARIANT	指向连接描述结构的指针：对于 TCP 或 UDP，使用 TCON_IP_v4 系统数据类型。对于 ISO-on-TCP，使用 TCON_IP_RFC 系统数据类型
DATA	VARIANT	指向发送区的指针：该发送区包含要发送数据的地址和长度。在传送结构时，发送端和接收端的结构必须相同
ADDR	VARIANT	UDP 需要使用的隐藏参数：此时，将包含指向系统数据类型 TADDR_Param 的指针；接收方的地址信息（IP 地址和端口号）将存储在系统数据类型为 TADDR_Param 的数据块中
COM_RST	Bool	重置连接：可选参数（隐藏） 0：不相关 1：重置现有连接 COM_RST 参数通过"TSEND_C"指令进行求值后将被复位，因此不应静态互连
DONE	Bool	最后一个作业成功完成，立即将输出参数 DONE 置位为"1"
BUSY	Bool	作业状态位：0 表示无正在处理的作业；1 表示作业正在处理
ERROR	Bool	错误位：0 表示无错误；1 表示出现错误，错误原因查看 STATUS
STATUS	Word	错误代码

2. “TRCV_C”指令

（1）指令介绍。

使用“TRCV_C”指令设置并建立通信连接， CPU 会自动保持和监视该连接。“TRCV_C”指令异步执行，首先设置并建立通信连接，然后通过现有的通信连接接收数据。“TRCV_C”指令如图 9-5-3 所示。

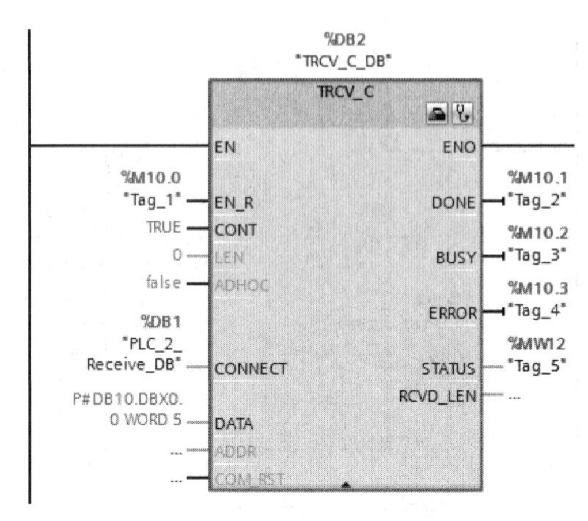

图 9-5-3 “TRCV_C”指令

（2）指令参数。

“TRCV_C”指令的输入/输出引脚参数的意义，如表 9-5-2 所示。

表 9-5-2 “TRCV_C”指令引脚参数

引脚参数	数据类型	说 明
EN_R	Bool	启用接收功能
CONT	Bool	控制通信连接：0 表示断开通信连接；1 表示建立通信连接并在接收数据后保持该连接
LEN	UDInt	要接收数据的最大长度。如果在 DATA 参数中使用具有优化访问权限的接收区，LEN 参数值必须为“0”
ADHOC	Bool	可选参数（隐藏），TCP 协议选项使用 Ad-hoc 模式
CONNECT	VARIANT	指向连接描述结构的指针：对于 TCP 或 UDP，使用结构 TCON_IP_v4；对于 ISO-on-TCP，使用结构 TCON_IP_RFC
DATA	VARIANT	指向接收区的指针：在传送结构时，发送端和接收端的结构必须相同
ADDR	VARIANT	UDP 需要使用的隐藏参数：此时，将包含指向系统数据类型 TADDR_Param 的指针；发送方的地址信息（IP 地址和端口号）将存储在系统数据类型为 TADDR_Param 的数据块中
COM_RST	Bool	重置连接：可选参数（隐藏） 0：不相关 1：重置现有连接 COM_RST 参数通过“TRCV_C”指令进行求值后将被复位，因此不应静态互连
DONE	Bool	最后一个作业成功完成，立即将输出参数 DONE 置位为“1”
BUSY	Bool	作业状态位：0 表示无正在处理的作业；1 表示作业正在处理
ERROR	Bool	错误位：0 表示无错误；1 表示出现错误，错误原因查看 STATUS
STATUS	Word	错误代码
RCVD_LEN	UDInt	实际接收的数据量（以字节为单位）

9.5.4　实例实施

1．新建项目及组态连接

第一步：新建项目及组态客户端 CPU。

打开博途软件，在 Portal 视图中，单击“创建新项目”选项，在弹出的界面中输入项目名称（开放式用户通信应用实例）、路径和作者等信息，然后单击“创建”按钮即可生成新项目。进入项目视图，在左侧的“项目树”窗格中，单击“添加新设备”选项，弹出“添加新设备”对话框，如图 9-5-4 所示，在此对话框中选择 CPU 的订货号和版本（必须与实际设备相匹配），然后单击“确定”按钮。

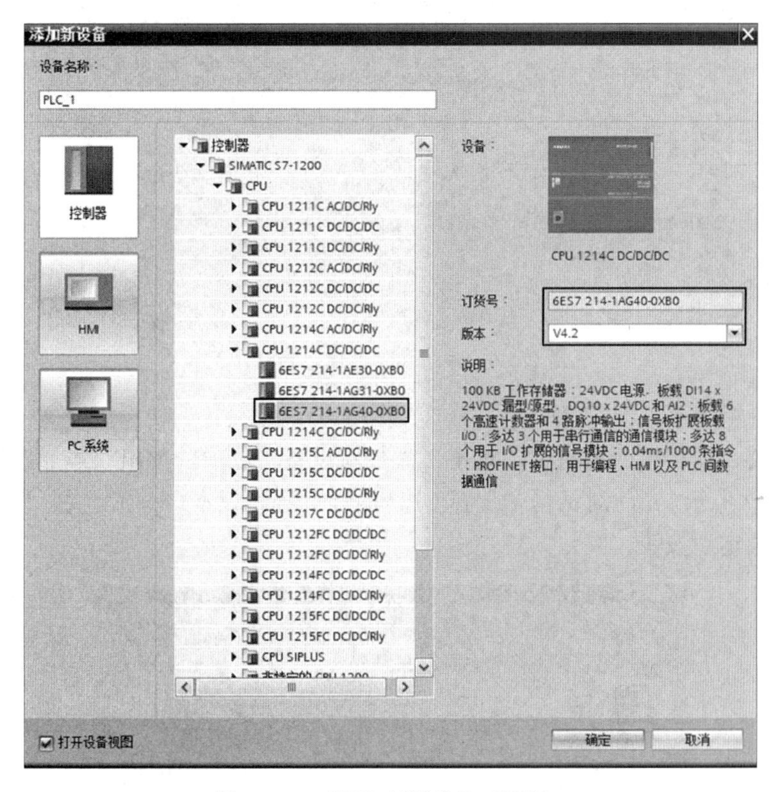

图 9-5-4　“添加新设备”对话框 7

在“项目树”窗格中，单击“PLC_1[CPU 1214C DC/DC/DC]”下拉按钮，双击“设备组态”选项，在“设备视图”的工作区中，选中 PLC_1，依次单击其巡视窗格中的“属性”→“常规”→“PROFINET 接口[X1]”→“以太网地址”选项，修改以太网 IP 地址，如图 9-5-5 所示。

依次单击其巡视窗格的“属性”→“常规”→“系统和时钟存储器”选项，激活“启用时钟存储器字节”复选框，如图 9-5-6 所示。

注：程序中会用到时钟存储器 M0.5。

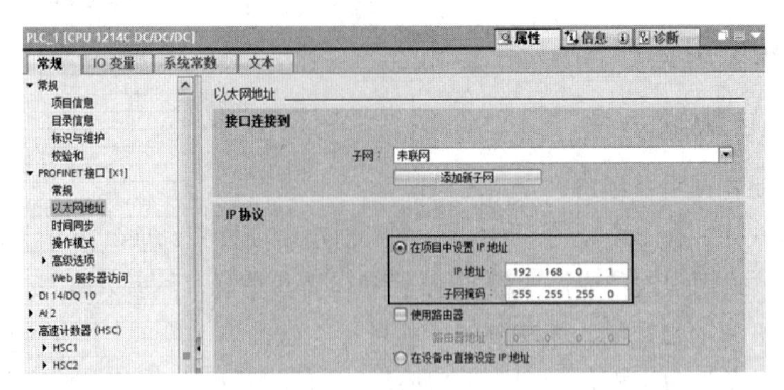

图 9-5-5　以太网 IP 地址设置 7

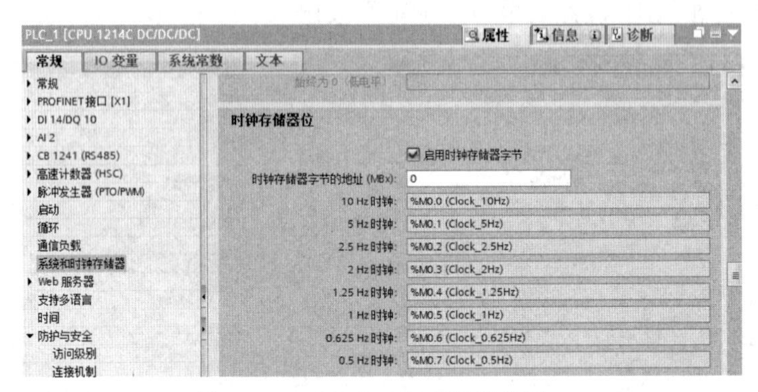

图 9-5-6　系统和时钟存储器设置 3

第二步：组态服务器 CPU。

在左侧的“项目树”窗格中，单击“添加新设备”选项，弹出“添加新设备”对话框，如图 9-5-7 所示，在此对话框中选择 CPU 的订货号和版本（必须与实际设备相匹配），然后单击“确定”按钮。

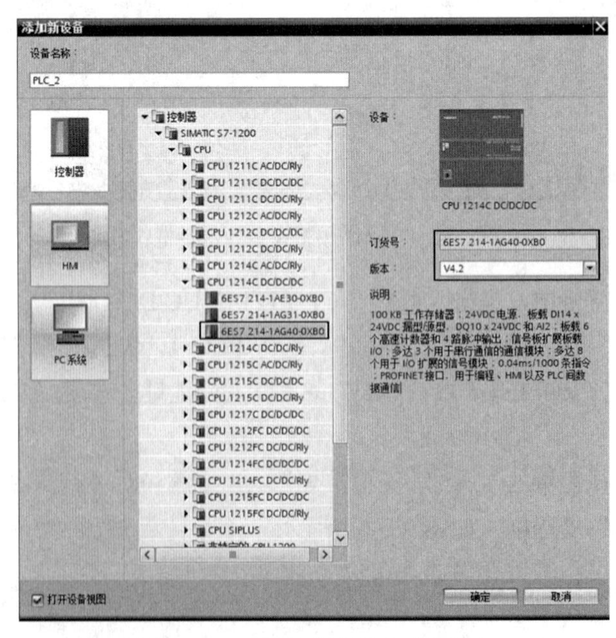

图 9-5-7　“添加新设备”对话框 8

在“项目树”窗格中，单击“PLC_2[CPU 1214C DC/DC/DC]”下拉按钮，双击“设备组态”选项，在“设备视图”的工作区中，选中 PLC_2，依次单击其巡视窗格中的“属性”→“常规”→“PROFINET 接口[X1]”→“以太网地址”选项，修改以太网 IP 地址，如图 9-5-8 所示。

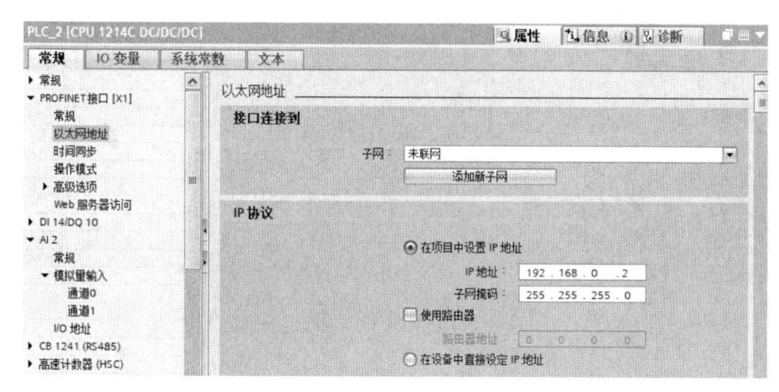

图 9-5-8　以太网 IP 地址设置 8

依次单击其巡视窗格中的“属性”→“常规”→“系统和时钟存储器”选项，激活“启用时钟存储器字节”复选框，如图 9-5-9 所示。

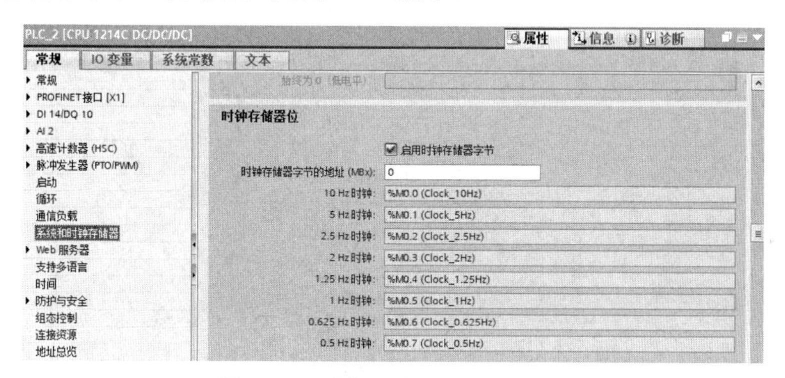

图 9-5-9　系统和时钟存储器设置 4

第三步：创建网络连接。

在“项目树”窗格中，选择“设备和网络”选项，在网络视图中，首先用鼠标选中 PLC_1 的 PROFINET 通信口的绿色小方框，然后拖拽出一条线，到 PLC_2 的 PROFINET 通信口的绿色小方框上，最后松开鼠标，连接就建立起来了。创建完成的网络连接如图 9-5-10 所示。

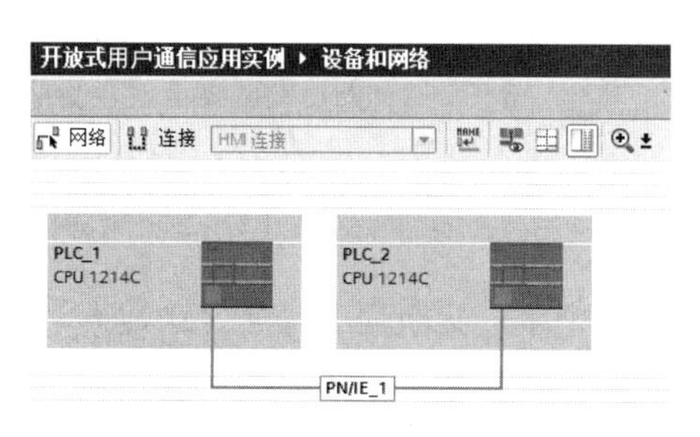

图 9-5-10　创建完成的网络连接

2．编写客户端程序

第一步：创建 PLC 变量表。

在“项目树”窗格中，依次单击“PLC_1[CPU 1214C DC/DC/DC]”→“PLC 变量”选项，双击“添加新变量表”选项，并将新添加的变量表命名为“PLC 变量表”，然后在“PLC 变量表”中新建变量，如图 9-5-11 所示。

PLC变量表

		名称	数据类型	地址	保持
1		发送状态	Word	%MW12	
2		数据发送错误	Bool	%M10.3	
3		数据发送中	Bool	%M10.2	
4		数据发送完成	Bool	%M10.1	

图 9-5-11　PLC 变量表 4

第二步：创建发送数据区

（1）在“项目树”窗格中，依次选择“PLC_1[CPU 1214C DC/DC/DC]”→“程序块”→“添加新块”选项，选择“数据块（DB）”选项创建数据块，数据块名称为“数据块_1”，手动修改数据块编号为 10，然后单击“确定”按钮，如图 9-5-12 所示。

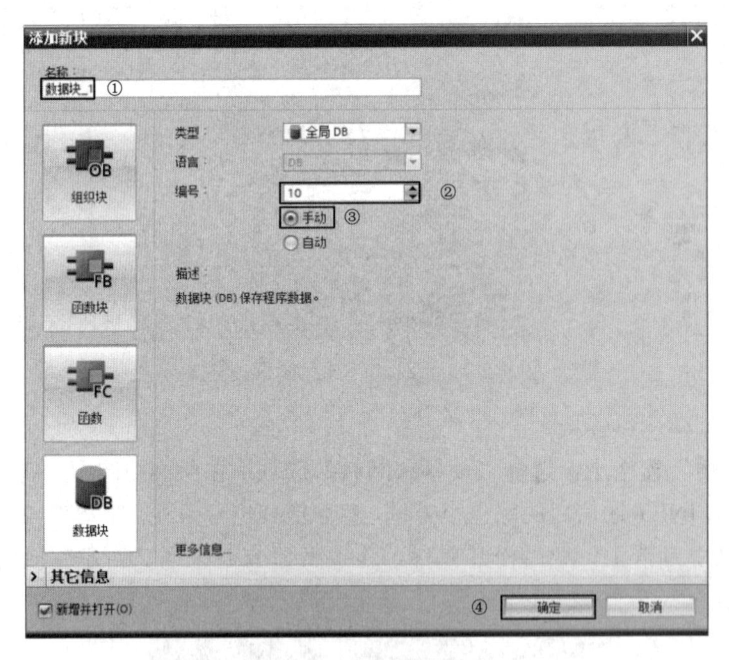

图 9-5-12　创建数据块 4

（2）需要在数据块属性中取消优化的块访问，然后单击“确定”按钮，如图 9-5-13 所示。

（3）在数据块中，创建 5 个字的数组用于存储发送数据，如图 9-5-14 所示。

图 9-5-13　取消优化的块访问 4

数据块_1

	名称	数据类型	偏移量	起始值	保持
1	▼ Static				
2	▼ 发送数据区	Array[0..4] of Word	0.0		
3	发送数据区[0]	Word	0.0	16#0	
4	发送数据区[1]	Word	2.0	16#0	
5	发送数据区[2]	Word	4.0	16#0	
6	发送数据区[3]	Word	6.0	16#0	
7	发送数据区[4]	Word	8.0	16#0	

图 9-5-14　发送数据区 2

第三步：编写 OB1 主程序。

主程序主要完成“TSEND_C”指令的编写，可使用指令的“属性”来组态连接参数和块参数。

（1）组态“TSEND_C”指令的连接参数。

将“TSEND_C”指令插入 OB1 主程序，会自动生成背景数据块。选中指令的任意部分，在其巡视窗格中依次选择“属性”→“组态”选项卡，出现“TSEND_C”指令的连接参数，如图 9-5-15 所示。

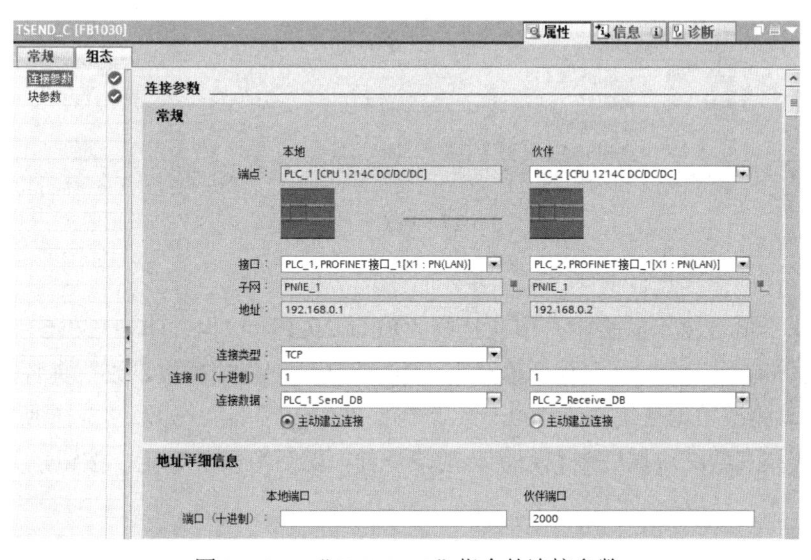

图 9-5-15　“TSEND_C”指令的连接参数

（2）编写“TSEND_C”指令的块参数，如图 9-5-16 所示。

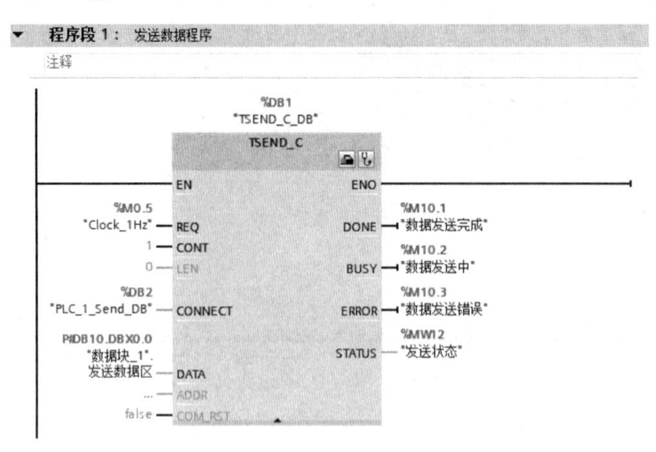

图 9-5-16 “TSEND_C”指令的块参数

图 9-5-16 中的主要参数说明如下。

① REQ：在上升沿时执行该指令。

② CONT：1 表示建立并保持通信连接。

③ CONNECT：指向连接描述结构的数据块。

④ DATA：指向发送数据区的地址。

3. 编写服务器程序

第一步：创建 PLC 变量表。

在“项目树”窗格中，依次单击“PLC_2[CPU 1214C DC/DC/DC]”→“PLC 变量”选项，双击“添加新变量表”选项，并将新添加的变量表命名为“PLC 变量表”，然后在“PLC 变量表”中新建变量，如图 9-5-17 所示。

PLC点表

		名称	数据类型	地址	保持
1		数据接收量	Word	%MW30	
2		接收状态	Word	%MW20	
3		数据接收错误	Bool	%M10.3	
4		数据接收中	Bool	%M10.2	
5		数据接收完成	Bool	%M10.1	

图 9-5-17 PLC 变量表 5

第二步：创建接收数据区。

（1）在“项目树”窗格中，依次选择“PLC_2[CPU 1214C DC/DC/DC]”→“程序块”→“添加新块”选项，选择“数据块（DB）”选项创建数据块，数据块名称为“数据块_1”，手动修改数据块编号为 100，然后单击“确定”按钮，如图 9-5-18 所示。

（2）需要在数据块属性中取消优化的块访问，然后单击“确定”按钮，如图 9-5-19 所示。

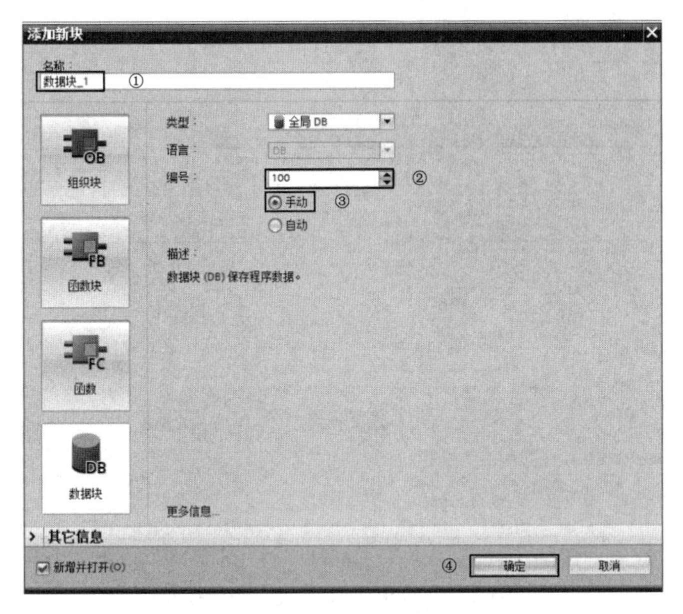

图 9-5-18　创建数据块 5

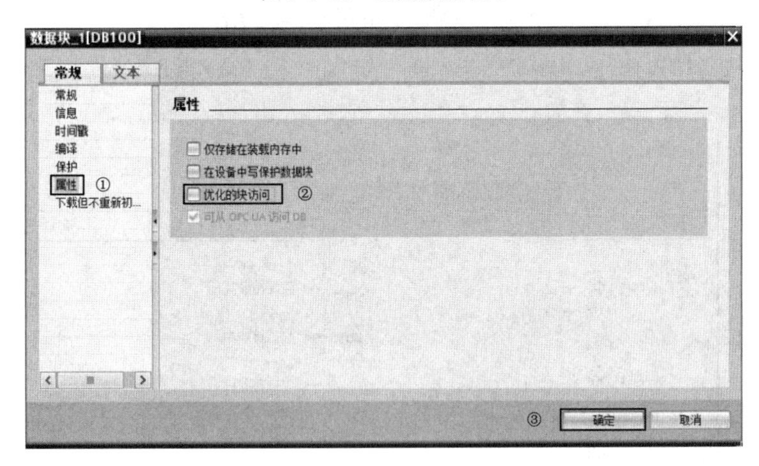

图 9-5-19　取消优化的块访问 5

（3）在数据块中，创建 5 个字的数组用于存储接收数据，如图 9-5-20 所示。

数据块_1

	名称	数据类型	偏移量	起始值	保持
1	▼ Static				
2	▼ 接收数据区	Array[0..4] of Word	0.0		
3	接收数据区[0]	Word	0.0	16#0	
4	接收数据区[1]	Word	2.0	16#0	
5	接收数据区[2]	Word	4.0	16#0	
6	接收数据区[3]	Word	6.0	16#0	
7	接收数据区[4]	Word	8.0	16#0	

图 9-5-20　接收数据区 2

第三步：编写 OB1 主程序。

（1）配置“TRCV_C”指令的连接参数。

将“TRCV_C”指令插入 OB1 主程序，自动生成背景数据块。选中指令的任意部分，在其巡视窗格中依次选择“属性”→“组态”选项卡，然后选择连接参数选项，如图 9-5-21 所示。

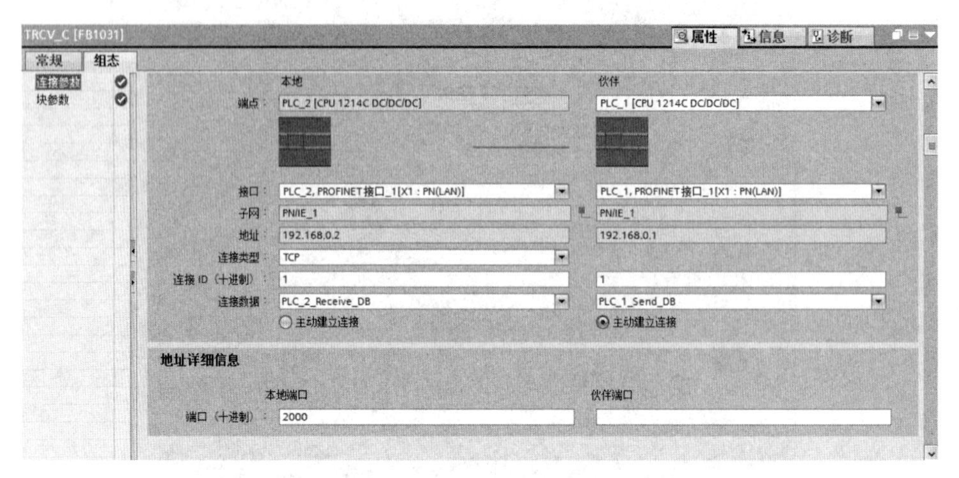

图 9-5-21 “TRCV_C”指令的连接参数

（2）编写“TRCV_C”指令的块参数，如图 9-5-22 所示。

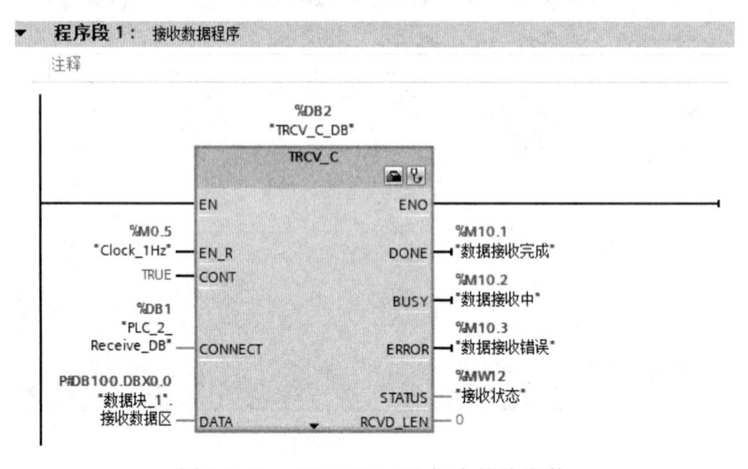

图 9-5-22 “TRCV_C”指令的块参数

图 9-5-22 中的主要参数说明如下。

① EN_R：1 表示启用接收功能。

② CONT：1 表示建立通信连接并在接收数据后保持该连接。

③ CONNET：指向连接描述结构的数据块。

④ DATA：指向接收数据区的地址。

4．程序测试

程序编译后，下载到 S7-1200 CPU 中，通过 PLC 监控表监控通信数据。PLC 监控表如图 9-5-23 和图 9-5-24 所示。

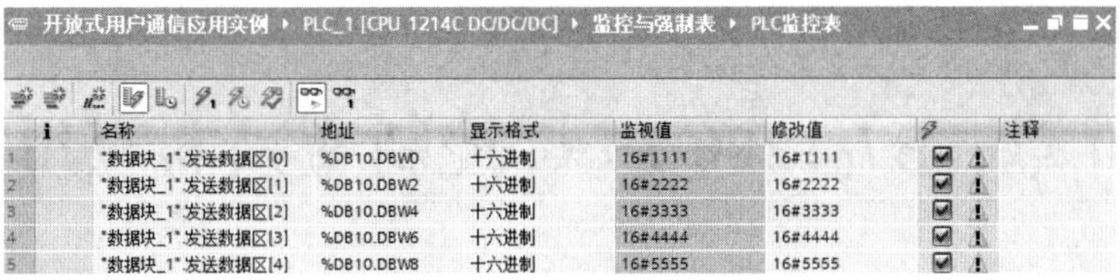

开放式用户通信应用实例 ▸ PLC_1 [CPU 1214C DC/DC/DC] ▸ 监控与强制表 ▸ PLC监控表

	i	名称	地址	显示格式	监视值	修改值		注释
1		"数据块_1".发送数据区[0]	%DB10.DBW0	十六进制	16#1111	16#1111	☑ !	
2		"数据块_1".发送数据区[1]	%DB10.DBW2	十六进制	16#2222	16#2222	☑ !	
3		"数据块_1".发送数据区[2]	%DB10.DBW4	十六进制	16#3333	16#3333	☑ !	
4		"数据块_1".发送数据区[3]	%DB10.DBW6	十六进制	16#4444	16#4444	☑ !	
5		"数据块_1".发送数据区[4]	%DB10.DBW8	十六进制	16#5555	16#5555	☑ !	

图 9-5-23　PLC_1 监控表 4

开放式用户通信应用实例 ▸ PLC_2 [CPU 1214C DC/DC/DC] ▸ 监控与强制表 ▸ PLC监控表

	i	名称	地址	显示格式	监视值	修改值		注释
1		"数据块_1".接收数据区[0]	%DB100.DBW0	十六进制	16#1111		☐	
2		"数据块_1".接收数据区[1]	%DB100.DBW2	十六进制	16#2222		☐	
3		"数据块_1".接收数据区[2]	%DB100.DBW4	十六进制	16#3333		☐	
4		"数据块_1".接收数据区[3]	%DB100.DBW6	十六进制	16#4444		☐	
5		"数据块_1".接收数据区[4]	%DB100.DBW8	十六进制	16#5555		☐	

图 9-5-24　PLC_2 监控表 4

第 10 章 S7-1200 PLC 控制变频器应用实例

变频器已经在工业自动化控制中得到了广泛的应用，主要用于交流电机的速度控制。PLC 与变频器也经常配合使用，本章主要介绍 S7-1200 PLC 控制变频器的三种常用控制方法。

10.1 西门子变频器概述

西门子通用变频器主要包括 V20 变频器和 G120 变频器。

10.1.1 V20 变频器概述

基本型变频器 SINAMICS V20 变频器（见图 10-1-1）提供了经济型的解决方案，SINAMICS V20 有七种外形尺寸可供选择，有三相 400V 和单相 230V 两种电源规格，功率为 0.12kW～30kW，主要用于风机、水泵和传送装置等设备的控制。

V20 变频器可以通过简单的参数设定实现预定的控制功能。V20 变频器内置常用的连接宏与应用宏，具有丰富的 I/O 接口和直观的 LED 面板显示。

SINAMICS V20 通过集成的 USS 协议或 Modbus RTU 通信协议，可以实现与 S7-1200 PLC 的通信。

图 10-1-1 SINAMICSV20 变频器

10.1.2 G120 变频器概述

SINAMICS G120 变频器（见图 10-1-2）是一款通用型变频器，能够满足工业与民用领域的广泛应用的需求。

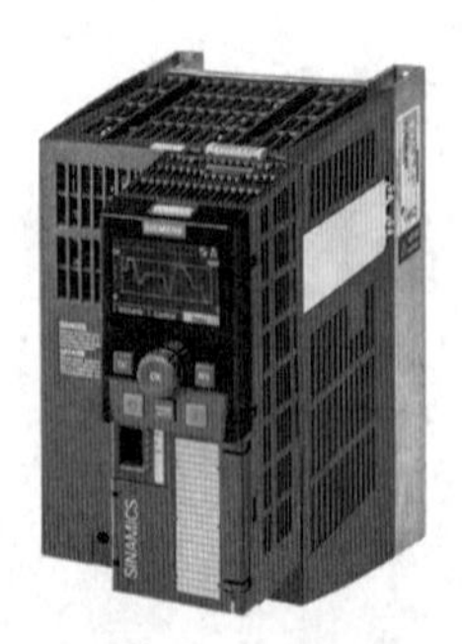

图 10-1-2 SINAMICS G120 变频器

G120 变频器采用模块化的设计，包含控制单元（CU）和功率模块（PM），控制单元可以对功率模块和所连接的电机进行控制，功率模块可以为电机提供 0.37kW～250kW 的工作电源。

操作面板可以对变频器进行调试和监控，调试软件 STARTER 也可以对变频器进行调试、优化和诊断。

10.2 S7-1200 PLC 通过端子控制 V20 变频器应用实例

10.2.1 功能概述

采用变频器端子控制方式，优点是成本比较低廉，缺点是由于采取硬接线控制方式，线路容易受到干扰，所以对布线要求较高，需要规范布线和接线，以减小干扰。

变频器端子控制方式主要包括对变频器的启/停控制、频率给定和运行状态反馈等。

（1）启/停控制方法：通过 PLC 数字量输出控制变频器的启动和停止。如果 PLC 的数字量输出点是继电器型的，则可以直接连接变频器的启动信号端子；如果 PLC 的数字量输出点是晶体管型的，则可以通过将继电器转换为无源触点后再连接变频器的启动信号端子。

（2）频率给定方法：通过 PLC 模拟量输出控制变频器的运行频率。

（3）变频器的运行反馈：将变频器的运行状态输出端子连接到 PLC 的输入端子上，以便 PLC 监控变频器的运行状态。

10.2.2 实例内容

（1）实例名称：S7-1200 PLC 通过端子控制 V20 变频器应用实例。

（2）实例描述：S7-1200 PLC 通过 PLC 数字量输出控制变频器的启动和停止，通过模拟量输出控制变频器的运行频率，通过变频器的输出端子反馈运行状态给 PLC。

（3）硬件组成：①S7-1200 PLC（CPU1214C DC/DC/DC），一台，订货号为 6ES7 214-1AG40-0XB0；②模拟量输入/输出模块，一台，订货号为 6ES7 234-4HE32-0XB0；③V20 变频器，一台，订货号为 6SL3210-5BB11-2UV0；④编程计算机，一台，已安装博途专业版 V15.1 软件。

10.2.3 实例实施

1．S7-1200 PLC 与 V20 变频器接线

S7-1200 PLC 与 V20 变频器接线图如图 10-2-1 所示。

2．变频器参数设置

第一步：变频器参数复位。

V20 变频器参数复位如表 10-1-1 所示。

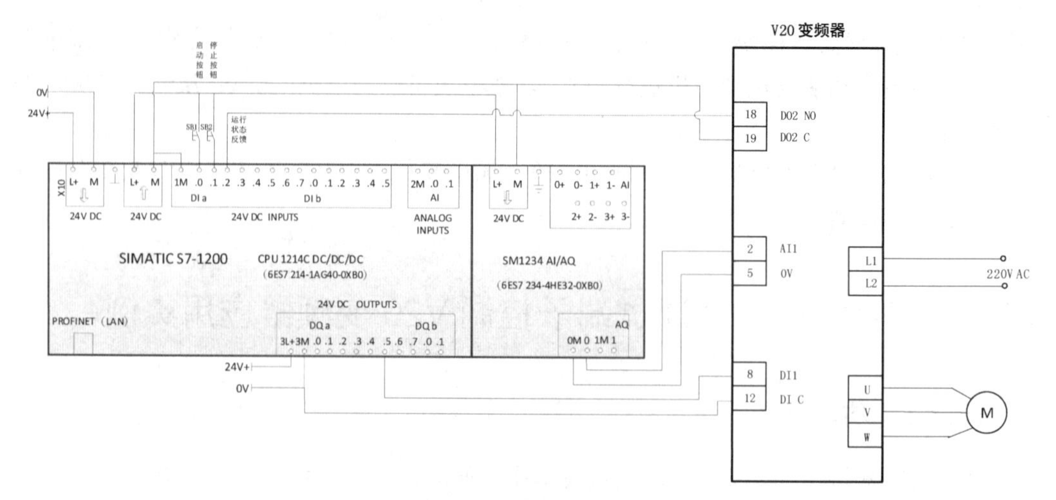

图 10-1-3　S7-1200 PLC 与 V20 变频器接线图

表 10-1-1　V20 变频器参数复位

参数地址	内　容	参　数　值
P0010	调试参数	30
P0970	工厂复位	1

第二步：变频器参数设置。

V20 变频器参数设置如表 10-1-2 所示。

表 10-1-2　V20 变频器参数设置

参数地址	内　容	参　数　值
P0003	用户访问级别	3（专家访问级别）
P0304	电机额定电压	220V
P0305	电机额定电流	0.9A
P0307	电机额定功率	0.12kW
P0308	功率因数 COS¢	0.800
P0310	电机额定频率	50Hz
P0311	电机额定转速	1425r/min
P700	选择命令源	2（端子）
P701	数字量输入 1 的功能	1（ON/OFF1）
P0732	数字量输出 2 的功能	52.2（变频器运行状态）
P0756	模拟量输入类型	0，单极性电压输入（0～10V）
P1000	频率设定值选择	2（模拟量设定值）
P1080	最小频率	0Hz
P1082	最大频率	50Hz
P1120	加速时间	3s
P1121	减速时间	3s

3. PLC 程序编写

第一步：新建项目及组态。

打开博途软件，在 Portal 视图中，单击“创建新项目”选项，在弹出的界面中输入项目名称（S7-1200 PLC 通过端子控制 V20 变频器应用实例）、路径和作者等信息，然后单击“创建”按钮即可生成新项目。

在左侧的“项目树”窗格中，选择“组态设备”选项，双击“添加新设备”选项，弹出“添加新设备”对话框，如图 10-1-4 所示，在此对话框中选择 CPU 的订货号和版本（必须与实际设备相匹配），然后单击“确定”按钮。

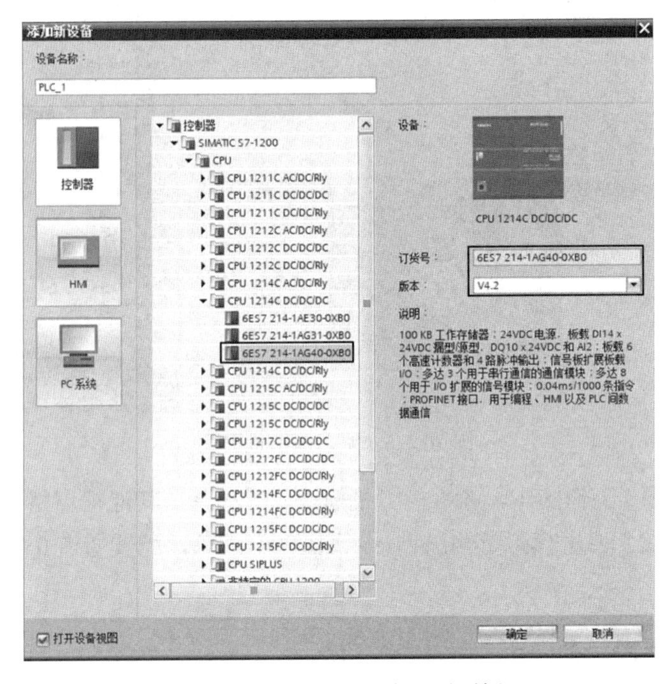

图 10-1-4　“添加新设备”对话框 1

第二步：设置 CPU 属性。

在“项目树”窗格中，单击“PLC_1[CPU 1214C DC/DC/DC]”下拉按钮，双击“设备组态”选项，在“设备视图”的工作区中，选中 PLC_1，依次单击其巡视窗格中的“属性”→“常规”→“PROFINET 接口[X1]”→“以太网地址”选项，修改以太网 IP 地址，如图 10-1-5 所示。

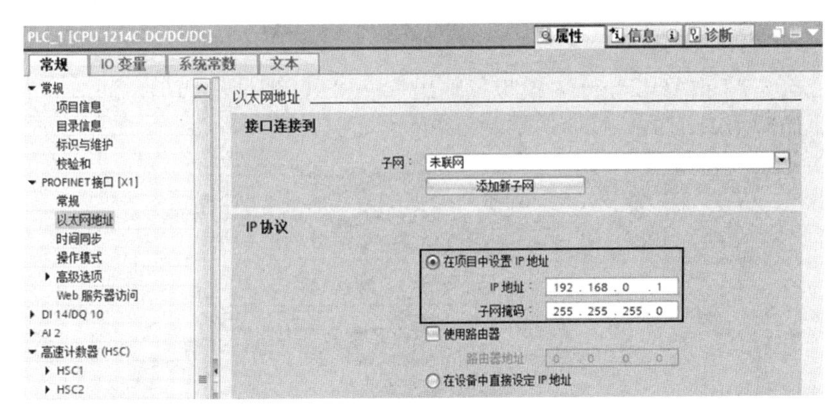

图 10-1-5　以太网 IP 地址设置 1

第三步：组态模拟量模块。

在“项目树”窗格中，单击“PLC_1[CPU 1214C DC/DC/DC]”下拉按钮，双击“设备组态”选项，在硬件目录中找到“AI/AQ”→“AI 4x13BIT/AQ 2x14BIT”→“6ES7 234-4HE32-0XB0”，然后拖拽此模块至 CPU 插槽 2 即可，如图 10-1-6 所示。

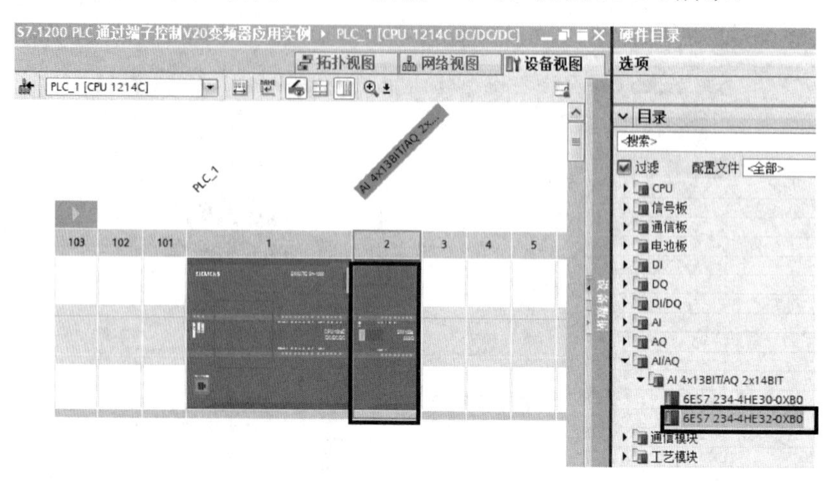

图 10-1-6　组态模拟量模块

在“设备视图”工作区中，选中模拟量模块，依次单击其巡视窗格的“属性”→“常规”→“AI 4/AQ 2”→“模拟量输出”→“通道 0”选项，配置通道 0 参数，如图 10-1-7 所示。

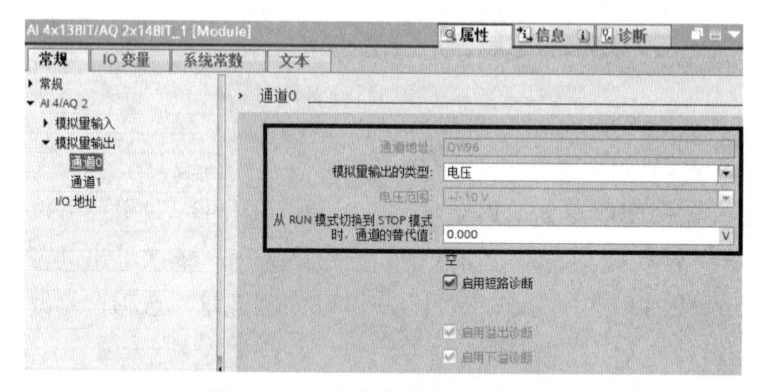

图 10-1-7　模拟量模块通道参数

依次选择“AI 4/AQ 2”→“模拟量输出”→“I/O 地址”选项，通道 0 的起始地址为 QW96，如图 10-1-8 所示。

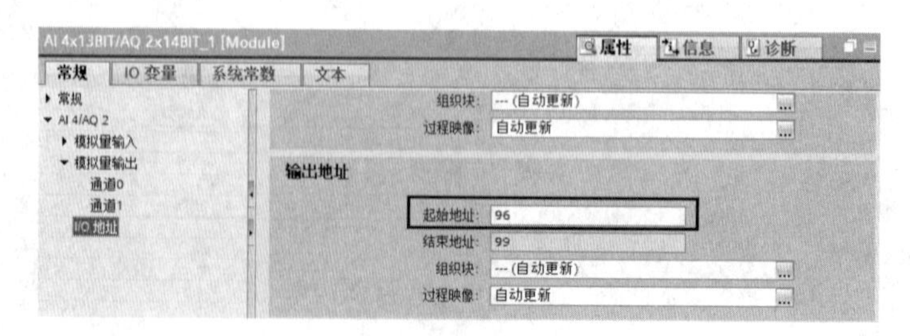

图 10-1-8　模拟量模块通道地址

第四步：创建 PLC 变量表。

在“项目树”窗格中，依次单击“PLC_1[CPU 1214C DC/DC/DC]”→“PLC 变量”选项，双击“添加新变量表”下拉按钮，并将新添加的变量表命名为“PLC 变量表”，然后在“PLC 变量表”中新建变量，如图 10-1-9 所示。

PLC变量表

	名称	数据类型	地址 ▲	保持
1	启动按钮	Bool	%I0.0	☐
2	停止按钮	Bool	%I0.1	☐
3	电机运行状态反馈	Bool	%I0.2	☐
4	变频器启动控制	Bool	%Q0.5	☐
5	模拟量输出	Word	%QW96	☐
6	频率给定存储器	Int	%MW20	☐
7	辅助存储器	Real	%MD30	☐

图 10-1-9　PLC 变量表 1

第五步：编写 OB1 主程序。

（1）编写变频器启/停控制程序段，如图 10-1-10 所示。

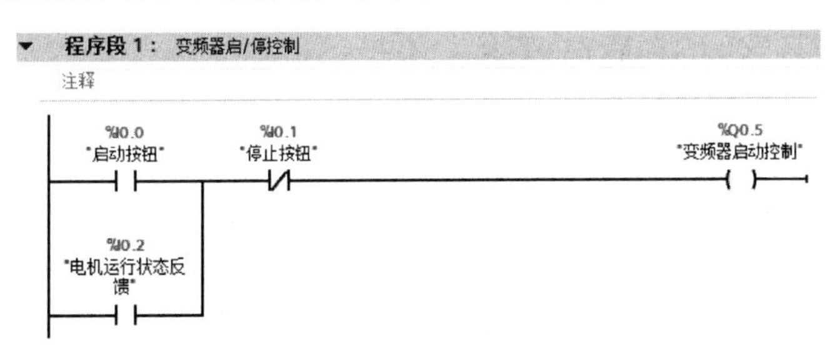

图 10-1-10　变频器启/停控制程序段

（2）编写变频器频率给定程序段，如图 10-1-11 所示。

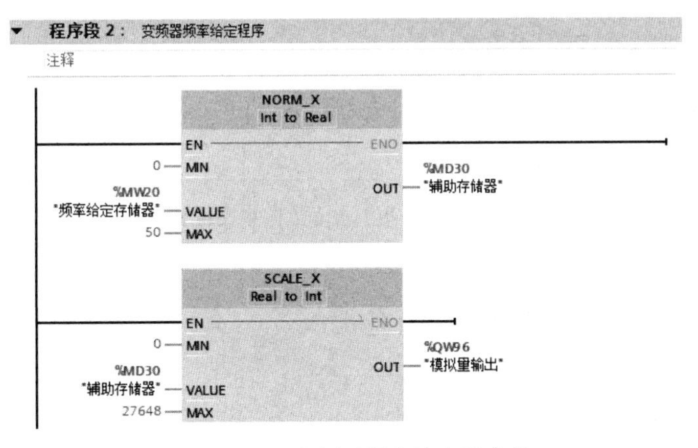

图 10-1-11　变频器频率给定程序段

备注：“NORM_X”指令和“SCALE_X”指令参考第 7 章相关内容。

4．程序测试

程序编译后，下载到 S7-1200 CPU 中，按以下步骤进行程序测试。

（1）启动操作：按下启动按钮（I0.0），变频器启动控制（Q0.5）为 1，变频器启动。

（2）停止操作：按下停止按钮（I0.1），变频器启动控制（Q0.5）为 0，变频器停止。

（3）频率给定：通过修改频率给定存储器（MW20）的数值，改变变频器的运行频率。

PLC 监控表如图 10-1-12 所示。

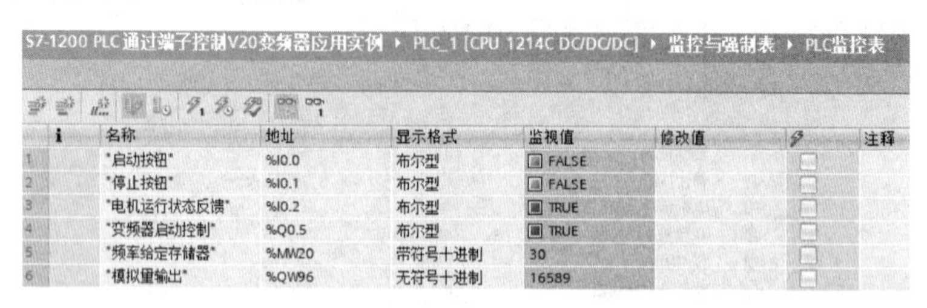

S7-1200 PLC通过端子控制V20变频器应用实例 ▸ PLC_1 [CPU 1214C DC/DC/DC] ▸ 监控与强制表 ▸ PLC监控表

	i	名称	地址	显示格式	监视值	修改值		注释
1		"启动按钮"	%I0.0	布尔型	FALSE			
2		"停止按钮"	%I0.1	布尔型	FALSE			
3		"电机运行状态反馈"	%I0.2	布尔型	TRUE			
4		"变频器启动控制"	%Q0.5	布尔型	TRUE			
5		"频率给定存储器"	%MW20	带符号十进制	30			
6		"模拟量输出"	%QW96	无符号十进制	16589			

图 10-1-12　PLC 监控表 1

10.3　S7-1200 PLC 通过 USS 通信控制 V20 变频器应用实例

10.3.1　变频器 USS 通信概述

1．USS 协议简介

USS 协议（Universal Serial Interface Protocol，通用串行接口协议）是西门子专为驱动装置开发的通信协议，它是一种基于串行总线进行数据通信的协议。USS 协议是主—从结构的协议，规定了在 USS 总线上可以有一个主站和最多 31 个从站。总线上的每个从站都有一个唯一的站地址，每个从站也只对主站发来的报文做出响应并回送报文，从站之间不能直接进行数据通信。

2．USS 协议的通信数据格式

（1）USS 通信数据报文格式如图 10-3-1 所示。

STX	LGE	ADR	DATA	BCC

图 10-3-1　USS 通信数据报文格式

图 10-3-1 中的主要参数说明如下。

① STX：起始字符，一个字节，总是 02Hex。

② LGE：报文长度。

③ ADR：从站地址及报文类型。

④ DATA：数据区。

⑤ BCC：校验符。

（2）数据区由 PKW 区和 PZD 区组成，如图 10-3-2 所示。

PKW			PZD
PKE	IND	PWE_1，PWE_2，…，PWE_n	PZD_1，PZD_2，…，PZD_n

图 10-3-2　PKW 区和 PZD 区

① PKW 区：用于读写参数值、参数定义或参数描述文本，并可修改和报告参数的改变。

② PZD 区：为过程控制数据区，包括控制字/状态字和设定值/实际值，最多有 16 个字。

PZD 区的 PZD_1 是控制字/状态字，用来设置和监测变频器的工作状态，如运行/停止、方向控制和故障复位/故障指示等。

PZD 区的 PZD_2 为设定频率，按有符号数设置，正数表示正转，负数表示反转。当 PZD_2 为 0000Hex~7FFFHex 时，变频器正向转动，速度按变频器参数 P013 值的 0%～200%变化；当 PZD_2 为 8000Hex~ FFFFHex 时，变频器反向转动，速度按变频器参数 P013 值的 0%～200%变化。

S7-1200 PLC 支持 USS 通信协议，通过 CM1241 通信模块或者 CB1241 通信板提供 USS 通信的电气接口，每个端口最多控制 16 台变频器。

10.3.2　指令说明

在“指令”窗格中依次单击“通信”→“通信处理器”→“USS 通信”选项，出现“USS 通信”指令列表，如图 10-3-3 所示。

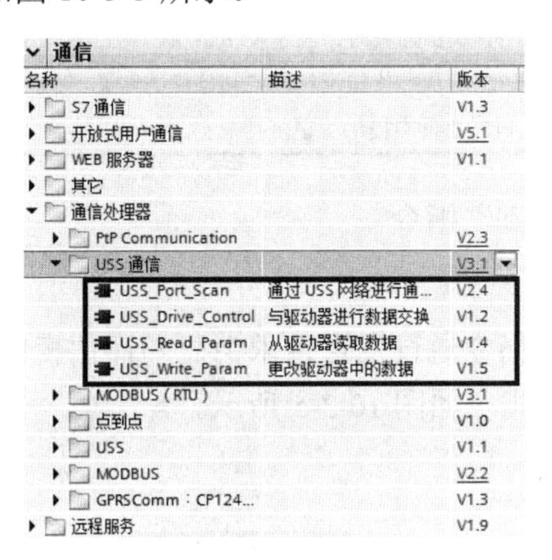

图 10-3-3　USS 通信指令列表

“USS 通信”指令主要包括 4 个指令：“USS_Port_Scan”（通信控制）指令、“USS_Drive_Control”（驱动装置控制）指令、“USS_Read_Param”（驱动装置参数读）指令和“USS_Write_Param”（驱动装置参数写）指令。各指令的具体功能说明如下。

1. “USS_Port_Scan”指令

（1）指令介绍。

“USS_Port_Scan”指令（见图 10-3-4）通过 RS485 通信端口控制 CPU 与变频器之间的通信。每次在调用此指令时，将与变频器进行通信。通常从循环中断组织块中调用“USS_Port_Scan”指令，用于防止变频器通信超时，并且确保在调用“USS_Drive_Control”指令时可以使用最新的 USS 数据。

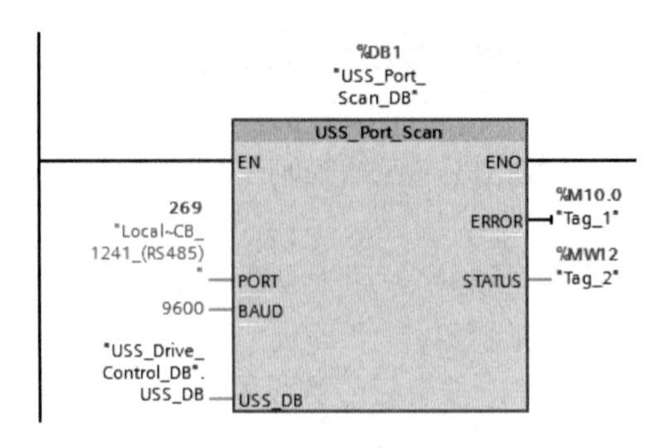

图 10-3-4 “USS_Port_Scan”指令

（2）指令参数。

“USS_Port_Scan”指令的输入/输出引脚参数的意义，如表 10-3-1 所示。

表 10-3-1 “USS_Port_Scan”指令引脚参数

引脚参数	数据类型	说 明
PORT	Port	分配的 PORT 值为设备配置属性硬件标识符。当安装并组态 CM 或 CB 通信设备后，硬件标识符将出现在 PORT 功能框连接的“参数助手”下拉列表中
BAUD	DInt	用于 USS 通信的波特率
USS_DB	USS_BASE	在将“USS_Drive_Control”指令放入程序时创建并初始化的背景数据块的名称
ERROR	Bool	当该输出为真时，表示发生错误，且 STATUS 输出有效
STATUS	Word	请求的状态值指示扫描或初始化的结果。对于有些状态代码，还在“USS_Extended_Error”变量中提供了更多信息

2．“USS_Drive_Control”指令

（1）指令介绍。

“USS_Drive_Control”指令通过发送请求消息和评估变频器消息，与变频器交换数据。“USS_Drive_Control”指令如图 10-3-5 所示。

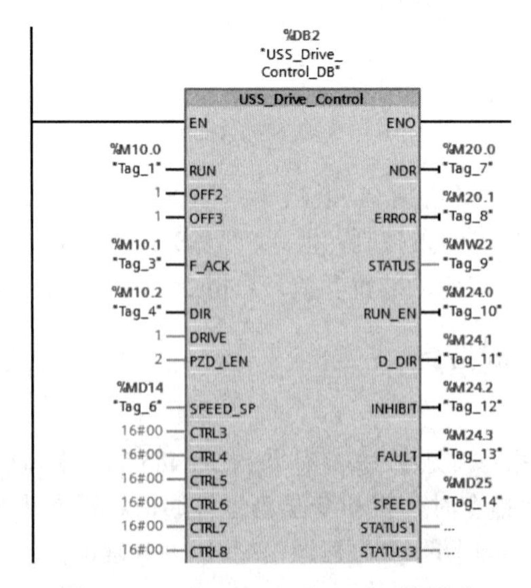

图 10-3-5 “USS_Drive_Control”指令

（2）指令参数。

“USS_Drive_Control”指令的输入/输出引脚参数的意义，如表 10-3-2 所示。

表 10-3-2　“USS_Drive_Control”指令引脚参数

引脚参数	数据类型	说　明
RUN	Bool	变频器的控制位：如果此参数为 TRUE，则输入允许以预设速度运行变频器。如果在变频器运行期间 RUN 变为 FALSE，则电机滑行至静止。此行为不同于断开电源（OFF2）和电机制动（OFF3）
OFF2	Bool	变频器停止位：当该位为假时，将使变频器在无制动的情况下自然停止
OFF3	Bool	快速停止位：当该位为假时，将通过制动的方式使变频器快速停止，而不是使变频器逐渐自然停止
F_ACK	Bool	故障确认位：设置该位以复位变频器上的故障位；清除故障后置位该位，以告知变频器不再需要指示前一个故障
DIR	Bool	变频器方向控制：置位该位以指示方向为向前（对于正 SPEED_SP）
DRIVE	USInt	变频器地址：此输入是 USS 变频器的地址。有效范围是变频器 1 与变频器 16 之间
PZD_LEN	USInt	字长度：这是 PZD 数据字数。有效值为 2、4、6 或 8 个字
SPEED_SP	Real	速度设定值：这是以组态频率的百分比表示的变频器速度。正值表示方向向前（DIR 为真）。有效范围是-200.00 到 200.00
CTRL3	Word	控制字 3：写入变频器用户定义参数的值。需要在变频器中对其进行组态（可选参数）
CTRL4	Word	控制字 4：写入变频器用户定义参数的值。需要在变频器中对其进行组态（可选参数）
CTRL5	Word	控制字 5：写入变频器用户定义参数的值。需要在变频器中对其进行组态（可选参数）
CTRL6	Word	控制字 6：写入变频器用户定义参数的值。需要在变频器中对其进行组态（可选参数）
CTRL7	Word	控制字 7：写入变频器用户定义参数的值。需要在变频器中对其进行组态（可选参数）
CTRL8	Word	控制字 8：写入变频器用户定义参数的值。需要在变频器中对其进行组态（可选参数）
NDR	Bool	新数据就绪：当该位为真时，表示输出包含新通信请求数据
ERROR	Bool	出现错误：当此参数为真时，表示发生错误，STATUS 输出有效。其他所有输出在出错时均设置为零。仅“USS_Port_Scan”指令的 ERROR 和 STATUS 输出中报告通信错误
STATUS	Word	请求的状态值指示扫描的结果。这不是从变频器返回的状态字
RUN_EN	Bool	运行已启用：该位指示变频器是否在运行
D_DIR	Bool	变频器方向：该位指示变频器是否正在向前运行
INHIBIT	Bool	变频器已禁止：该位指示变频器上禁止位的状态
FAULT	Bool	变频器故障：该位指示变频器已注册故障。用户必须解决问题，并且在该位被置位时，设置 F_ACK 位以清除此位
SPEED	Real	变频器当前速度（变频器状态字 2 的标定值）：以组态速度百分数形式表示的变频器速度值
STATUS1	Word	变频器状态字 1：该值包含变频器的固定状态位
STATUS3	Word	变频器状态字 3：该值包含变频器上用户可组态的状态字
STATUS4	Word	变频器状态字 4：该值包含变频器上用户可组态的状态字
STATUS5	Word	变频器状态字 5：该值包含变频器上用户可组态的状态字
STATUS6	Word	变频器状态字 6：该值包含变频器上用户可组态的状态字
STATUS7	Word	变频器状态字 7：该值包含变频器上用户可组态的状态字
STATUS8	Word	变频器状态字 8：该值包含变频器上用户可组态的状态字

3．“USS_Read_Param”指令

（1）指令介绍。

“USS_Read_Param”指令用于读取变频器参数。可以从主程序的循环组织块调用“USS_Read_Param”指令，指令引脚 USS_DB 的数据必须使用“USS_Drive_Control”指令背景数据块的数据。“USS_Read_Param”指令如图 10-3-6 所示。

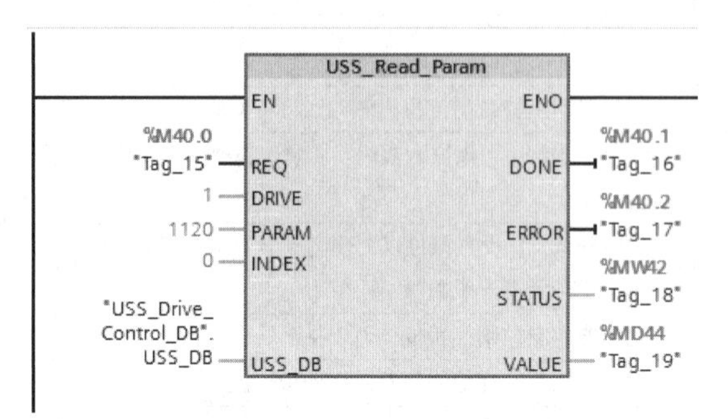

图 10-3-6　“USS_Read_Param”指令

（2）指令参数。

“USS_Read_Param”指令的输入/输出引脚参数的意义，如表 10-3-3 所示。

表 10-3-3　“USS_Read_Param”指令引脚参数

引脚参数	数据类型	说　明
REQ	Bool	发送请求：当 REQ 为真时，表示需要新的读请求
DRIVE	USInt	变频器地址：DRIVE 是 USS 变频器的地址。有效范围是变频器 1 到变频器 16
PARAM	UInt	参数编号：PARAM 指示要写入的变频器参数。该参数的范围为 0 到 2047。在部分变频器上，最重要的字节可以访问值大于 2047 的 PARAM。有关如何访问扩展范围的详细信息，请参见变频器手册
INDEX	UInt	参数索引：INDEX 指示要写入的变频器参数索引。索引为一个 16 位的值，其中最低有效字节是实际索引值，其范围是 0 到 255。最高有效字节也可供变频器使用，且取决于具体的变频器。有关详细信息，请参见变频器手册
USS_DB	USSS_BASE	在将“USS_Drive_Control”指令放入程序时创建并初始化的背景数据块的名称
DONE	Bool	当该参数为真时，表示 VALUE 输出包含先前请求的读取参数值。当“USS_Drive_Control”指令发现来自变频器的读响应数据时会设置该位。当满足以下条件之一时复位该位：用户通过另一个“USS_Read_Param”指令轮询请求响应数据，或在执行接下来两个“USS_Drive_Control”指令调用的第二个时请求响应数据
ERROR	Bool	出现错误：当 ERROR 为真时，表示发生错误，并且 STATUS 输出有效。其他所有输出在出错时均设置为零。仅在“USS_Port_Scan”指令的 ERROR 和 STATUS 输出中报告通信错误
STATUS	Word	STATUS 表示读请求的结果。对于有些状态代码，还在“USS_Extended_Error”变量中提供了更多信息
VALUE	Variant	这是读取的参数值，此值只有在 DONE 位为 TRUE 时才有效

4. “USS_Write_Param”指令

（1）指令介绍。

“USS_Write_Param”指令用于向变频器写参数，可以从主程序的循环组织块中调用“USS_Write_Param”指令，指令引脚 USS_DB 的数据必须使用“USS_Drive_Control”指令背景数据块的数据。“USS_Write_Param”指令如图 10-3-7 所示。

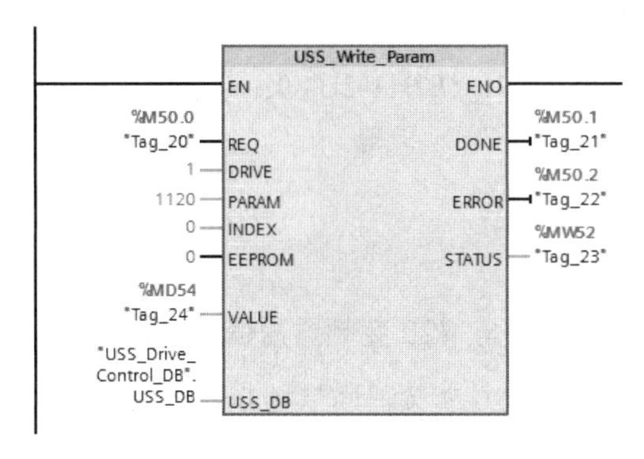

图 10-3-7　“USS_Write_Param”指令

（2）指令参数。

“USS_Write_Param”指令的输入/输出引脚参数的意义，如表 10-3-4 所示。

表 10-3-4　“USS_Write_Param”指令引脚参数

引脚参数	数据类型	说　明
REQ	Bool	发送请求：当 REQ 为真时，表示需要新的写请求。如果该参数的请求已处于待决状态，那么将忽略新的写请求
DRIVE	USInt	变频器地址：DRIVE 是 USS 变频器的地址，有效范围是变频器 1 到变频器 16
PARAM	UInt	参数编号：PARAM 指示要写入的变频器参数。该参数的范围为 0 到 2047。在部分变频器上，最重要的字节可以访问值大于 2047 的 PARAM。有关如何访问扩展范围的详细信息，请参见变频器手册
INDEX	UInt	参数索引：INDEX 指示要写入的变频器参数索引。索引为一个 16 位值，其中最低有效字节是实际索引值，其范围是 0 到 255。最高有效字节也可供变频器使用，且取决于具体的变频器。有关详细信息，请参见变频器手册
EEPROM	Bool	存储到变频器 EEPROM：当该参数为真时，写变频器参数事务将存储在变频器 EEPROM 中；当该参数为假时，写操作是临时的，在变频器循环上电后不会保留
VALUE	Variant	要写入的参数值。当切换为 REQ 时该值必须有效
USS_DB	USS_BASE	在将“USS_Drive_Control”指令放入程序时创建并初始化的背景数据块的名称
DONE	Bool	当 DONE 为真时，表示输入 VALUE 已写入变频器。当“USS_Drive_Control”指令发现来自变频器的写响应数据时会设置该位。如果用户通过另一个“USS_Drive_Control”指令轮询请求响应数据，或在执行接下来两个“USS_Drive_Control”指令调用的第二个时，请求响应数据，则复位该位
ERROR	Bool	发 ERROR 为真时，表示发生错误，并且 STATUS 输出有效。其他所有输出在出错时均设置为零。仅在“USS_Port_Scan”指令的 ERROR 和 STATUS 输出中报告通信错误
STATUS	Word	STATUS 表示写请求的结果。对于有些状态代码，还在“USS_Extended_Error”变量中提供了更多信息

10.3.3　实例内容

（1）实例名称：S7-1200 PLC 通过 USS 通信控制 V20 变频器应用实例。

（2）实例描述：S7-1200 PLC 通过组态串口模块，通过 USS 协议控制 V20 变频器启/停控制和频率给定。

（3）硬件组成：①S7-1200 PLC（CPU1214C DC/DC/DC），一台，订货号为 6ES7 214-1AG40-0XB0；②CM1241 RS422/485，一台，订货号为 6ES7 241-1CH32-0XB0；③V20 变频器，一台，订货号为 6SL3210-5BB11-2UV0；④编程计算机，一台，已安装博途专业版 V15.1 软件。

10.3.4　实例实施

1. S7-1200 PLC 通信模块与 V20 变频器通信接线图

S7-1200 PLC 通信模块与 V20 变频器通信接线图，如图 10-3-8 所示。

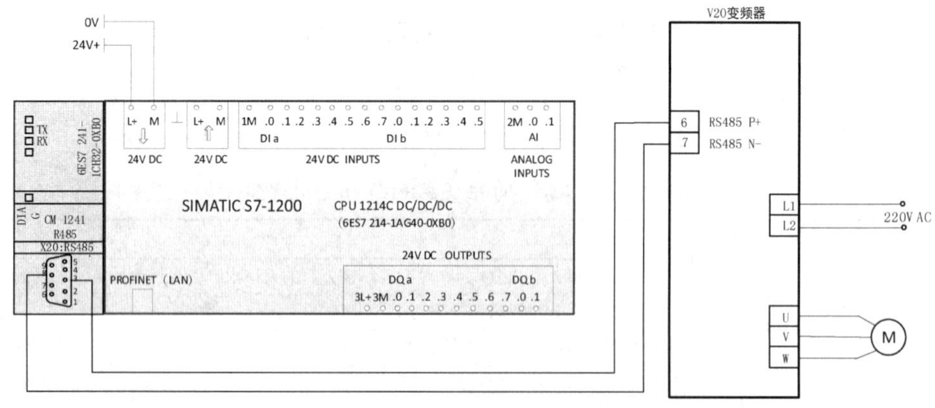

图 10-3-8　S7-1200 PLC 通信模块与 V20 变频器通信接线图

2. 变频器参数设置

第一步：变频器参数复位。

V20 变频器参数复位如表 10-3-5 所示。

表 10-3-5　V20 变频器参数复位

参 数 地 址	内　　容	参　数　值
P0010	调试参数	30
P0970	工厂复位	1

第二步：变频器参数设置。

V20 变频器参数设置如表 10-3-6 所示。

表 10-3-6　V20 变频器参数设置

参 数 地 址	内　　容	参　数　值
P0003	用户访问级别	3（专家访问级别）
P0304	电机额定电压	220V

续表

参 数 地 址	内　　容	参　数　值
P0305	电机额定电流	0.9A
P0307	电机额定功率	0.12kW
P0308	功率因数 COS¢	0.800
P0700	选择命令源	5（RS485 上的 USS/MODBUS）
P1000	频率设定值选择	5（RS485 上的 USS/MODBUS）
P1080	最小频率	0Hz
P1082	最大频率	50Hz
P1120	斜坡上升时间	3s
P1121	斜坡下降时间	3s
P2010	USS / MODBUS 波特率	6（9600 bps）
P2011	USS 从站地址	1
P2012	USS PZD（过程数据）长度	2 个字
P2013	USS PKW（参数 ID 值）长度	4 个字
P2014	USS / MODBUS 报文间断时间	1ms
P2023	RS485 协议选择	1（USS）

3. PLC 程序编写

第一步：新建项目及组态。

打开博途软件，在 Portal 视图中，单击“创建新项目”选项，在弹出的界面中输入项目名称（S7-1200 PLC 通过 USS 通信控制 V20 变频器应用实例）、路径和作者等信息，然后单击“创建”按钮即可生成新项目。

进入项目视图，在左侧的“项目树”窗格中，双击“添加新设备”选项，弹出“添加新设备”对话框，如图 10-3-9 所示，在此对话框中选择 CPU 的订货号和版本（必须与实际设备相匹配），然后单击“确定”按钮。

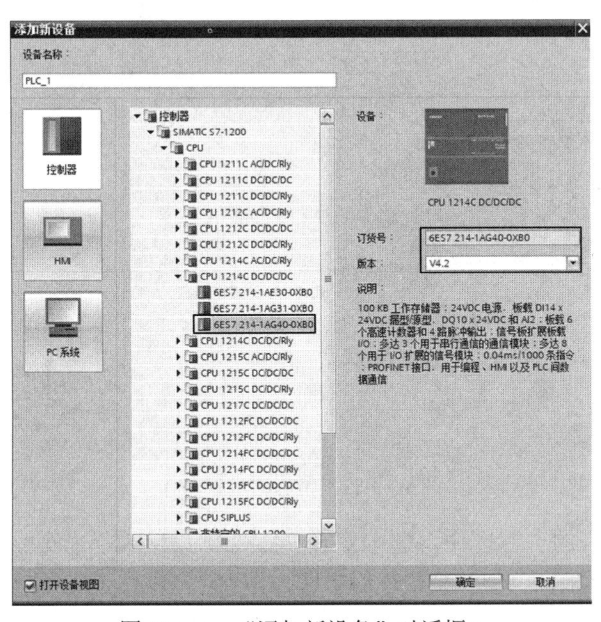

图 10-3-9　“添加新设备”对话框 2

第二步：设置 CPU 属性。

在“项目树”窗格中，单击“PLC_1[CPU 1214C DC/DC/DC]”下拉按钮，双击“设备组态”选项，在“设备视图”的工作区中，选中 PLC_1，依次单击其巡视窗格中的“属性”→“常规”→“PROFINET 接口[X1]”→“以太网地址”选项，修改以太网 IP 地址，如图 10-3-10 所示。

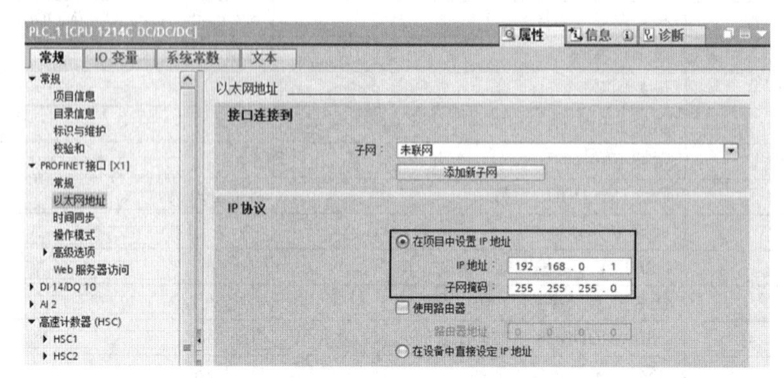

图 10-3-10　以太网 IP 地址设置 2

第三步：组态通信模块。

在“项目树”窗格中，单击“PLC_1[CPU 1214C DC/DC/DC]”下拉按钮，双击“设备组态”选项，在硬件目录中找到“通信模块”→“点到点”→“CM1241（RS422/485）”→“6ES7 241-1CH32-0XB0”，然后双击或拖拽此模块至 CPU 左侧的 101 插槽即可，如图 10-3-11 所示。

图 10-3-11　组态通信模块 1

在“设备视图”的工作区中，选中 CM1241（RS422/485）模块，然后依次单击“属性”→“常规”→“RS422/485 接口”→“端口组态”选项，配置模块硬件接口参数，如图 10-3-12 所示。

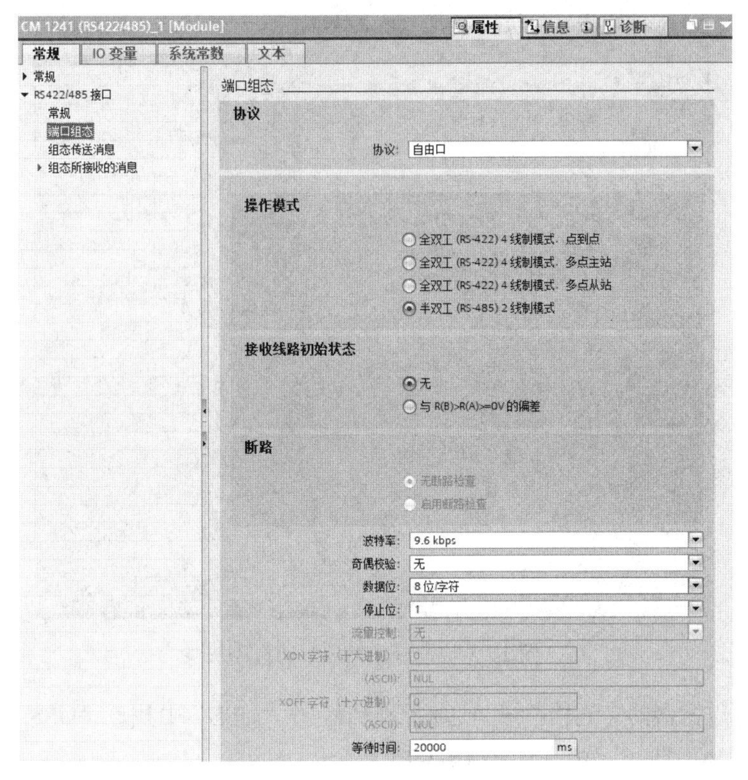

图 10-3-12　通信模块接口参数

通信参数设置为：波特率=9.6kbps，奇偶校验=无，数据位=8 位/字符，停止位=1，其他保持默认设置。

第四步：创建 PLC 变量表。

在“项目树”窗格中，依次单击“PLC_1[CPU 1214C DC/DC/DC]”→“PLC 变量”选项，双击“添加新变量表”选项，并将新添加的变量表命名为“PLC 变量表”，然后在“PLC 变量表”中新建变量，如图 10-3-13 所示。

PLC变量表

	名称	数据类型	地址	保持
1	通信错误	Bool	%M10.3	
2	变频器运行反馈	Bool	%M10.4	
3	设定速度百分比	Real	%MD20	
4	通信状态	Word	%MW30	
5	变频器启动/停止开关	Bool	%M10.1	
6	新数据接收完成	Bool	%M10.2	
7	实际速度百分比	Real	%MD34	

图 10-3-13　PLC 变量表 2

第五步：创建循环中断程序块。

在“项目树”窗格中，依次单击“PLC_1[CPU 1214C DC/DC/DC]”→“程序块”选项，双击“添加新块”选项，选择“Cyclic interrupt”选项，并将其命名为“Cyclic interrupt”，将“循环时间（ms）”设定为 100ms，然后单击“确定”按钮，如图 10-3-14 所示。

图 10-3-14　添加循环中断程序块

在“指令”窗格的“通信”→“通信处理器”→“USS”中找到“USS_PORT”指令，将其拖拽到循环中断程序中，如图 10-3-15 所示。

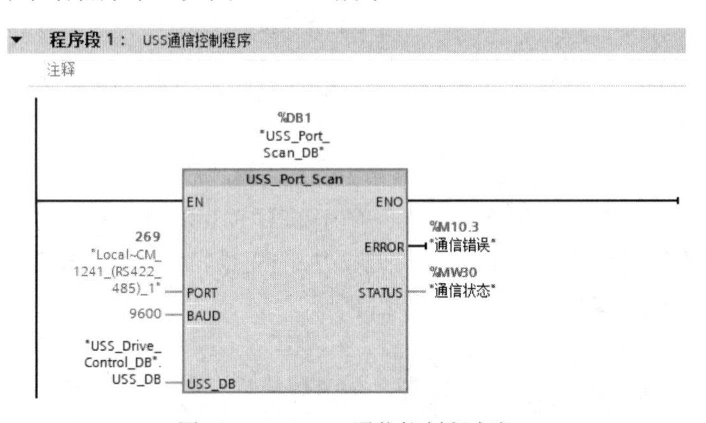

图 10-3-15　USS 通信控制程序段

备注：USS_DB 引脚只有在调用“USS_Drive_Control”指令后，才可以进行配置。

第六步：编写 OB1 主程序。

在“指令”窗格的“通信”→“通信处理器”→“USS”中找到“USS_Drive_Control”指令，并将其拖拽到 OB1 程序中，如图 10-3-16 所示。

4．程序测试

程序编译后，下载到 S7-1200 CPU 中，按以下步骤进行程序测试。

（1）启动操作：M10.1 置位，变频器启动。

（2）停止操作：M10.1 复位，变频器停止。

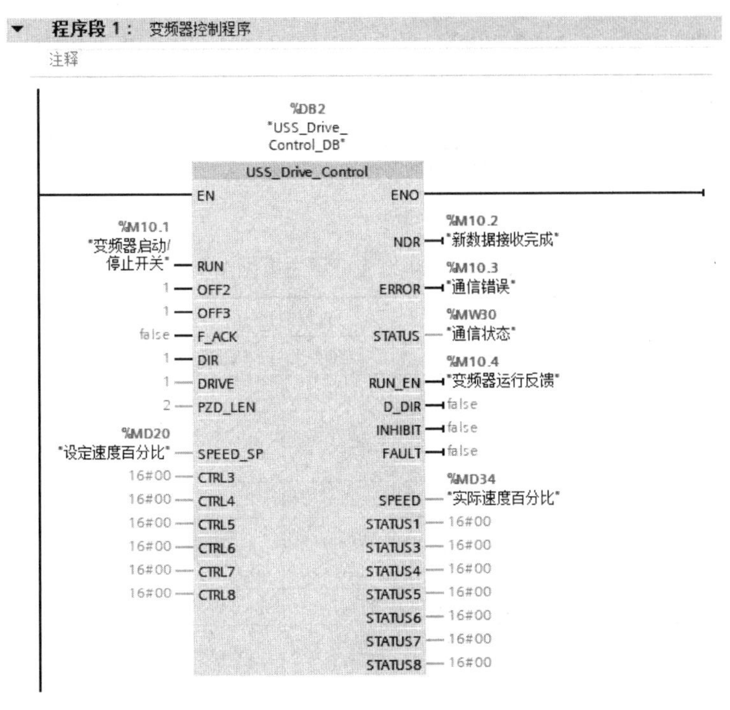

图 10-3-16　变频器控制程序段

（3）频率给定：通过修改设定速度百分比（MD20）的数值，可以改变变频器的运行频率。PLC 监控表如图 10-3-17 所示。

S7-1200 PLC通过USS通信控制V20变频器应用实例 ▸ PLC_1 [CPU 1214C DC/DC/DC] ▸ 监控与强制表 ▸ PLC监控表

	i	名称	地址	显示格式	监视值	修改值	🗲	注释
1		"变频器启动/停止开关"	%M10.1	布尔型	TRUE			
2		"变频器运行反馈"	%M10.4	布尔型	TRUE			
3		"设定速度百分比"	%MD20	浮点数	50.0			
4		"实际速度百分比"	%MD34	浮点数	49.99			

图 10-3-17　PLC 监控表 2

10.3.5　应用经验总结

在一个网络中，当多个变频器指令分别调用“USS_Drive_Control”指令时，必须使用同一个背景数据块。

10.4　S7-1200 PLC 通过 PROFINET 通信控制 G120 变频器应用实例

10.4.1　变频器 PROFINET 通信概述

G120 变频器是由控制单元和功率模块两部分构成的，支持 PROFINET 通信的控制单元有 CU230P-2 PN、CU240E-2 PN、CU240E-2 PN F 和 CU250S-2 PN 四种。G120 变频器是通过报文进行数据交换的。

1．G120 变频器支持的主要报文类型

G120 变频器主要报文类型如表 10-4-1 所示。

表 10-4-1　G120 变频器主要报文类型

报文类型	过程数据							
P922	PZD1	PZD2	PZD3	PZD4	PZD5	PZD6	PZD7	PZD8
报文 1 PZD2/2	STW1	NSOLL_A	—	—	—	—	—	—
	ZSW1	NIST_A_GLATT	—	—	—	—	—	—
报文 20 PZD2/6	STW1	NSOLL_A	—	—	—	—	—	—
	ZSW1	NIST_A_GLATT	IAIST_GLATT	MIST_GLATT	PIST_GLATT	MELD_NAMUR	—	—
报文 350 PZD4/4	STW1	NSOLL_A	M_LIM	STW3	—	—	—	—
	ZSW1	NIST_A_GLATT	IAIST_GLATT	ZSW3	—	—	—	—
报文 352 PZD6/6	STW1	NSOLL_A	预留过程数据				—	—
	ZSW1	NIST_A_GLATT	IAIST_GLATT	MIST_GLATT	WARN_CODE	FAULT_CODE	—	—
报文 353 PZD6/6	STW1	NSOLL_A	—	—	—	—	—	—
	ZSW1	NIST_A_GLATT	—	—	—	—	—	—
报文 354 PZD6/6	STW1	NSOLL_A	预留过程数据				—	—
	ZSW1	NIST_A_GLATT	IAIST_GLATT	MIST_GLATT	WARN_CODE	FAULT_CODE	—	—
报文 999 PZD*n*/*m*	STW1	接收数据报文长度可定义（$n=1, 2, \cdots, 8$）						
	ZSW1	发送数据报文长度可定义（$m=1, 2, \cdots, 8$）						

2．过程数据（PZD 区）说明

G120 通信报文的 PZD 区是过程数据，过程数据包括控制字/状态字和设定值/实际值，控制字和状态字的具体说明如下。

（1）STW1 控制字，如表 10-4-2 所示。

表 10-4-2　STW1 控制字

控制字位	数值	含　义	参数设置
0	0	OFF1 停车（P1121 斜坡）	P840=r2090.0
	1	启动	
1	0	OFF2 停车（自由停车）	P844=r2090.1
2	0	OFF3 停车（P1135 斜坡）	P848=r2090.2
3	0	脉冲禁止	P852=r2090.3
	1	脉冲使能	

续表

控制字位	数值	含　　义		参数设置
4	0	斜坡函数发生器禁止		P1140=r2090.4
	1	斜坡函数发生器使能		
5	0	斜坡函数发生器冻结		P1141=r2090.5
	1	斜坡函数发生器开始		
6	0	设定值禁止		P1142=r2090.6
	1	设定值使能		
7	1	上升沿故障复位		P2103=r2090.7
8		未用		
9		未用		
10	0	不由 PLC 控制（过程值被冻结）		P854=r2090.10
	1	由 PLC 控制（过程值有效）		
11	1	—	设定值反向	P1113=r2090.11
12		未用		
13	1	—	MOP 升速	P1035=r2090.13
14	1	—	MOP 降速	P1036=r2090.14
15	1	CDS 位 0	未使用	P810=r2090.15

常用控制字：H047E 为运行准备；H047F 为正转启动。

（2）ZSW1 状态字，如表 10-4-3 所示。

表 10-4-3　ZSW1 状态字

状态字位	数值	含　　义		参数设置
0	1	接通就绪		P2080[0]=r899.0
1	1	运行就绪		P2080[1]=r899.1
2	1	运行使能		P2080[2]=r899.2
3	1	变频器故障		P2080[3]=r2139.3
4	0	OFF2 激活		P2080[4]=r899.4
5	0	OFF3 激活		P2080[5]=r899.5
6	1	禁止合闸		P2080[6]=r899.6
7	1	变频器报警		P2080[7]=r2139.7
8	0	设定值/实际值偏差过大		P2080[8]=r2197.7
9	1	PZD（过程数据）控制		P2080[9]=r899.9
10	1	达到比较转速		（P2141）P2080[10]=r2199.1
11	0	达到转矩极限		P2080[11]= r1407.7
12	1	—	抱闸打开	P2080[12]=r899.12
13	0	电机过载		P2080[13]=r2135.14
14	1	电机正转		P2080[14]=r2197.3
15	0	显示 CDS 位 0 状态	变频器过载	P2080[15]=r836.0/ P2080[15]=r2135.15

（3）NSOLL_A 控制字为速度设定值。

（4）NIST_A_GLATT 状态字为速度实际值。

备注：速度设定值和速度实际值需要经过标准化，变频器接收十进制有符号整数

16 384（H4000 十六进制）对应 100%的速度，接收的最大速度为 32 767（200%），参数 P2000 中设置 100%对应的参考转速。

10.4.2 实例内容

（1）实例名称：S7-1200 PLC 通过 PROFINET 通信控制 G120 变频器应用实例。

（2）实例描述：S7-1200 PLC 通过 PROFINET 控制 G120 变频器的启动/停止和速度给定。

（3）硬件组成：①S7-1200 PLC（CPU1214C DC/DC/DC），一台，订货号为 6ES7 214-1AG40-0XB0；②G120 变频器控制单元，一台，订货号为 6SL3244-0BB12-1FA0；③G120 变频器功率单元，一台，订货号为 6SL3210-1PB13-0UL0；④G120 变频器操作面板，一台，订货号为 6SL3255-0AA00-4JC1；⑤四口交换机，一台；⑥编程计算机，一台，已安装博途专业版 V15.1 软件。

10.4.3 实例实施

1. 变频器参数设置

G120 变频器参数设置如表 10-4-4 所示。

表 10-4-4 G120 变频器参数设置

参数地址	内　容	参数值
P0003	用户访问级别	3（专家访问级别）
P0304	电机额定电压	220V
P0305	电机额定电流	1.40A
P0307	电机额定功率	0.55kW
P0308	功率因数 COS¢	0.800
P0310	电机额定频率	50Hz
P0311	电机额定转速	1425r/min
P0922	通信报文	352
P1080	最小频率	0Hz
P1082	最大频率	50Hz
P1120	加速时间	3s
P1121	减速时间	3s

2. PLC 程序编写

第一步：新建项目及组态。

打开博途软件，在 Portal 视图中，单击“创建新项目”选项，在弹出的界面中输入项目名称（S7-1200 PLC 通过 PROFINET 通信控制 G120 变频器应用实例）、路径和作者等信息，然后单击“创建”按钮即可生成新项目。

进入项目视图，在左侧的“项目树”窗格中，双击“添加新设备”选项，弹出“添加新设备”对话框，如图 10-4-1 所示，在此对话框中选择 CPU 的订货号和版本（必须与实际设备相匹配），然后单击“确定”按钮。

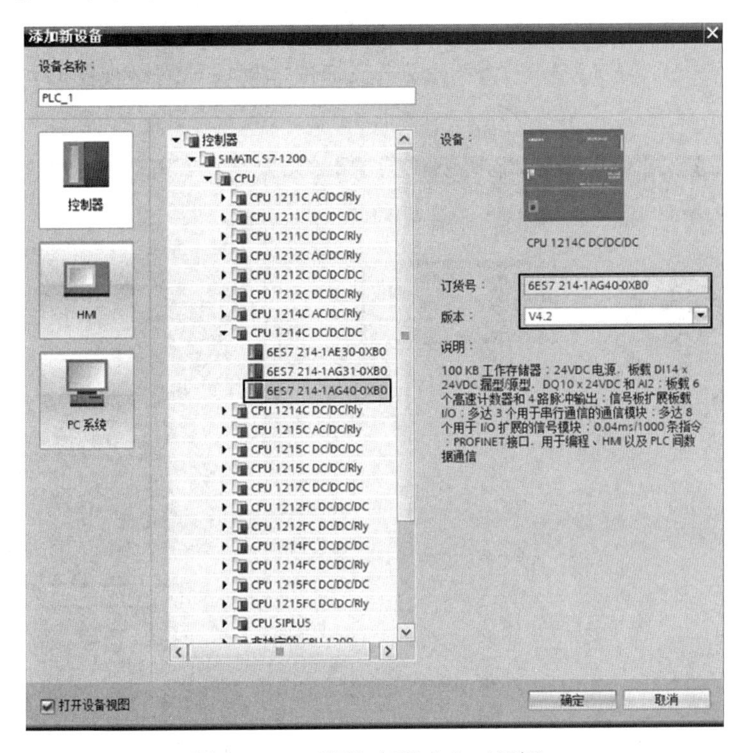

图 10-4-1　“添加新设备”对话框 3

第二步：设置 CPU 属性。

在“项目树”窗格中，单击“PLC_1[CPU 1214C DC/DC/DC]”下拉按钮，双击“设备组态”选项，在“设备视图”的工作区中，选中 PLC_1，依次单击其巡视窗格中的“属性”→“常规”→“PROFINET 接口[X1]”→“以太网地址”选项，修改以太网 IP 地址，如图 10-4-2 所示。

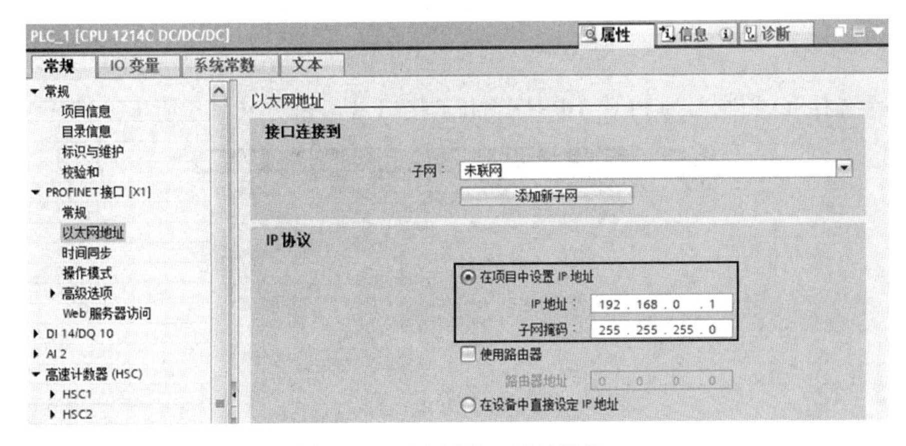

图 10-4-2　以太网 IP 地址设置 3

第三步：组态 PROFINET 网络。

在“项目树”窗格中，双击“设备和网络”选项，在硬件目录中找到“其它现场设备”→“PROFINET IO”→“Drives”→“SIEMENS AG”→“SINAMICS”→“SINAMICS G120 CU240E-2PN（-F）V4.6”，然后双击或拖拽此模块至网络视图即可，如图 10-4-3 所示。

图 10-4-3　组态通信模块 2

在“网络视图”的工作区中，选择 G120 的“未分配”选项，如图 10-4-4 所示。

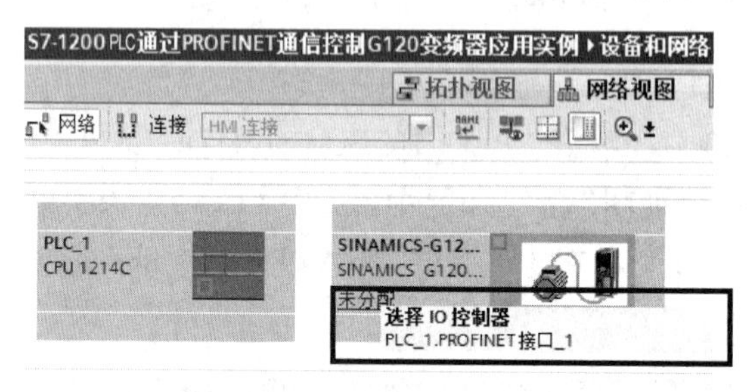

图 10-4-4　选择“未分配”选项

然后选择 IO 控制器为 PLC_1.PROFINET 接口_1，如图 10-4-5 所示。

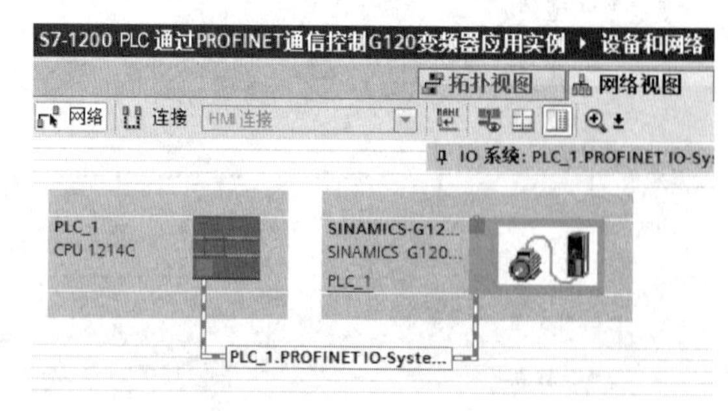

图 10-4-5　组态完成的 G120 网络图

第四步：配置 G120 参数。

在“网络视图”的工作区中，双击 G120 变频器，进入变频器的“设备视图”。

依次单击“属性”→“常规”→“PROFINET 接口[X150]”→“以太网地址”选项，修改以太网 IP 地址，如图 10-4-6 所示。

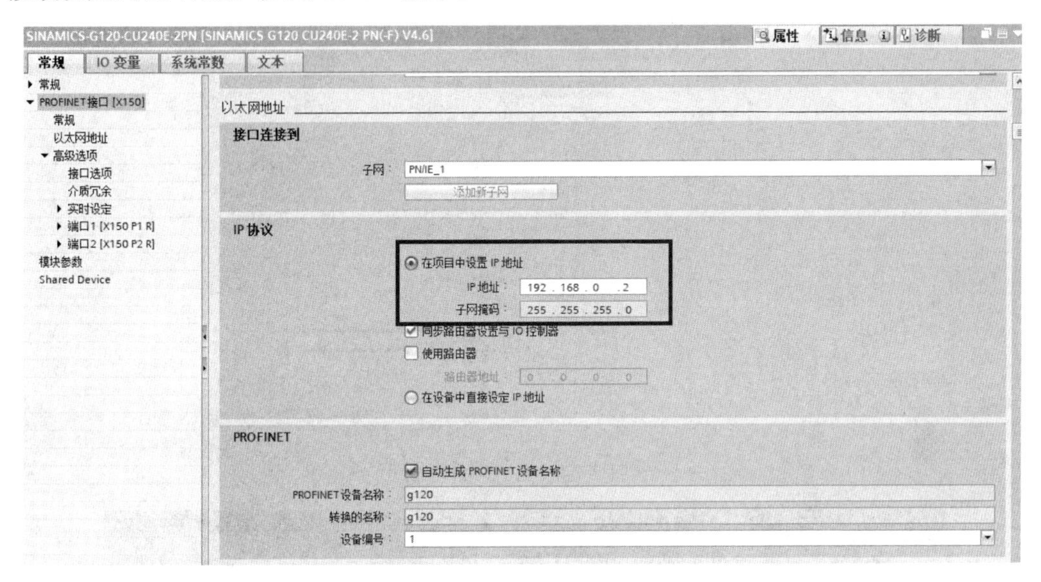

图 10-4-6　以太网 IP 地址设置 4

进入变频器的“设备概览”视图。在硬件目录中找到“子模块”→“西门子报文 352，PZD-6/6”（见图 10-4-7），双击或拖拽此模块至“设备概览视图”的 13 插槽即可。

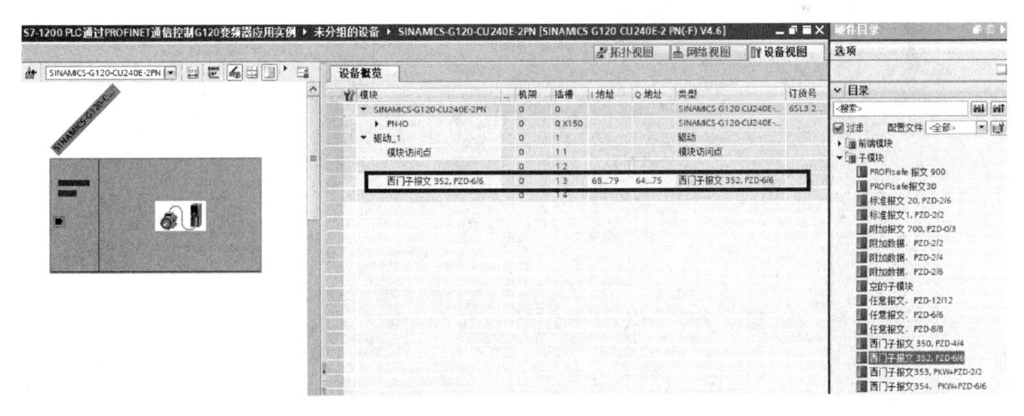

图 10-4-7　变频器报文配置

备注：PQW64 为 STW1 控制字地址；PQW66 为 NSOLL_A 控制字地址；PIW68 为 ZSW1 状态字地址；PIW70 为 NIST_A_GLATT 状态字地址。

第五步：分配设备名称。

在“网络视图”的工作区中，选中 G120 变频器并右击，出现如图 10-4-8 所示的快捷菜单，单击“分配设备名称”选项，配置如图 10-4-9 所示。

在图 10-4-9 中，单击“更新列表”按钮，结果如图 10-4-10 所示。

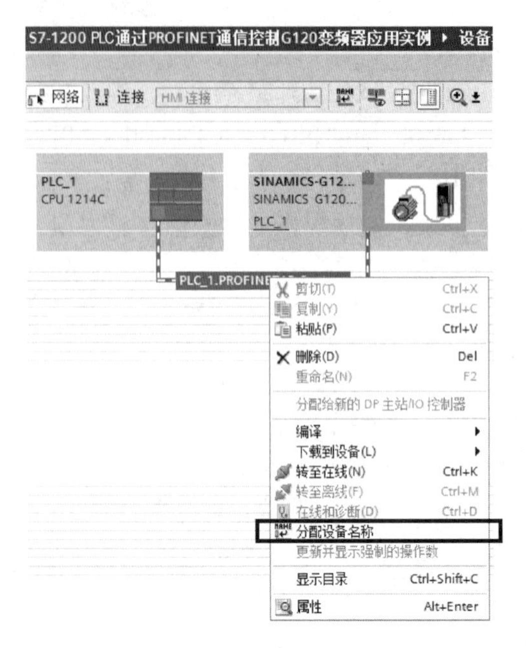

图 10-4-8　G120 网络图

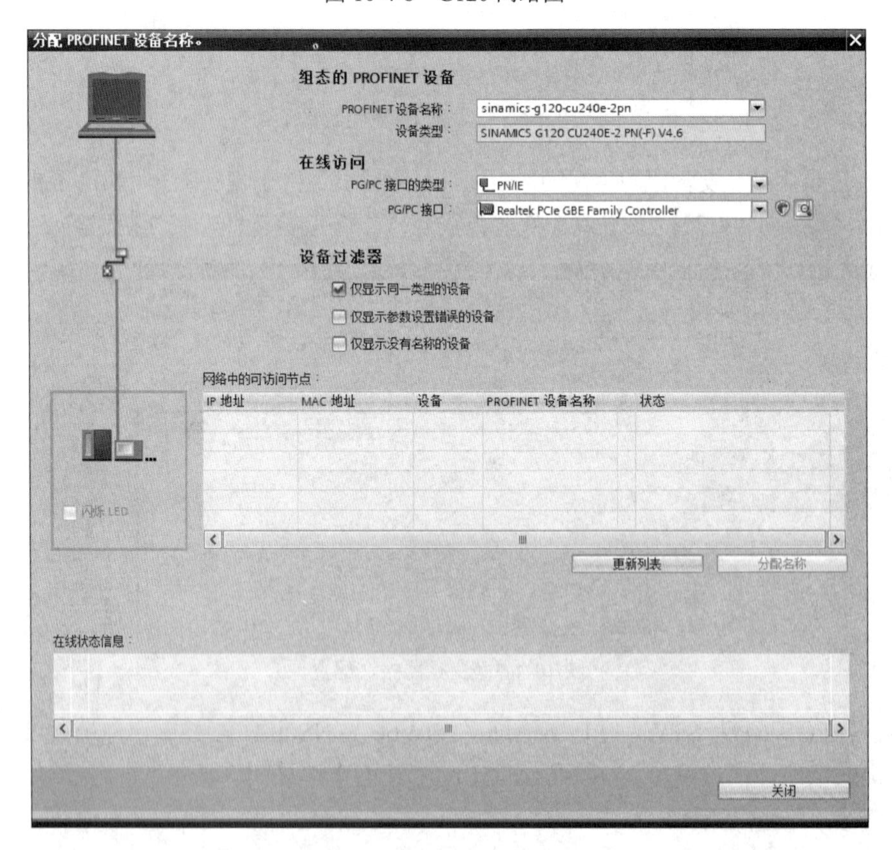

图 10-4-9　分配设备名称

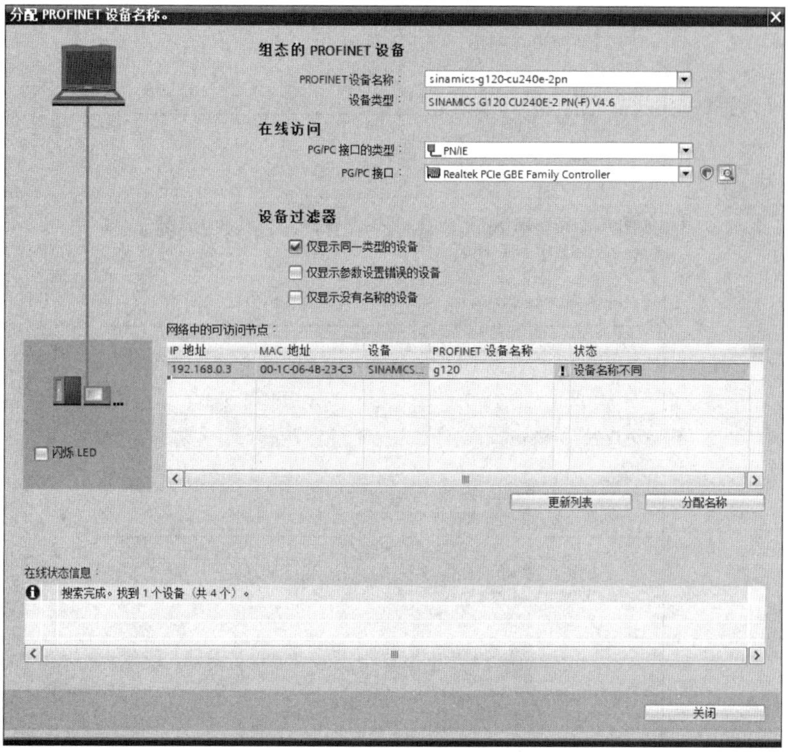

图 10-4-10　搜索设备

在图 10-4-10 的“网络中的可访问节点”选区中，选中 G120 变频器，然后单击“分配名称”按钮，保证组态的设备名称和实际设备的设备名称一致。

第六步：创建 PLC 变量表。

在“项目树”窗格中，依次单击“PLC_1[CPU 1214C DC/DC/DC]”→“PLC 变量”选项，双击“添加新变量表”选项，并将新添加的变量表命名为“PLC 变量表”，然后在“PLC 变量表”中新建变量，如图 10-4-11 所示。

PLC变量表

	名称	数据类型	地址	保持
1	变频器启动按钮	Bool	%I0.0	
2	变频器停止按钮	Bool	%I0.1	
3	PZD状态字	Word	%IW68	
4	PZD实际转速	Int	%IW70	
5	PZD控制字	Word	%QW64	
6	PZD设定值	Int	%QW66	
7	变频器运行状态显示	Bool	%M10.1	
8	变频器故障状态显示	Bool	%M10.2	
9	变频器设定转速	Real	%MD100	
10	变频器设定转速转换值	Real	%MD104	
11	变频器状态反馈	Word	%MW110	
12	变频器运行状态反馈	Bool	%M110.2	
13	变频器故障状态反馈	Bool	%M110.3	

图 10-4-11　PLC 变量表 3

第七步：编写 OB1 主程序，如图 10-4-12 所示。

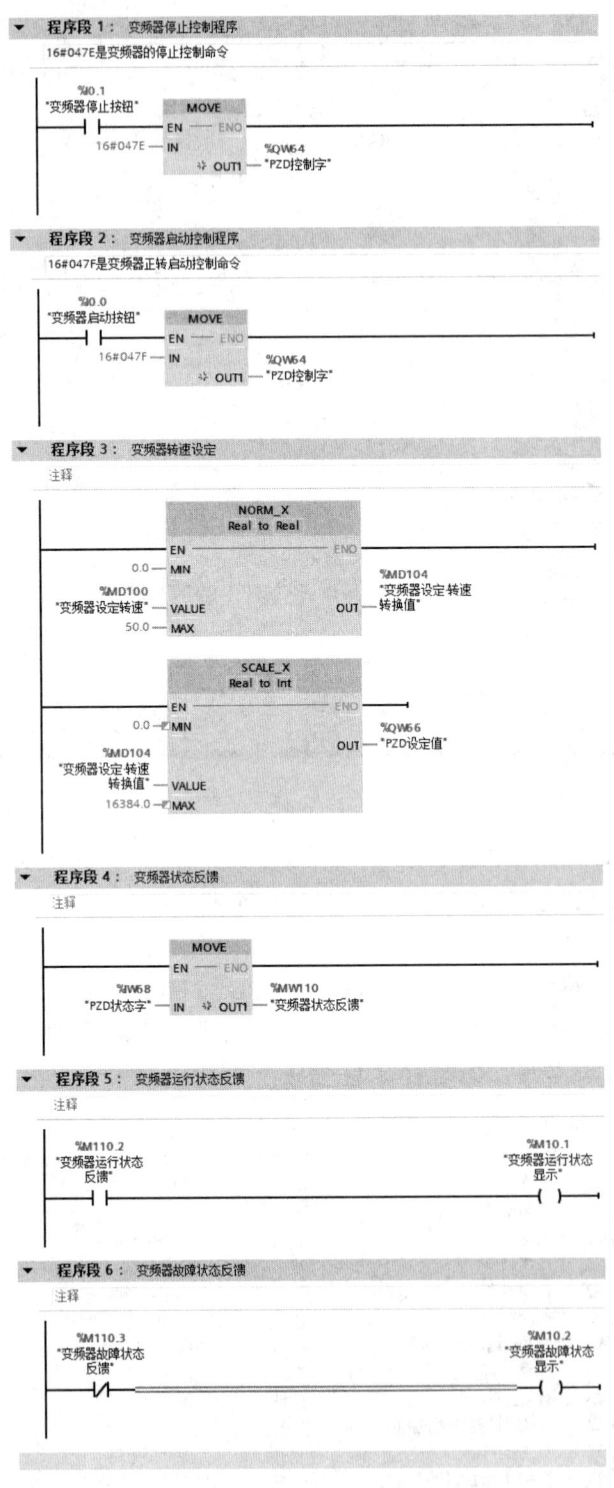

图 10-4-12 OB1 主程序

3．程序测试

程序编译后，下载到 S7-1200 CPU 中，按以下步骤进行程序测试。

（1）停止操作：按下变频器停止按钮（I0.1），变频器停止运行。

（2）频率给定操作：设定 MD100 的数值，修改变频器的运行频率。

（3）启动操作：按下变频器启动按钮（I0.0），变频器启动运行。

（4）停止操作：按下变频器停止按钮（I0.1），变频器停止运行。

PLC 监控表如图 10-4-13 所示。

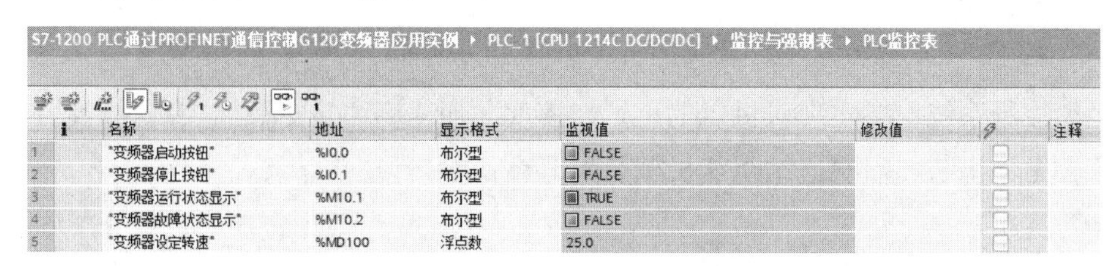

S7-1200 PLC通过PROFINET通信控制G120变频器应用实例 ▸ PLC_1 [CPU 1214C DC/DC/DC] ▸ 监控与强制表 ▸ PLC监控表

	i	名称	地址	显示格式	监视值	修改值		注释
1		"变频器启动按钮"	%I0.0	布尔型	FALSE			
2		"变频器停止按钮"	%I0.1	布尔型	FALSE			
3		"变频器运行状态显示"	%M10.1	布尔型	TRUE			
4		"变频器故障状态显示"	%M10.2	布尔型	FALSE			
5		"变频器设定转速"	%MD100	浮点数	25.0			

图 10-4-13　PLC 监控表 3

第 11 章　运动控制应用实例

11.1　运动控制概述

运动控制系统主要实现对机器的位置、速度、加速度和转矩等的控制。运动控制技术广泛应用于包装、印刷、纺织和机械装配等设备中。

11.1.1　运动控制系统工作原理

运动控制系统是指通过对电机的电压、电流和频率等输入电量的控制，来改变机械的转矩、速度和位移等机械量，使机械按照人们期望的要求运行，以满足生产工艺及其他应用的需求。典型的运动控制系统如图 11-1-1 所示。

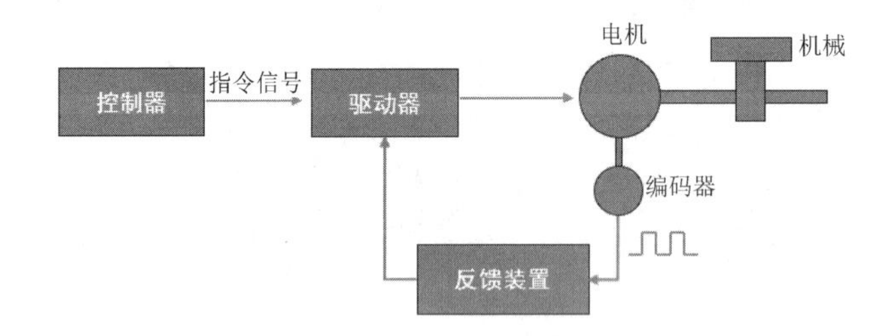

图 11-1-1　典型的运动控制系统

运动控制系统中的基本构成有控制器、驱动器、电机及反馈装置等设备。

控制器：用于发送控制命令，如指定运动位置和运行速度等。例如，PLC 和运动控制卡等。

驱动器：用于将来自控制器的控制信号转换为更高功率的电流或电压信号，实现信号的放大。例如，伺服驱动器或者步进驱动器。

电机：用于带动机械装置以指定的速度移动到指定的位置。例如，伺服电机和步进电机等。

反馈装置：用于将驱动器的位置等信息反馈到控制器中，实现速度监控和闭环控制。例如，编码器和光栅尺等。

11.1.2　S7-1200 PLC 运动控制方式概述

根据 S7-1200 PLC 连接驱动的方式，S7-1200 PLC 运动控制方式可以分为 PTO（脉冲串输出）控制方式、PROFINET 控制方式和模拟量控制方式 3 种，如图 11-1-2 所示。

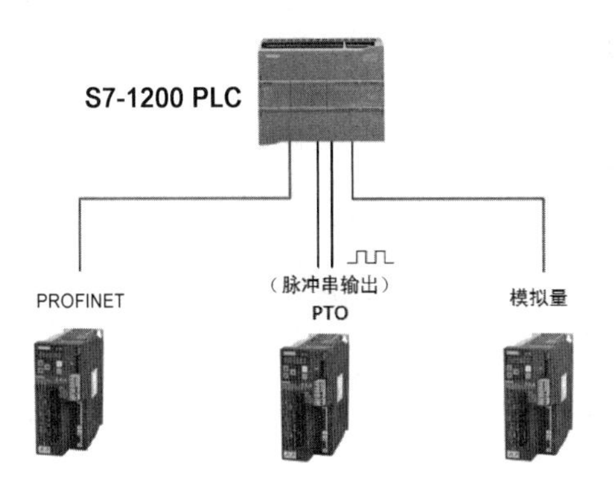

图 11-1-2　S7-1200 PLC 运动控制方式

1. PTO 控制方式

PTO 控制方式是目前 S7-1200 PLC 所有版本的 CPU 都支持的一种控制方式，该控制方式通过 CPU 向驱动器发送高速脉冲信号，来实现对伺服驱动器的控制。一个 S7-1200 PLC 最多可以控制 4 台驱动器。

S7-1200 PLC 不提供定位模块，若需要控制的驱动器数量超过 4 台时，并且每台驱动器之间的配合动作要求不高的情况下，则可考虑使用多个 S7-1200 CPU，这些 S7-1200 CPU 之间可以通过以太网进行通信。

2. PROFINET 控制方式

S7-1200 PLC 可以通过 PROFINET 方式连接驱动器，PLC 和驱动器之间通过 PROFIdrive 报文进行通信。硬件版本为 4.1 以上的 CPU 都支持 PROFIdrive 控制方式。

3. 模拟量控制方式

S7-1200 PLC 模拟量输出信号作为驱动器的速度给定，实现驱动器的速度控制。

11.2　西门子 V90 伺服驱动器简介

伺服驱动器是用来控制伺服电机的一种驱动器，其功能类似于变频器作用于普通交流电机。伺服驱动器一般通过位置、速度和力矩 3 种方式对伺服电机进行控制，实现高精度的速度控制和定位控制。

11.2.1　V90 伺服系统概述

1. V90 伺服系统组成简介

西门子 V90 伺服系统是西门子推出的一款小型、高效、便捷的伺服系统，可以实现位置、速度和扭矩控制。V90 伺服系统由 V90 伺服驱动器、S-1FL6 伺服电机和 MC300 连接电缆 3 部分组成，如图 11-2-1 所示。V90 伺服驱动器的功率为 0.05kW～7.0kW，具有单相和三相的供电系统，被广泛应用于各行业。

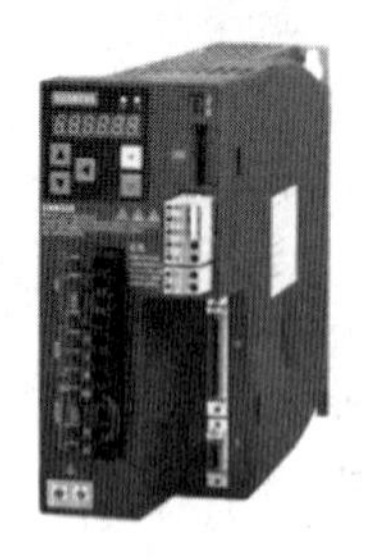

图 11-2-1　V90 伺服系统

2．V90 伺服驱动器简介

V90 伺服驱动器可以分为支持脉冲系列的 V90 PTI 版本和支持 PROFINET 的 V90 PN 版本，如图 11-2-2 所示。

图 11-2-2　V90 伺服驱动器

V90 PTI 驱动器集成了外部脉冲位置控制、内部设定值位置控制、速度控制和扭矩控制等模式，不同的控制模式适用于不同的应用场合。通过内置数字量输入/输出接口和脉冲接口，可将 V90 PTI 伺服驱动器与 S7-1200 CPU 相连接，实现不同的控制模式。

V90 PN 驱动器具有两个 PROFINET 接口，通过 PROFINET 接口与 S7-1200 CPU 相连接，通过 PROFIdrive 报文可以实现不同的控制模式。

11.2.2　SINAMICS V-ASSISTANT 调试软件使用方法

1．SINAMICS V-ASSISTANT 调试软件与 V90 伺服驱动器的连接方式

SINAMICS V-ASSISTANT 调试软件用于实现对 V90 伺服驱动器的调试及参数设置。安装了 SINAMICS V-ASSISTANT 软件工具的计算机可通过标准 USB 端口与 V90 伺服驱动器相连，如图 11-2-3 所示。SINAMICS V-ASSISTANT 调试软件可用于参数设置、运行测试和故障处理等。

图 11-2-3　SINAMICS V-ASSISTANT 调试软件与 V90 伺服驱动器连接方式

2．SINAMICS V-ASSISTANT 调试软件使用方法

第一步：选择工作模式。

SINAMICS V-ASSISTANT 调试软件有在线与离线两种模式，启动该软件时可以进行模式选择，如图 11-2-4 所示。

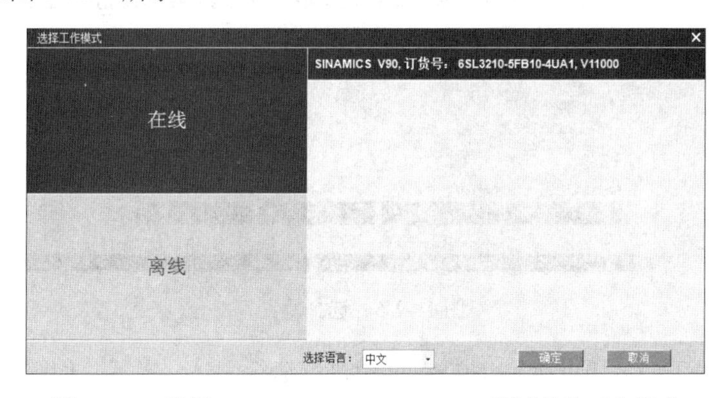

图 11-2-4　选择 SINAMICS V-ASSISTANT 调试软件工作模式

在线模式：SINAMICS V-ASSISTANT 调试软件与目标驱动通信，驱动器通过 USB 电缆连接到计算机端。选择在线模式后，会显示已连接的驱动器列表，选择目标驱动器并单击“确定”按钮，软件会自动创建新项目并保存目标驱动的所有参数设置。

离线模式：SINAMICS V-ASSISTANT 调试软件不与任何已连接的驱动通信，在该模式下，可以选择“新建工程”或者“打开已有工程”，如图 11-2-5 所示。

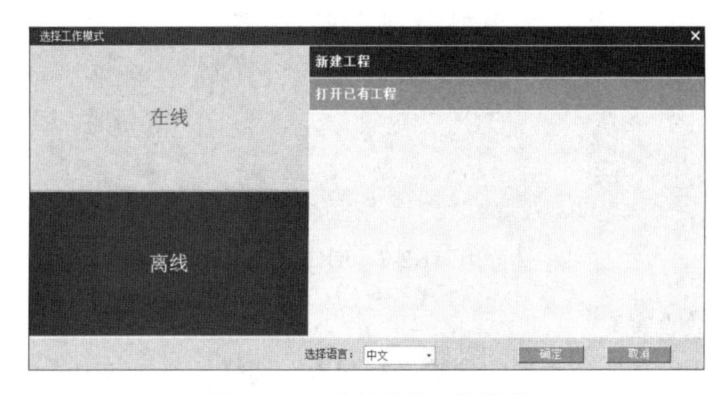

图 11-2-5　选择离线工作模式

单击“确定”按钮后，进入主界面，可在主界面的任务导航栏中选择不同的任务操作，可以执行对伺服参数的设置、调试和诊断等操作。

第二步：选择驱动。

在在线模式下进入主界面后，首先进入的是选择驱动界面，软件自动读取在线驱动器和电机的订货号，如图 11-2-6 所示。对伺服的控制模式进行设置，控制模式因驱动器的类型不同而不同。

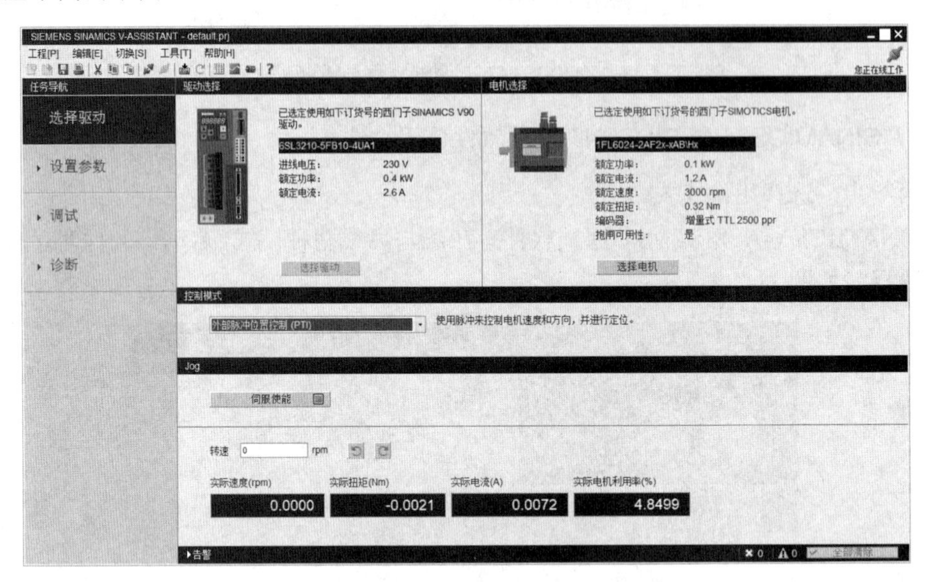

图 11-2-6　选择驱动

在在线模式下，可通过 JOG 功能对伺服进行运行测试。激活“伺服使能”复选框，设置转速，然后此时可通过单击“顺时针”或“逆时针”按钮对伺服进行正方向和负方向的运行测试。在测试过程中可显示实际速度、实际扭矩、实际电流及实际电机利用率，如图 11-2-7 所示。

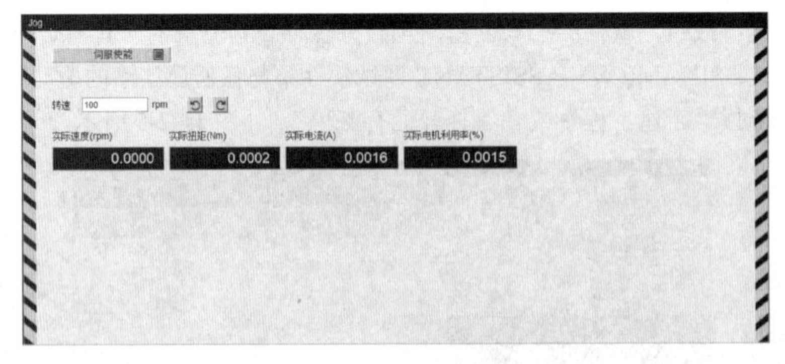

图 11-2-7　JOG 功能

第三步：参数设置。

参数设置用于对伺服驱动器的参数进行配置，选择任务导航中“设置参数”选项中的子功能，在右侧会出现该子功能参数配置界面，如图 11-2-8 所示。

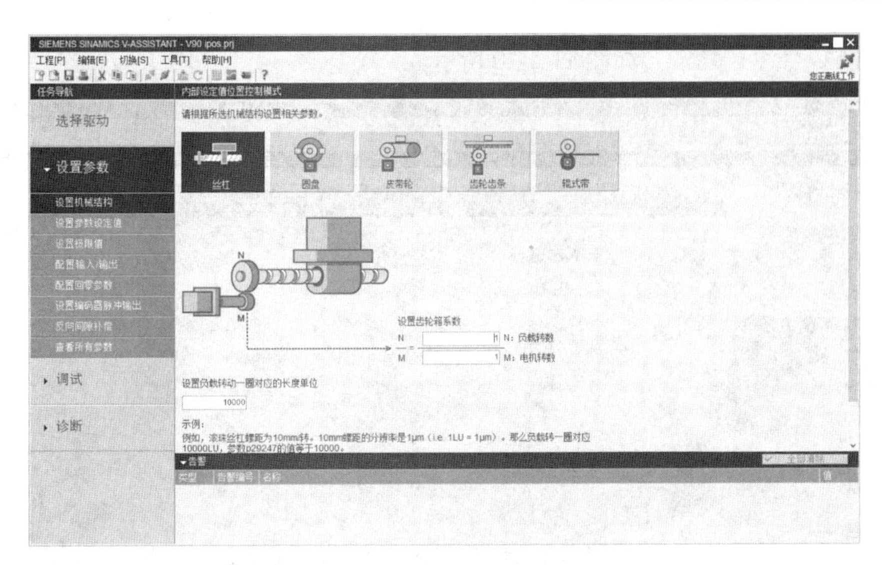

图 11-2-8　设置参数

具体设置内容，在后面的实例部分会进行具体的说明。

第四步：调试。

调试模式是针对在线模式使用的功能，有“测试接口”“测试电机”“优化驱动”3 个子功能可选择，如图 11-2-9 所示。

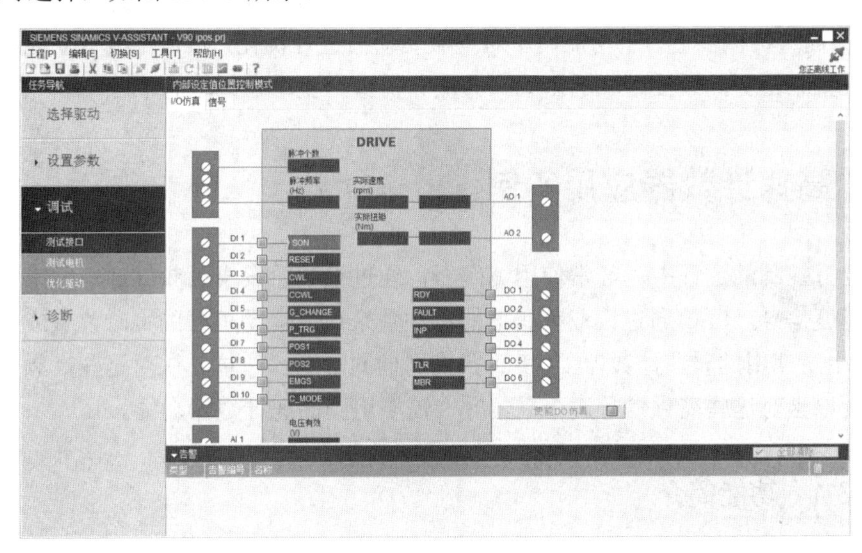

图 11-2-9　调试界面

① “测试接口”子功能主要用于对 I/O 状态进行监控。

② “测试电机”子功能主要用于对电机运行进行测试。

③ “优化驱动”子功能主要用于对伺服驱动器进行优化，可以使用“一键优化”和“实时优化”功能。

第五步：诊断。

诊断功能只能在在线模式下使用，在诊断任务中包含“监控状态”“录波信号”“测量机械性能”3 个子功能，如图 11-2-10 所示。

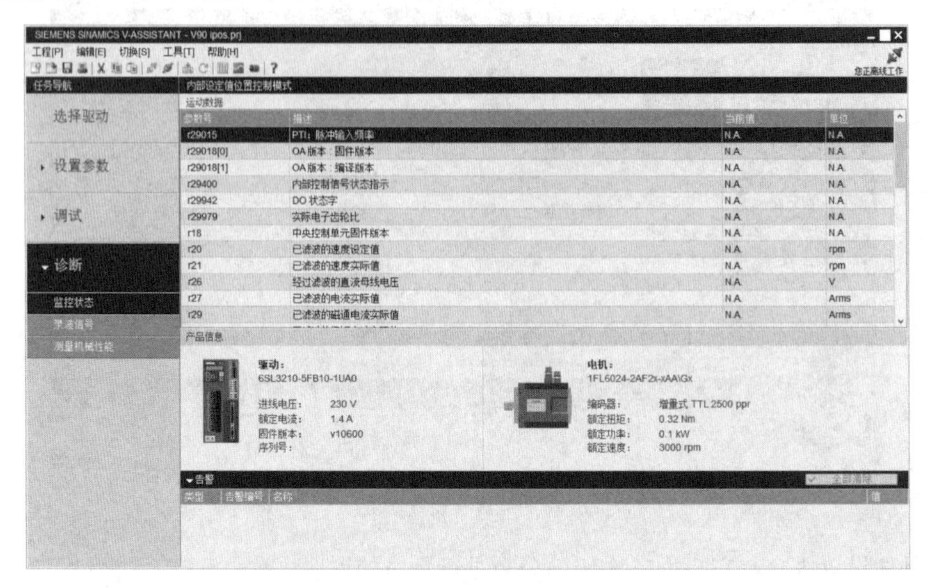

图 11-2-10 诊断界面

① “监控状态”子功能用于监控伺服驱动器的实时数值。

② “录波信号”子功能用于录波所连伺服驱动器在当前模式下的性能。

③ “测量机械性能”子功能用于对伺服驱动器进行优化，可使用测量功能通过简单的参数设置禁止更高级控制环的影响，并能分析单个驱动器的动态响应。

11.3 高速计数器应用实例

在运行控制的过程中，经常使用编码器，通过编码器发出高频脉冲信号来实时反馈位置或速度信号，PLC 通过读取编码器的脉冲数来计算运动机械的实时位置或速度。由于 PLC 中所使用的普通计数器受 PLC 扫描周期的影响，往往无法对这些高频信号进行采集，所以当对这些高频信号进行采集时，需要用到高速计数器功能。

11.3.1 功能简介

1. 编码器简介

编码器是传感器的一种，主要用来检测机械运动的速度、位置、角度和距离等，使用比较多的编码器主要为增量式编码器和绝对式编码器，图 11-3-1 是一款增量式编码器。

图 11-3-1 增量式编码器

增量式编码器输出的信号为脉冲信号，特点是每产生一个输出脉冲信号就对应一个增量位移，它能够产生与位移增量等值的脉冲信号。

绝对式编码器的原理及组成部件与增量式编码器的原理及组成部件基本相同，但与增量式编码器不同的是，绝对式编码器用不同的数值来指示每个不同的位置，它是一种直接输出数值的传感器。

2. 高速计数器功能简介

S7-1200 CPU 最多可组态 6 个高速计数器(HSC1～HSC6)，其中，3 个输入是 100kHz，3 个输入是 30kHz。高速计数器可用于连接增量式编码器，通过对硬件组态和调用相关指令块来实现计数功能。

S7-1200 PLC 高速计数器的计数类型主要分为以下 4 种。

（1）计数：计算脉冲次数并根据方向控制递增或递减计数值，在指定事件上可以重置计数、取消计数和启动当前值捕获等。

（2）周期：在指定的时间周期内计算输入脉冲的次数。

（3）频率：测量输入脉冲和持续时间，然后计算脉冲的频率。

（4）运动控制：用于运动控制工艺对象，不适用于高速计数器指令。

11.3.2 指令说明

在“指令”窗格中依次选择“工艺”→“计数”选项，出现高速计数器指令列表，如图 11-3-2 所示。

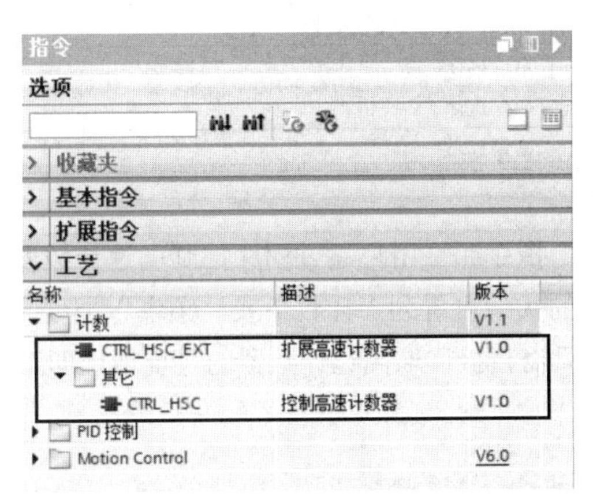

图 11-3-2　高速计数器指令列表

高速计数器指令中有两条指令：“CTRL_HSC_EXT”（扩展高速计数器）指令和“CTRL_HSC”（控制高速计数器）指令。每条指令块被拖拽到程序中时自动分配背景数据块，背景数据块的名称可自行修改，编号可以手动或自动分配。

1．“CTRL_HSC_EXT”指令

（1）指令介绍。

S7-1200 CPU 从硬件版本 V4.2 起新增了门功能、同步功能、捕获功能和比较功能，

这些功能的实现需要通过“CTRL_HSC_EXT”指令来实现，该指令如图 11-3-3 所示。

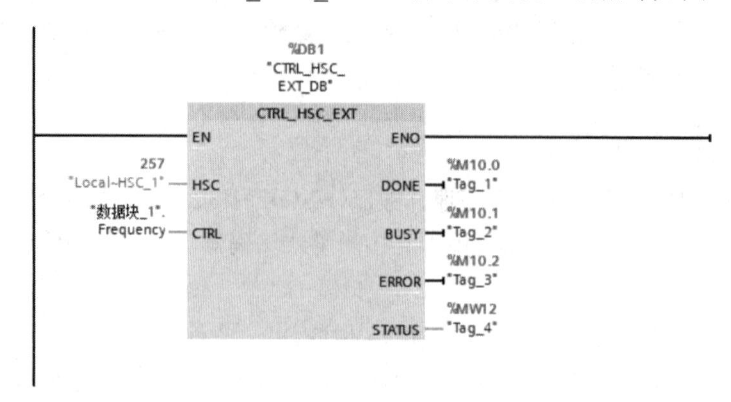

图 11-3-3 “CTRL_HSC_EXT”指令

（2）指令参数。

“CTRL_HSC_EXT”指令的输入/输出引脚参数的含义，如表 11-3-1 所示。

表 11-3-1 “CTRL_HSC_EXT”指令引脚参数

引脚参数	数据类型	说　明
HSC	HW_HSC	高速计数器硬件标识符，每个高速计数器都有唯一的硬件标识符，当输入时，可在下拉列表框中进行选择
CTRL	Variant	SFB 输入和返回数据，支持 HSC_Count、HSC_Period 和 HSC_Frequency 数据类型
DONE	Bool	若为 1 表示已成功处理该指令
BUSY	Bool	指令执行状态
ERROR	Bool	指令执行是否出错
STATUS	Word	错误代码

（3）指令使用说明。

“CTRL_HSC_EXT”指令允许用户通过程序控制高速计数器，可以用来更新高速计数器的参数，当计数器的类型设置为“计数”或“频率”类型时，不调用该指令也可进行计数或者频率测量，只需直接读取高速计数器的寻址地址即可，若用于“周期”测量，则必须调用该指令。

2．“CTRL_HSC”指令

（1）指令介绍。

“CTRL_HSC”指令用于组态和控制高速计数器，该指令通常放置在触发计数器硬件中断事件时执行的硬件中断组织块中。例如，若 CV=RV 事件触发计数器中断，则硬件中断组织块执行“CTRL_HSC”指令并且可通过装载 NEW_RV 值等更改参考值。“CTRL_HSC”指令如图 11-3-4 所示。

（2）指令参数。

“CTRL_HSC”指令的输入/输出引脚参数含义，如表 11-3-2 所示。

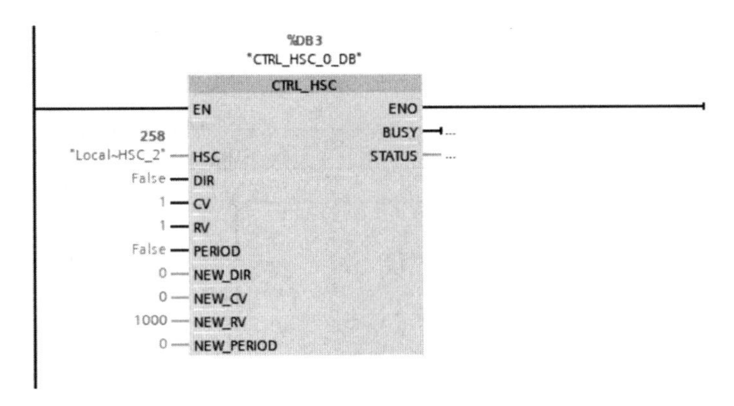

图 11-3-4 “CTRL_HSC”指令

表 11-3-2 “CTRL_HSC”指令引脚参数

引脚参数	数据类型	说 明
EN	Bool	使能输入
ENO	Bool	使能输出
HSC	HW_HSC	高速计数器硬件标识符
DIR	Bool	为 1 表示使能新方向
CV	Bool	为 1 表示使能新初始值
RV	Bool	为 1 表示使能新参考值
PERIOD	Bool	为 1 表示使能新频率测量周期
NEW_DIR	Int	方向选择：1=加计数；-1=减计数
NEW_CV	Dint	新初始值
NEW_RV	Dint	新参考值
NEW_PERIOD	Int	新频率测量周期
BUSY	Bool	处理状态
STATUS	Word	运行状态

11.3.3 实例内容

（1）实例名称：高速计数器应用实例。

（2）实例内容描述：对增量式编码器的脉冲数进行计数，当记录的脉冲数为 2000 时，置位 Q0.0 输出，当记录的脉冲数为 4000 时，复位 Q0.0 输出。

（3）硬件组成：①S7-1200 PLC（CPU1214C DC/DC/DC），一台，订货号为 6ES7 214-1AG40-0XB0；②旋转增量式编码器，一台；③编程计算机，一台，已安装博途专业版 V15.1 软件。

11.3.4 实例实施

1．S7-1200 PLC 与编码器接线图

编码器输出脉冲信号为 A/B 相正交脉冲信号，A 相脉冲信号接入 CPU 的 I0.5 端，B 相脉冲信号接入 I0.6 端，VCC 与 GND 端接电源正极与负极，如图 11-3-5 所示。

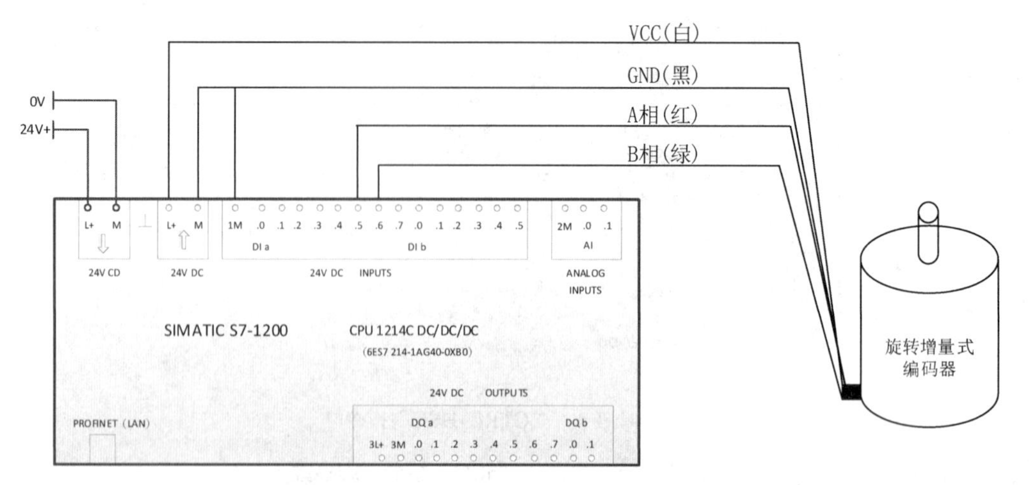

图 11-3-5 S7-1200 PLC 与编码器接线图

2．编写高速计数器应用程序

第一步：新建项目及组态。

打开博途软件，在 Portal 视图中，单击“创建新项目”选项，在弹出的界面中输入项目名称（高速计数器应用实例）、路径和作者等信息，然后单击“创建”按钮即可生成新项目。

进入项目视图，在左侧的“项目树”窗格中，双击“添加新设备”选项，弹出“添加新设备”对话框，如图 11-3-6 所示，在此对话框中选择 CPU 的订货号和版本（必须与实际设备相匹配），然后单击“确定”按钮。

图 11-3-6 “添加新设备”对话框 1

第二步：设置 CPU 属性。

在“项目树”窗格中，单击“PLC_1[CPU 1214C DC/DC/DC]”下拉按钮，双击“设备组态”选项，在“设备视图”的工作区中，选中 PLC_1，依次单击其巡视窗格中的“属性”→“常规”→“PROFINET 接口[X1]”→“以太网地址”选项，修改以太网 IP 地址，如图 11-3-7 所示。

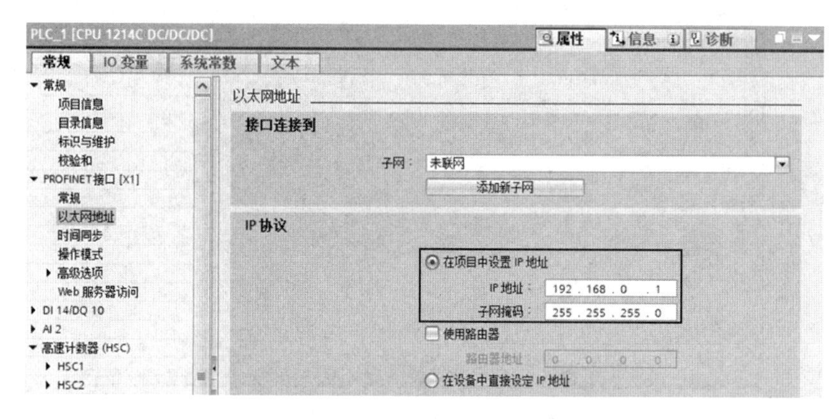

图 11-3-7　以太网 IP 地址设置 1

第三步：新建 PLC 变量表。

在“项目树”窗格中，依次单击“PLC_1[CPU 1214C DC/DC/DC]”→“PLC 变量”下拉按钮，双击“添加新变量表”选项，并将新添加的变量表命名为“PLC 变量表”，在“PLC 变量表”中新建变量，如图 11-3-8 所示。

PLC变量表

	名称	数据类型	地址	保持
1	编码器A相	Bool	%I0.5	
2	编码器B相	Bool	%I0.6	
3	编码器计数值	DInt	%ID1000	
4	计数作业中	Bool	%M10.1	
5	辅助继电器	Bool	%M10.0	
6	计数状态	Word	%MW12	
7	计数参考值	DWord	%MD20	
8	计数器当前值显示	DInt	%MD30	
9	绿色指示灯	Bool	%Q0.0	

图 11-3-8　PLC 变量表 1

第四步：添加硬件中断程序块，并编写程序。

在“项目树”窗格中，依次单击“PLC_1[CPU 1214C DC/DC/DC]”→“程序块”选项，双击“添加新块”选项，依次选择“组织块（OB）”→“Hardware interrupt”选项，然后单击“确定”按钮，如图 11-3-9 所示。

程序编写，如图 11-3-10 所示。

第五步：配置高速计数器。

在“项目树”窗格中，单击“PLC_1[CPU 1214C DC/DC/DC]”下拉按钮，双击“设备组态”选项，在“设备视图”的工作区中，选中 PLC_1，然后依次单击 CPU 的“属性”→“常规”→“高速计数器（HSC）”→“HSC1”选项，对高速计数器 HSC1 进行配置。

图 11-3-9　添加硬件中断程序块

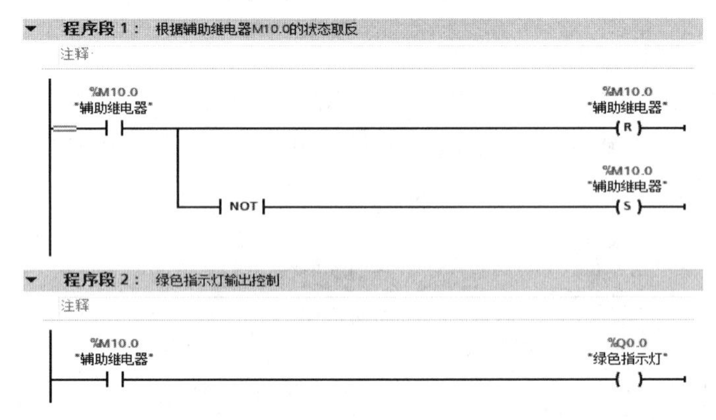

图 11-3-10　硬件中断程序块

（1）依次选择“HSC1”→“常规”选项，激活“启用该高速计数器”复选框，并设置“项目信息”选区中的名称，结果如图 11-3-11 所示。

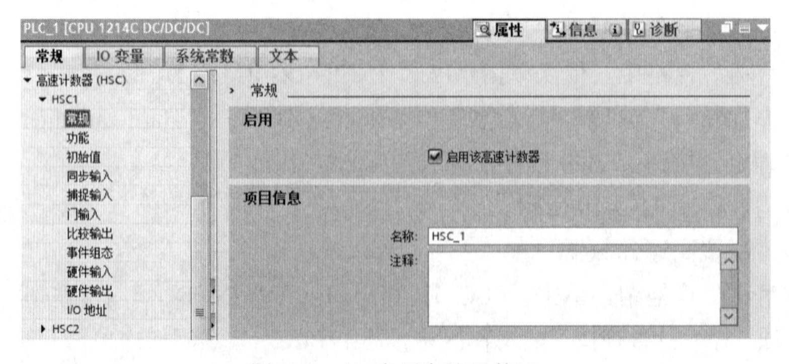

图 11-3-11　启用高速计数器

（2）依次选择“HSC1”→“功能”选项，设置高速计数器的计数类型、工作模式和初始计数方向，结果如图 11-3-12 所示。

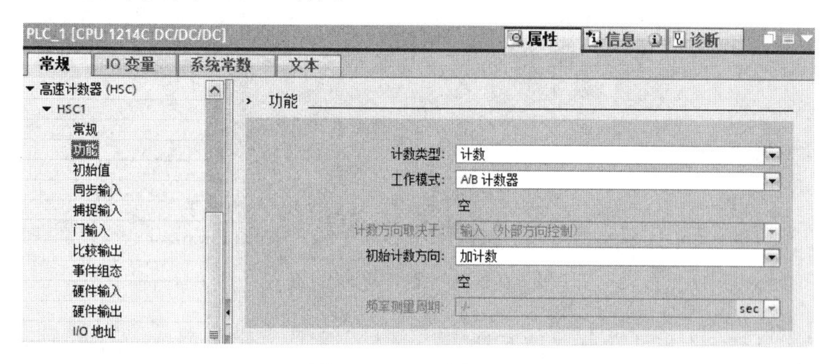

图 11-3-12 功能配置

（3）依次选择“HSC1”→“初始值”选项，设置计数器的初始计数器值和初始参考值（本实例的初始参考值设置为 2000），结果如图 11-3-13 所示。

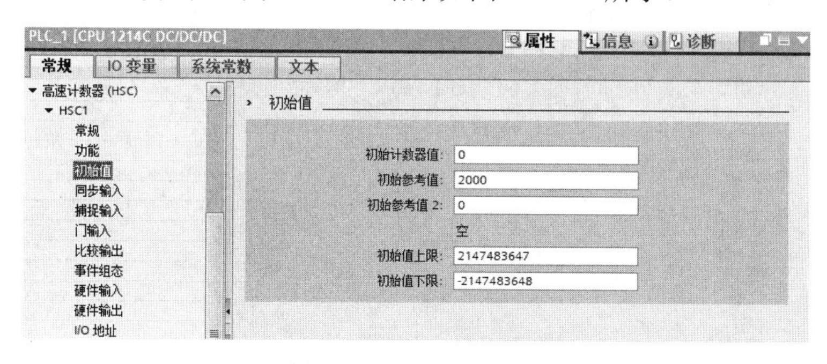

图 11-3-13 初始值设置

（4）依次选择“HSC1”→“事件组态”选项，激活“为计数器值等于参考值这一事件生成中断。”复选框，在“硬件中断”下拉列表中选择新建的硬件中断（Hardware interrupt）组织块 OB40，如图 11-3-14 所示。

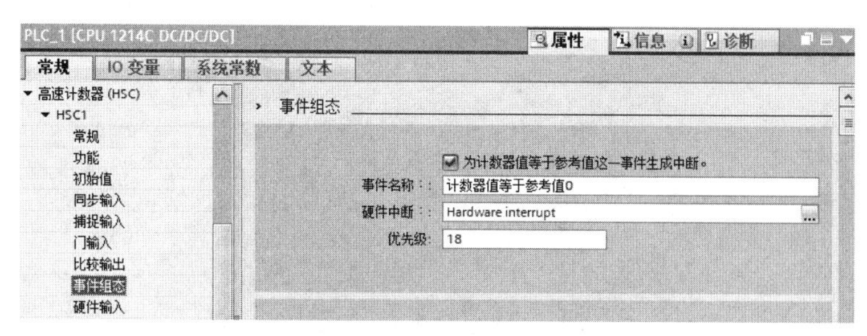

图 11-3-14 事件组态配置

（5）依次选择“HSC1”→“硬件输入”选项，配置编码器信号输入点，配置的输入点需要与实际接线中使用的点地址一致，如图 11-3-15 所示。

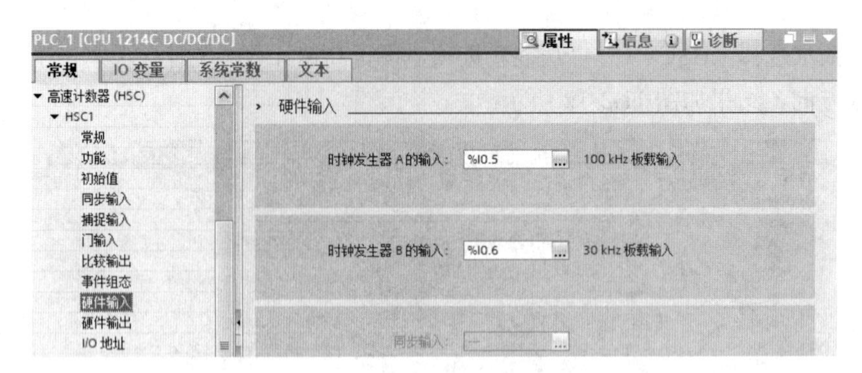

图 11-3-15　硬件输入配置

（6）依次选择“HSC1”→“I/O 地址”选项，配置高速计数器记录的脉冲数存储地址，脉冲数存储地址是一个双整数的存储空间，对于“HSC1”，其默认起始地址为 ID1000，如图 11-3-16 所示。

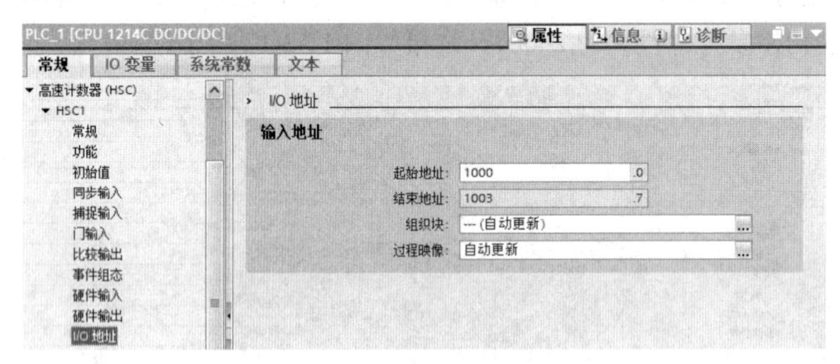

图 11-3-16　I/O 地址配置

（7）依次单击 CPU 的“属性”→“常规”→“DI 14/DQ 10”→“数字量输入”→“通道 5”选项，选择输入滤波器的时间，如图 11-3-17 所示。

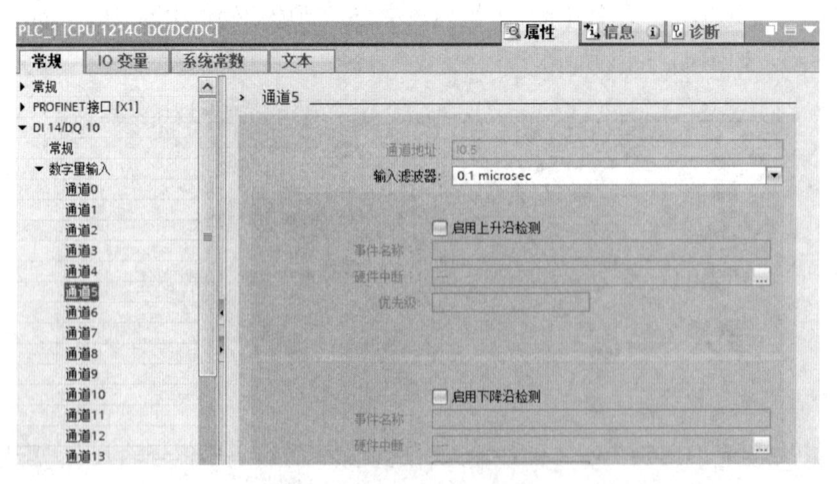

图 11-3-17　通道 5 输入滤波器时间选择

（8）依次单击 CPU 的“属性”→“常规”→“DI 14/DQ 10”→“数字量输入”→

“通道 6”选项，选择输入滤波器的时间，如图 11-3-18 所示。

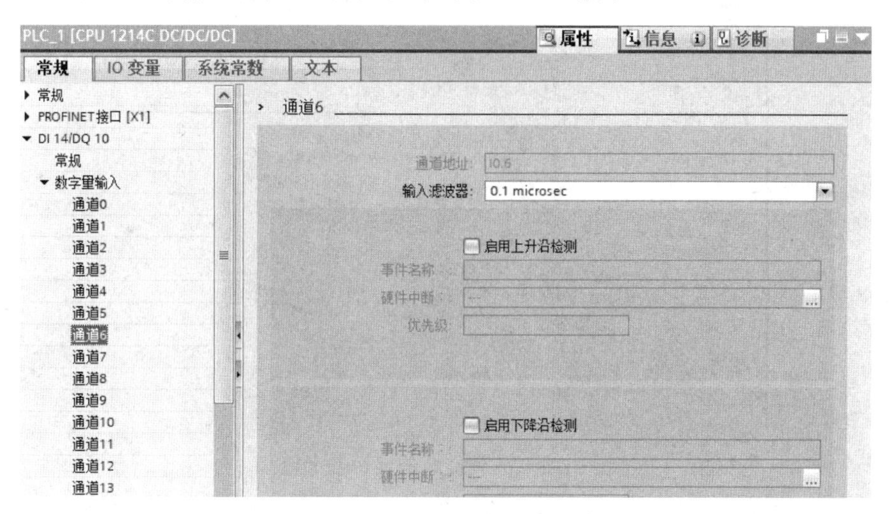

图 11-3-18　通道 6 输入滤波器时间选择

第六步：编写 OB1 主程序。

（1）在 OB1 中编写程序，把高速计数器的当前值转存到变量 MD30 中，程序如图 11-3-19 所示。

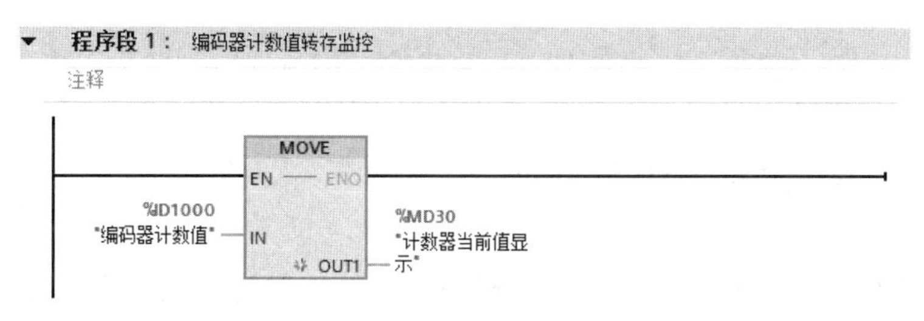

图 11-3-19　编码器计数值转存监控

（2）赋值新的计数参考值，程序如图 11-3-20 所示。

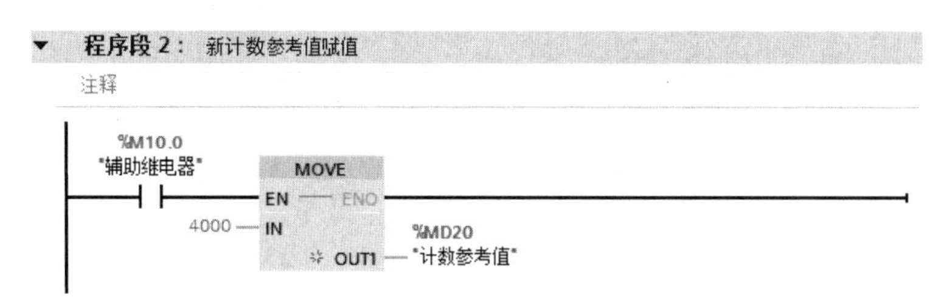

图 11-3-20　新计数参考值赋值

（3）使能新的计数参考值。

当 M10.0 的值为 1 时，更改计数参考值为 4000，程序如图 11-3-21 所示。

第七步：程序测试。

程序编译后，下载到 S7-1200 CPU。手动旋转编码器，当编码器计数值为 2000 时，绿色指示灯点亮；当编码器计数值为 4000 时，绿色指示灯熄灭；如图 11-3-22 所示。

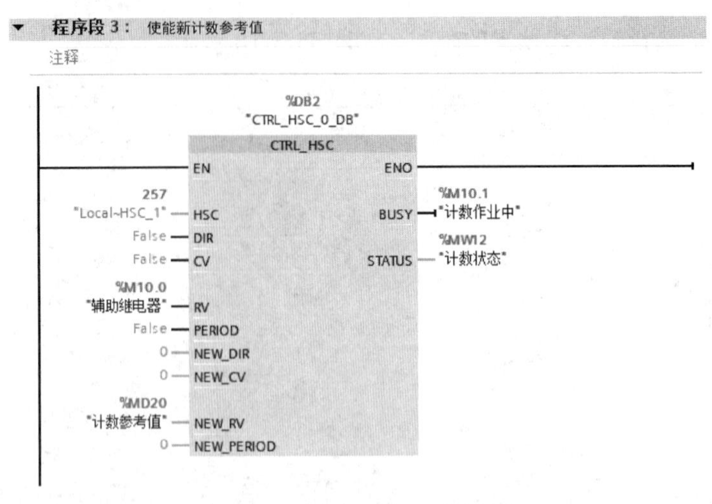

图 11-3-21　使能新的计数参考值

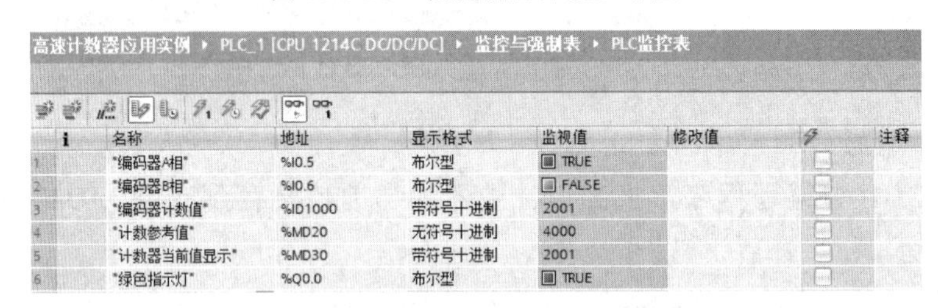

高速计数器应用实例 ▸ PLC_1 [CPU 1214C DC/DC/DC] ▸ 监控与强制表 ▸ PLC监控表

i	名称	地址	显示格式	监视值	修改值		注释
1	"编码器A相"	%I0.5	布尔型	TRUE			
2	"编码器B相"	%I0.6	布尔型	FALSE			
3	"编码器计数值"	%ID1000	带符号十进制	2001			
4	"计数参考值"	%MD20	无符号十进制	4000			
5	"计数器当前值显示"	%MD30	带符号十进制	2001			
6	"绿色指示灯"	%Q0.0	布尔型	TRUE			

图 11-3-22　PLC 监控表 1

11.4　运动控制指令说明

在指令窗格中依次选择“工艺”→“Motion Control”选项可找到运动控制指令，运动控制指令列表如图 11-4-1 所示。

工艺

名称	描述	版本
计数		V1.1
PID 控制		
Motion Control		V5.0
MC_Power	启动/禁用轴	V5.0
MC_Reset	确认错误，重新启动...	V5.0
MC_Home	归位轴，设置起始位置	V5.0
MC_Halt	暂停轴	V5.0
MC_MoveAbsolute	以绝对方式定位轴	V5.0
MC_MoveRelative	以相对方式定位轴	V5.0
MC_MoveVelocity	以预定义速度移动轴	V5.0
MC_MoveJog	以"点动"模式移动轴	V5.0
MC_CommandTable	按移动顺序运行轴作业	V5.0
MC_ChangeDynamic	更改轴的动态设置	V5.0
MC_WriteParam	写入工艺对象的参数	V5.0
MC_ReadParam	读取工艺对象的参数	V5.0

图 11-4-1　运动控制指令列表

S7-1200 PLC 运动控制指令包括“MC_Power”“MC_Reset”“MC_Home”“MC_Halt”“MC_MoveAbsolute”“MC_MoveRelative”“MC_MoveVelocity”等，每个指令块被拖拽到

程序工作区都将自动分配背景数据块，背景数据块的名称可自行修改，编号可以手动或自动分配。

在运动控制的实际应用中，并不会用到所有的运动控制指令，下面对常用的运动控制指令进行介绍。

1．“MC_Power”（启动/禁用轴）指令

（1）指令介绍。

“MC_Power”指令用于实现对运动轴的启用或禁用。“MC_Power”指令必须在程序里一直被调用，该指令如图 11-4-2 所示。

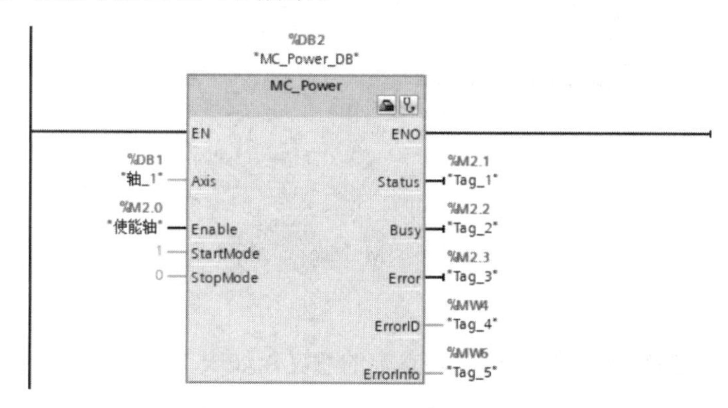

图 11-4-2　“MC_Power”指令

（2）指令参数。

“MC_Power”指令的输入/输出引脚参数的意义，如表 11-4-1 所示。

表 11-4-1　“MC_Power”指令引脚参数

引脚参数	数据类型	说　明
EN	Bool	使能输入
ENO	Bool	使能输出
Axis	TO_Axis_PTO	轴工艺对象
Enable	Bool	0=所有激活的任务都将按照参数化的“StopMode”而中止，并且轴也会停止； 1=启用轴
StartMode	Int	0=速度控制； 1=位置控制
StopMode	Int	0=紧急停止，按照轴工艺对象参数中的“急停”速度或时间来停止轴； 1=立即停止，PLC 立即停止发送脉冲； 2=有加速度变化率控制的紧急停止
Status	Bool	轴的使能状态
Busy	Bool	标记“MC_Power”指令是否处于活动状态
Error	Bool	标记“MC_Power”指令是否产生错误
ErrorID	Word	当“MC_Power”指令产生错误时，用“ErrorID”表示错误号
Errorinfo	Word	当“MC_Power”指令产生错误时，用“ErrorInfo”表示错误信息

2. “MC_Reset” 指令

（1）指令介绍。

使用“MC_Reset”指令可确认轴的运行错误。如果存在一个需要确认的错误，则可以通过上升沿激活“MC_Reset”指令的 Execute 引脚进行错误确认。“MC_Reset”指令如图 11-4-3 所示。

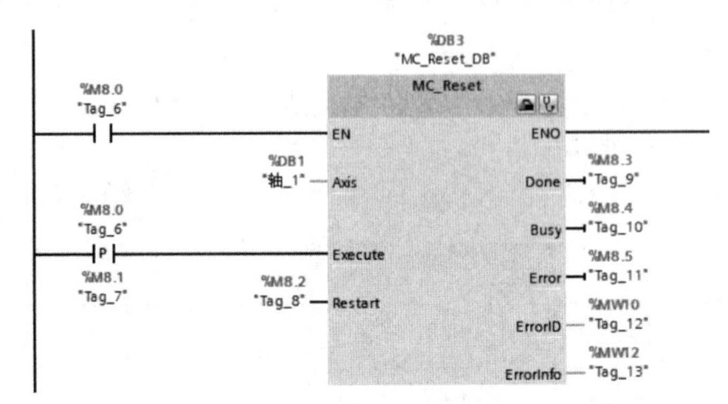

图 11-4-3 “MC_Reset”指令

（2）指令参数。

“MC_Reset”指令的输入/输出引脚参数的意义，如表 11-4-2 所示。

表 11-4-2 “MC_Reset”指令引脚参数

引脚参数	数据类型	说　明
EN	Bool	使能输入
ENO	Bool	使能输出
Axis	TO_Axis_PTO	轴工艺对象
Execute	Bool	“MC_Reset”指令的启动位，用上升沿触发
Restart	Bool	Restart = 0：用来确认错误； Restart = 1：将轴的组态从装载存储器下载到工作存储器中（只有在禁用轴时才能执行该命令）
Done	Bool	表示轴的错误已确认
Busy	Bool	为 1 表示正在执行
Error	Bool	为 1 表示任务执行期间出错。出错原因可在“ErrorID”和“ErrorInfo”参数中找到
ErrorID	Word	参数“Error”的错误 ID
Errorinfo	Word	参数“ErrorID”的错误信息 ID

3. “MC_Home” 指令

（1）指令介绍。

使用“MC_Home”指令可将轴坐标与实际物理驱动器位置匹配。在使用绝对定位指令时，需要先执行“MC_Home”指令。当需要回原点时，通过上升沿激活“MC_Home”指令的 Execute 引脚来实现。“MC_Home”指令如图 11-4-4 所示。

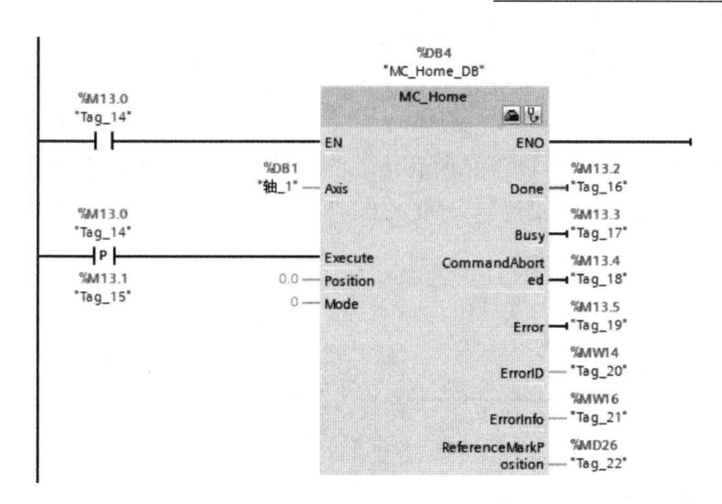

图 11-4-4　“MC_Home”指令

（2）指令参数。

“MC_Home”指令的输入/输出引脚参数的意义，如表 11-4-3 所示。

表 11-4-3　“MC_Home”指令引脚参数

引脚参数	数据类型	说　　明
EN	Bool	使能输入
ENO	Bool	使能输出
Axis	TO_Axis_PTO	轴工艺对象
Execute	Bool	出现上升沿时开始执行
Position	Real	当 Mode = 0、2 和 3 完成回原点操作后，轴的绝对位置； 当 Mode = 1 时，当前轴位置的校正值
Mode	Int	0：绝对式直接回原点，新的轴位置为参数“Position”的值； 1：相对式直接回原点，新的轴位置为当前轴位置 + 参数“Position”的值； 2：被动回原点，根据轴组态回原点，在回原点后，将新的轴位置设置为参数“Position”的值； 3：主动回原点，按照轴组态进行回原点操作，在回原点后，将新的轴位置设置为参数“Position”的值； 6：绝对编码器调节（相对），将当前轴位置的偏移值设置为参数“Position”的值。计算得到的绝对值偏移值保持性地保存在 CPU 内； 7：绝对编码器调节（绝对），将当前的轴位置设置为参数“Position”的值。计算得到的绝对值偏移值保持性地保存在 CPU 内
Done	Bool	为 1 表示任务完成
Busy	Bool	为 1 表正在执行任务
CommandAborted	Bool	为 1 表示任务在执行过程中被另一任务中止
Error	Bool	为 1 表示任务执行期间出错。出错原因可在参数“ErrorID”和“ErrorInfo”中找到
ErrorID	Word	参数“Error”的错误 ID
Errorinfo	Word	参数“ErrorID”的错误信息 ID
ReferenceMarkPosition	Real	之前坐标系中参考标记处的轴位置

4. "MC_Halt" 指令

（1）指令介绍。

使用"MC_Halt"指令可以停止所有运动的轴并将其切换到停止状态。如果需要将运动的轴停止，则可通过上升沿激活"MC_Halt"指令的 Execute 引脚。"MC_Halt" 指令如图 11-4-5 所示。

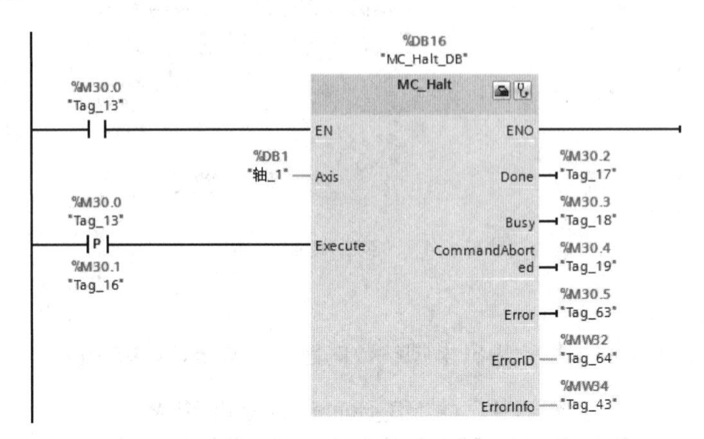

图 11-4-5　"MC_Halt" 指令

（2）指令参数。

"MC_Halt" 指令的输入/输出引脚参数的意义，如表 11-4-4 所示。

表 11-4-4　"MC_Halt" 指令引脚参数

引脚参数	数据类型	说　明
EN	Bool	使能输入
ENO	Bool	使能输出
Axis	TO_Axis_PTO	轴工艺对象
Execute	Bool	"MC_Halt" 指令的启动位，用上升沿触发
Done	Bool	为 1 表示任务完成
Busy	Bool	为 1 表示正在执行
CommandAborted	Bool	任务在执行期间被另一任务中止
Error	Bool	为 1 表示任务执行期间出错。出错原因可在参数"ErrorID"和"ErrorInfo"中找到
ErrorID	Word	参数 "Error" 的错误 ID
Errorinfo	Word	参数 "ErrorID" 的错误信息 ID

5. "MC_MoveAbsolute" 指令

（1）指令介绍。

使用 "MC_MoveAbsolute" 指令可以启动轴运行到绝对位置。如果需要使用绝对定位的方式使轴移动到指定位置，则可以通过上升沿激活 "MC_MoveAbsolute" 指令的 Execute 引脚开始进行绝对定位。"MC_MoveAbsolute" 指令如图 11-4-6 所示。

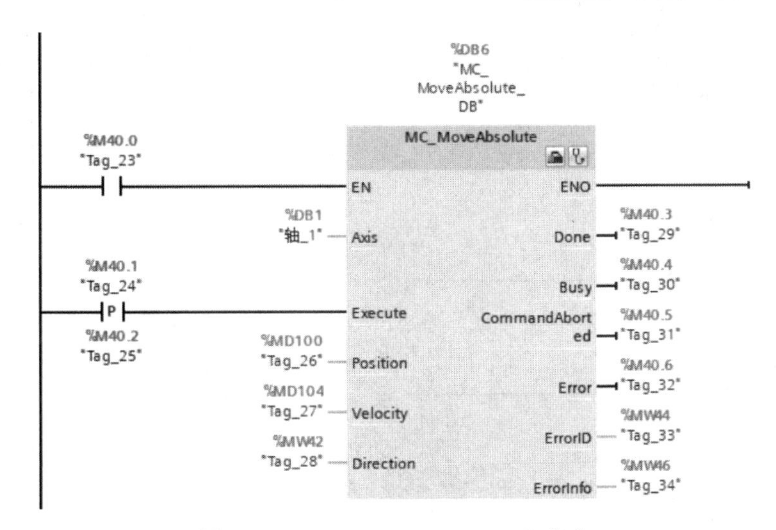

图 11-4-6　“MC_MoveAbsolute”指令

（2）指令参数。

“MC_MoveAbsolute”指令的输入/输出引脚参数的意义，如表 11-4-5 所示。

表 11-4-5　“MC_MoveAbsolute”指令引脚参数

引脚参数	数据类型	说　明
EN	Bool	使能输入
ENO	Bool	使能输出
Axis	TO_Axis_PTO	轴工艺对象
Execute	Bool	出现上升沿时开始执行绝对定位指令
Position	Real	绝对目标位置
velocity	Real	绝对运动的速度
Direction	Int	旋转方向 0：速度符号定义运动控制方向 1：正向速度运动控制 2：负向速度运动控制 3：距离目标最短的运动控制
Done	Bool	为 1 表示任务完成
Busy	Bool	为 1 表示正在执行
CommandAborted	Bool	任务在执行期间被另一任务中止
Error	Bool	为 1 表示任务执行期间出错。出错原因可在参数“ErrorID”和“ErrorInfo”中找到
ErrorID	Word	参数“Error”的错误 ID
Errorinfo	Word	参数“ErrorID”的错误信息 ID

6．“MC_MoveRelative”指令

（1）指令介绍。

使用“MC_MoveRelative”指令可以启动相对于起始位置的定位运动，在使用该指令时无须先执行回原点指令。当需要使用相对定位的方式使轴移动到指定位置时，可通过上

升沿激活“MC_ MoveRelative”指令的 Execute 引脚进行相对定位。“MC_MoveRelative”指令如图 11-4-7 所示。

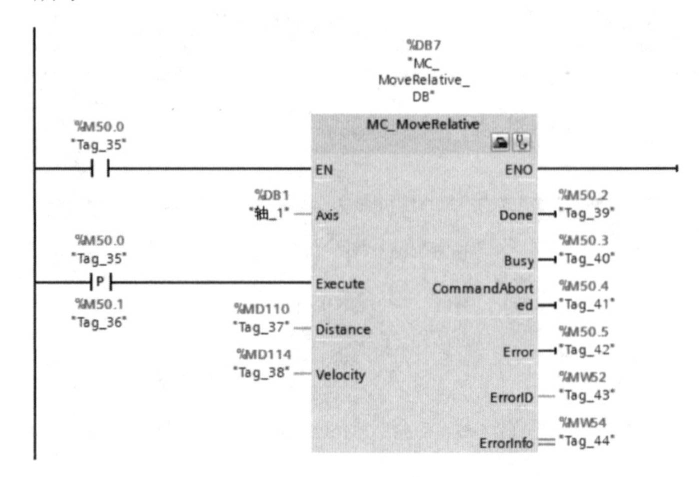

图 11-4-7 “MC_MoveRelative”指令

（2）指令参数。

“MC_MoveRelative”指令的输入/输出引脚参数的意义，如表 11-4-6 所示。

表 11-4-6 “MC_MoveRelative”指令引脚参数

引脚参数	数据类型	说　明
EN	Bool	使能输入
ENO	Bool	使能输出
Axis	TO_Axis_PTO	轴工艺对象
Execute	Bool	当出现上升沿时开始执行相对定位指令。
Distance	Real	相对轴当前位置移动的距离，该值通过正/负数来表示距离和方向
velocity	Real	相对运动的速度
Done	Bool	为 1 表示任务完成
Busy	Bool	为 1 表示正在执行
CommandAborted	Bool	任务在执行期间被另一任务中止
Error	Bool	为 1 表示任务执行期间出错。出错原因可在参数“ErrorID”和“ErrorInfo”中找到
ErrorID	Word	参数“Error”的错误 ID
Errorinfo	Word	参数“ErrorID”的错误信息 ID

7. “MC_MoveVelocity”指令

（1）指令介绍。

“MC_MoveVelocity”指令以指定的速度持续移动轴，在使用该指令时，与其他指令一样必须先启用轴。通过上升沿激活“MC_MoveVelocity”指令的 Execute 引脚，可以实现对轴的速度控制。“MC_MoveVelocity”指令如图 11-4-8 所示。

（2）指令参数。

“MC_MoveVelocity”指令的输入/输出引脚参数的意义，如表 11-4-7 所示。

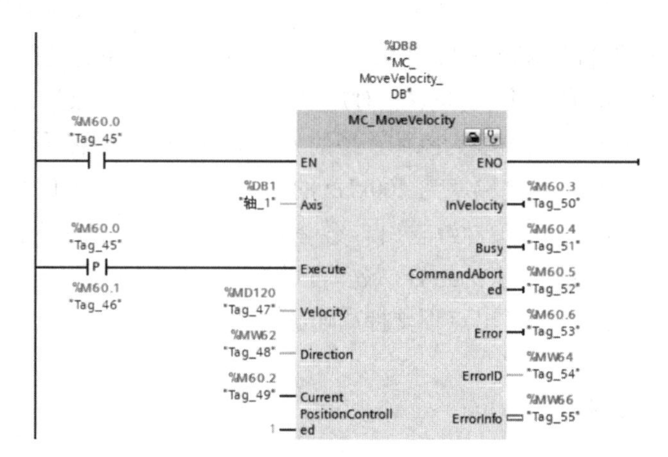

图 11-4-8　“MC_MoveVelocity”指令

表 11-4-7　“MC_MoveVelocity”指令引脚参数

引脚参数	数据类型	说　明
EN	Bool	使能输入
ENO	Bool	使能输出
Axis	TO_Axis_PTO	轴工艺对象
Execute	Bool	当出现上升沿时开始执行速度运行指令
velocity	Real	指定轴运行的速度
Direction	Int	指定方向。 0：旋转方向与参数“Velocity”的值的符号一致； 1：正旋转方向； 2：负旋转方向
Current	Bool	0：禁用“保持当前速度”； 1：激活“保持当前速度”
PositionControlled	Bool	0：速度控制； 1：位置控制
InVelocity	Bool	1：已达到参数“Velocity”中指定的速度
Busy	Bool	为 1 表示正在执行
CommandAborted	Bool	任务在执行期间被另一任务中止
Error	Bool	为 1 表示任务执行期间出错。出错原因可在参数“ErrorID”和“ErrorInfo”中找到
ErrorID	Word	参数“Error”的错误 ID
Errorinfo	Word	参数“ErrorID”的错误信息 ID

11.5　S7-1200 PLC 通过 TO 模式控制 V90 PTI 伺服驱动器的应用实例

11.5.1　功能简介

S7-1200 PLC 提供了高速脉冲输出的功能，用于控制驱动器。在 S7-1200 PLC 的运动控制功能中使用了轴的概念，通过对轴的组态，包括硬件接口、位置定义和动态特性等，与相关的指令组合使用，可实现绝对定位、相对定位、点动、转速控制及回原点等。

S7-1200 PLC 集成输出类型为晶体管型的 CPU，可以输出频率最高为 100kHz 的高速脉冲，信号板可以输出最高频率为 200kHz 的高速脉冲。S7-1200 PLC 集成输出类型为继电器型的 CPU，不支持高速脉冲输出。不论是使用 CPU 集成的输出点还是使用信号板 SB 的输出点，或是通过二者的组合，最多可以组态 4 个高速脉冲发生器。S7-1200 PLC 扩展模块或者分布式 I/O 的输出点不支持高速脉冲控制。

11.5.2 实例内容

（1）实例名称：S7-1200 PLC 通过 TO 模式控制 V90 PTI 伺服驱动器的应用实例。

（2）实例描述：V90 伺服驱动器通过丝杠带动工作台运行。

（3）控制要求：按下回原点按钮后，工作台回到原点。按下启动按钮后，工作台以 10.0mm/s 的速度从原点移动到距离原点 100mm 处停止，运行过程中按下停止按钮，停止轴运行。当再次按下启动按钮时，工作台继续运行，并到达 100mm 处停止。运动控制示意图如图 11-5-1 所示。

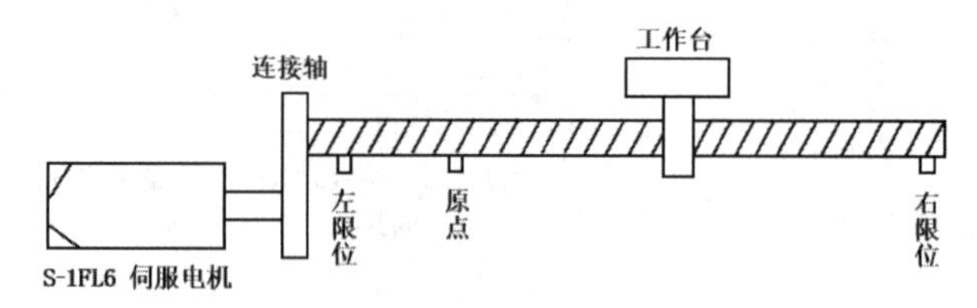

图 11-5-1　运动控制示意图 1

（4）主要硬件组成：①S7-1200 PLC（CPU1214C DC/DC/DC），一台，订货号为 6ES7 214-1AG40-0XB0；②SINAMICS V90 伺服驱动器，一台，订货号为 6SL3210-5FB10-4UA1；③SIMOTICS S-1FL6 伺服电机，一台，订货号为 1FL6024-2AF21-1AA1；④编程计算机，一台，已安装博途专业版 V15.1 软件。

11.5.3 实例实施

1．S7-1200 PLC 与 V90 伺服驱动器接线图

本实例使用 Q0.3 和 Q0.4 作为输出方向和脉冲信号，以实现对 V90 伺服驱动器的位置控制，S7-1200 PLC 与 V90 伺服驱动器接线图如图 11-5-2 所示。

2．伺服驱动器参数设置

当对 V90 伺服驱动器进行参数设置时，可以通过基本操作面板进行设置，也可以使用 SINAMICS V-ASSISTANT 调试软件进行设置。在进行参数设置时，建议先恢复出厂设置再进行参数设置。下面介绍使用 SINAMICS V-ASSISTANT 调试软件进行参数设置的方法。

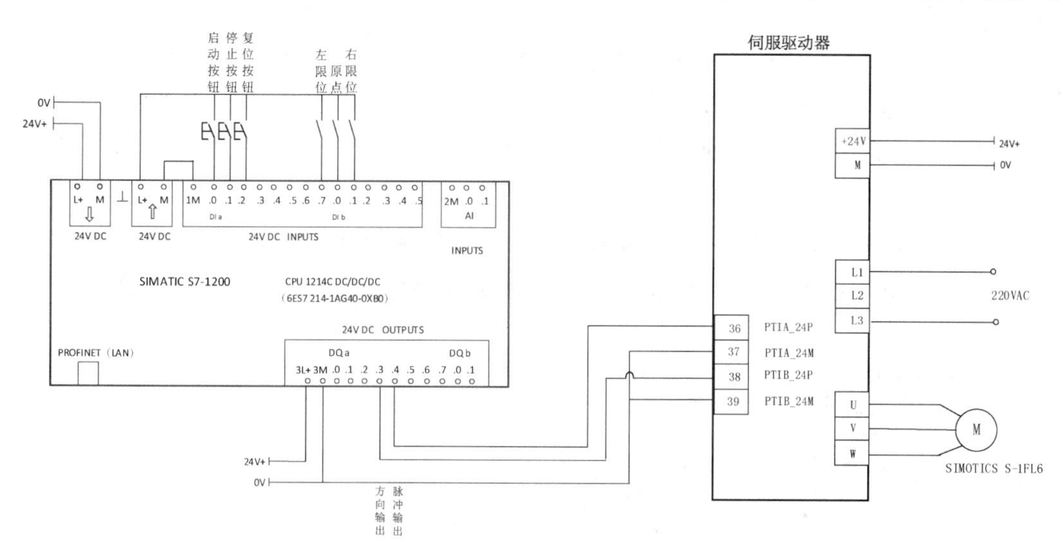

图 11-5-2　S7-1200 PLC 与 V90 伺服驱动器接线图

第一步：伺服驱动器选择及控制模式设置。

当使用 SINAMICS V-ASSISTANT 调试软件进行参数设置时，通过在线模式获取实际驱动器的订货号，然后单击任务导航中的“选择驱动”选项，选择所使用的伺服驱动器和电机。选择控制模式为“外部脉冲位置控制（PTI）”，如图 11-5-3 所示。

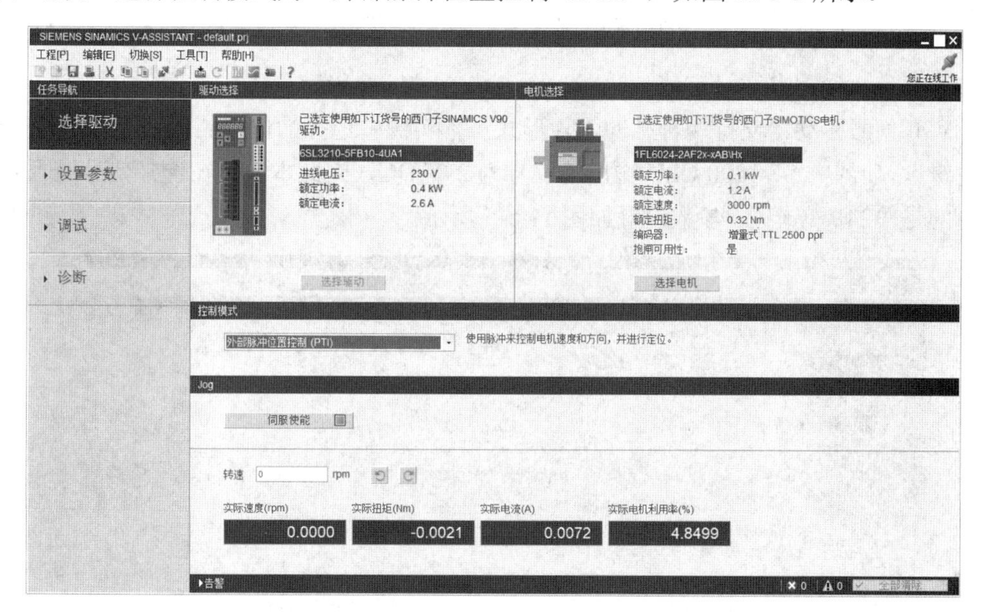

图 11-5-3　伺服驱动器订货号及控制模式设置

在在线模式下，可通过 JOG 功能对伺服进行运行测试。先按图 11-5-6 进行参数设置（SON 参数不需要设置），然后勾选“伺服使能”复选框，设置转速，此时可通过单击“顺时针”或“逆时针”按钮对伺服进行正方向和负方向的运行测试。通过测试，可以确认 V90 伺服驱动器是否工作正常。

第二步：设置电子齿轮比。

单击“设置参数”选项中的“设置电子齿轮比”选项，可设置电子齿轮比，设置电子齿轮比的选项中可选择手动设置电子齿轮比，或设置电机转动一圈所需要的给定脉冲数，也可以根据所选的机械结构计算电子齿轮比，三者任选一个。在本实例中，我们选择设置电机转动一圈所需要的给定脉冲数（2500），如图 11-5-4 所示。

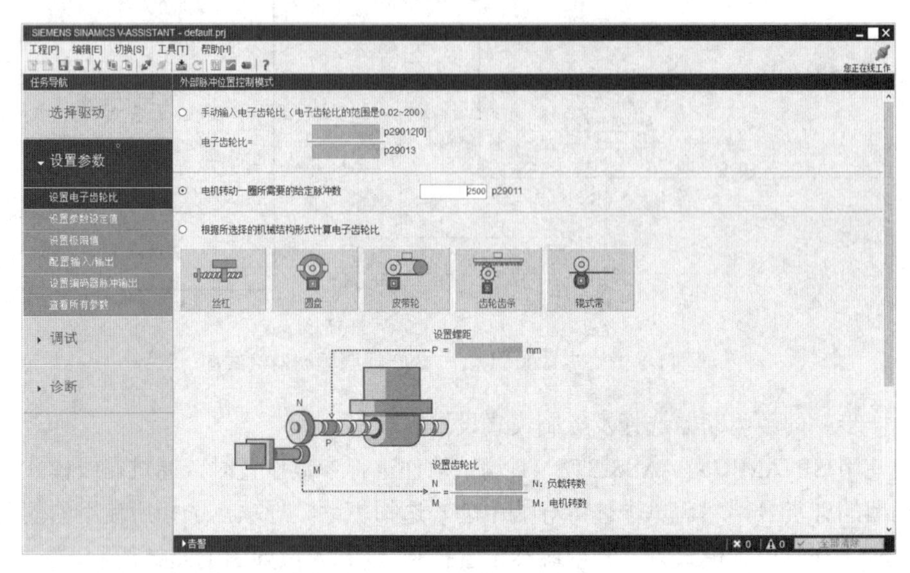

图 11-5-4　设置电机转动一圈所需要的给定脉冲数

第三步：设置参数设定值。

V90 伺服驱动器支持两种脉冲输入形式，本实例中选择的信号类型为“脉冲+方向，正逻辑”，使用的 S7-1200 CPU 输出的信号为 24V DC，因此本实例在选择信号电平时，选择的是“24V 单端”。参数设置如图 11-5-5 所示。

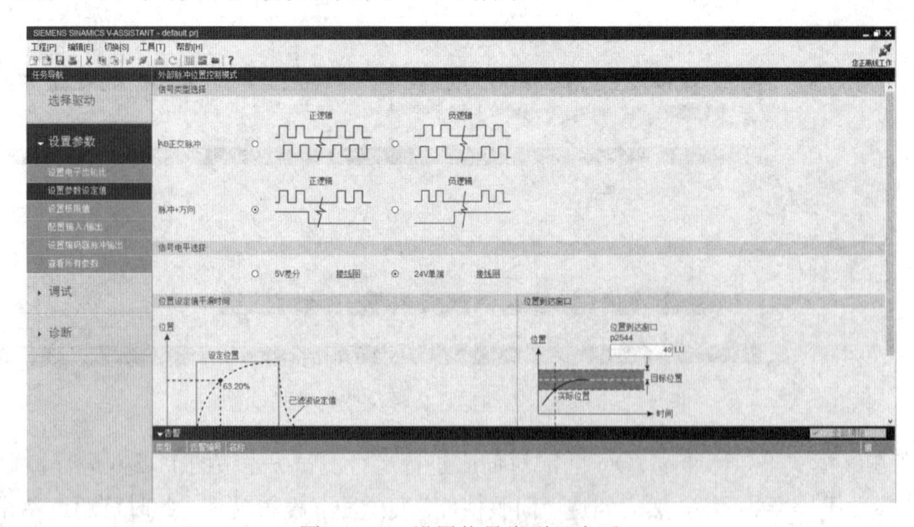

图 11-5-5　设置信号类型及电平

第四步：配置输入/输出信号。

单击“设置参数”选项中的“配置输入/输出”选项，可分配相应的功能到对应的端子，本实例对于数字量输入 SON、CWL、CCWL 和 EMGS 端子，需要保证其信号为 ON 才可运行，而在实际中并未进行接线，因此可通过强制方式把其强制为信号 1，其他的数字量输入按默认进行分配，如图 11-5-6 所示。对于数字量输出和模拟量输出以默认分配为主，这里不进行另外的配置。

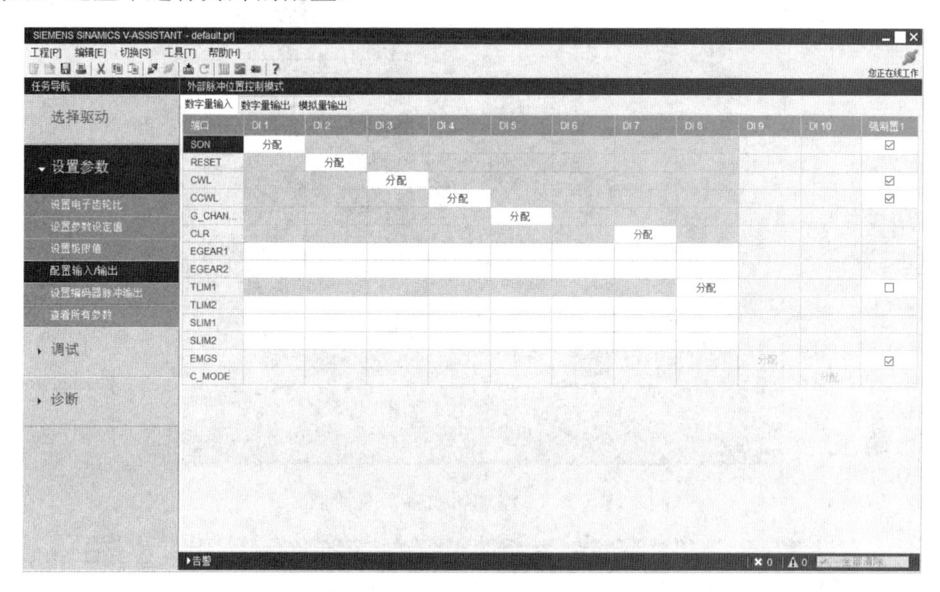

图 11-5-6　配置输入/输出信号端子

3．PLC 程序编写

第一步：新建项目及组态。

打开博途软件，在 Portal 视图中，单击“创建新项目”选项，并输入项目名称（S7-1200 PLC 通过 TO 模式控制 V90 PTI 伺服驱动器的应用实例）、路径和作者等信息，然后单击“创建”按钮即可生成新项目。

进入项目视图，在左侧的“项目树”窗格中，双击“添加新设备”选项，弹出“添加新设备”对话框，如图 11-5-7 所示，在此对话框中选择 CPU 的订货号和版本（必须与实际设备相匹配），然后单击“确定”按钮。

第二步：设置 CPU 属性。

在“项目树”窗格中，单击“PLC_1[CPU 1214C DC/DC/DC]”下拉按钮，双击“设备组态”选项，在“设备视图”的工作区中，选中 PLC_1，依次单击其巡视窗格的“属性”→“常规”→“PROFINET 接口[X1]”→“以太网地址”选项，修改以太网 IP 地址，如图 11-5-8 所示。

第三步：启动高速脉冲输出。

依次单击 CPU 的“属性”→“常规”→“脉冲发生器（PTO/PWM）”→“PTO 1/PWM 1”选项，对脉冲发生器 PTO 1/PWM 1 进行配置。

（1）依次选择“PTO 1/PWM 1”→“常规”选项，激活“启用该脉冲发生器”复选框，并设置“项目信息”选区中的名称，如图 11-5-9 所示。

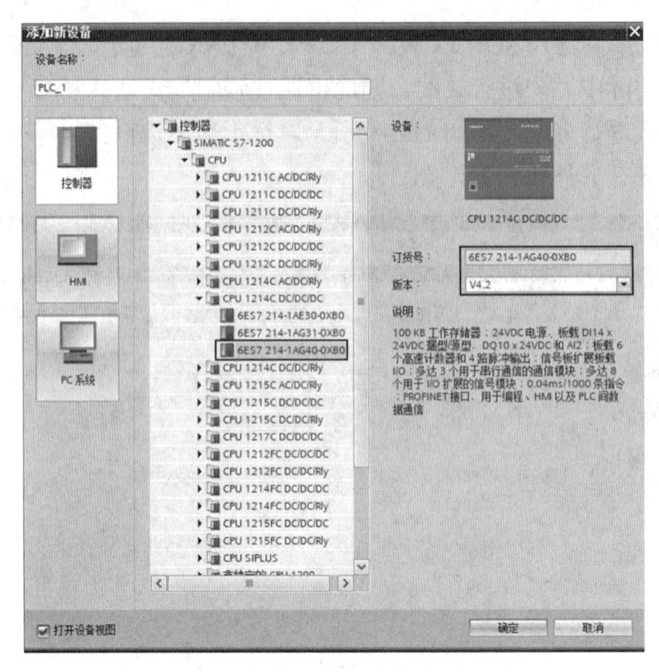

图 11-5-7　“添加新设备”对话框 2

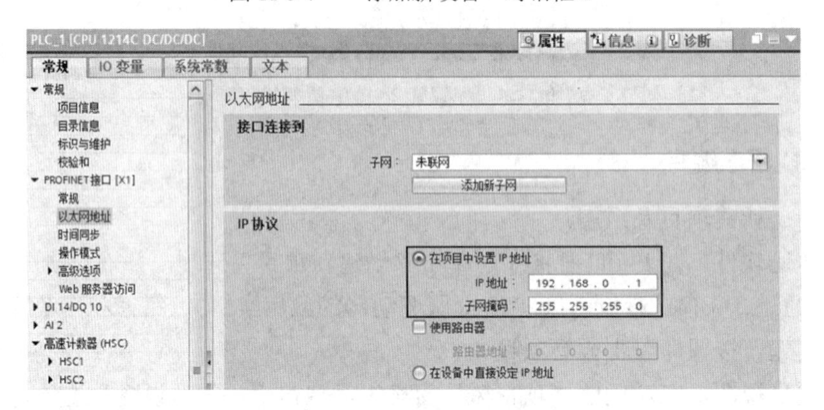

图 11-5-8　以太网 IP 地址设置 2

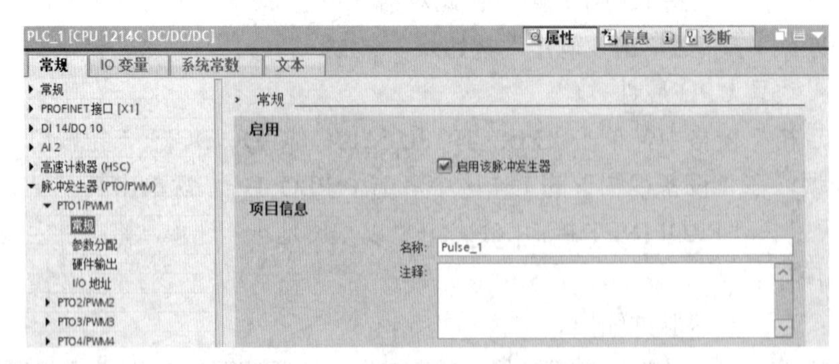

图 11-5-9　设置启用脉冲发生器

（2）依次选择“PTO 1/PWM 1”→“参数分配”选项，信号类型选择“PTO（脉冲 A 和方向 B）”，如图 11-5-10 所示。

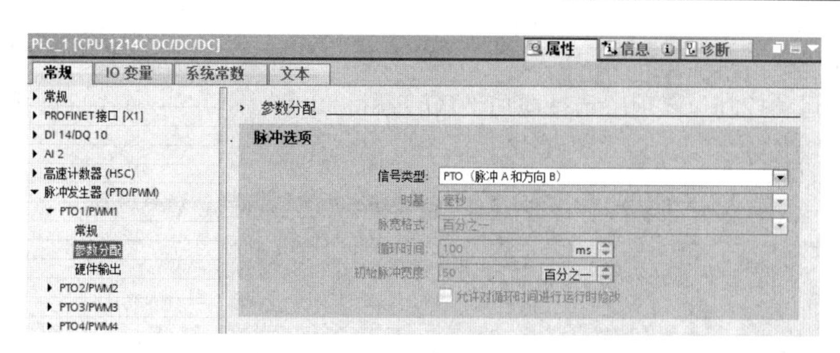

图 11-5-10　参数分配

（3）依次选择“PTO 1/PWM 1”→“硬件输出”选项，配置结果如图 11-5-11 所示。

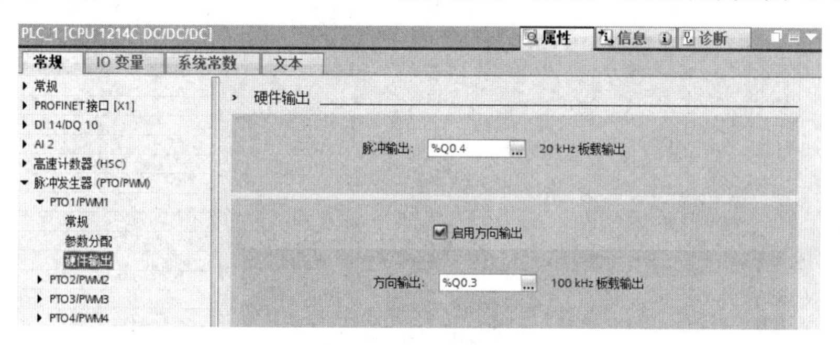

图 11-5-11　硬件输出

第四步：新建 PLC 变量表。

在“项目树”窗格中，依次单击“PLC_1[CPU 1214C DC/DC/DC]”→“PLC 变量”选项，双击“添加新变量表”选项，并将新添加的变量表命名为“PLC 变量表”，在“PLC 变量表”中新建变量，如图 11-5-12 所示。

PLC变量表

	名称	数据类型	地址 ▲	保持
1	左限位开关	Bool	%I0.7	☐
2	原点开关	Bool	%I1.0	☐
3	右限位开关	Bool	%I1.1	☐
4	轴_1_方向	Bool	%Q0.3	☐
5	轴_1_脉冲	Bool	%Q0.4	☐
6	轴使能	Bool	%M10.0	☐
7	轴使能完成	Bool	%M10.1	☐
8	轴使能错误	Bool	%M10.2	☐
9	轴回原点按钮	Bool	%M20.0	☐
10	轴回原点完成	Bool	%M20.1	☐
11	轴回原点错误	Bool	%M20.2	☐
12	轴绝对位移按钮	Bool	%M30.0	☐
13	轴绝对位移完成	Bool	%M30.1	☐
14	轴绝对位移错误	Bool	%M30.2	☐
15	轴绝对位移位置设定	Real	%MD32	☐
16	轴绝对位移速度设定	Real	%MD36	☐
17	轴暂停按钮	Bool	%M40.0	☐
18	轴暂停完成	Bool	%M40.1	☐
19	轴暂停错误	Bool	%M40.2	☐

图 11-5-12　PLC 变量表 2

第五步：组态轴工艺对象。

（1）新增一个轴工艺对象。

在“项目树”窗格中，依次单击“PLC_1[CPU 1214C DC/DC/DC]”→“工艺对象”

选项，双击“新增对象”选项，新增一个工艺对象，在新增工艺对象中选择“运动控制”选项，在“运动控制”选项中选择添加“TO_PositioningAxis”，如图 11-5-13 所示，然后单击“确定”按钮。

图 11-5-13　添加轴工艺对象

（2）基本参数设置部分。

在运动轴的参数组态中有基本参数组态和扩展参数组态，在基本参数中有“常规”和“驱动器”两部分参数需要进行组态配置。

① 常规参数部分，在常规参数中需要对“工艺对象-轴”“驱动器”“测量单位”3 个参数进行组态，组态配置如图 11-5-14 所示。

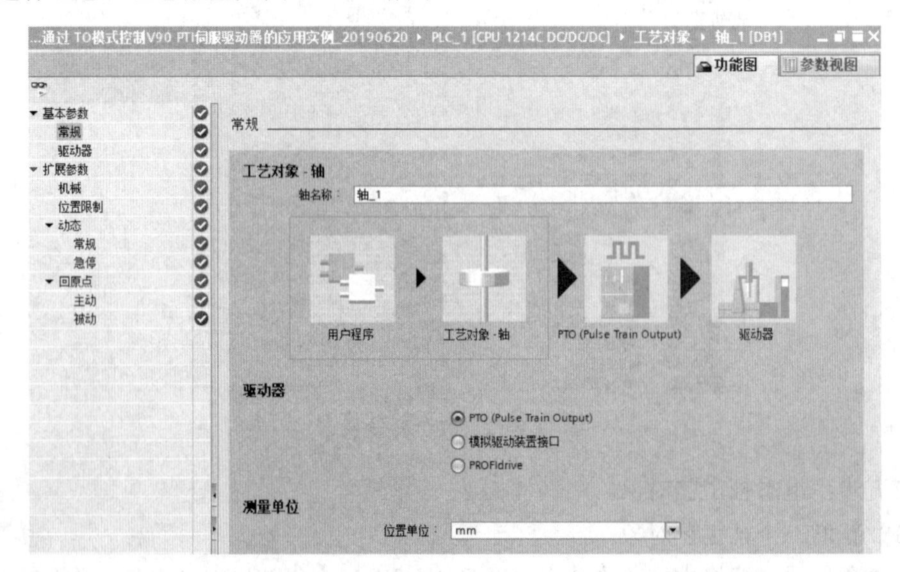

图 11-5-14　常规参数组态 1

② 驱动器参数部分，在该部分参数中主要组态“硬件接口”参数和“驱动装置的使能和反馈”参数，组态配置如图 11-5-15 所示。

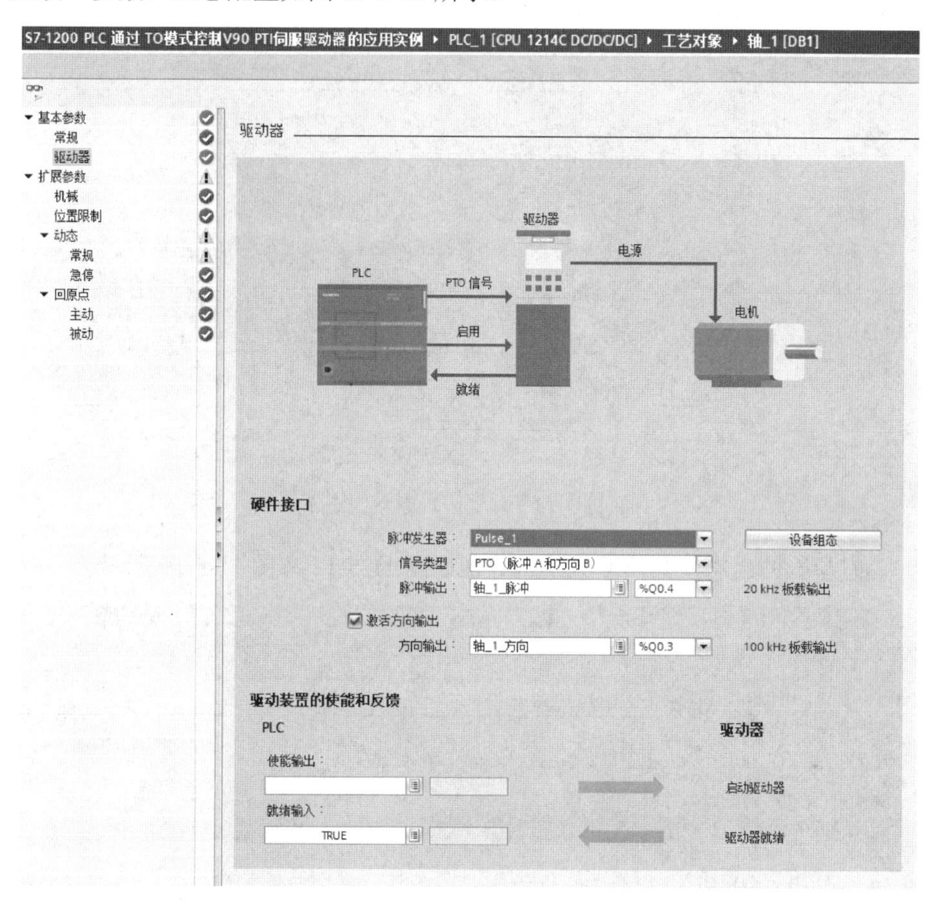

图 11-5-15　驱动器参数组态

（3）扩展参数设置部分。

在扩展参数中需要组态“机械”“位置限制”“动态”“回原点”等参数。

① 机械参数部分，具体参数设置如图 11-5-16 所示。

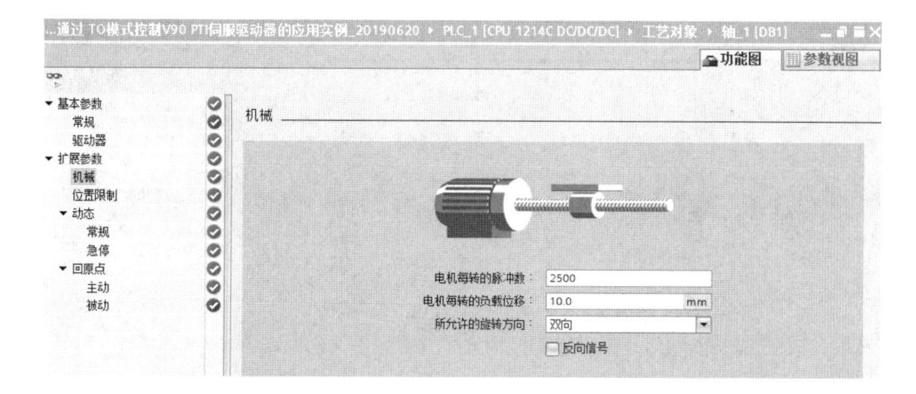

图 11-5-16　机械参数组态 1

② 位置限制参数部分，具体参数设置如图 11-5-17 所示。

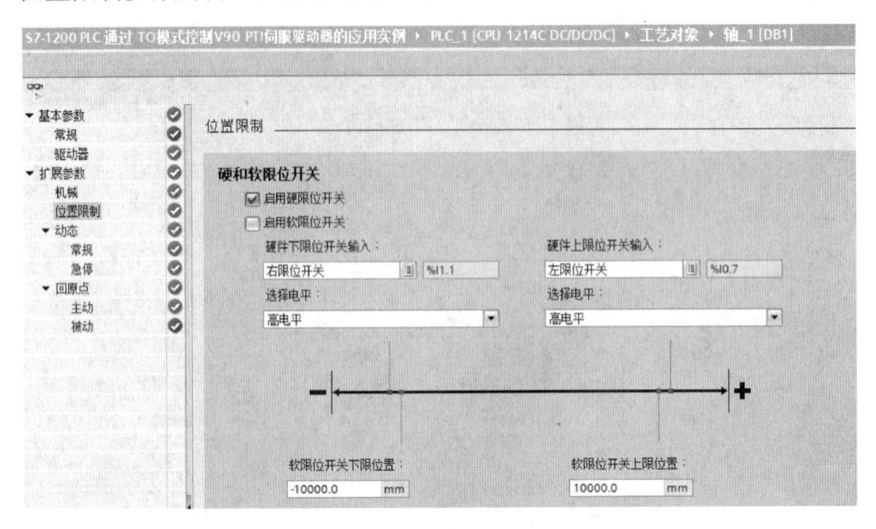

图 11-5-17　位置限制参数组态 1

③ 动态参数的组态，具体参数设置分别如图 11-5-18 和图 11-5-19 所示。

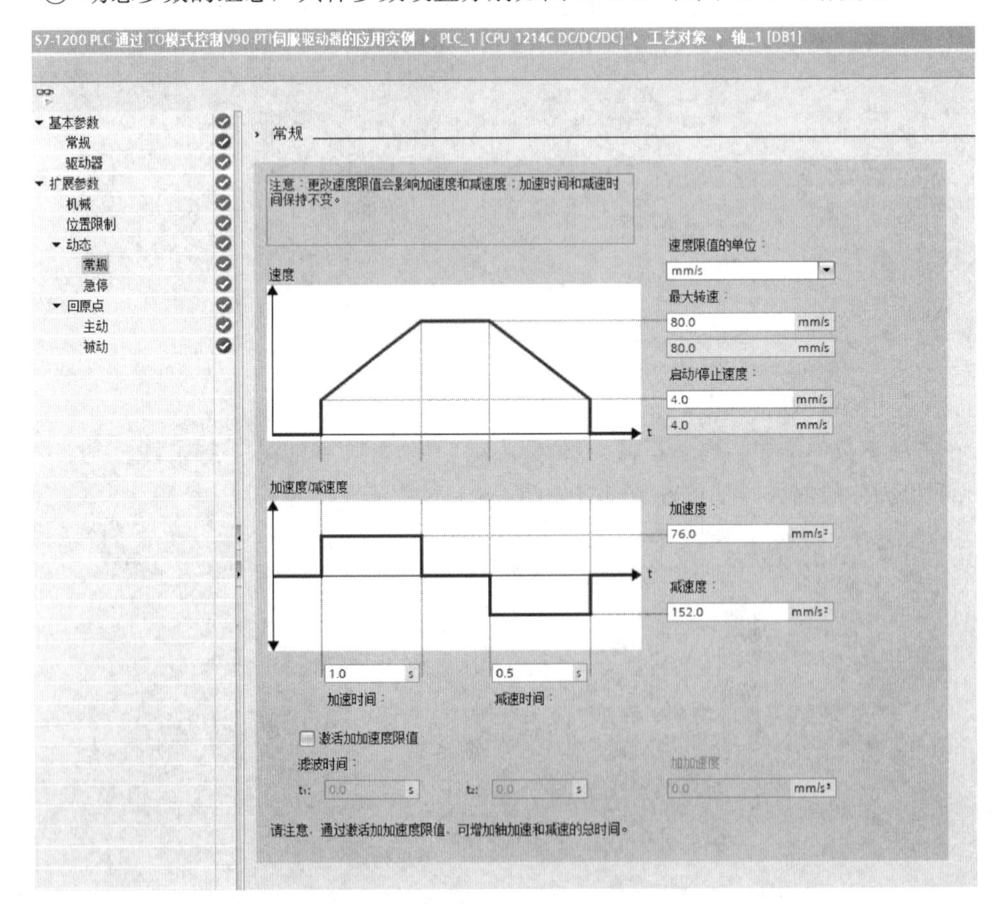

图 11-5-18 动态常规参数组态 1

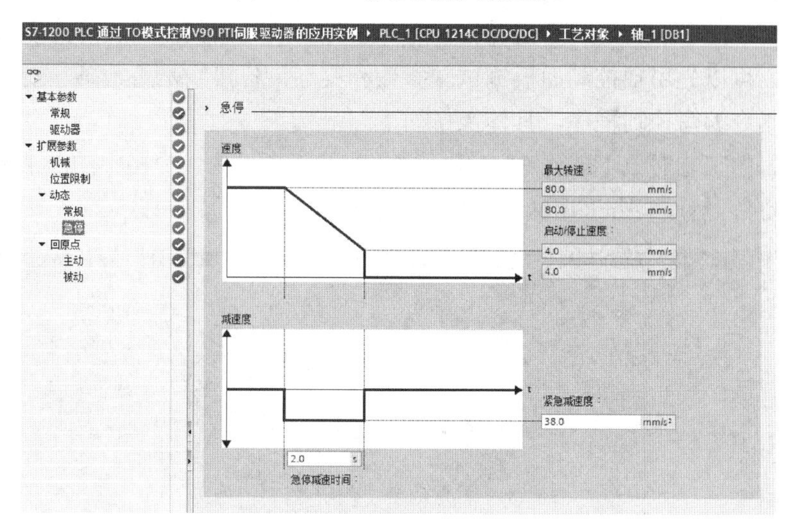

图 11-5-19 动态急停参数组态 1

④ 回原点参数的组态。

回原点参数组态分为“主动”和“被动”两部分参数。本实例采用主动回原点，因此只对主动回原点参数的相关内容进行组态配置。主动回原点就是传统意义上的回原点或是寻找参考点，当轴触发主动回原点操作时，轴就会按照组态的速度寻找原点开关信号，并完成回原点命令。具体参数设置如图 11-5-20 所示。

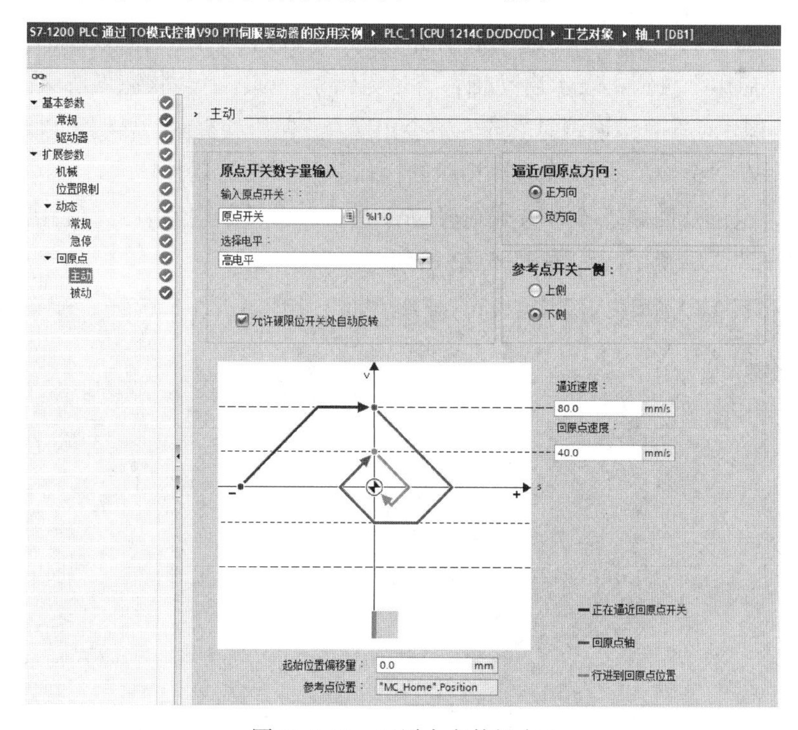

图 11-5-20 回原点参数组态 1

第五步：使用轴控制面板调试所组态的轴。

轴控制面板是 S7-1200 PLC 运动控制中一个很重要的工具，在实际的机械硬件设备制作完成前，可以先用轴控制面板测试轴参数和实际设备接线是否正确。测试正常后可调用轴控制指令编写控制程序，具体操作如下。

把组态好的工艺对象下载到 PLC 中，单击左侧“项目树”窗格中的“工艺对象”中组态的“轴_1”，然后双击“调试”选项打开轴控制面板，如图 11-5-21 所示。

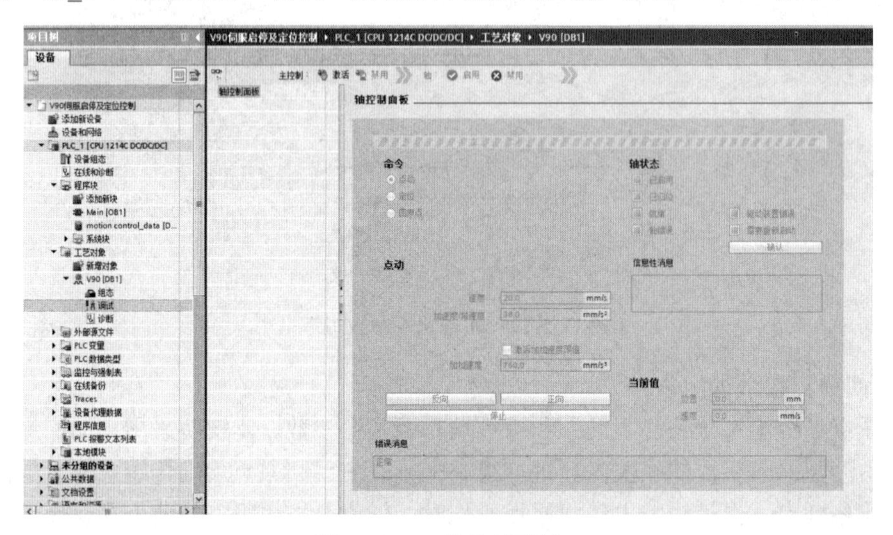

图 11-5-21 轴控制面板 1

在轴控制面板的“主控制”选项中单击“激活”按钮，轴控制面板激活后，在“轴”选项中单击“启用”按钮，表示启动轴。若轴无错误，则在“轴状态”选区的“已启用”和“就绪”为绿色，在“错误消息”选区中会出现“正常”的提示，表明可以进行轴控制。

轴启用后在“命令”选区可选择相应的操作来调试轴的运行情况，在“命令”选区可选择点动、定位及回原点多种方式对轴进行调试，选择不同的方式，会出现相应的操作选项供用户调试轴使用，如图 11-5-22 所示。

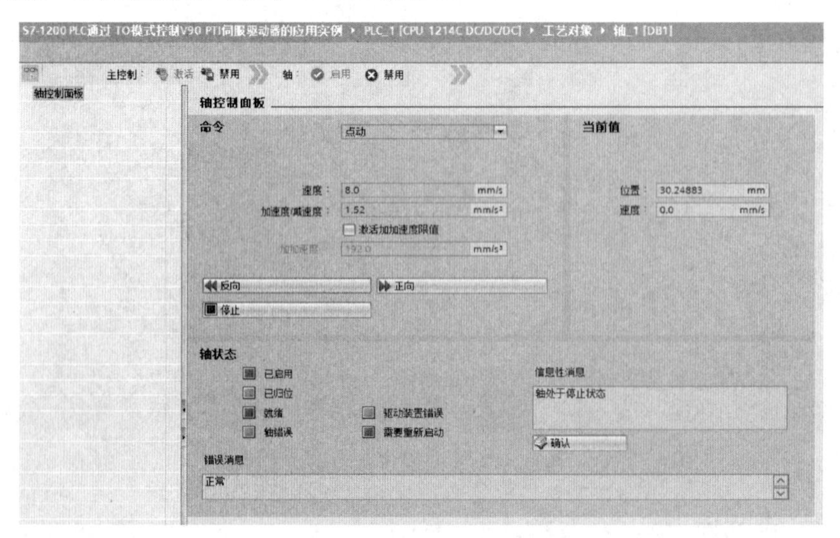

图 11-5-22　轴控制面板 2

第六步：编写 OB1 主程序。

（1）调用“MC_Power”指令，编写轴使能控制程序，如图 11-5-23 所示。

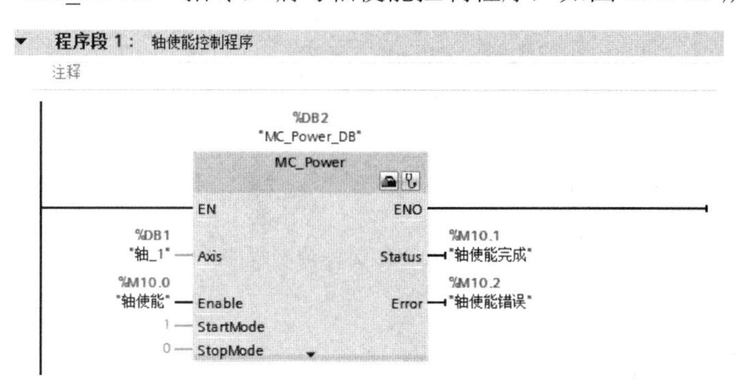

图 11-5-23　轴使能控制程序 1

（2）调用“MC_Home”指令，以实现寻找原点功能，具体程序段如图 11-5-24 所示。

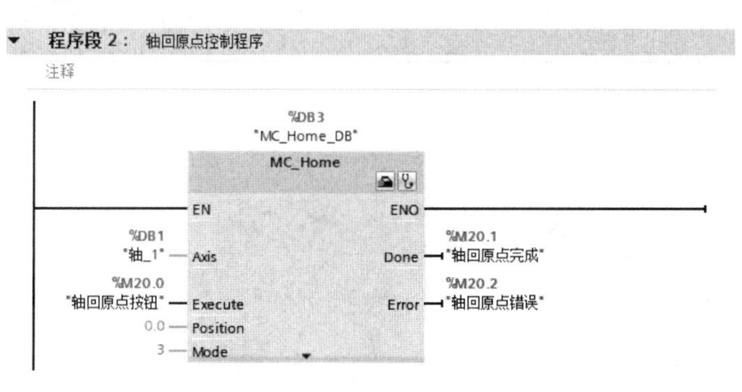

图 11-5-24　轴回原点控制程序 1

（3）调用“MC_MoveAbsolute”指令，以实现定位功能，具体程序段如图 11-5-25 所示。

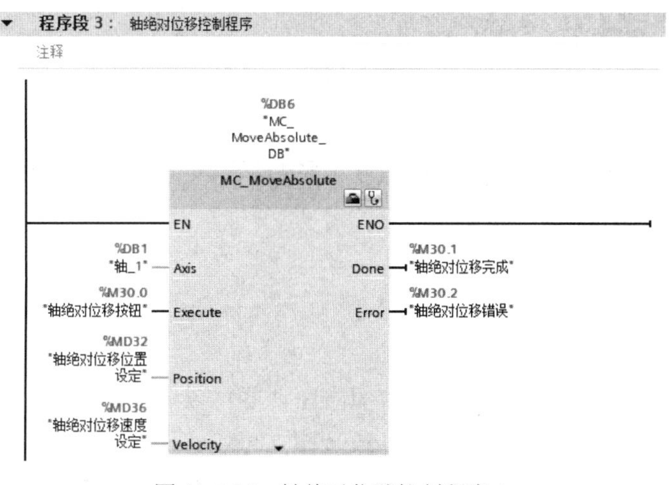

图 11-5-25　轴绝对位移控制程序 1

（4）调用“MC_Halt”指令，以实现对轴的停止控制，具体程序段如图 11-5-26 所示。

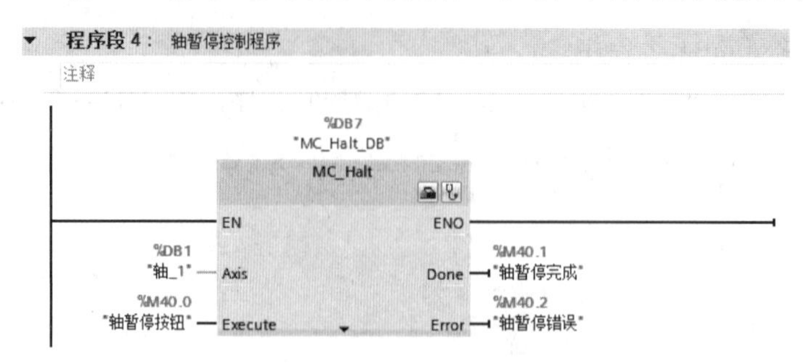

图 11-5-26　轴暂停控制程序 1

第七步：程序测试。

程序编译后，下载到 S7-1200 CPU 中，按以下步骤进行程序测试。

（1）轴使能：轴使能置位（M10.0）。

（2）轴回原点：按下轴回原点按钮（M20.0，上升沿），轴回原点。

（3）轴绝对位移：轴绝对位移位置设定（MD32）为 100，轴绝对位移速度设定（MD36）为 10，然后按下轴绝对位移按钮（M30.0，上升沿），轴将以设定值的速度移动到设置的绝对位置。

PLC 监控表如图 11-5-27 所示。

S7-1200 PLC 通过 TO模式控制V90 PN伺服驱动器的应用实例 ▸ PLC_1 [CPU 1214C DC/DC/DC] ▸ 监控与强制表 ▸ 监控点表

	i	名称	地址	显示格式	监视值	修改值		注释
1		"轴使能"	%M10.0	布尔型	TRUE	TRUE	☑ !	
2		"轴使能完成"	%M10.1	布尔型	TRUE			
3		"轴使能错误"	%M10.2	布尔型	FALSE			
4		"轴回原点按钮 "	%M20.0	布尔型	TRUE	TRUE	☑ !	
5		"轴回原点完成 "	%M20.1	布尔型	TRUE			
6		"轴回原点错误 "	%M20.2	布尔型	FALSE			
7		"轴绝对位移按钮"	%M30.0	布尔型	TRUE	TRUE	☑ !	
8		"轴绝对位移位置设定"	%MD32	浮点数	100.0	100.0	☑ !	
9		"轴绝对位移速度设定"	%MD36	浮点数	10.0	10.0	☑ !	
10		"轴绝对位移完成"	%M30.1	布尔型	TRUE			
11		"轴绝对位移错误"	%M30.2	布尔型	FALSE			
12		"轴暂停按钮"	%M40.0	布尔型	FALSE			
13		"轴暂停完成"	%M40.1	布尔型	FALSE			
14		"轴暂停错误"	%M40.2	布尔型	FALSE			

图 11-5-27　PLC 监控表 2

11.6　S7-1200 PLC 通过 TO 模式控制 V90 PN 伺服驱动器的应用实例

11.6.1　功能简介

带有 PROFINET 接口的 V90 PN 伺服驱动器可以通过该接口与 S7-1200 PLC 的 PROFINET 接口进行连接，通过 PROFIdrive 报文可以实现对 V90 PN 伺服驱动器的闭环控制。通过 PROFIdrive 报文最多可以控制 8 台 V90 PN 伺服驱动器。

11.6.2　实例内容

（1）实例名称：S7-1200 PLC 通过 TO 模式控制 V90 PN 伺服驱动器的应用实例。

（2）实例描述：V90 PN 伺服驱动器通过丝杠带动工作台运行。

控制要求：按下回原点按钮后，工作台回到原点。按下启动按钮后，工作台以 10.0mm/s 的速度从原点移动到距离原点 100mm 处停止，运行过程中按下停止按钮，停止轴运行。当再次按下启动按钮时，工作台继续运行，并到达 100mm 处停止。运动控制示意图如图 11-6-1 所示。

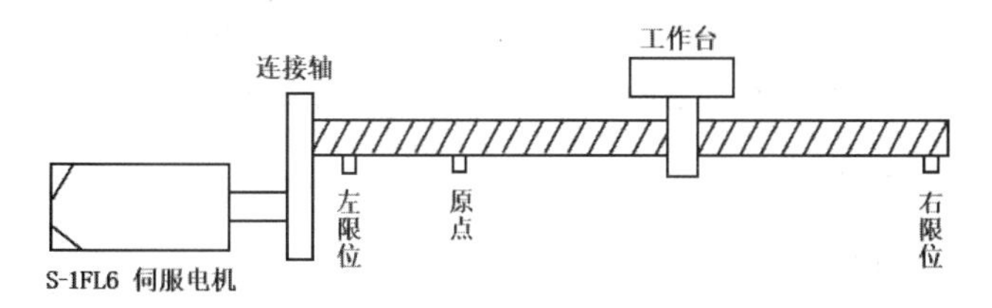

图 11-6-1　运动控制示意图 2

（3）主要硬件组成：①S7-1200 PLC（CPU1214C DC/DC/DC），一台，订货号为 6ES7 214-1AG40-0XB0；②SINAMICS V90 伺服驱动器，一台，订货号为 6SL3210-5FB10-4UA1；③SIMOTICS S-1FL6 伺服电机，一台，订货号为 1FL6024-2AF21-1AA1；④编程计算机，一台，已安装博途专业版 V15.1 软件。

11.6.3　实例实施

1．S7-1200 PLC 的接线图

S7-1200 PLC 与 V90 PN 伺服驱动器是通过 PROFINET 接口进行数据交换的，因此 S7-1200 PLC 的接线图只包括外部 I/O 点，如图 11-6-2 所示。

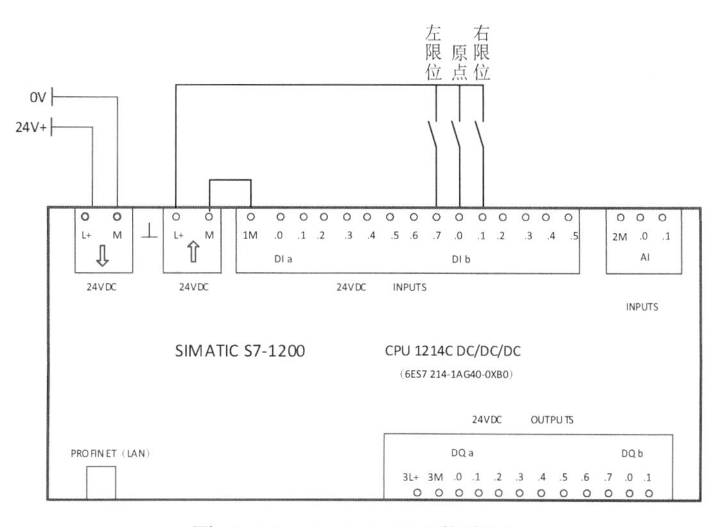

图 11-6-2　S7-1200 PLC 接线图 1

2．V90 PN 伺服驱动器的基本参数配置

S7-1200 通过 PROFIdrive 报文对 V90 PN 伺服驱动器进行闭环控制，需要设置 V90 PN 伺服驱动器的 IP 地址、名称及通信报文。

第一步：选择驱动和控制模式。

在使用 SINAMICS V-ASSISTANT 调试软件进行参数设置时，通过在线模式获取实际驱动器型号，然后单击任务导航中的“选择驱动”选项，选择所使用的伺服驱动器和电机。选择控制模式为“速度控制（S）”，如图 11-6-3 所示。

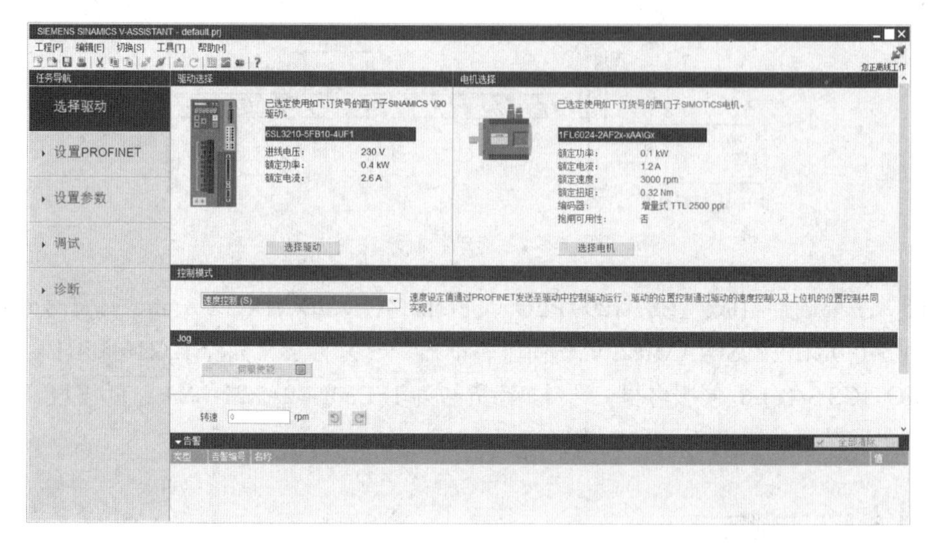

图 11-6-3　V90 PN 伺服驱动器型号及控制模式配置

第二步：选择通信报文。

单击“设置 PROFINET”下拉按钮，选择“选择报文”选项，选择的报文为“3:标准报文 3，PZD-5/9”，如图 11-6-4 所示。

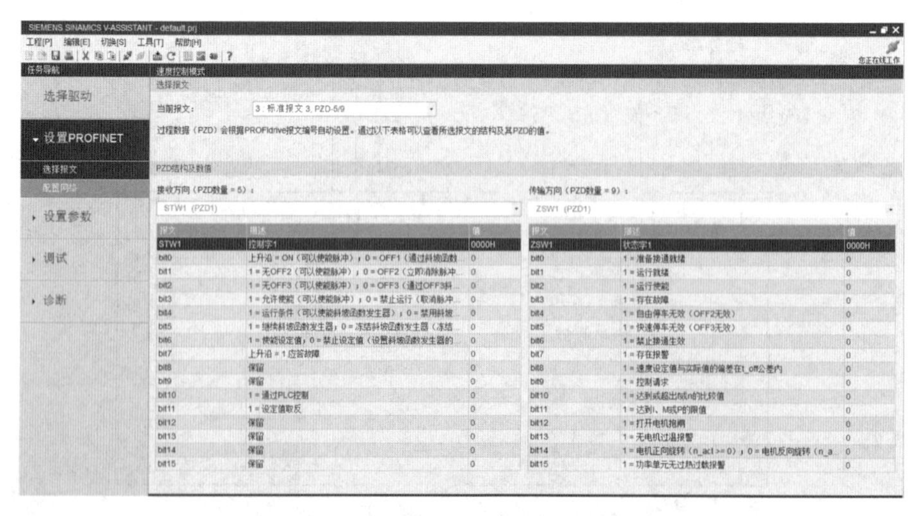

图 11-6-4　V90 PN 伺服驱动器通信报文配置

第三步：网络配置。

单击“设置 PROFINET”下拉按钮，在“配置网络”参数项中配置伺服驱动器的 PN 站名和 PN 站的 IP 地址，本实例把 PN 站名命名为“v90”，PN 站的 IP 地址设置为 192.168.0.5，然后单击“保存并激活”按钮，如图 11-6-5 所示。

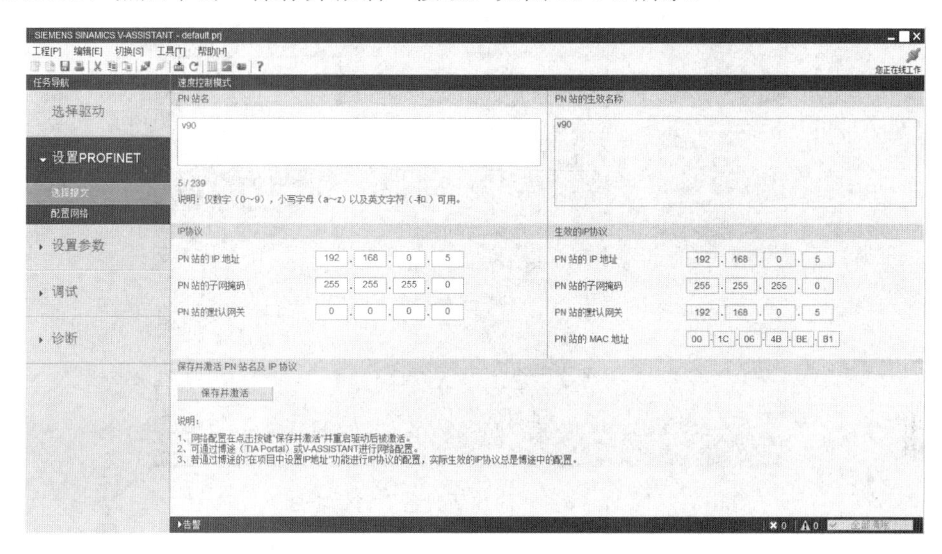

图 11-6-5　PN 站名和 PN 站的 IP 地址配置 1

3. PLC 程序编写

第一步：新建项目及组态。

打开博途软件，在 Portal 视图中，单击 “创建新项目”选项，在弹出的界面中输入项目名称（S7-1200 PLC 通过 TO 模式控制 V90 PN 伺服驱动器的应用实例）、路径和作者等信息，然后单击“创建”按钮即可生成新项目。

进入项目视图，在左侧的“项目树”窗格中，双击“添加新设备”选项，弹出“添加新设备”对话框，如图 11-6-6 所示，在此对话框中选择 CPU 的订货号和版本（必须与实际设备相匹配），然后单击“确定”按钮。

第二步：设置 CPU 属性。

在“项目树”窗格中，单击“PLC_1[CPU 1214C DC/DC/DC]”下拉按钮，双击“设备组态”选项，在“设备视图”的工作区中，选中 PLC_1，依次单击其巡视窗格的“属性”→“常规”→“PROFINET 接口[X1]”→“以太网地址”选项，修改以太网 IP 地址，如图 11-6-7 所示。

第三步：新建 PLC 变量表。

在“项目树”窗格中，依次单击“PLC_1[CPU 1214C DC/DC/DC]”→“PLC 变量”选项，双击“添加新变量表”选项，并将新添加的变量表命名为“PLC 变量表”，在“PLC 变量表”中新建变量，如图 11-6-8 所示。

图 11-6-6 “添加新设备”对话框 3

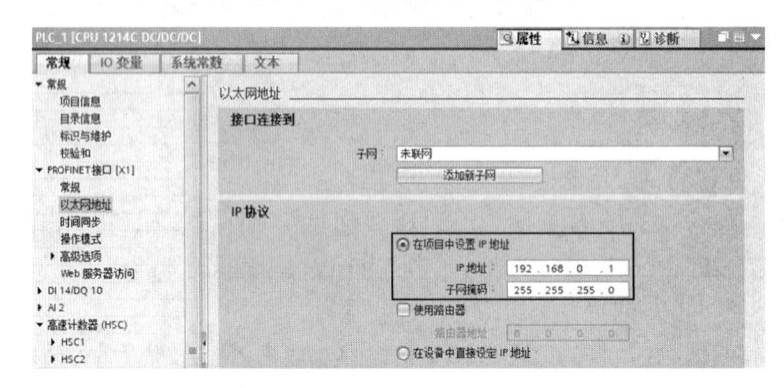

图 11-6-7 以太网 IP 地址设置 3

PLC变量表

	名称	数据类型	地址 ▲	保持
1	左限位开关	Bool	%I0.7	
2	原点开关	Bool	%I1.0	
3	右限位开关	Bool	%I1.1	
4	轴使能	Bool	%M10.0	
5	轴使能完成	Bool	%M10.1	
6	轴使能错误	Bool	%M10.2	
7	轴回原点按钮	Bool	%M20.0	
8	轴回原点完成	Bool	%M20.1	
9	轴回原点错误	Bool	%M20.2	
10	轴绝对位移按钮	Bool	%M30.0	
11	轴绝对位移完成	Bool	%M30.1	
12	轴绝对位移错误	Bool	%M30.2	
13	轴绝对位移位置设定	Real	%MD32	
14	轴绝对位移速度设定	Real	%MD36	
15	轴暂停按钮	Bool	%M40.0	
16	轴暂停完成	Bool	%M40.1	
17	轴暂停错误	Bool	%M40.2	

图 11-6-8 PLC 变量表 3

第四步：组态 PROFINET 网络。

在“项目树”窗格中，选择“设备和网络”选项，在右侧硬件目录中找到“其它现场设备”→“PRFINET IO”→“Drives”→“SIEMENS AG”→“SINAMICS”→“SINAMICS V90 PN V1.0”，然后双击或拖拽此模块到网络视图，如图 11-6-9 所示。

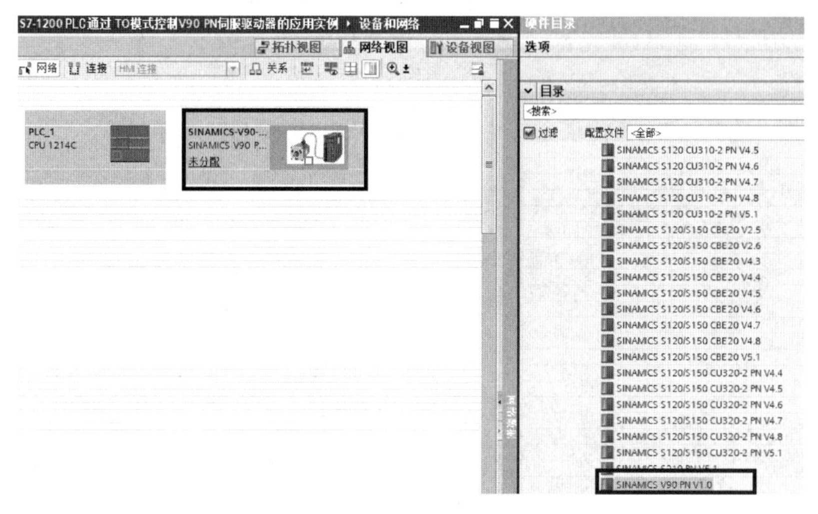

图 11-6-9　添加 V90 PN 伺服驱动器 1

若在“SINAMICS”选项下无法找到“SINAMICS V90 PN V1.0”模块，则说明未安装 V90 PN 伺服驱动器的 GSD 文件，可首先在西门子官网下载 V90 PN 伺服驱动器的 GSD 文件，然后单击博途软件菜单栏中的“选项”菜单，选择“管理通用站描述文件（GSD）”选项，在弹出的对话框中导入下载好的 GSD 文件，安装完成即可进行网络配置。

在“网络视图”的工作区中，单击 V90 PN 的伺服驱动器“未分配”图标，然后选择 IO 控制器为“PLC_1.PROFINET 接口_1”，如图 11-6-10 所示。

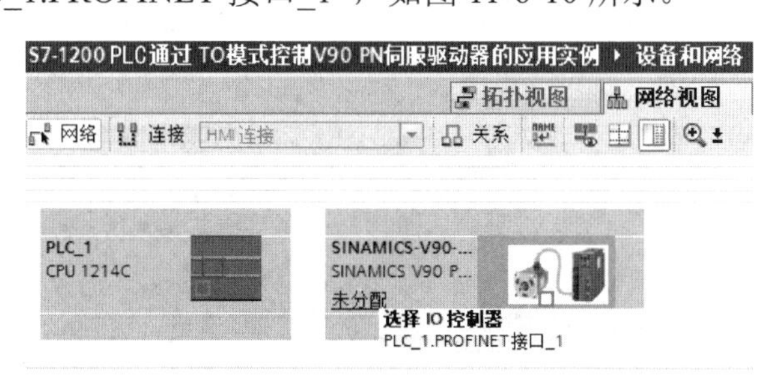

图 11-6-10　选择 IO 控制器 1

组态完成的 V90 PN 伺服驱动器网络图如图 11-6-11 所示。

第五步：配置 V90 PN 伺服驱动器参数。

在“网络视图”的工作区中，双击 V90 PN 伺服驱动器，进入其“设备视图”，然后依次单击“属性”→“常规”→“PROFINET 接口[X150]”→“以太网地址”选项，修改以太网 IP 地址，如图 11-6-12 所示。

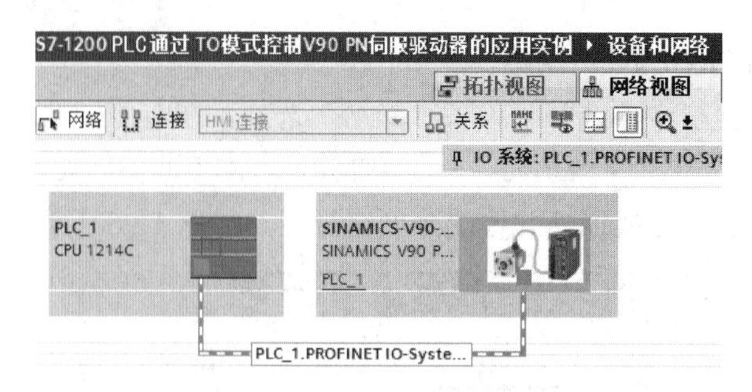

图 11-6-11　组态完成的 V90 PN 伺服驱动器网络图 1

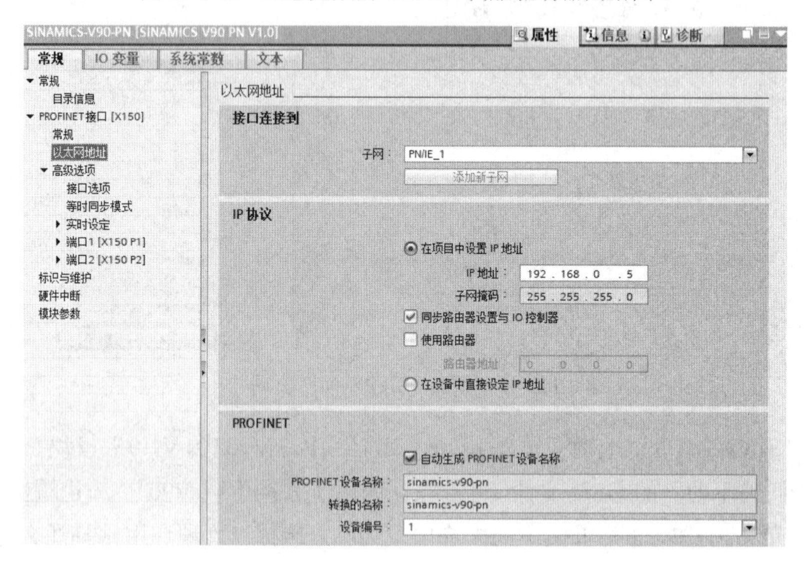

图 11-6-12　V90 PN 伺服驱动器的 IP 地址设置 1

进入 V90 PN 伺服驱动器的“设备概览”视图。在硬件目录中找到“子模块”→“标准报文 3，PZD-5/9”，然后双击或拖拽此模块至“设备概览”视图的 13 插槽即可，如图 11-6-13 所示。

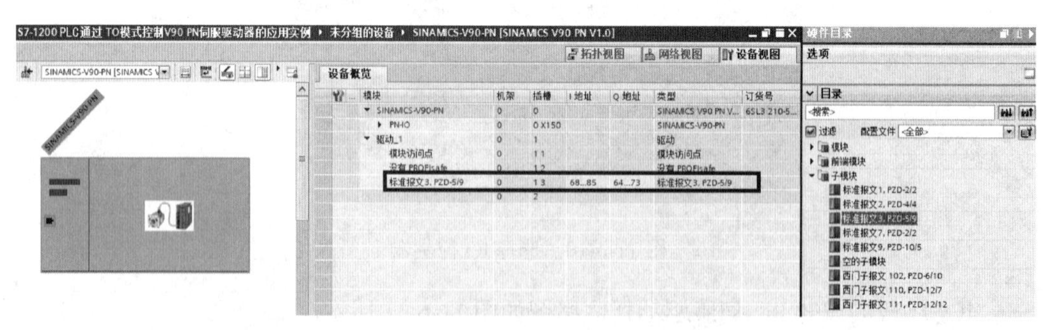

图 11-6-13　V90 PN 伺服驱动器报文配置 1

第六步：分配设备名称。

在“网络视图”的工作区中，选中 V90 PN 伺服驱动器并右击，结果如图 11-6-14 所示。

图 11-6-14　快捷菜单 1

执行“分配设备名称”命令，配置结果如图 11-6-15 所示。

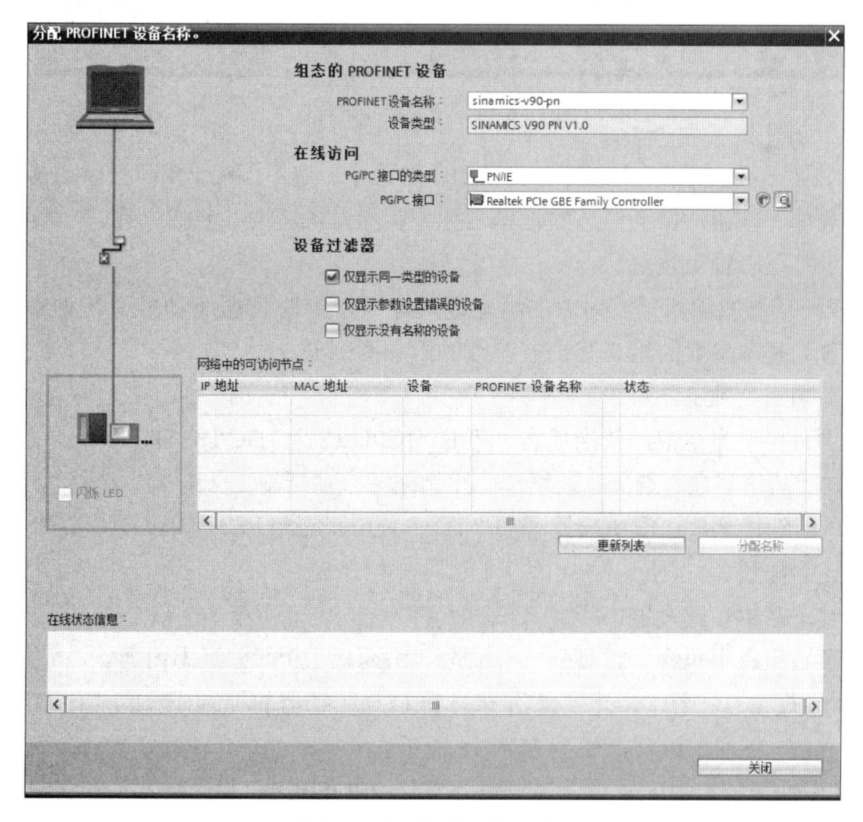

图 11-6-15　分配设备名称 1

在图 11-6-15 中，单击“更新列表”按钮，结果如图 11-6-16 所示。

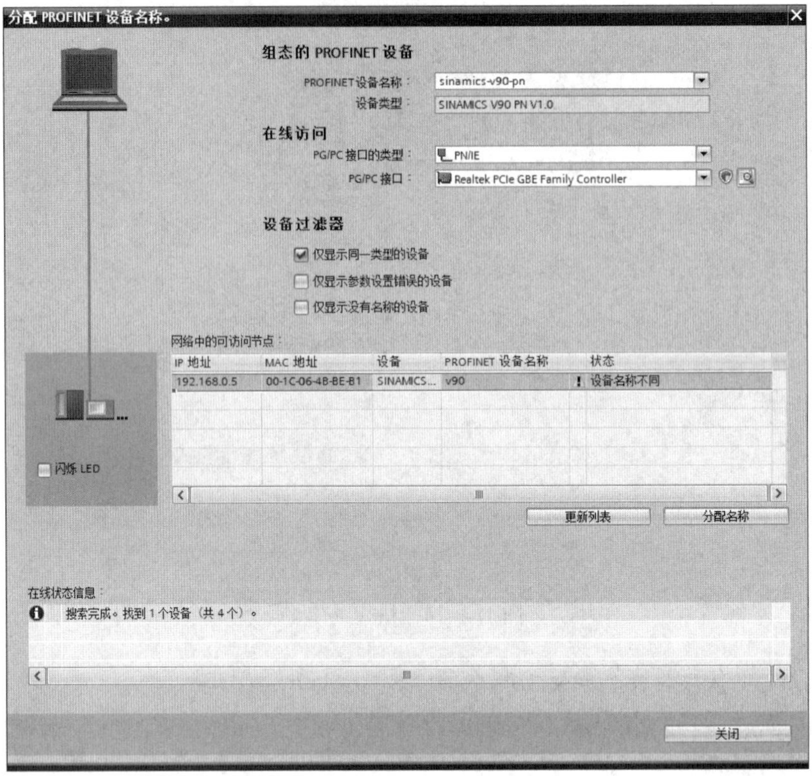

图 11-6-16　分配设备名称 2

在图 11-6-16 的“网络中的可访问节点”选区中，选中 V90 PN 伺服驱动器，然后单击“分配名称”按钮，保证组态的设备名称和实际设备的设备名称一致。

第七步：组态轴工艺对象。

V90 PN 伺服驱动器工艺对象的组态方式与 V90 PTI 伺服驱动器工艺对象的组态方式类似，分为基本参数的组态和扩展参数的组态两部分。

（1）新增一个轴工艺对象。

在“项目树”窗格中，依次单击“PLC_1[CPU 1214C DC/DC/DC]”→“工艺对象”选项，双击“新增对象”选项，新增一个工艺对象，在新增工艺对象中选择“运动控制”选项，在“运动控制”选项中选择添加“TO_PositioningAxis”，如图 11-6-17 所示，然后单击“确定”按钮。

（2）组态基本参数设置。

基本参数组态中包含“常规”“驱动器”“编码器”3 部分组态内容。

① 在常规参数配置中，本实例选择的 PLC 与驱动器的控制模式为“PROFIdrive”，测量单为 mm，不使用仿真，如图 11-6-18 所示。

② 在驱动器的参数配置中，需要对“选择 PROFIdrive 驱动装置”和“与驱动器装置进行数据交换”两项内容进行配置。

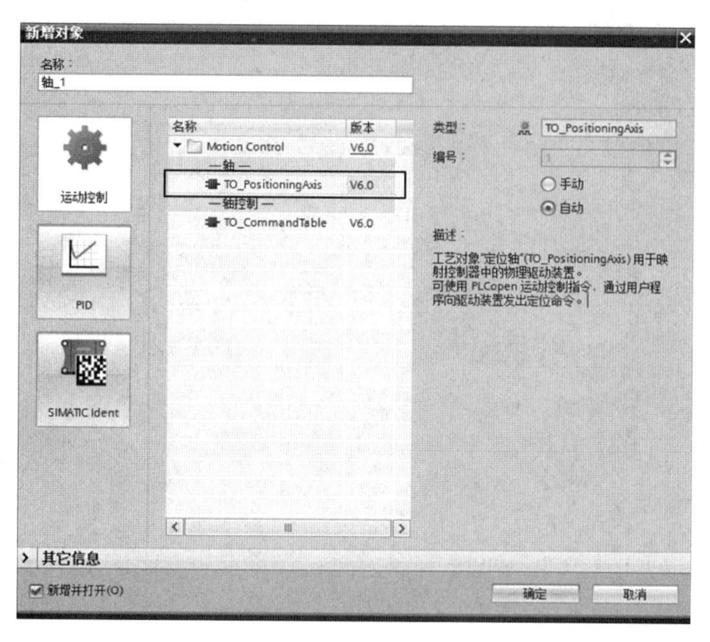

图 11-6-17　新增运动轴的工艺对象

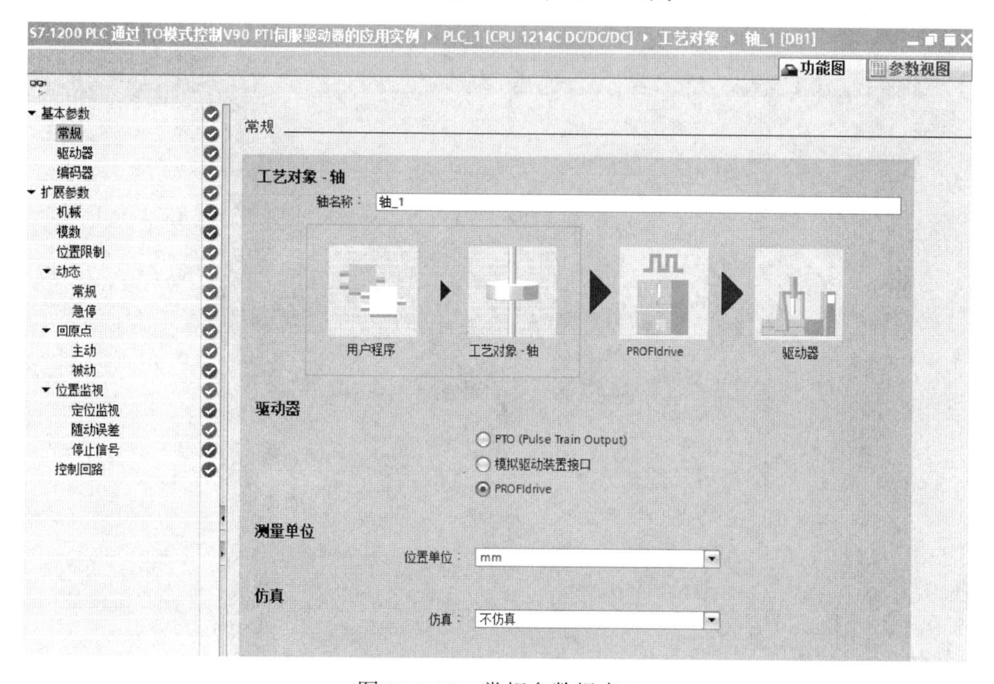

图 11-6-18　常规参数组态 2

选择 PROFIdrive 驱动装置：数据连接选择“驱动器”。驱动器需要选择网络视图中配置的驱动器（V90 PN 伺服驱动器），如图 11-6-19 所示。

与驱动装置进行数据交换：在驱动器报文选项中，系统会根据前面所选择的驱动器自动选择相应的驱动器报文，该报文必须与驱动器的组态一致，选择“DP_TEL3_STANDARD”，另外，激活“自动传送设备中的驱动装置参数”复选框。具体配置如图 11-6-20 所示。

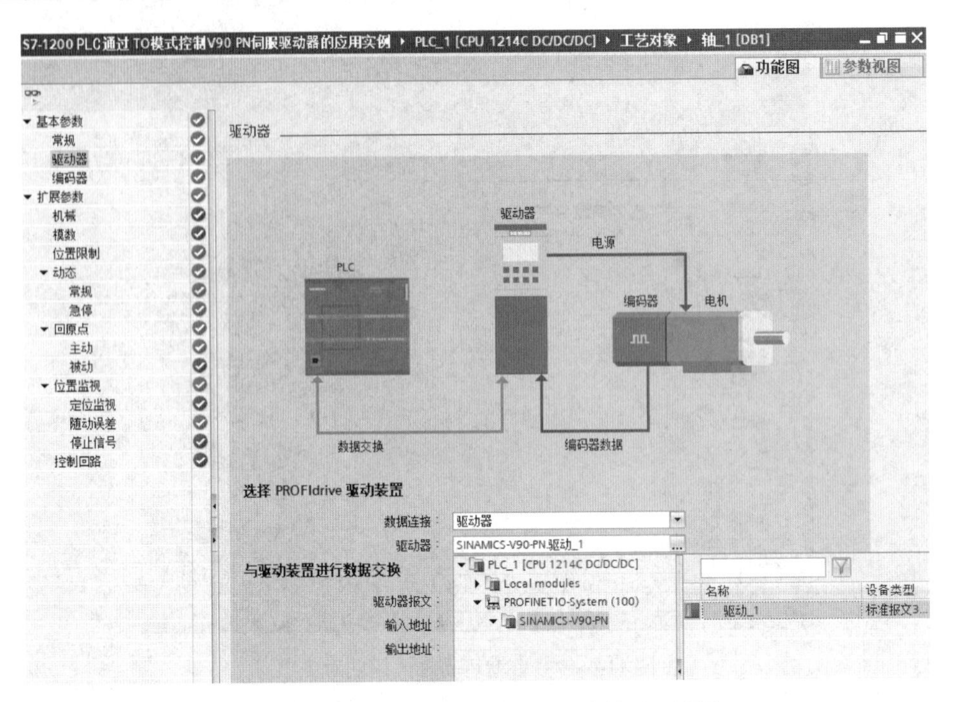

图 11-6-19 “选择 PROFIdrive 驱动装置”设置

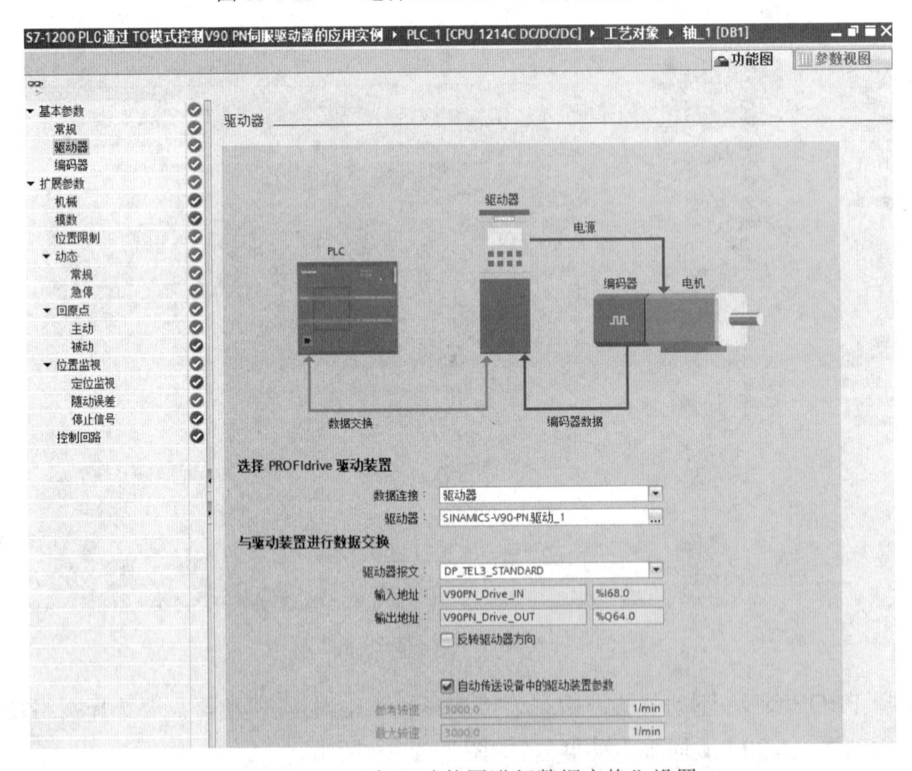

图 11-6-20 “与驱动装置进行数据交换”设置

③ 编码器参数配置。编码器的连接有 PROFINET/PROFIBUS 上的编码器和高速计数器（HSC）上的编码器两个选择，在本实例中，选择 PROFINET/PROFIBUS 上的编码器。

编码器选择：数据连接选择“编码器”，PROFIdrive 编码器选择“SINAMICS-V90-PN 驱动_1_编码器 1”，如图 11-6-21 所示。

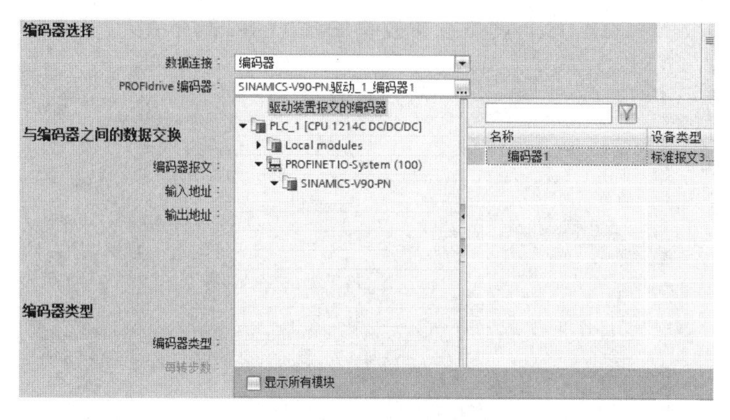

图 11-6-21　选择编码器

与编码器之间的数据交换：在“编码器报文”下拉列表中，选择编码器的报文，其技术数据必须与设备组态一致，这里选择“DP_TEL3_STANDARD”，另外，激活“自动传送设备中的编码器参数”复选框。

编码器类型：本实例中伺服电机所带的编码器类型为旋转增量式编码器，具体有关编码器参数配置如图 11-6-22 所示。

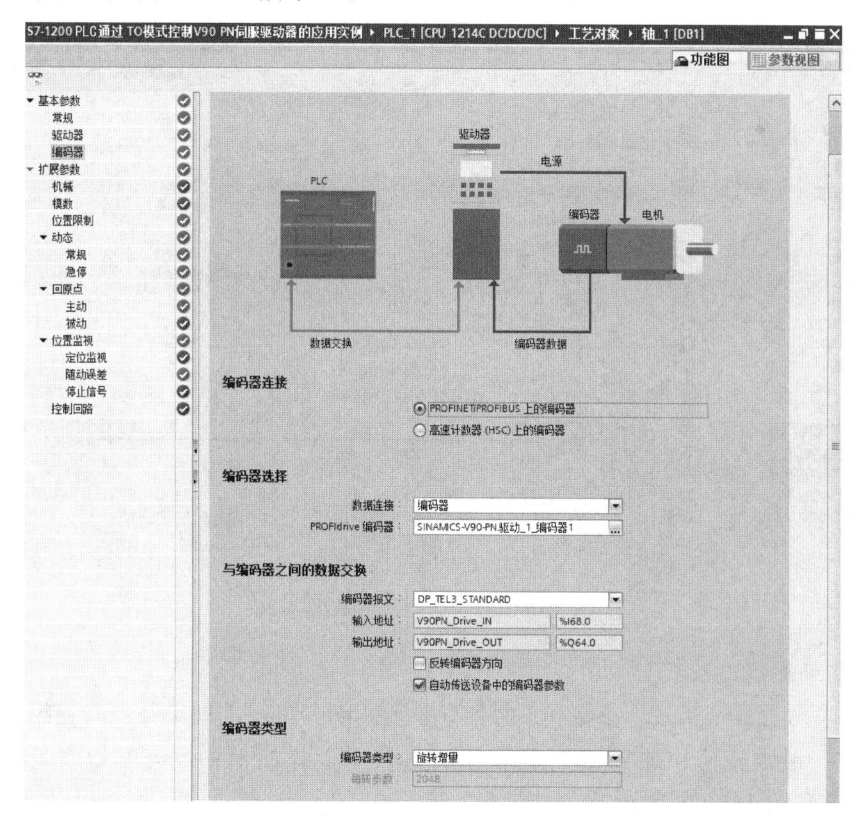

图 11-6-22　编码器参数配置

（3）组态扩展参数设置。

扩展参数的组态中主要包含“机械”“模数”“位置限制”“动态”“回原点”等参数。

① 机械参数的组态配置，具体参数设置如图 11-6-23 所示。

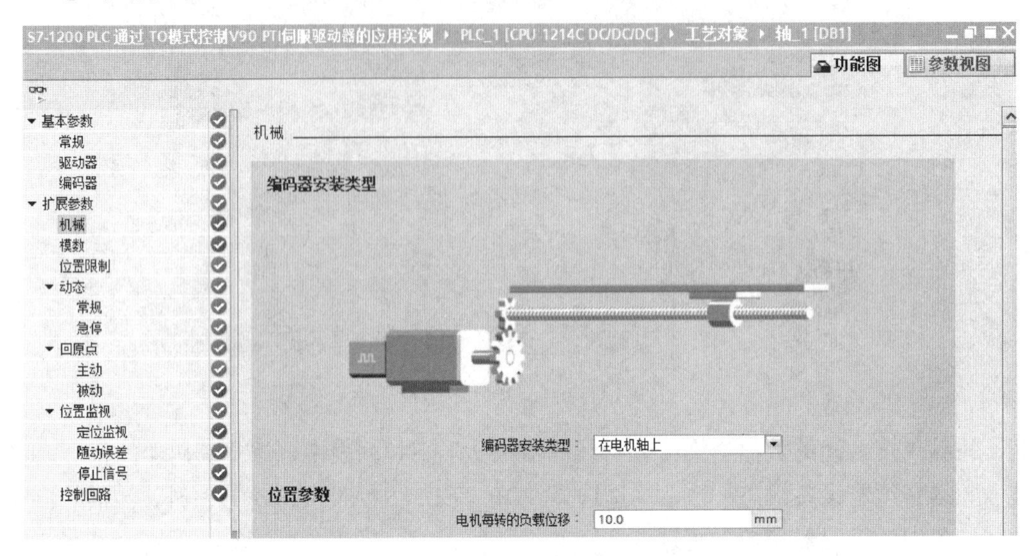

图 11-6-23　机械参数组态 2

② 位置限制参数的组态配置，具体参数设置如图 11-6-24 所示。

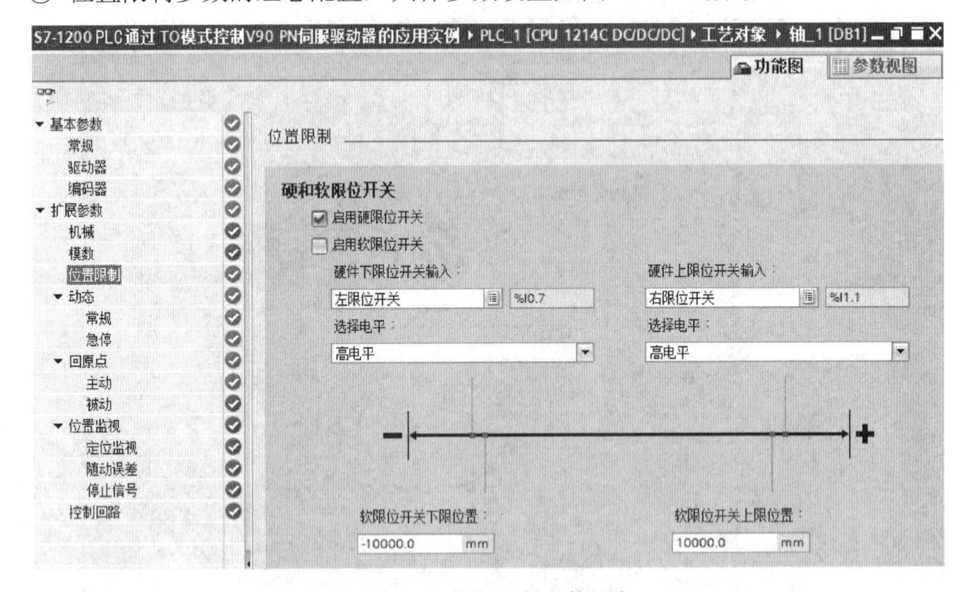

图 11-6-24　位置限制参数组态 2

③ 动态参数的组态。

动态参数分为“常规”参数和“急停”参数两部分。在常规参数中需要组态速度限值的单位、最大转速、加/减速时间和加/减速度等。本实例中动态参数的具体设置如图 11-6-25 和图 11-6-26 所示。

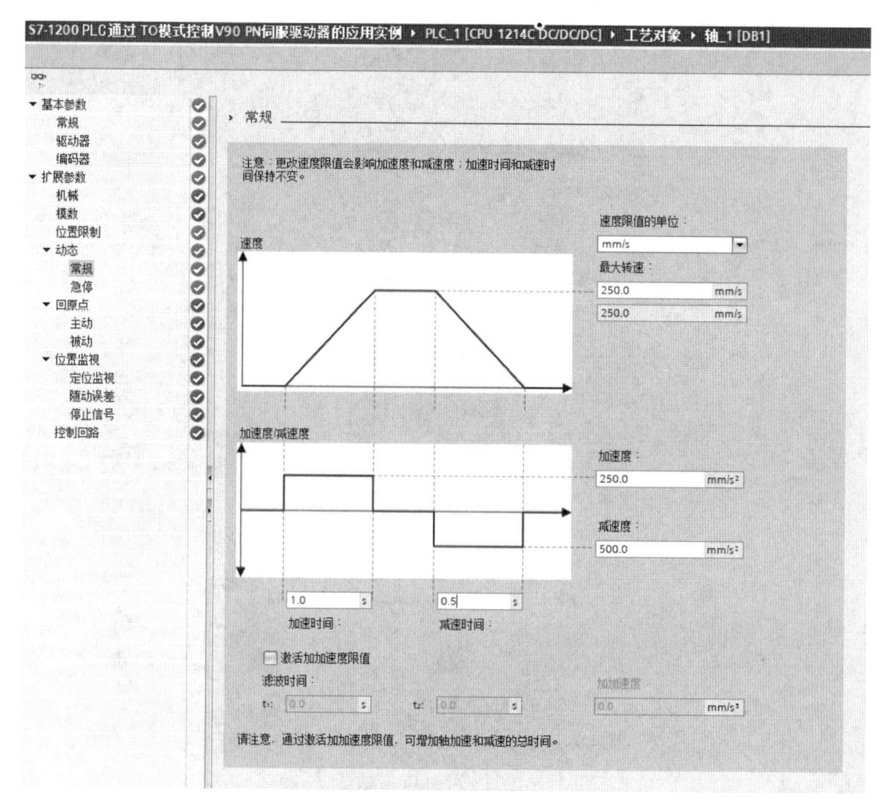

图 11-6-25　动态常规参数组态 2

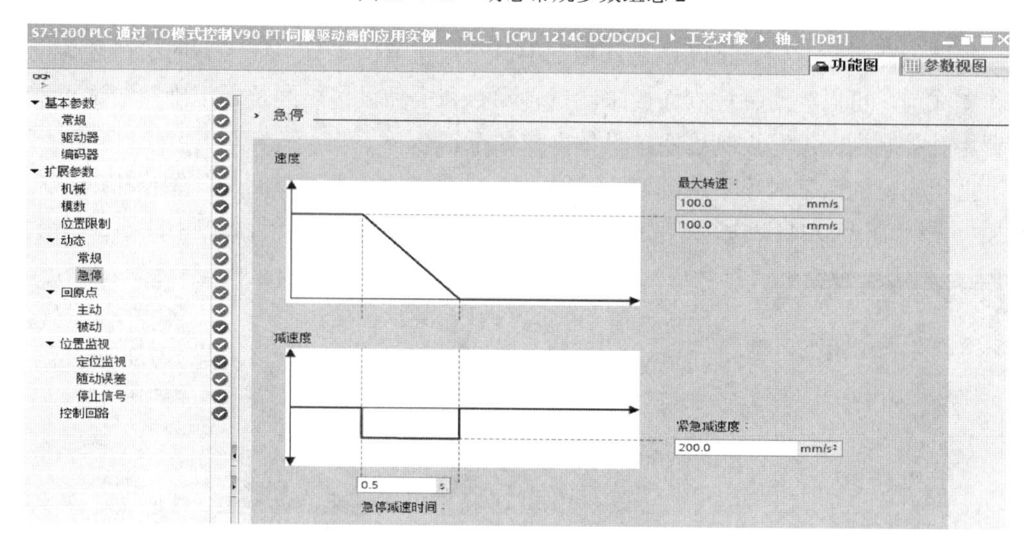

图 11-6-26　动态急停参数组态 2

④ 回原点参数的组态。

回原点参数的组态分为“主动”和“被动”两部分。本实例中使用主动回原点，因此只对主动回原点参数的相关内容进行组态配置介绍。主动回原点就是传统意义上的回原点或寻找参考点，当轴触发主动回原点操作时，轴就会按照组态的速度寻找原点开关信号，并完成回原点命令。具体参数设置如图 11-6-27 所示。

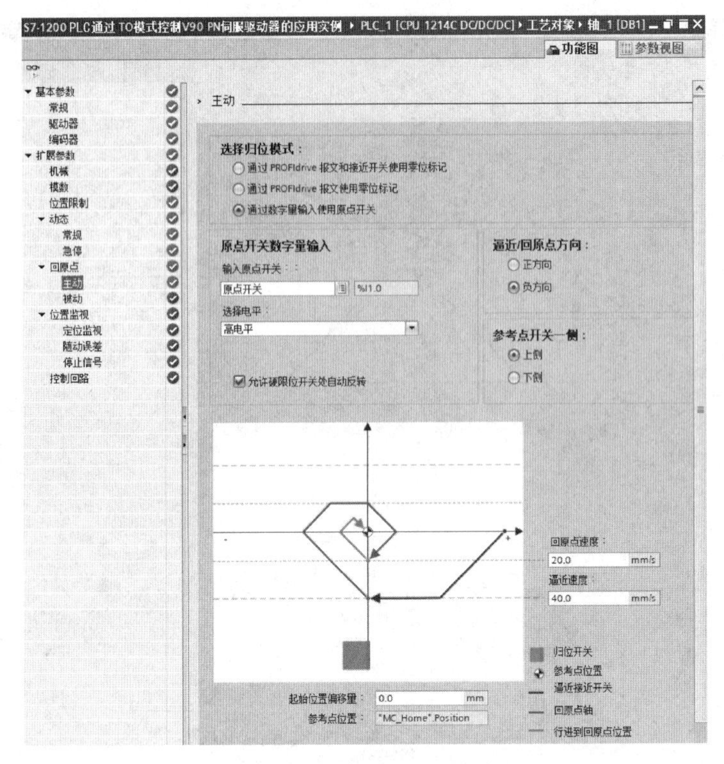

图 11-6-27　回原点参数组态 2

第八步：使用轴控制面板调试所组态的轴。

轴控制面板是 S7-1200 PLC 运动控制中一个很重要的工具，在实际的机械硬件设备制作完成前，可以先用轴控制面板来测试轴参数和实际设备接线是否正确。测试正常后可调用轴控制指令编写控制程序，具体操作如下。

把组态好的工艺对象下载到 PLC 中，然后依次单击左侧“项目树”窗格中的“工艺对象”→“轴_1[DB1]”选项，双击“调试”选项打开轴控制面板，如图 11-6-28 所示。

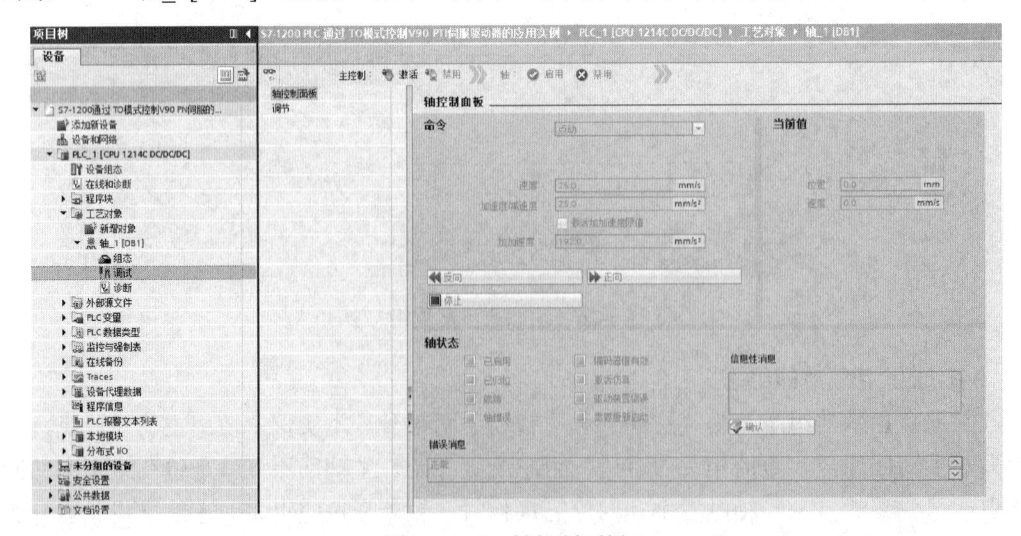

图 11-6-28　轴控制面板 3

在轴控制面板的“主控制”选项中单击“激活”按钮，轴控制面板激活后，在“轴”选项中单击“启用”按钮，表示启动轴。若轴无错误，则在“轴状态”选区的“已启用”和“就绪”为绿色，在“错误消息”选区中会出现“正常”的提示，表明可以进行轴控制。

轴启用后在“命令”选区可选择相应的操作来调试轴的运行情况，在“命令”选区可选择点动、定位及回原点多种方式对轴进行调试，选择不同的方式，会出现相应的操作选项供用户调试轴使用，如图 11-6-29 所示。

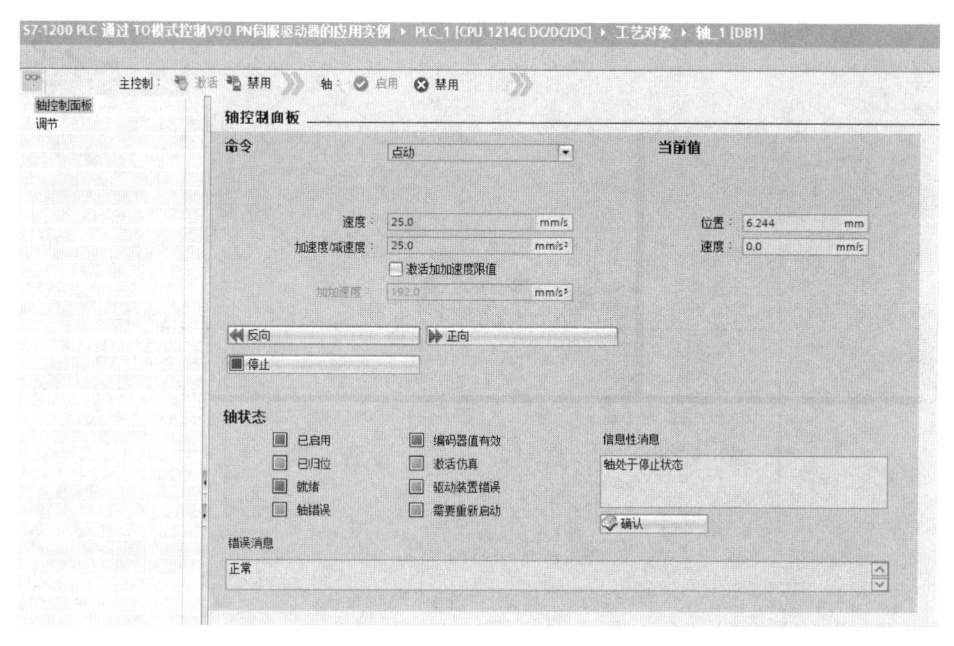

图 11-6-29　轴控制面板 4

第九步：编写 OB1 主程序。

（1）调用“MC_Power”指令，编写轴使能控制程序，如图 11-6-30 所示。

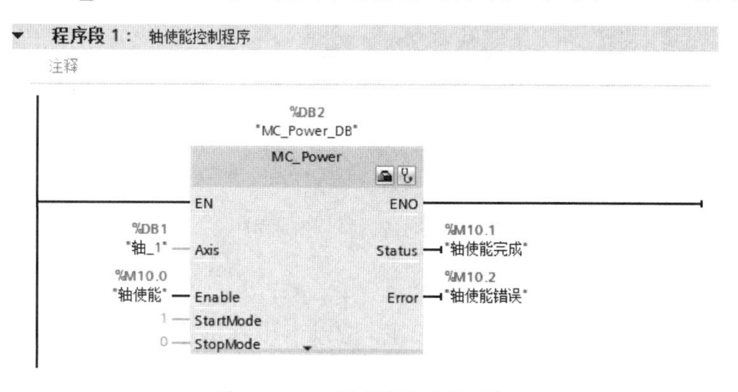

图 11-6-30　轴使能控制程序 2

（2）调用“MC_Home”指令，以实现寻找原点功能，具体程序段如图 11-6-31 所示。

（3）调用“MC_MoveAbsolute”指令，以实现定位功能，具体程序段如图 11-6-32 所示。

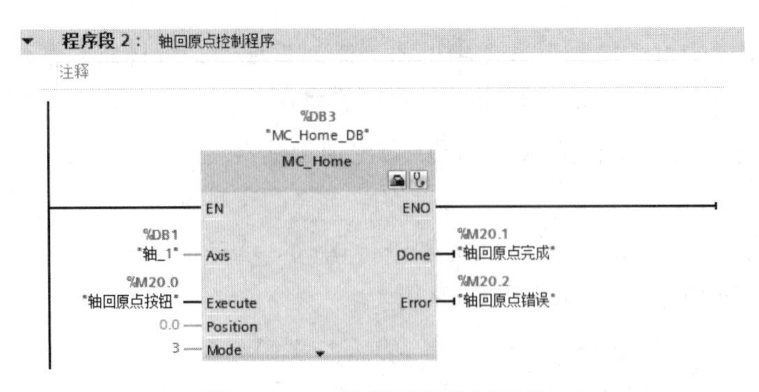

图 11-6-31　轴回原点控制程序 2

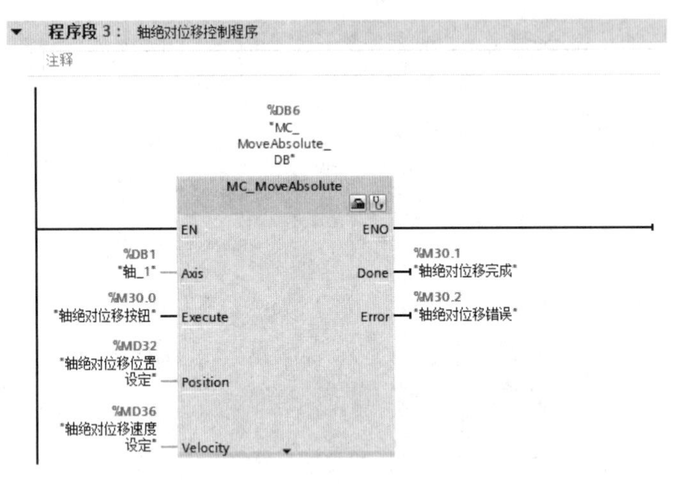

图 11-6-32　轴绝对位移控制程序 2

（4）调用“MC_Halt”指令，以实现对轴的停止控制，具体程序段如图 11-6-33 所示。

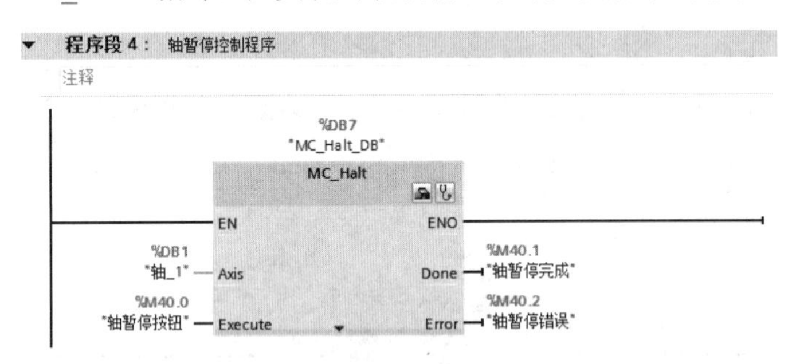

图 11-6-33　轴暂停控制程序 2

第十步：程序测试。

程序编译后，下载到 S7-1200 CPU 中，按以下步骤进行程序测试。

（1）轴使能：轴使能置位（M10.0）。

（2）轴回原点：按下轴回原点按钮（M20.0，上升沿），轴回原点。

（3）轴绝对位移：轴绝对位移位置设定（MD32）为 100，轴绝对位移速度设定（MD36）为 10，然后按下轴绝对位移按钮（M30.0，上升沿），轴以设定值的速度移动到设置的绝对位置。

PLC 监控表如图 11-6-34 所示。

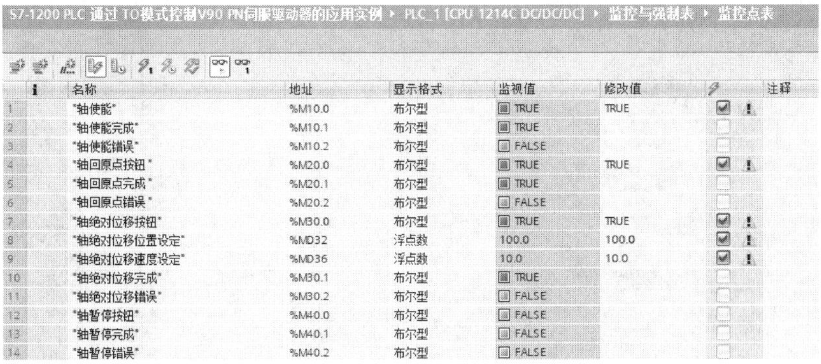

S7-1200 PLC 通过 TO模式控制V90 PN伺服驱动器的应用实例 ▸ PLC_1 [CPU 1214C DC/DC/DC] ▸ 监控与强制表 ▸ 监控点表

	i	名称	地址	显示格式	监视值	修改值		注释
1		"轴使能"	%M10.0	布尔型	TRUE	TRUE	☑ !	
2		"轴使能完成"	%M10.1	布尔型	TRUE		☐	
3		"轴使能错误"	%M10.2	布尔型	FALSE		☐	
4		"轴回原点按钮"	%M20.0	布尔型	TRUE	TRUE	☑ !	
5		"轴回原点完成"	%M20.1	布尔型	TRUE		☐	
6		"轴回原点错误"	%M20.2	布尔型	FALSE		☐	
7		"轴绝对位移按钮"	%M30.0	布尔型	TRUE	TRUE	☑ !	
8		"轴绝对位移位置设定"	%MD32	浮点数	100.0	100.0	☑ !	
9		"轴绝对位移速度设定"	%MD36	浮点数	10.0	10.0	☑ !	
10		"轴绝对位移完成"	%M30.1	布尔型	TRUE		☐	
11		"轴绝对位移错误"	%M30.2	布尔型	FALSE		☐	
12		"轴暂停按钮"	%M40.0	布尔型	FALSE		☐	
13		"轴暂停完成"	%M40.1	布尔型	FALSE		☐	
14		"轴暂停错误"	%M40.2	布尔型	FALSE		☐	

图 11-6-34　PLC 监控表 3

11.6.4　应用总结

（1）在使用 TO 模式控制 V90 PN 伺服驱动器时，需要把伺服的控制模式设置为速度控制模式。

（2）在选择 TO 模式控制 V90 PN 伺服驱动器时，需要选择“标准报文 3，PZD-5/9”。

（3）在使用 TO 模式控制 V90 PN 伺服驱动器时，需要在博途软件中安装 V90 PN 伺服驱动器的 GSD 文件，否则无法进行网络组态配置。

11.7　S7-1200 PLC 通过 EPOS 模式控制 V90 PN 伺服驱动器的应用实例

11.7.1　功能简介

S7-1200 PLC 可以通过 PROFINET 通信连接 SINMICS V90 伺服驱动器，将 V90 PN 伺服驱动器的控制模式设置为“基本位置控制（EPOS）”，S7-1200 PLC 通过 111 报文及 TIA Portal 提供的驱动库中的功能块 FB284 可实现对 V90 PN 伺服驱动器的 EPOS 基本定位控制。

11.7.2　指令说明

在“库”窗格中，依次选择“全局库”→“Drive_Lib_S7_1200_1500”→“03_SINAMICS”→“SINA_POS”选项，即 FB284 功能块，如图 11-7-1 所示。

（1）指令介绍。

FB284 功能块可以循环激活伺服驱动器中的基本定位功能，实现 PLC 与 V90 PN 伺服驱动器的命令及状态周期性通信，发送驱动器的运行命令、位置及速度设定值，或者接收驱动器的状态及速度实际值等。

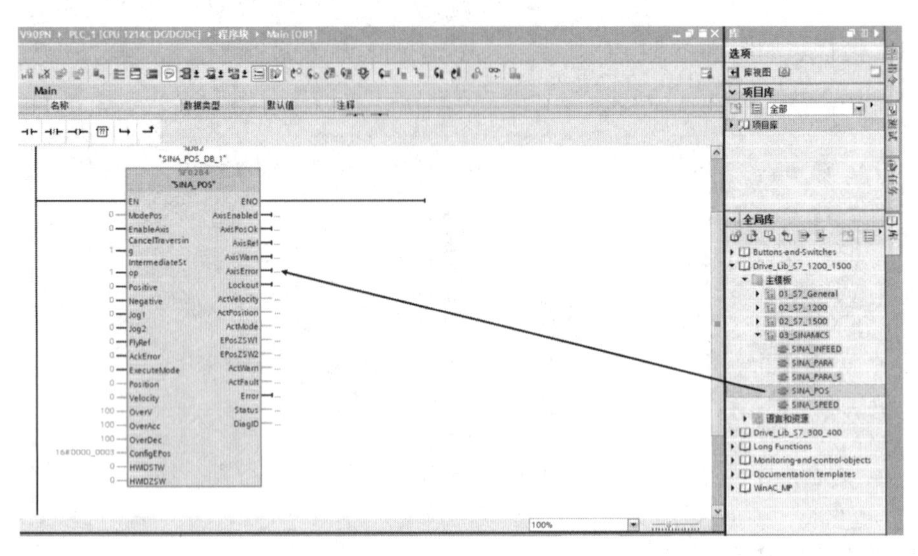

图 11-7-1　FB284 功能块

（2）指令参数。

FB284 功能块指令的输入/输出引脚参数的含义，如表 11-7-1 所示。

表 11-7-1　FB284 功能块指令引脚说明

引脚参数	数据类型	说　明
EN	Bool	使能输入
ENO	Bool	使能输出
ModePos	Int	运行模式： 1 = 相对定位 2 = 绝对定位 3 = 连续位置运行 4 = 回零操作 5 = 设置回零位置 6 = 运行位置块 0～16 7 = 点动 JOG 8 = 点动增量
EnableAxis	Bool	伺服运行命令： 0 = OFF； 1 = ON
CancelTransing	Bool	0 = 拒绝激活的运行任务 ；1 = 不拒绝
IntermediateStop	Bool	中间停止： 0 = 中间停止运行任务； 1 = 不停止
Positive	Bool	正方向
Negative	Bool	负方向
Jog1	Bool	正向点动（信号源 1）
Jog2	Bool	正向点动（信号源 2）
FlyRef	Bool	0 = 不选择运行中回零 ； 1 = 选择运行中回零
AckError	Bool	故障复位
ExecuteMode	Bool	激活定位工作或接收设定点
Position	DInt	对于运行模式，直接设定位置值 [LU] /MDI 或运行的块号
Velocity	DInt	MDI 运行模式时的速度设置[LU/min]

续表

<table>
<tr><th>引脚参数</th><th>数据类型</th><th>说　明</th></tr>
<tr><td>OverV</td><td>Int</td><td>所有运行模式下的速度倍率为 0%～199%</td></tr>
<tr><td>OverAcc</td><td>Int</td><td>直接设定值/MDI 模式下的加速度倍率为 0%～100%</td></tr>
<tr><td>OverDec</td><td>Int</td><td>直接设定值/MDI 模式下的减速度倍率为 0%～100%</td></tr>
<tr><td>ConfigEPOS</td><td>DWord</td><td>可以通过此管脚传输 111 报文的 STW1，STW2，EPosSTW1，EPosSTW2 中的位，传输位的对应关系如下表所示：
<table>
<tr><td>ConfigEPos 位</td><td>111 报文位</td></tr>
<tr><td>ConfigEPos.%X0</td><td>STW1.%X1</td></tr>
<tr><td>ConfigEPos.%X1</td><td>STW1.%X2</td></tr>
<tr><td>ConfigEPos.%X2</td><td>EPosSTW2.%X14</td></tr>
<tr><td>ConfigEPos.%X3</td><td>EPosSTW2.%X15</td></tr>
<tr><td>ConfigEPos.%X4</td><td>EPosSTW2.%X11</td></tr>
<tr><td>ConfigEPos.%X5</td><td>EPosSTW2.%X10</td></tr>
<tr><td>ConfigEPos.%X6</td><td>EPosSTW2.%X2</td></tr>
<tr><td>ConfigEPos.%X7</td><td>STW1.%X13</td></tr>
<tr><td>ConfigEPos.%X8</td><td>EPosSTW1.%X12</td></tr>
<tr><td>ConfigEPos.%X9</td><td>STW2.%X0</td></tr>
<tr><td>ConfigEPos.%X10</td><td>STW2.%X1</td></tr>
<tr><td>ConfigEPos.%X11</td><td>STW2.%X2</td></tr>
<tr><td>ConfigEPos.%X12</td><td>STW2.%X3</td></tr>
<tr><td>ConfigEPos.%X13</td><td>STW2.%X4</td></tr>
<tr><td>ConfigEPos.%X14</td><td>STW2.%X7</td></tr>
<tr><td>ConfigEPos.%X15</td><td>STW1.%X14</td></tr>
<tr><td>ConfigEPos.%X16</td><td>STW1.%X15</td></tr>
<tr><td>ConfigEPos.%X17</td><td>EPosSTW1.%X6</td></tr>
<tr><td>ConfigEPos.%X18</td><td>EPosSTW1.%X7</td></tr>
<tr><td>ConfigEPos.%X19</td><td>EPosSTW1.%X11</td></tr>
<tr><td>ConfigEPos.%X20</td><td>EPosSTW1.%X13</td></tr>
<tr><td>ConfigEPos.%X21</td><td>EPosSTW2.%X3</td></tr>
<tr><td>ConfigEPos.%X22</td><td>EPosSTW2.%X4</td></tr>
<tr><td>ConfigEPos.%X23</td><td>EPosSTW2.%X6</td></tr>
<tr><td>ConfigEPos.%X24</td><td>EPosSTW2.%X7</td></tr>
<tr><td>ConfigEPos.%X25</td><td>EPosSTW2.%X12</td></tr>
<tr><td>ConfigEPos.%X26</td><td>EPosSTW2.%X13</td></tr>
<tr><td>ConfigEPos.%X27</td><td>STW2.%X5</td></tr>
<tr><td>ConfigEPos.%X28</td><td>STW2.%X6</td></tr>
<tr><td>ConfigEPos.%X29</td><td>STW2.%X8</td></tr>
<tr><td>ConfigEPos.%X30</td><td>STW2.%X9</td></tr>
</table>
可通过此方式给 V90 PN 伺服驱动器传输硬件限位使能、回原点开关信号等。
注意：如果程序中对此管脚进行了变量分配，则必须保证当 ConfigEPos.%X0 和 ConfigEPos.%X1 都为 1 时驱动器才能运行</td></tr>
<tr><td>HWIDSTW</td><td>HW_IO</td><td>符号名或 SIMATIC S7-1200 设定值槽的 HW ID （SetPoint）</td></tr>
<tr><td>HWIDZSW</td><td>HW_IO</td><td>符号名或 SIMATIC S7-1200 实际值槽的 HW ID （Actual Value）</td></tr>
<tr><td>AxisEnabled</td><td>Bool</td><td>驱动器已使能</td></tr>
<tr><td>AxisError</td><td>Bool</td><td>驱动器故障</td></tr>
</table>

续表

引脚参数	数据类型	说　明
AxisWarn	Bool	驱动器报警
AxisPosOk	Bool	轴的目标位置到达
AxisRef	Bool	回原点位置设置
Lockout	Bool	禁止接通
ActVelocity	DInt	当前速度
ActPosition	DInt	当前位置
ActMode	Int	当前激活的运行模式
EPosZSW1	Word	EPOS ZSW1 的状态
EPosZSW2	Word	EPOS ZSW2 的状态
ActWarn	Word	当前报警代码
ActFault	Word	当前故障代码
Error	Bool	1=错误出现
Status	Word	显示状态
DiagID	Word	扩展的通信故障

11.7.3 实例内容

（1）实例名称：S7-1200 PLC 通过 EPOS 模式控制 V90 PN 伺服驱动器的应用实例。

（2）实例描述：V90 PN 伺服驱动器通过丝杠带动工作台运行。

（3）控制要求：按下回原点按钮后，工作台回到原点。按下启动按钮后，工作台以 10.0mm/s 的速度从原点移动到距离原点 100mm 处停止，运行过程中按下停止按钮，停止轴运行。当再次按下启动按钮时，工作台继续运行，并到达 100mm 处停止。运动控制示意图如图 11-7-2 所示。

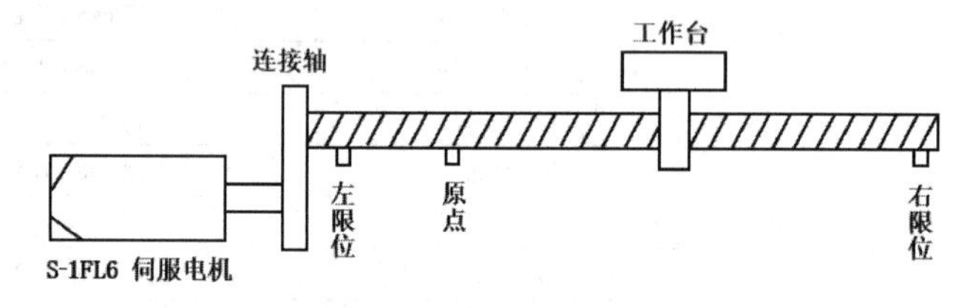

图 11-7-2　运动控制示意图 3

（4）主要硬件组成：①S7-1200 PLC（CPU1214C DC/DC/DC），一台，订货号为 6ES7 214-1AG40-0XB0；②SINAMICS V90 伺服驱动器，一台，订货号为 6SL3210-5FB10-4UA1；③SIMOTICS S-1FL6 伺服电机，一台，订货号为 1FL6024-2AF21-1AA1；④编程计算机，一台，已安装博途专业版 V15.1 软件。

11.7.4 实例实施

1．S7-1200 PLC 的接线图

S7-1200 PLC 与 V90 PN 伺服驱动器是通过 PROFINET 接口进行数据交换的，因此

S7-1200 PLC 的接线图只包括外部 I/O 点，如图 11-7-3 所示。

左限位　原点　右限位
0V
24V+
L+　M　⊥　L+　M　1M　.0　.1　.2　.3　.4　.5　.6　.7　.0　.1　.2　.3　.4　.5　2M　.0　.1
DI a　DI b　AI
24V DC　24V DC　24V DC　INPUTS　INPUTS
SIMATIC S7-1200　CPU 1214C DC/DC/DC
(6ES7 214-1AG40-0XB0)
24V DC　OUTPUTS
PROFINET (LAN)
DQ a　DQ b
3L+　3M　.0　.1　.2　.3　.4　.5　.6　.7　.0　.1

11-7-3　S7-1200 PLC 接线图 2

2. V90 PN 伺服驱动器参数配置

使用 SINAMICS V-ASSISTANT 调试软件对 V90 PN 伺服驱动器进行参数配置，主要配置参数有伺服的控制模式选择和 PROFINET 参数设置等。

第一步：选择驱动和控制模式。

在使用 SINAMICS V-ASSISTANT 调试软件进行参数设置时，通过在线模式获取实际驱动器的订货号，然后单击任务导航中的“选择驱动”选项，选择所使用的伺服驱动器和电机。选择控制模式为“基本定位器控制（EPOS）”，如图 11-7-4 所示。

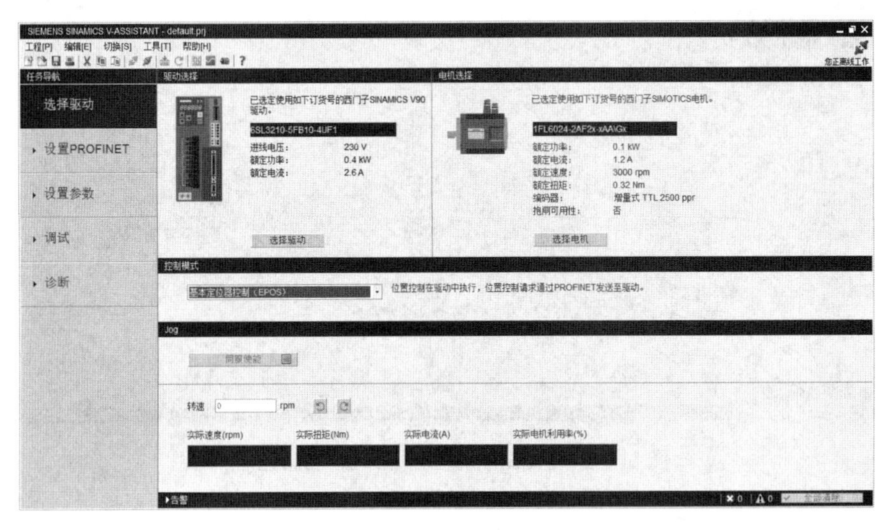

图 11-7-4　驱动器订货号及控制模式设置

第二步：选择通信报文。

单击“设置 PROFINET”下拉按钮，选择“选择报文”选项，选择的报文为“111:西门子报文 111，PZD-12/12”，如图 11-7-5 所示。

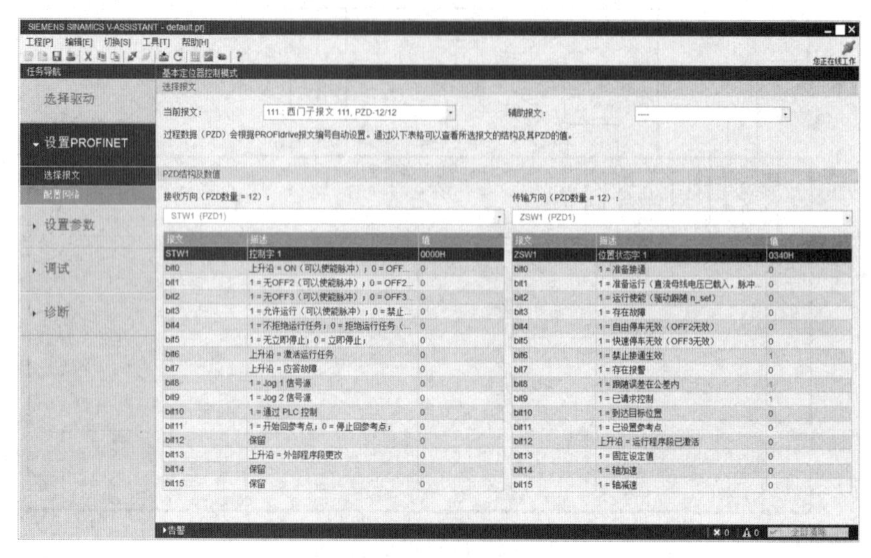

图 11-7-5　选择通信报文

第三步：设置网络参数。

单击“设置 PROFINET”下拉按钮，选择“配置网络”选项，配置伺服的 PN 站名和 PN 站的 IP 地址，本实例把 PN 站名命名为“v90”，PN 站的 IP 地址设置为 192.168.0.5，然后单击“保存并激活”按钮，如图 11-7-6 所示。

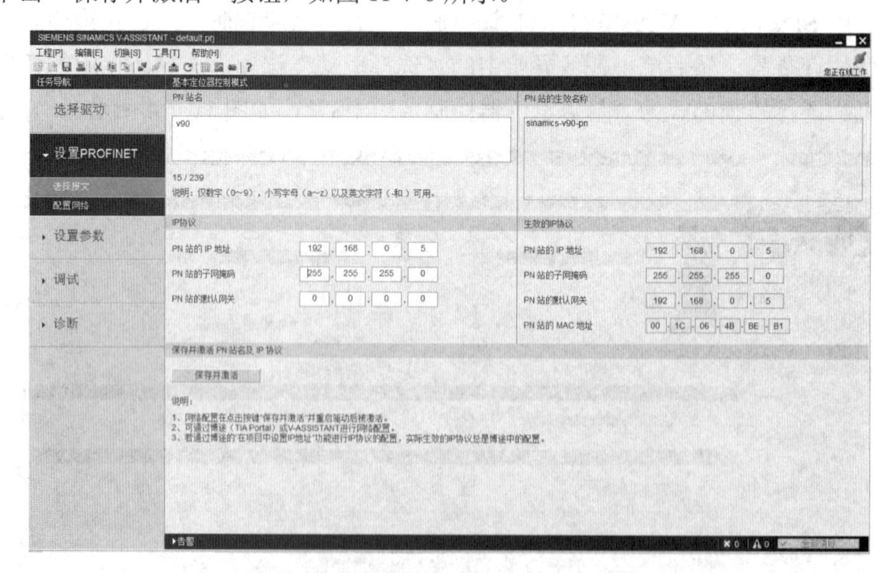

图 11-7-6　PN 站名和 PN 站的 IP 地址配置 2

第四步：设置机械结构参数。

单击“设置参数”选项中的“设置机械结构”选项，配置相应的机械结构及负载每转动一圈对应移动的长度单位。本实例应选择的机械结构为丝杠，如果按照例题中所提供的周长为 10mm，则需要把负载转动一圈所对应的长度设置为 10000LU（1LU=1μm），如图 11-7-7 所示。

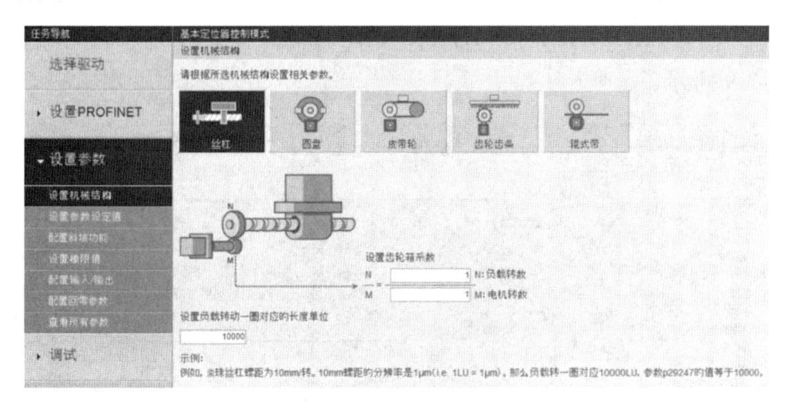

图 11-7-7　机械结构配置

3．PLC 程序编写

第一步：新建项目及组态。

打开博途软件，在 Portal 视图中，单击“创建新项目”选项，在弹出的界面中输入项目名称（S7-1200 通过 EPOS 模式控制 V90 PN 伺服驱动器的应用实例）、路径和作者等信息，然后单击“创建”按钮即可生成新项目。

进入项目视图，在左侧的“项目树”窗格中，双击“添加新设备”选项，随即弹出“添加新设备”对话框，如图 11-7-8 所示，在此对话框中选择 CPU 的订货号和版本（必须与实际设备相匹配），然后单击“确定”按钮。

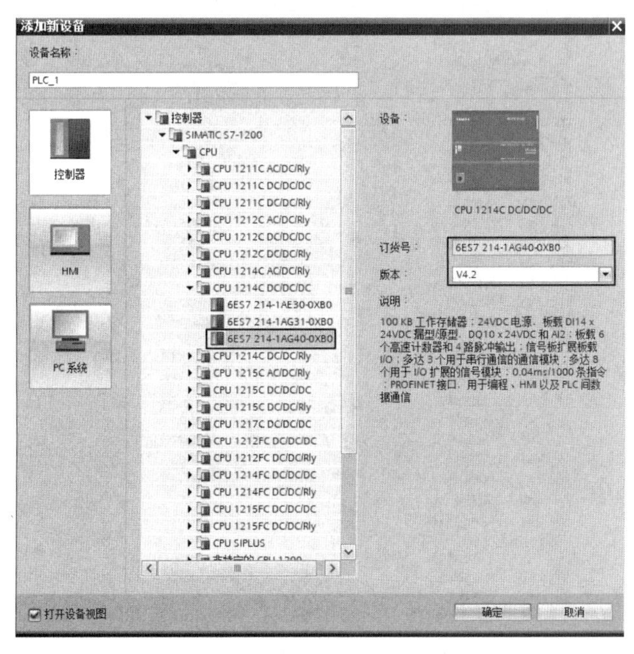

图 11-7-8　“添加新设备”对话框 4

第二步：设置 CPU 属性。

在“项目树”窗格中，单击“PLC_1[CPU 1214C DC/DC/DC]”下拉按钮，双击“设备组态”选项，在“设备视图”的工作区中，选中 PLC_1，依次单击其巡视窗格的“属性”→“常规”→“PROFINET 接口[X1]”→“以太网地址”选项，修改以太网 IP 地址，如图 11-7-9 所示。

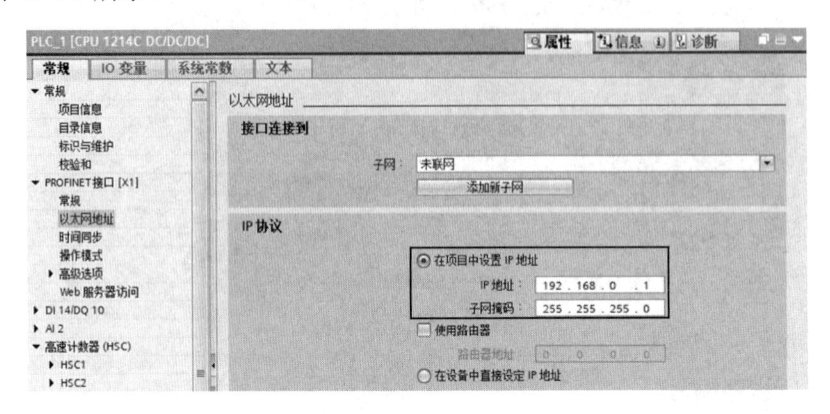

图 11-7-9　以太网 IP 地址设置 4

第三步：新建 PLC 变量表。

在“项目树”窗格中，依次单击“PLC_1[CPU 1214C DC/DC/DC]”→“PLC 变量”下拉按钮，双击“添加新变量表”选项，并将新添加的变量表命名为“PLC 变量表”，在“PLC 变量表”中新建变量，如图 11-7-10 所示。

PLC变量表

	名称	数据类型	地址 ▲	保持
1	左限位开关	Bool	%I0.7	☐
2	原点开关	Bool	%I1.0	☐
3	右限位开关	Bool	%I1.1	☐
4	运行模式	Int	%MW12	☐
5	伺服使能	Bool	%M14.0	☐
6	急停	Bool	%M14.1	☐
7	停止	Bool	%M14.2	☐
8	正向	Bool	%M14.3	☐
9	反向	Bool	%M14.4	☐
10	正向点动	Bool	%M14.5	☐
11	反向点动	Bool	%M14.6	☐
12	返回原点	Bool	%M14.7	☐
13	故障确认	Bool	%M15.0	☐
14	运行控制	Bool	%M15.1	☐
15	位置设置	DInt	%MD20	☐
16	速度设置	DInt	%MD24	☐
17	伺服状态	Bool	%M30.0	☐
18	到达目标	Bool	%M30.1	☐
19	设定值固定	Bool	%M30.2	☐
20	原点位置	Bool	%M30.3	☐
21	伺服报警	Bool	%M30.4	☐
22	伺服故障	Bool	%M30.5	☐
23	禁止接通	Bool	%M30.6	☐
24	错误出现	Bool	%M30.7	☐
25	当前速度	DInt	%MD50	☐
26	当前位置	DInt	%MD54	☐
27	当前模式	Int	%MW60	☐
28	EposZSW1状态	Word	%MW62	☐
29	SposZSW2状态	Word	%MW64	☐
30	报警编号	Word	%MW66	☐
31	故障编号	Word	%MW70	☐
32	当前状态	Word	%MW72	☐
33	拓展通讯错误	Word	%MW74	☐

图 11-7-10　PLC 变量表 4

第四步：组态 PROFINET 网络。

在“项目树”窗格中，选择“设备和网络”选项，在右侧硬件目录中找到“其他现场设备”→“PRFINET IO”→“Drives”→“SIEMENS AG”→“SINAMICS”→“SINAMICS V90 PN V1.0”，然后双击或拖拽此模块到网络视图，如图 11-7-11 所示。

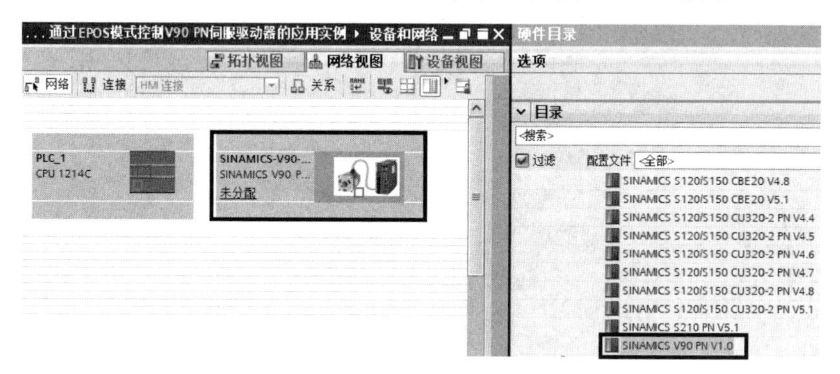

图 11-7-11　添加 V90 PN 伺服驱动器 2

若在“SINAMICS”选项下无法找到“SINAMICS V90 PN V1.0”模块，则说明未安装 V90 PN 伺服驱动器的 GSD 文件，可首先在西门子官网下载 V90 PN 伺服驱动器的 GSD 文件，然后单击博途软件菜单栏中的“选项”菜单，执行“管理通用站描述文件（GSD）”命令，在弹出的对话框中导入下载好的 GSD 文件，安装完成即可进行网络配置。

在“网络视图”的工作区中，单击 V90 PN 伺服驱动器的“未分配”图标，然后选择 IO 控制器为“PLC_1.PROFINET 接口_1”，如图 11-7-12 所示。

组态完成的 V90 PN 伺服驱动器的网络图如图 11-7-13 所示。

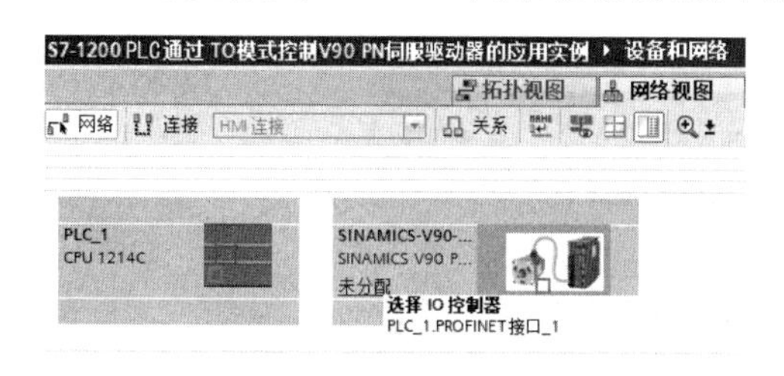

图 11-7-12　选择 IO 控制器 2

图 11-7-13　组态完成的 V90 PN 伺服驱动器网络图 2

第五步：配置 V90 PN 参数。

在“网络视图”的工作区中，双击 V90 PN 伺服驱动器，进入 V90 PN 伺服驱动器的“设备视图”，然后依次单击“属性”→“常规”→“PROFINET 接口[X150]”→“以太网地址”选项，修改以太网 IP 地址，如图 11-7-14 所示。

进入 V90 PN 伺服驱动器的“设备概览”视图，在硬件目录中找到“子模块”→“西门子报文 111，PZD-12/12”，然后双击或拖拽此模块至“设备概览”视图的插槽 13 即可，如图 11-7-15 所示。

第六步：分配设备名称。

在“网络视图”的工作区中，选中 V90 PN 伺服驱动器并右击，结果如图 11-7-16 所示。

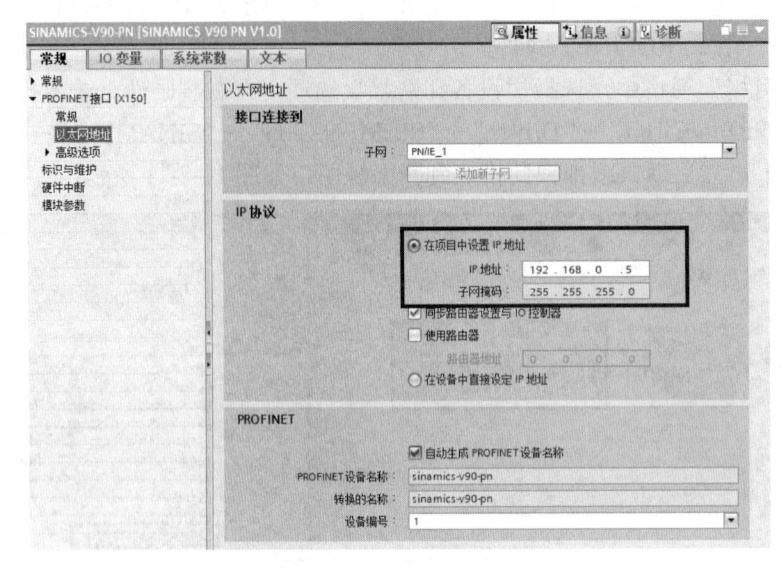

图 11-7-14　以太网地址设置 2

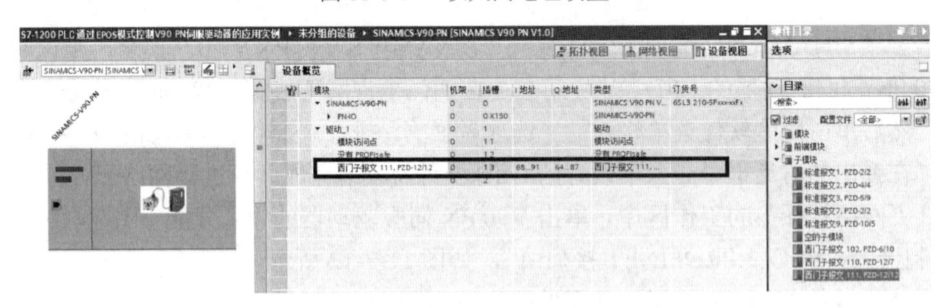

图 11-7-15　V90 PN 伺服驱动器的报文配置 2

图 11-7-16　快捷菜单 2

执行“分配设备名称”命令，配置结果如图 11-7-17 所示。

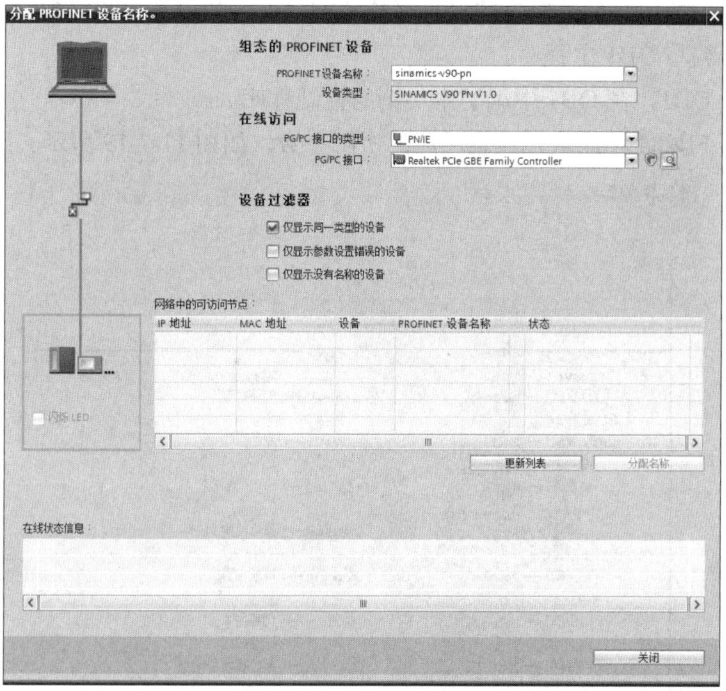

图 11-7-17　分配设备名称 3

在图 11-7-17 中，单击“更新列表”按钮，结果如图 11-7-18 所示。

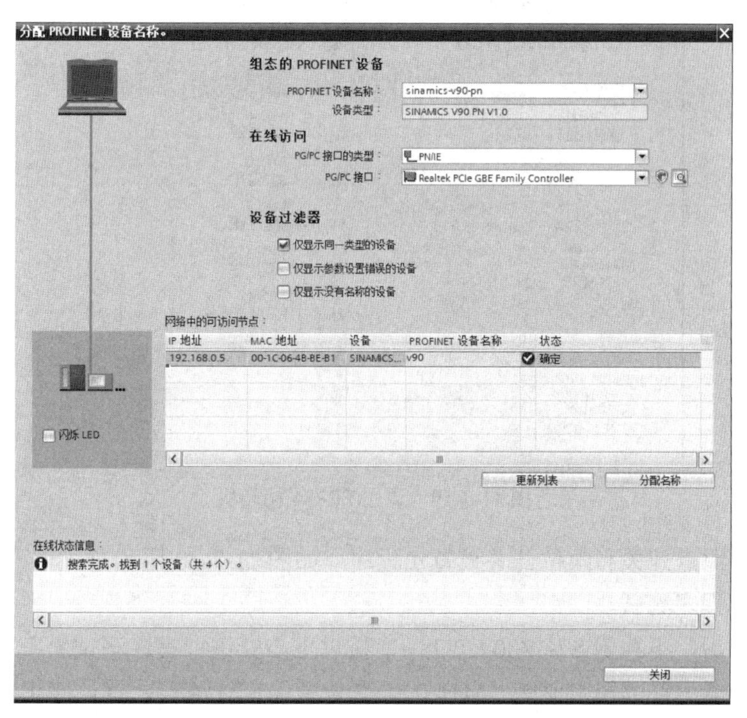

图 11-7-18　分配设备名称 4

在图 11-7-18 的“网络中的可访问节点”选区中，选中 V90 PN 伺服驱动器，然后单击“分配名称”按钮，保证组态的设备名称和实际设备的设备名称一致。

第七步：编写 OB1 主程序。

双击打开 OB1，在 OB1 中编写本实例的控制程序。

（1）调用 FB284 功能块，设置相应的引脚参数，如图 11-7-19 所示。

图 11-7-19　调用 FB284 功能块

（2）编写原点开关和限位开关设置点程序，如图 11-7-20 所示。

第八步：程序测试。

程序编译后，下载到 S7-1200 CPU 中，按以下步骤进行程序测试。

（1）轴使能：置位伺服使能（M14.0），置位急停（M14.1），置位停止（M14.2），伺服状态（M30.0）输出值为 1。

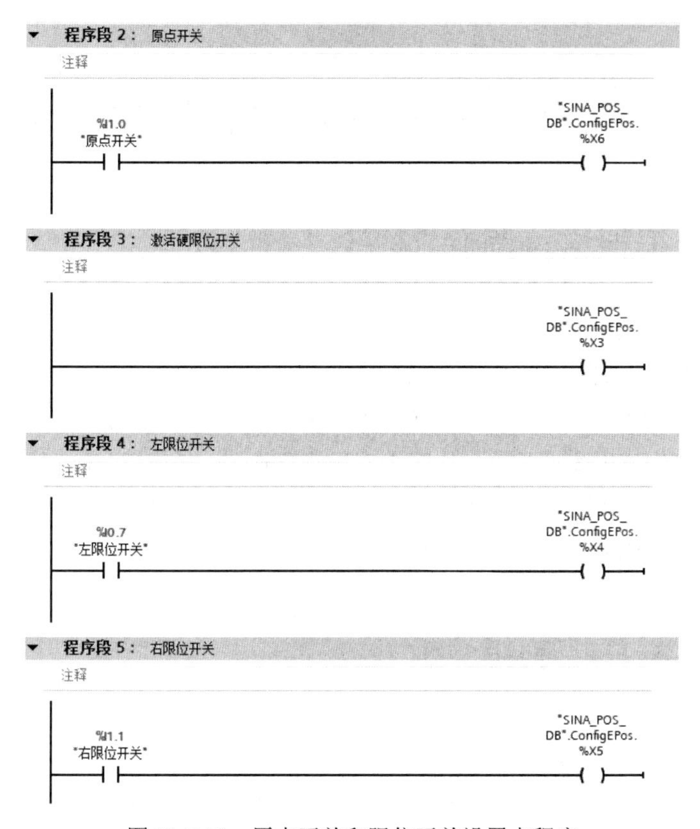

图 11-7-20 原点开关和限位开关设置点程序

（2）轴回原点：设定轴的运行模式（MW12）为 4，当前模式（MW60）输出值为 4，按下运行控制按钮（M15.1，上升沿），轴执行回原点运动。

（3）轴绝对位移：设定轴的运行模式（MW12）为 2，当前模式（MW60）输出值为 2，分别给定速度设置（MD24，数值为 10）与位置设置（MD20，数值为 100）值，按下运行控制按钮（M15.1，上升沿），轴以给定速度和位置运动，到达 100mm 处停止。

PLC 监控表如图 11-7-21 所示。

	i	名称	地址	显示格式	监视值	修改值			注释
1		"运行模式"	%MW12	带符号十进制	4	4	☑	!	
2		"伺服使能"	%M14.0	布尔型	TRUE	TRUE	☑	!	
3		"急停"	%M14.1	布尔型	TRUE	TRUE	☑	!	
4		"停止"	%M14.2	布尔型	TRUE	TRUE	☑	!	
5		"正向"	%M14.3	布尔型	FALSE		☐		
6		"反向"	%M14.4	布尔型	FALSE		☐		
7		"正向点动"	%M14.5	布尔型	FALSE		☐		
8		"反向点动"	%M14.6	布尔型	FALSE		☐		
9		"返回原点"	%M14.7	布尔型	FALSE		☐		
10		"故障确认"	%M15.0	布尔型	TRUE		☐		
11		"运行控制"	%M15.1	布尔型	FALSE	TRUE	☑	!	
12		"位置设置"	%MD20	带符号十进制	0		☐		
13		"速度设置"	%MD24	带符号十进制	0		☐		
14		"伺服状态"	%M30.0	布尔型	TRUE	FALSE	☑	!	
15		"到达目标"	%M30.1	布尔型	TRUE		☐		
16		"设定值固定"	%M30.2	布尔型	TRUE		☐		

图 11-7-21 PLC 监控表 4

第 12 章　SCL 编程语言应用实例

12.1　SCL 编程语言简介

SCL（Structured Control Language，结构化控制语言）是一种基于 Pascal 的高级编程语言，这种语言基于国际标准 IEC 61131-3。

在用 SCL 编程时，主要使用 IF...THEN/FOR/WHILE 语句来构造条件、循环和判断结构，在这些结构中再添加指令，从而实现逻辑判断等。SCL 程序的编写都是在纯文本的环境下编辑的，适用于数据管理、过程优化、配方管理、数学计算和统计等任务。

博途软件默认支持 SCL，在新建程序块时可以直接选择 SCL。

12.2　SCL 程序控制指令介绍

1．赋值指令

赋值指令是比较常见的指令，在 SCL 中赋值指令的格式为“:=”。赋值指令示例如图 12-2-1 所示。

```
1  "tag_1":=1;//变量"tag_1"赋值为1
2  "tag_2":=1;//变量"tag_2"赋值为1
3  "tag_3":=0;//变量"tag_3"赋值为0
4  "tag_4":= 0;//变量"tag_4"赋值为0
```

图 12-2-1　赋值指令示例

2．位逻辑运算指令

在 SCL 中常用的位逻辑运算指令如下。

（1）取反指令：NOT，与梯形图中的 NOT 指令用法相同。

（2）与运算指令：AND，相当于梯形图中的串联关系。

（3）或运算指令：OR，相当于梯形图中的并联关系。

位逻辑运算指令示例如图 12-2-2 所示。

```
1  "tag_1" := NOT "tag_2";//逻辑非运算
2  "tag_3" := "tag_4" AND "tag_5";//逻辑与运算
3  "tag_6" := "tag_7" OR "tag_8";//逻辑或运算
```

图 12-2-2　位逻辑运算指令示例

3．数学运算指令

SCL 中数学运算指令与梯形图中的用法基本相同，常用的数学运算指令如下。

（1）加法：用符号“+”运算。

（2）减法：用符号“-”运算。

（3）乘法：用符号“*”运算。

（4）除法：用符号“/”运算。

（5）取余数：用符号“MOD”运算。

（6）幂：用符号“**”运算。

数学运算指令示例如图 12-2-3 所示。

```
1  "tag_11" := "tag_12" + "tag_13";//加法运算
2  "tag_14" := "tag_15" - "tag_16";//减法运算
3  "tag_17" := "tag_18" * "tag_19";//乘法运算
4  "tag_20" := "tag_21" / "tag_22";//除法运算
```

图 12-2-3　数学运算指令示例

4．IF（条件执行）指令

（1）IF 指令概述。

使用 IF 指令，可以根据条件控制程序流的分支。该条件是结果为布尔值（TRUE 或 FALSE）的表达式，可将逻辑表达式或比较表达式作为条件。当执行 IF 指令时，将对指定的表达式进行运算，如果表达式的值为 TRUE，则表示满足该条件；如果表达式的值为 FALSE，则表示不满足该条件。

（2）IF 指令参数。

IF 指令参数说明如表 12-2-1 所示。

表 12-2-1　IF 指令参数说明

参　数	数据类型	存　储　区	说　明
<条件>	Bool	I、Q、M、D、L	待求值的表达式
<指令>	—	—	在满足条件时，要执行的指令；如果不满足条件，则执行 ELSE 后编写的指令

（3）IF 指令声明。

① IF 分支。

IF <条件> THEN <指令>

END_IF;

如果满足该条件，则将执行 THEN 后编写的指令，如果不满足该条件，则程序从 END_IF 后的下一条指令继续执行。

② IF 和 ELSE 分支。

IF <条件> THEN <指令 1>

ELSE <指令 0>;

END_IF;

如果满足该条件，则将执行 THEN 后编写的指令，如果不满足该条件，则执行 ELSE 后编写的指令，程序将从 END_IF 后的下一条指令继续执行。

③ IF、ELSIF 和 ELSE 分支。

```
IF <条件 1> THEN <指令 1>
ELSIF <条件 2> THEN <指令 2>
ELSE <指令 0>;
END_IF;
```

如果满足第一个条件（<条件 1>），则将执行 THEN 后的指令（<指令 1>），执行这些指令后，程序将从 END_IF 后的下一条指令继续执行。

如果不满足第一个条件，则检查第二个条件（<条件 2>），如果满足第二个条件（<条件 2>），则执行 THEN 后的指令（<指令 2>），执行这些指令后，程序将从 END_IF 后的下一条指令继续执行。

如果不满足任何条件，则先执行 ELSE 后的指令（<指令 0>），再执行 END_IF 后的程序部分。

（4）程序示例，如图 12-2-4 所示。

图 12-2-4 通过具体的操作数值对 IF 指令的工作原理进行了说明。

```
1 IF "tag_1" = 1 THEN
2     "tag_value" := 10;
3 ELSIF "tag_2" = 1 THEN
4     "tag_value" := 20;
5 ELSIF "tag_3" = 1 THEN
6     "tag_value" := 30;
7 ELSE
8     "tag_value" := 0;
9 END_IF;
```

"tag_1"	%M10.1
"tag_value"	%MW50
"tag_2"	%M10.2
"tag_value"	%MW50
"tag_3"	%M10.3
"tag_value"	%MW50
"tag_value"	%MW50

操作数	值			
Tag_1	1	0	0	0
Tag_2	0	1	0	0
Tag_3	0	0	1	0
Tag_Value	10	20	30	0

图 12-2-4　IF 指令示例

5．CASE（创建多路分支）指令

（1）CASE 指令概述。

使用“CASE”指令，可以根据数字表达式的值执行多个指令序列中的一个。

CASE 指令表达式的值必须为整数，当执行该指令时，会将表达式的值与多个常数的值进行比较。如果表达式的值等于某个常数的值，则将执行紧跟在该常数后编写的指令。

（2）CASE 指令声明。

```
CASE <Tag> OF
<常数 1>:
<指令 1>;
<常数 2>:
<指令 2>;
ELSE
<指令 0>;
END_CASE;
```

（3）CASE 指令参数。

CASE 指令参数说明如表 12-2-2 所示。

表 12-2-2 CASE 指令参数说明

参 数	数据类型	存 储 区	说 明
<Tag>	整数	I、Q、M、D、L	与设定的常数值进行比较的值
<常数>	整数	—	作为指令序列执行条件的常数值，常数可以为以下值： 整数（如 5） 整数范围（如 15～20） 由整数和范围组成的枚举（如 10、11、15～20）
<指令>	—	—	当表达式的值等于某个常数值时，将执行其相应的指令，如果不满足条件，则执行 ELSE 后编写的指令。如果不存在 ELSE 分支，则不执行任何语句

（4）程序示例，如图 12-2-5 所示。

图 12-2-5 通过具体的操作数值对 CASE 指令的工作原理进行了说明。

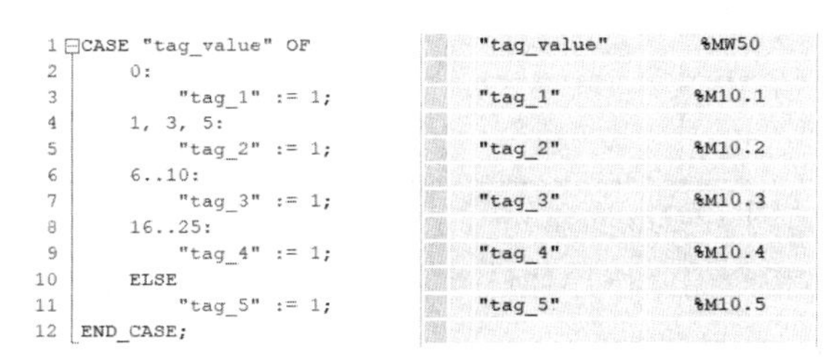

```
1  CASE "tag_value" OF
2      0:
3          "tag_1" := 1;
4      1, 3, 5:
5          "tag_2" := 1;
6      6..10:
7          "tag_3" := 1;
8      16..25:
9          "tag_4" := 1;
10     ELSE
11         "tag_5" := 1;
12 END_CASE;
```

```
"tag_value"   %MW50
"tag_1"       %M10.1
"tag_2"       %M10.2
"tag_3"       %M10.3
"tag_4"       %M10.4
"tag_5"       %M10.5
```

操作数	值				
Tag_Value	0	1、3、5	6…10	16…25	其他
Tag_1	1	—	—	—	—
Tag_2	—	1	—	—	—
Tag_3	—	—	1	—	—
Tag_4	—	—	—	1	—
Tag_5	—	—	—	—	1

图 12-2-5 CASE 指令示例

6．FOR（循环）指令

（1）FOR 指令概述。

使用 FOR 指令，重复执行程序循环，直至运行变量不在指定的取值范围内。在程序循环内，可以编写包含其他运行变量的其他程序循环。通过“复查循环条件”（CONTINUE）指令可以终止当前连续运行的程序循环，通过“立即退出循环”（EXIT）指令终止整个循环的执行。

（2）FOR 指令声明。

FOR <执行变量> := <起始值> TO <结束值> BY <增量> DO

<指令>;

END_FOR;

（3）FOR 指令参数。

FOR 指令参数说明如表 12-2-3 所示。

表 12-2-3　FOR 指令参数说明

参　数	数据类型	存　储　区	说　明
<执行变量>	SInt、Int、DInt	I、Q、M、D、L	在执行循环时会计算其值的操作数，执行变量的数据类型将确定其他参数的数据类型
<起始值>	SInt、Int、DInt	I、Q、M、D、L	表达式，在执行变量首次执行循环时，将分配表达式的值
<结束值>	SInt、Int、DInt	I、Q、M、D、L	表达式，在运行程序最后一次循环时，会定义表达式的值，在每个循环后都会检查运行变量的值： 未达到结束值，执行符合 DO 的指令； 达到结束值，最后执行一次 FOR 循环； 超出结束值，完成 FOR 循环。 在执行该指令期间，不允许更改结束值
<增量>	SInt、Int、DInt	I、Q、M、D、L	执行变量在每次循环后都会递增或递减其值的表达式。可以选择指定增量的大小，如果未指定增量，则在每次循环后执行变量的值加 1，在执行该指令期间，不允许更改增量
<指令>	—	—	只要运行变量的值在取值范围内，每次循环就会执行的指令，取值范围由起始值和结束值定义

（4）程序示例，如图 12-2-6 所示。

图 12-2-6 对 FOR 指令的工作原理进行了说明。

```
1  //将数据块中的B_ARRAY数组值赋值给A_ARRAY数组。
2 ⊟FOR "i" := 1 TO 9 BY 1
3  DO
4      "数据块".A_ARRAY["i"] :="数据块".B_ARRAY["i"];
5  END_FOR;
```

图 12-2-6　FOR 指令示例

12.3　SCL 编程应用实例

12.3.1　实例内容

（1）实例名称：SCL 编程应用实例。

（2）实例描述：使用 SCL 编程，求半径为 1～10 的共 10 个圆的面积，并将圆面积存储到数据块 DB1 的数组中。

（3）硬件组成：①S7-1200 PLC（CPU1214C DC/DC/DC），一台，订货号为 6ES7 214-1AG40-0XB0；②编程计算机，一台，已安装博途专业版 V15.1 软件。

12.3.2　实例实施

1．程序编写

第一步：新建项目及组态 S7-1200 PLC。

打开博途软件，在 Portal 视图中，单击“创建新项目”选项，在弹出的界面中输入项目名称（SCL 编程应用实例）、路径和作者等信息，然后单击“创建”按钮即可生成新项目。

进入项目视图，在左侧的“项目树”窗格中，单击“添加新设备”选项，弹出“添加新设备”对话框，如图 12-3-1 所示，在此对话框中选择 CPU 的订货号和版本（必须与实际设备相匹配），然后单击“确定”按钮。

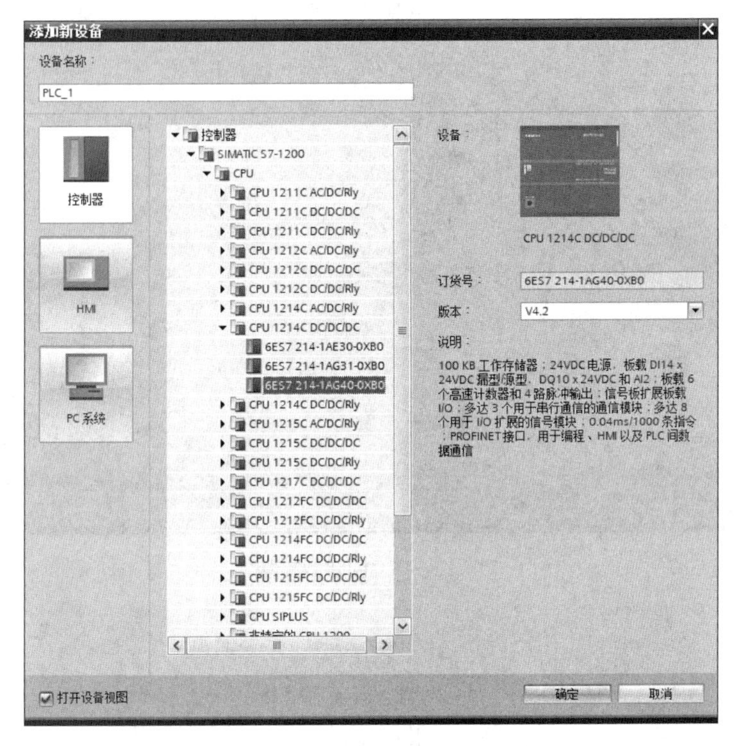

图 12-3-1　“添加新设备”对话框

第二步：新建 PLC 变量表。

在“项目树”窗格中，依次单击“PLC_1[CPU 1214C DC/DC/DC]”→“PLC 变量”选项，双击“添加新变量表”选项，并将新添加的变量表命名为“PLC 变量表”，在“PLC 变量表”中新建变量，如图 12-3-2 所示。

PLC变量表

	名称	数据类型	地址	保持
1	圆半径	DInt	%MD0	
2	求面积	Bool	%M8.0	
3	复位	Bool	%M8.1	
4	数据清除	DInt	%MD4	

图 12-3-2　PLC 变量表

第三步：添加数据块。

（1）在“项目树”窗格中，依次选择“PLC_1[CPU 1214C DC/DC/DC]”→“程序块”→“添加新块”选项，选择“数据块（DB）”选项创建数据块，并将数据块命名为“圆面积”，然后单击“确定”按钮，如图 12-3-3 所示。

（2）在数据块中，创建数据类型为数组的 10 个浮点数用于存储面积数据，如图 12-3-4 所示。

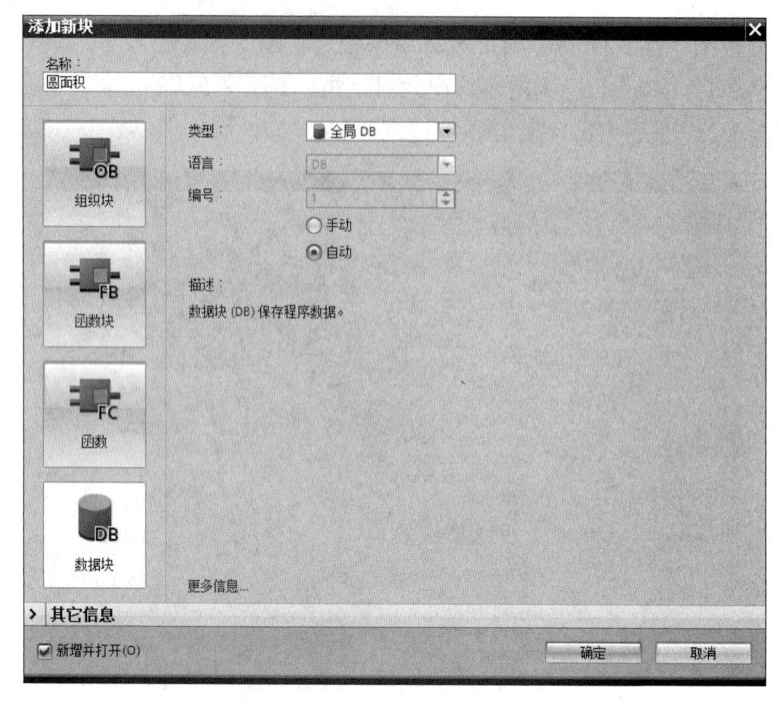

图 12-3-3　创建数据块

圆面积

	名称	数据类型	起始值	保持
1	▼ Static			
2	▼ 圆面积	Array[1..10] of LReal		
3	圆面积[1]	LReal	0.0	
4	圆面积[2]	LReal	0.0	
5	圆面积[3]	LReal	0.0	
6	圆面积[4]	LReal	0.0	
7	圆面积[5]	LReal	0.0	
8	圆面积[6]	LReal	0.0	
9	圆面积[7]	LReal	0.0	
10	圆面积[8]	LReal	0.0	
11	圆面积[9]	LReal	0.0	
12	圆面积[10]	LReal	0.0	

图 12-3-4　数据块数据

第四步：编写 OB1 主程序。

在“项目树”窗格中，依次选择“PLC_1[CPU 1214C DC/DC/DC]”→“Main（OB1）”选项，在“Main（OB1）”的工作区中右击，在弹出的快捷菜单中选择“插入 SCL 程序段”指令，添加 SCL 程序段并编写程序。SCL 程序如图 12-3-5 所示。

第五步：程序测试。

程序编译后，下载到 S7-1200 CPU 中，按以下步骤进行程序测试。

（1）按下“求面积”按钮，PLC 监控表如图 12-3-6 所示。

（2）按下“复位”按钮，PLC 监控表如图 12-3-7 所示。

程序段 1：

注释

```
1  //按下求面积按钮，圆直径自加1到10，并计算面积存放在DB块中
2  REGION 计算面积数据
3      IF "求面积" THEN
4          FOR "圆半径" := 1 TO 10 DO
5              "圆面积".圆面积["圆半径"] := SQR(DINT_TO_LREAL("圆半径")) * 3.14;
6              IF "圆半径" = 10 THEN
7                  "求面积" := FALSE;
8                  EXIT;
9              END_IF;
10         END_FOR;
11     END_IF;
12 END_REGION
13 //按下复位按钮，圆直径数据为0，并将DB块里面的数据全部清除
14 REGION 清除面积数据
15     IF "复位" THEN
16         FOR "圆半径" := 1 TO 10 BY 1 DO
17             "圆面积".圆面积["圆半径"] := 0;
18             IF "圆半径" = 10 THEN
19                 "复位" := FALSE;
20                 EXIT;
21             END_IF;
22         END_FOR;
23     END_IF;
24 END_REGION
```

图 12-3-5　SCL 程序

12.3 SCL编程应用实例_V16 ▸ PLC_1 [CPU 1214C DC/DC/DC] ▸ 监控与强制表 ▸ PLC监控表

	i	名称	地址	显示格式	监视值	修改值	
1		"圆面积".圆面...		浮点数	3.14		
2		"圆面积".圆面...		浮点数	12.56		
3		"圆面积".圆面...		浮点数	28.26		
4		"圆面积".圆面...		浮点数	50.24		
5		"圆面积".圆面...		浮点数	78.5		
6		"圆面积".圆面...		浮点数	113.04		
7		"圆面积".圆面...		浮点数	153.86		
8		"圆面积".圆面...		浮点数	200.96		
9		"圆面积".圆面...		浮点数	254.34		
10		"圆面积".圆面...		浮点数	314.0		
11		"求面积"	%M8.0	布尔型	FALSE	TRUE	☑ !
12		"复位"	%M8.1	布尔型	FALSE		
13		"圆半径"	%MD4	带符号十进制	10		

图 12-3-6　PLC 监控表 1

12.3 SCL编程应用实例_V16 ▸ PLC_1 [CPU 1214C DC/DC/DC] ▸ 监控与强制表 ▸ PLC监控表

	i	名称	地址	显示格式	监视值	修改值	
1		"圆面积".圆面...		浮点数	0.0		
2		"圆面积".圆面...		浮点数	0.0		
3		"圆面积".圆面...		浮点数	0.0		
4		"圆面积".圆面...		浮点数	0.0		
5		"圆面积".圆面...		浮点数	0.0		
6		"圆面积".圆面...		浮点数	0.0		
7		"圆面积".圆面...		浮点数	0.0		
8		"圆面积".圆面...		浮点数	0.0		
9		"圆面积".圆面...		浮点数	0.0		
10		"圆面积".圆面...		浮点数	0.0		
11		"求面积"	%M8.0	布尔型	FALSE	TRUE	☑ !
12		"复位"	%M8.1	布尔型	FALSE	TRUE	☑ !
13		"圆半径"	%MD4	带符号十进制	10		

图 12-3-7　PLC 监控表 2

第 13 章　用户自定义 Web 服务器应用实例

13.1　功能简介

S7-1200 PLC Web 服务器能够发布标准 Web 网页和用户自定义的网页，可以通过手机或者计算机的 Web 浏览器进行访问。标准 Web 网页能够对 PLC 进行变量监控、诊断、状态监控、数据通信及在线备份等。用户自定义的网页可以使用文本编辑器或者第三方 HTML 编程软件开发 Web 页面，用于设备监控等。

在 S7-1200 CPU 的属性中启动 Web 服务，并且 S7-1200 CPU 与手机或者计算机处于同一个以太网局域网中，在手机或者计算机上打开 Web 浏览器，在浏览器的地址栏中输入 URL（http://ww.xx.yy.zz ，其中 ww.xx.yy.zz 为 CPU 的 IP 地址），可以打开 S7-1200 PLC 的标准 Web 网页，如图 13-1-1 所示。标准 Web 网页可以实现查看 CPU 的基本信息、诊断信息、模块信息、通信信息、变量表监控和文件浏览等功能。

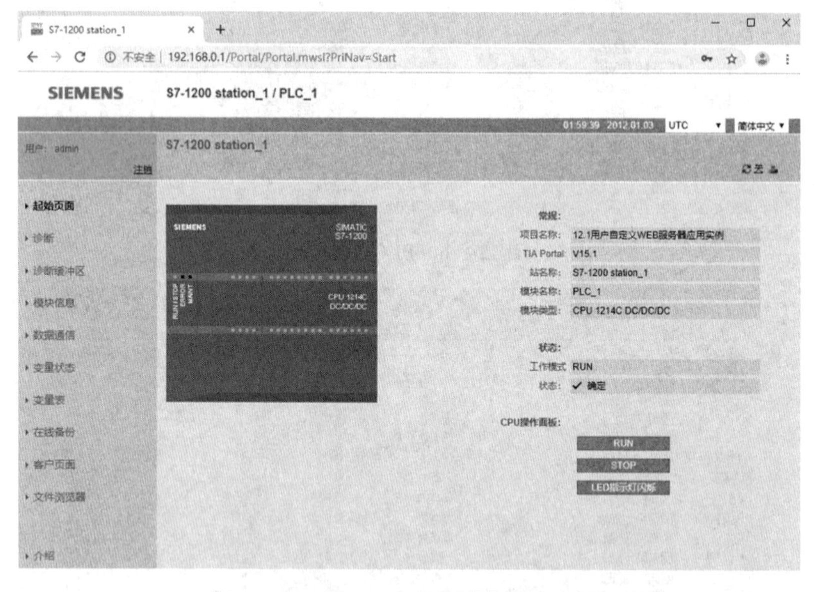

图 13-1-1　S7-1200 PLC 标准 Web 网页

13.2　指令说明

1. AWP 命令

S7-1200 PLC Web 服务器提供了 AWP 命令，这些命令具有以下用途：①读取 PLC 变量；②写入 PLC 变量；③读取特殊变量；④写入特殊变量。

（1）AWP 命令的语法。

始于“<!-- AWP_”且止于“-->”的 AWP 命令。

（2）AWP 命令汇总。

①读取变量。

:=<Varname>:

②写入变量。

<!-- AWP_In_Variable Name='<Varname1>' [Use='<Varname2>'] ... -->

③读取特殊变量。

<!-- AWP_Out_Variable Name='<Type>:<Name>' [Use='<Varname>'] -->

④写入特殊变量。

<!-- AWP_In_Variable Name='<Type>:<Name>' [Use='<Varname>']-->

2．用户自定义的 Web 网页的“WWW”指令

博途 STEP 7 用户程序必须包含并执行“WWW”指令，以便通过标准 Web 网页访问用户自定义的 Web 网页。

在“指令”窗格中依次单击“通信”→“WEB 服务器”选项，出现“WWW”指令，如图 13-2-1 所示。

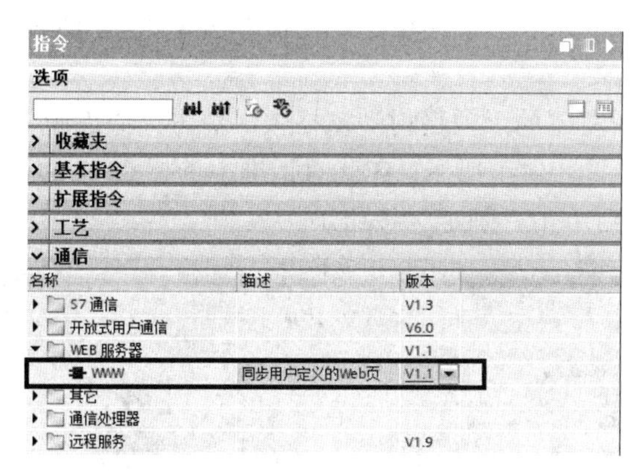

图 13-2-1　“WWW”指令

在 STEP 7 的用户程序中调用“WWW”指令，如图 13-2-2 所示。

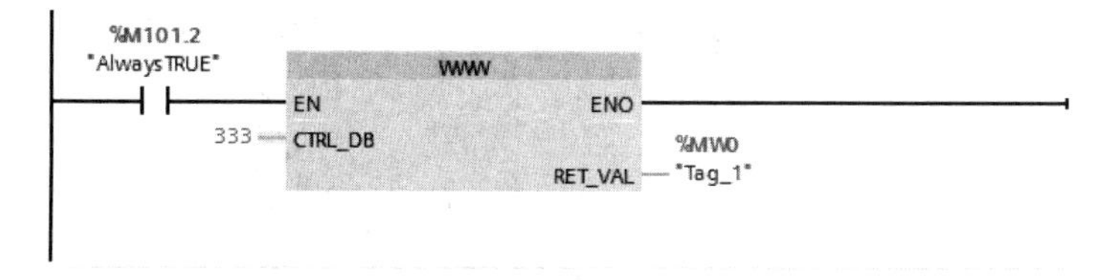

图 13-2-2　程序中调用“WWW”指令

“WWW”指令的输入/输出引脚参数的意义，如表 13-2-1 所示。

表 13-2-1 “WWW”指令引脚参数

引脚参数	数据类型	说明
CTRL_DB	DB_WWW	描述用户自定义的 Web 网页的数据块（Web Control DB）
RET_VAL	Int	错误信息

13.3 实例内容

（1）实例名称：用户自定义 Web 服务器应用实例。

（2）实例描述：通过自定义 Web 网页，实现 PLC 变量的显示和设置。

（3）硬件及软件组成：①S7-1200 PLC（CPU1214C DC/DC/DC），一台，订货号为 6ES7 214-1AG40-0XB0；②无线网络交换机，一台；③编程计算机，一台，已安装博途专业版 V15.1 软件。

13.4 实例实施

第一步：新建项目及组态。

打开博途软件，在 Portal 视图中，单击“创建新项目”选项，在弹出的界面中输入项目名称（用户自定义 Web 服务器应用实例）、路径和作者等信息，然后单击“创建”按钮即可生成新项目。

进入项目视图，在左侧的“项目树”窗格中，双击“添加新设备”选项，弹出“添加新设备”对话框，如图 13-4-1 所示，在此对话框中选择 CPU 的订货号和版本（必须与实际设备相匹配），然后单击“确定”按钮。

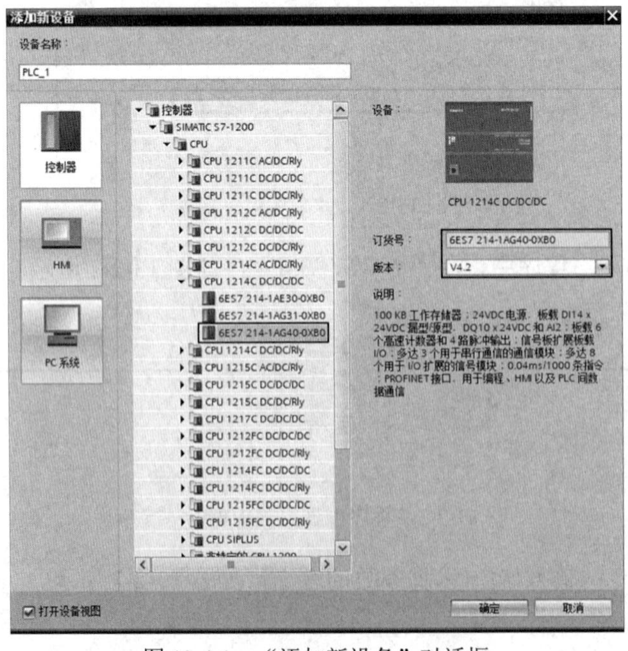

图 13-4-1 “添加新设备”对话框

第二步：设置 CPU 属性。

在“项目树”窗格中，单击“PLC_1[CPU 1214C DC/DC/DC]”下拉按钮，双击“设备组态”选项，在“设备视图”的工作区中，选中 PLC_1，依次单击其巡视窗格的“属性”→“常规”→“PROFINET 接口[X1]”→“以太网地址”选项，修改以太网 IP 地址，如图 13-4-2 所示。

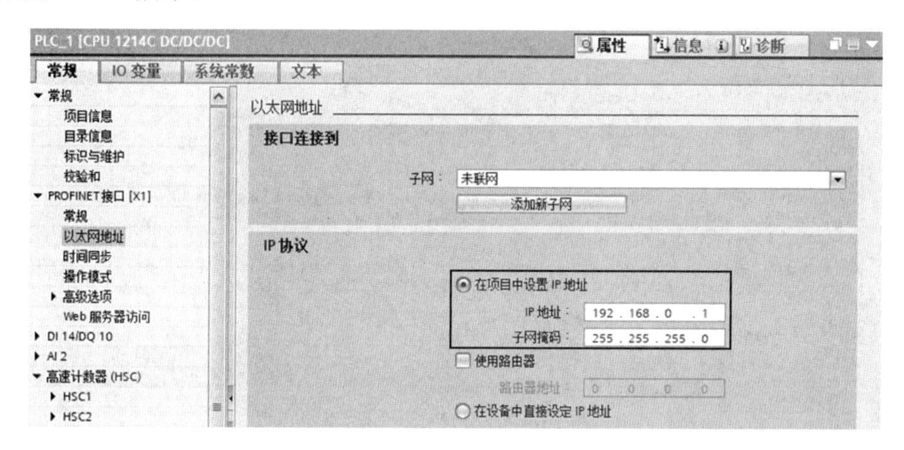

图 13-4-2　以太网 IP 地址设置

第三步：新建 PLC 变量表。

在“项目树”窗格中，依次单击“PLC_1[CPU 1214C DC/DC/DC]”→“PLC 变量”选项，双击“添加新变量表”选项，并将新添加的变量表命名为“PLC 变量表”，在“PLC 变量表”中新建变量，如图 13-4-3 所示。

PLC变量表

	名称	数据类型	地址 ▲	保持
1	电机控制	Bool	%Q0.0	
2	启动/停止按钮	Bool	%M10.1	
3	中间辅助继电器	Bool	%M10.2	
4	辅助存储器	DWord	%MD12	
5	时间设定存储器	DWord	%MD16	
6	错误信息存储器	Word	%MW20	

图 13-4-3　PLC 变量表

第四步：用户自定义的 Web 网页的 HTML 代码说明。

在桌面上新建一个文件夹 webserver。本实例使用文本编辑器（Windows 自带记事本程序)来编辑 HTML 代码，需要确保以 UTF-8 字符编码的格式保存，同时命名为 start.html 文件，文件保存在 webserver 文件夹中。

HTML 代码示例如图 13-4-4 所示。

第五步：启用标准 Web 服务器。

启用标准 Web 服务器的操作步骤如下。

在“项目树”窗格中，单击“PLC_1[CPU 1214C DC/DC/DC]”下拉按钮，双击“设备组态”选项，在“设备视图”的工作区中，选中 PLC_1，进入其巡视窗格。

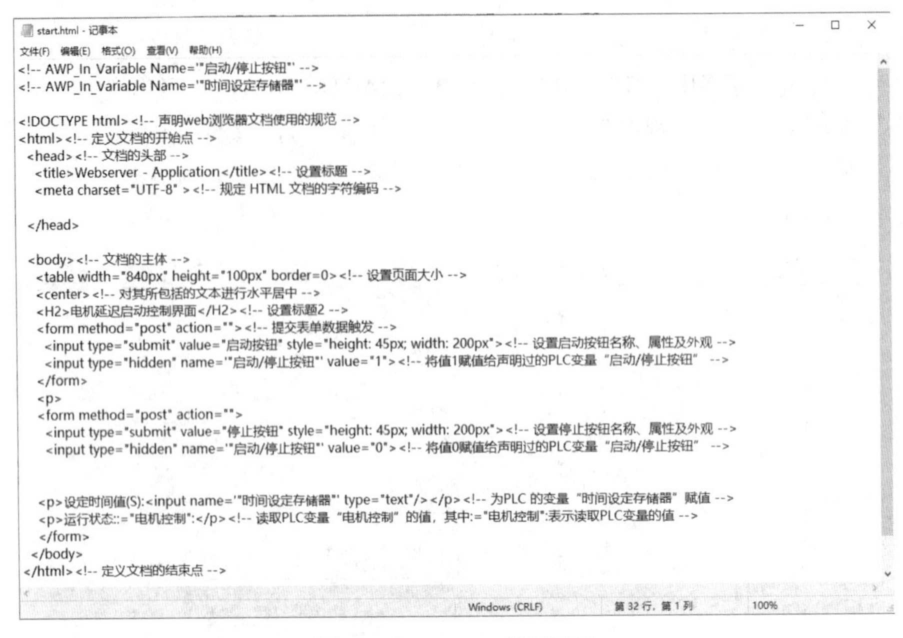

```html
<!-- AWP_In_Variable Name='"启动/停止按钮"' -->
<!-- AWP_In_Variable Name='"时间设定存储器"' -->

<!DOCTYPE html><!-- 声明web浏览器文档使用的规范 -->
<html><!-- 定义文档的开始点 -->
 <head><!-- 文档的头部 -->
  <title>Webserver - Application</title><!-- 设置标题 -->
  <meta charset="UTF-8" ><!-- 规定 HTML 文档的字符编码 -->

 </head>

 <body><!-- 文档的主体 -->
  <table width="840px" height="100px" border=0><!-- 设置页面大小 -->
  <center><!-- 对其所包括的文本进行水平居中 -->
  <H2>电机延迟启动控制界面</H2><!-- 设置标题2 -->
  <form method="post" action=""><!-- 提交表单数据触发 -->
   <input type="submit" value="启动按钮" style="height: 45px; width: 200px"><!-- 设置启动按钮名称、属性及外观 -->
   <input type="hidden" name='"启动/停止按钮"' value="1"><!-- 将值1赋值给声明过的PLC变量 “启动/停止按钮” -->
  </form>
  <p>
  <form method="post" action="">
   <input type="submit" value="停止按钮" style="height: 45px; width: 200px"><!-- 设置停止按钮名称、属性及外观 -->
   <input type="hidden" name='"启动/停止按钮"' value="0"><!-- 将值0赋值给声明过的PLC变量 “启动/停止按钮” -->


  <p>设定时间值(S):<input name='"时间设定存储器"' type="text"/></p><!-- 为PLC 的变量 “时间设定存储器” 赋值 -->
  <p>运行状态::="电机控制":</p><!-- 读取PLC变量 “电机控制” 的值，其中:="电机控制":表示读取PLC变量的值 -->
  </form>
 </body>
</html><!-- 定义文档的结束点 -->
```

图 13-4-4　HTML 代码示例

① 依次选择“属性”→“常规”→“PROFINET 接口 [X1]”→“高级选项”→“Web 服务器访问”选项，激活“启用使用该接口访问 Web 服务器”复选框，如图 13-4-5 所示。

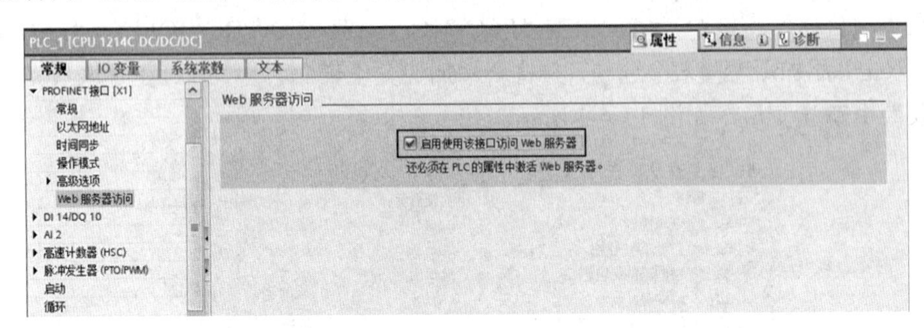

图 13-4-5　激活“启用使用该接口访问 Web 服务器”复选框

② 依次选择“属性”→“常规”→“Web 服务器”→“常规”选项，激活“在此设备的所有模块上激活 Web 服务器”复选框，如图 13-4-6 所示。

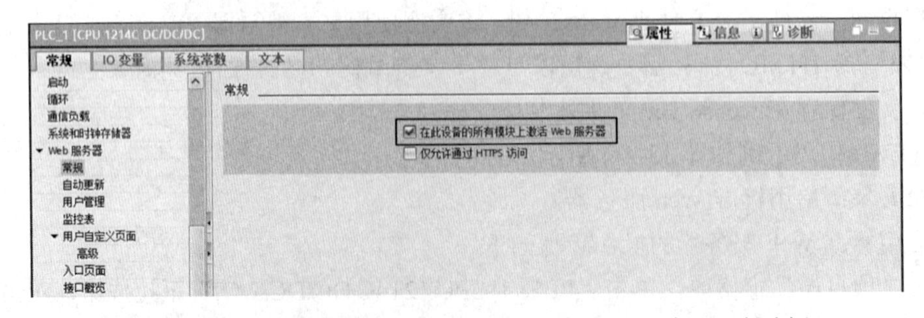

图 13-4-6　激活“在此设备的所有模块上激活 Web 服务器”复选框

③ 依次选择“Web 服务器”→“自动更新”选项，激活“启用自动更新”复选框，则标准 Web 网页将默认 10s 刷新一次，如图 13-4-7 所示。也可以在“更新间隔”数值框中输入自定义刷新的周期，单位为 s。

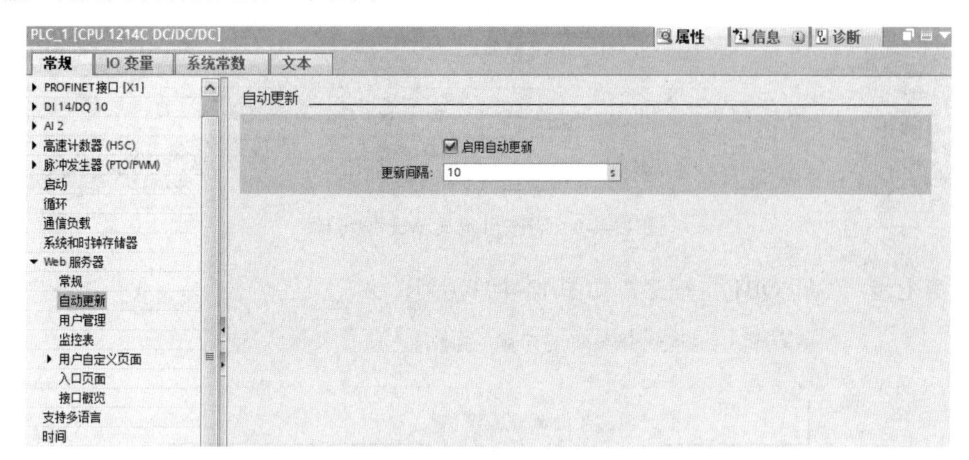

图 13-4-7　启用自动更新

④ 依次选择“Web 服务器”→“用户管理”选项，在“用户管理”选区中单击“新增用户”按钮，新增用户名称为“admin”，在“访问级别”中将所有用户访问权限打钩，并添加用户密码（本实例创建的用户名为 admin，密码为 123456），如图 13-4-8 所示。

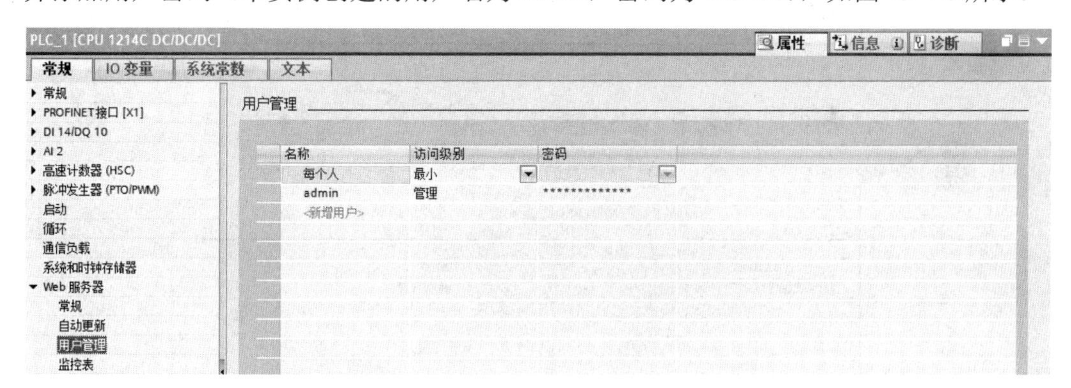

图 13-4-8　Web 服务器的用户管理

第六步：组态自定义 Web 服务器。

依次单击“Web 服务器”→“用户自定义面面”选项，如图 13-4-9 所示，后续操作如下。

① HTML 目录为第四步新建的文件夹（本实例为桌面文件夹 webserver）。

② 默认 HTML 页面选择 webserver 文件夹下的 Start.html 文件。

③ 应用程序名称为 webserver（用户可以自定义）。

④ 最后单击“生成块”按钮，系统将自动生成用户自定义 Web 服务器的数据块。

常规 | IO 变量 | 系统常数 | 文本

启动
循环
通信负载
系统和时钟存储器
Web 服务器
常规
自动更新
用户管理
监控表
用户自定义页面
高级
入口页面
接口概览
支持多语言
时间
防护与安全
组态控制

用户自定义页面

① HTML 目录：C:\Users\jack\Desktop\webserver
② 默认 HTML 页面：Start.html
③ 应用程序名称：webserver
状态：生成的 DB
④ 生成块　删除块

高级

带动态内容的文件：.htm;.html
Web DB 号：333
片段 DB 起始号：334

图 13-4-9　组态自定义 Web 服务器

第七步：编写 OB1 主程序，如图 13-4-10 所示。

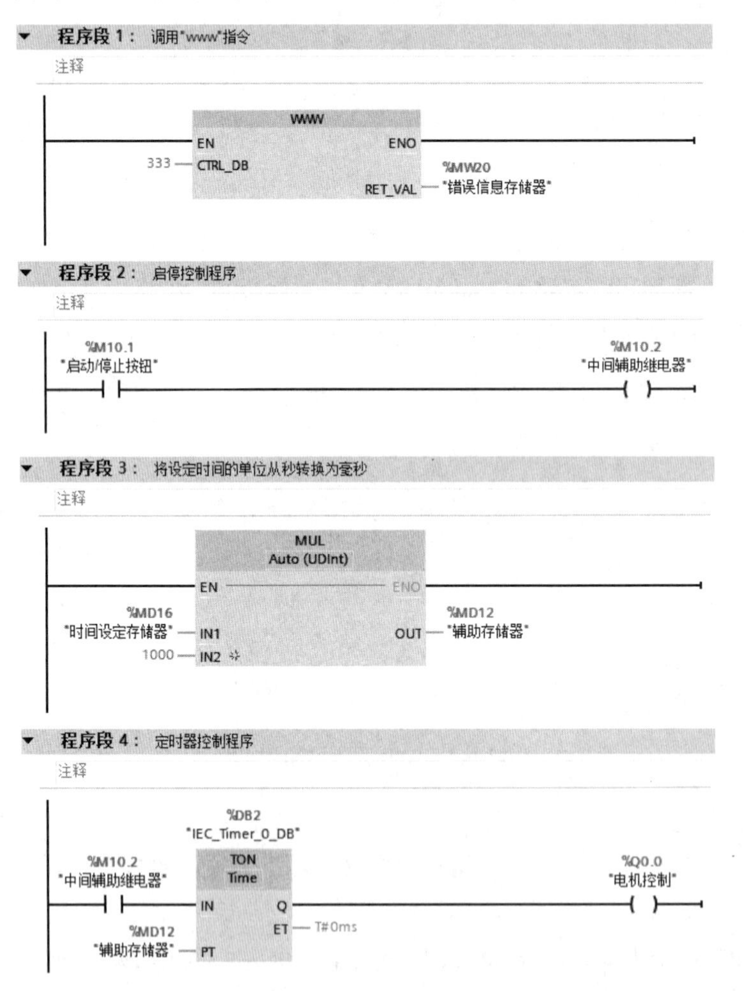

图 13-4-10　OB1 主程序

第八步：程序测试。

程序编译后，下载到 S7-1200 CPU 中，按以下步骤进行程序测试。

（1）S7-1200 PLC 和计算机通过交换机连接，且两者处于同一个网段。

（2）在计算机的浏览器中输入 http://192.168.0.1。

（3）在登录页面输入用户名（admin）和密码（123456），进入如图 13-4-11 所示的页面。

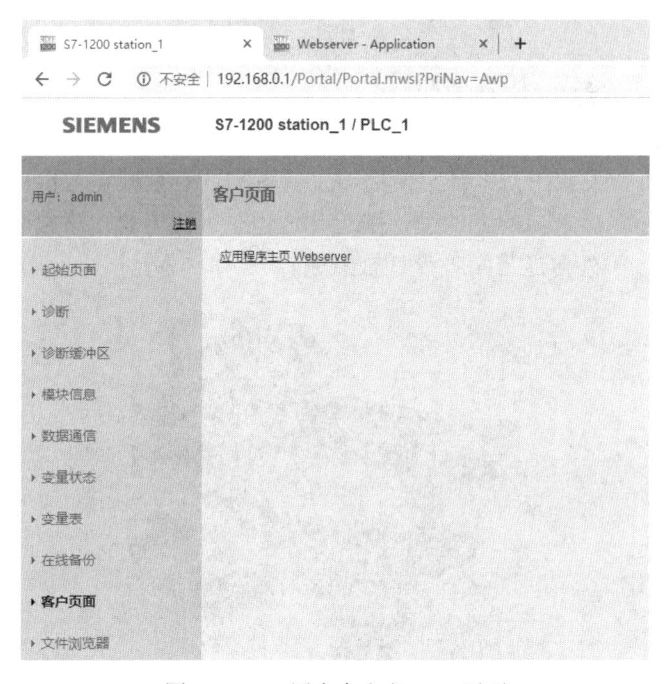

图 13-4-11　用户自定义 Web 页面

（4）在图 13-4-11 的 Web 页面中，单击“应用程序主页 Webserver”链接，进入如图 13-4-12 所示的页面。

图 13-4-12　用户自定义操作页面

（5）在图 13-4-12 的 Web 页面中，设定时间值，通过启动按钮和停止按钮，可以控制电机的启动和停止，也可以监控其运行状态。

第 14 章　自动化搬运机综合训练

14.1　自动化搬运机介绍

自动化搬运机在工业生产中经常使用，主要对物件进行搬运与传送。某自动化搬运线如图 14-1-1 所示，对入口的工件进行搬运并传送至目标位置，该搬运机的机械结构主要由 *X*/*Y* 轴丝杆、内/外传送带、吸盘气缸组成。

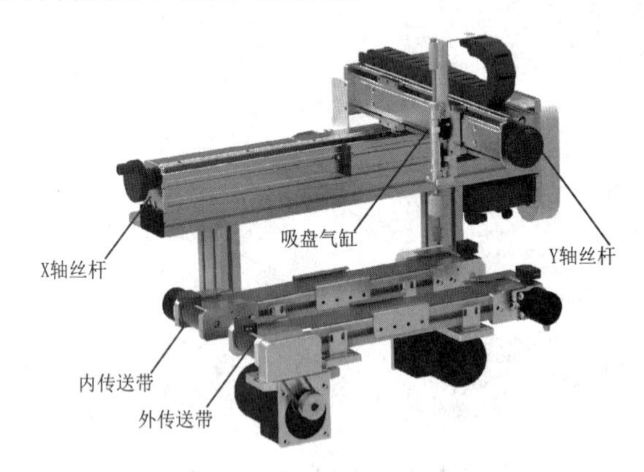

图 14-1-1　自动化搬运线

X/*Y* 轴丝杆上分别安装左/右限位和原点传感器，用于实现限位保护和原点检测功能；内/外传送带上分别安装左/右传感器，用于检测工件是否到位；吸盘气缸安装了上、下两个磁性开关，用于检测气缸的运行置位。该设备 *X*/*Y* 轴丝杆均由 V90（PN）伺服系统驱动；内/外传送带均由 G120（PN）变频系统驱动；吸盘气缸由气动系统驱动。自动化搬运线的传感系统如图 14-1-2 所示。

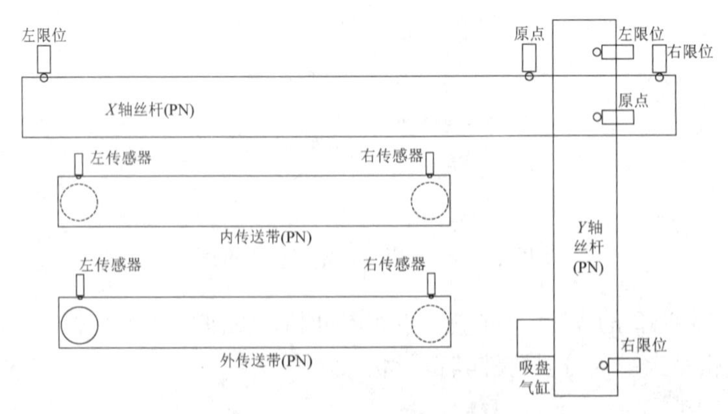

图 14-1-2　自动化搬运线的传感系统

自动化搬运线设备在 HMI 上进行操作，其网络拓扑图如图 14-1-3 所示、PLC 接线电路图如图 14-1-4 所示。

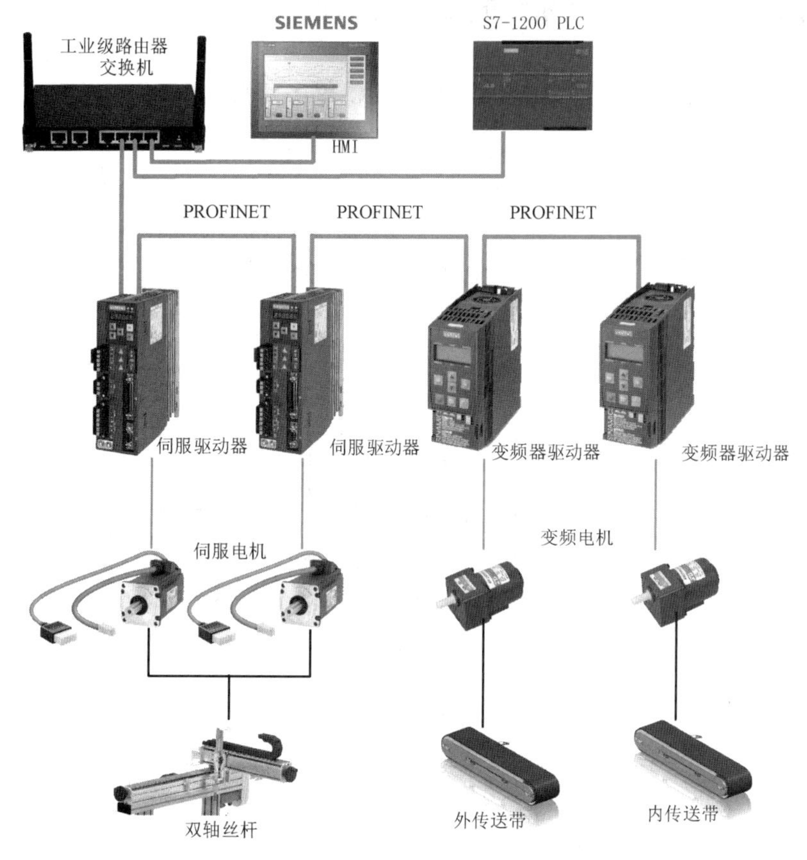

图 14-1-3 自动化搬运线的网络拓扑图

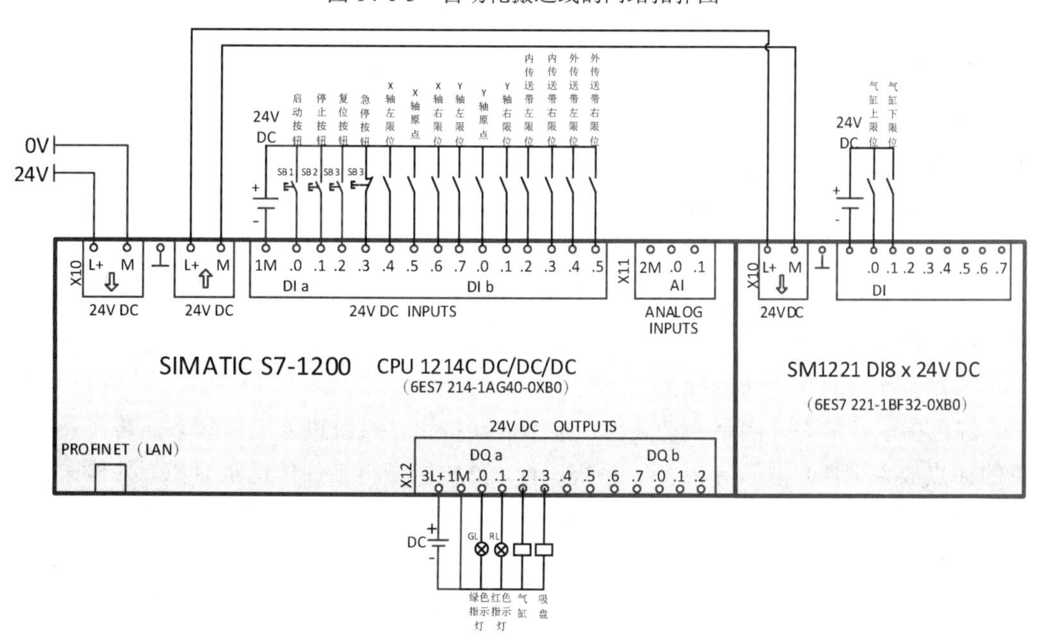

图 14-1-4 自动化搬运线的 PLC 接线电路图

14.2 自动化搬运机的控制工艺要求

自动化搬运机的程序包含 HMI 程序和 PLC 程序两种，自动化搬运机的控制工艺要求如下。

1. HMI 界面设计

自动化搬运机操作界面包含“指示灯显示区”“按钮操作区”“参数设置区”3 部分，控件元素按工艺要求实现相应的功能，如图 14-2-1 所示。

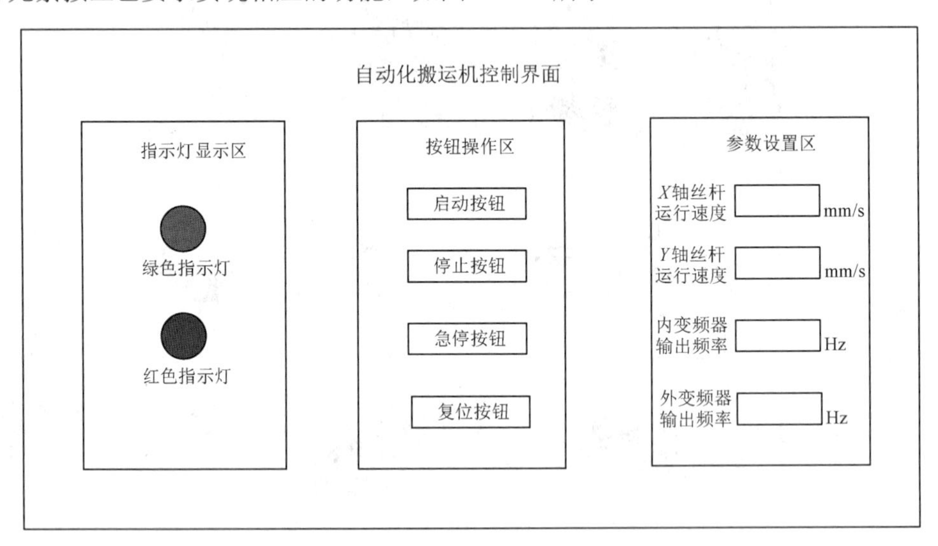

图 14-2-1　自动化搬运机操作界面

2. PLC 程序设计

（1）原点检测及操作。

系统上电后，检测设备是否满足原点条件，若原点条件不满足，则系统红色指示灯闪亮，系统无法启动，按下复位按钮，系统可回到原点；若原点条件满足，则红色指示灯常亮，系统可以启动。

原点条件为：*X*/*Y* 轴丝杆处于原点；内/外传送带左、右位无工件；吸盘处于上限位，吸盘停止吸气。

（2）启动功能与自动运行。

红色指示灯常亮，满足启动条件，按下启动按钮，系统进入工作状态。若在外传送带的 *A* 点放入工件，则等待 2s 后，系统运行，外传送带将工件传送至 *B* 点，外传送带停下；此时，双轴丝杆启动，到达 *B* 点上方，吸盘下行将工件吸起，并将工件放置在 *C* 点，然后双轴丝杆回到原点，同时内传送带将工件从 *C* 点传送至 *D* 点，此为一个工作周期，在系统运行过程中，绿色指示灯常亮，系统可周而复始地运行。自动运行示意图如图 14-2-2 所示。

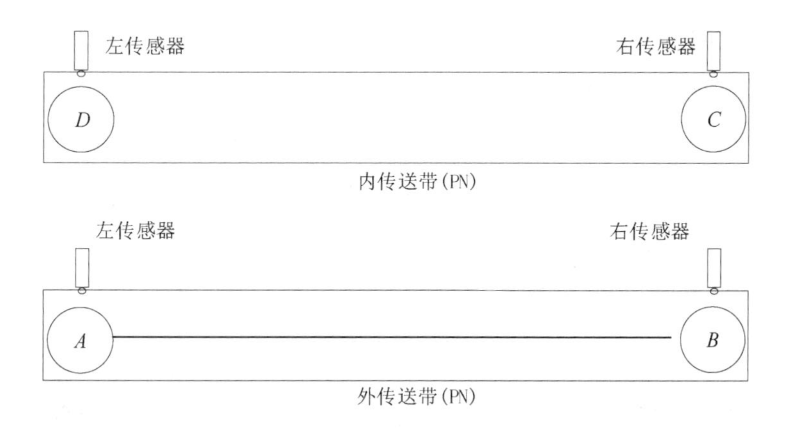

图 14-2-2　自动运行示意图

（3）停止功能。

在运行过程中，按下停止按钮，完成本周期工作，系统回到原点并停机，红色指示灯常亮。

（4）急停功能。

在运行过程中，按下急停按钮，系统立刻停机，红色指示灯快速闪烁。

（5）复位功能。

在运行过程中，按下复位按钮，系统回到原点状态。

14.3　自动化搬运机的参考程序

1．HMI 界面

HMI 设计界面如图 14-3-1 所示。

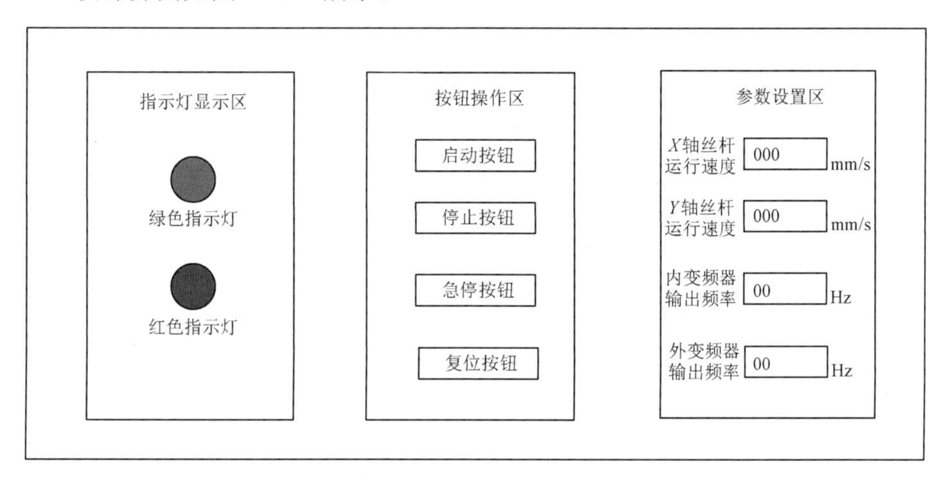

图 14-3-1　HMI 设计界面

2．PLC 变量表

本程序中的 PLC 变量表，如图 14-3-2 所示。

	名称	数据类型	地址	保持	可从 ...	从 H...	在 H...
1	轴_2_Drive_IN	"PD_TEL3_IN"	%I68.0	☐	☑	☑	☑
2	轴_1_Drive_IN	"PD_TEL3_IN"	%I86.0	☐	☑	☑	☑
3	状态字	Word	%IW256	☐	☑	☑	☑
4	内传送带实际转速值	Word	%IW258	☐	☑	☑	☑
5	状态字外	Word	%IW260	☐	☑	☑	☑
6	外传送带实际转速值	Word	%IW262	☐	☑	☑	☑
7	轴_2_Drive_OUT	"PD_TEL3_OUT"	%Q64.0	☐	☑	☑	☑
8	轴_1_Drive_OUT	"PD_TEL3_OUT"	%Q74.0	☐	☑	☑	☑
9	内传送带控制字	Word	%QW256	☐	☑	☑	☑
10	内传送带设定转速值	Word	%QW258	☐	☑	☑	☑
11	外传送带控制字	Word	%QW260	☐	☑	☑	☑
12	外传送带设定转速值	Word	%QW262	☐	☑	☑	☑
13	原点条件满足	Bool	%M10.0	☐	☑	☑	☑
14	停止标志	Bool	%M10.1	☐	☑	☑	☑
15	原点判断	Bool	%M10.2	☐	☑	☑	☑
16	系统启动	Bool	%M11.0	☐	☑	☑	☑
17	外传送带启动	Bool	%M11.1	☐	☑	☑	☑
18	双轴丝杆移动至B点	Bool	%M11.2	☐	☑	☑	☑
19	吸盘下降取件	Bool	%M11.3	☐	☑	☑	☑
20	吸盘吸取工件	Bool	%M11.4	☐	☑	☑	☑
21	吸盘吸取上升	Bool	%M11.5	☐	☑	☑	☑
22	双轴丝杆移动至C点	Bool	%M11.6	☐	☑	☑	☑
23	吸盘下降放件	Bool	%M11.7	☐	☑	☑	☑
24	吸盘释放工件	Bool	%M12.0	☐	☑	☑	☑
25	吸盘放件上升	Bool	%M12.1	☐	☑	☑	☑
26	内传送带启动丝杆回原点	Bool	%M12.2	☐	☑	☑	☑
27	判断等待	Bool	%M12.3	☐	☑	☑	☑
28	运行标志	Bool	%M12.4	☐	☑	☑	☑
29	HMI 启动按钮	Bool	%M13.0	☐	☑	☑	☑
30	HMI 停止按钮	Bool	%M13.1	☐	☑	☑	☑
31	HMI 复位按钮	Bool	%M13.2	☐	☑	☑	☑
32	HMI 急停按钮	Bool	%M13.3	☐	☑	☑	☑
33	X轴回原点完成	Bool	%M20.0	☐	☑	☑	☑
34	Y轴回原点完成	Bool	%M20.1	☐	☑	☑	☑
35	X轴移动完成	Bool	%M20.2	☐	☑	☑	☑
36	Y轴移动完成	Bool	%M20.3	☐	☑	☑	☑
37	X轴移动位置值	Real	%MD30	☐	☑	☑	☑
38	Y轴移动位置值	Real	%MD34	☐	☑	☑	☑
39	X轴速度	Real	%MD38	☐	☑	☑	☑
40	Y轴速度	Real	%MD42	☐	☑	☑	☑
41	内传送带实际转速	DWord	%MD46	☐	☑	☑	☑
42	外传送带实际转速	DWord	%MD50	☐	☑	☑	☑

	名称	数据类型	地址	保持	可从 ...	从 H...	在 H...
1	启动按钮	Bool	%I0.0	☐	☑	☑	☑
2	停止按钮	Bool	%I0.1	☐	☑	☑	☑
3	复位按钮	Bool	%I0.2	☐	☑	☑	☑
4	急停按钮	Bool	%I0.3	☐	☑	☑	☑
5	X轴丝杆下限位	Bool	%I0.4	☐	☑	☑	☑
6	X轴丝杆原点	Bool	%I0.5	☐	☑	☑	☑
7	X轴丝杆上限位	Bool	%I0.6	☐	☑	☑	☑
8	Y轴丝杆下限位	Bool	%I0.7	☐	☑	☑	☑
9	Y轴丝杆原点	Bool	%I1.0	☐	☑	☑	☑
10	Y轴丝杆上限位	Bool	%I1.1	☐	☑	☑	☑
11	内传送带左限位	Bool	%I1.2	☐	☑	☑	☑
12	内传送带右限位	Bool	%I1.3	☐	☑	☑	☑
13	外传送带左限位	Bool	%I1.4	☐	☑	☑	☑
14	外传送带右限位	Bool	%I1.5	☐	☑	☑	☑
15	气缸上限位	Bool	%I2.0	☐	☑	☑	☑
16	气缸下限位	Bool	%I2.1	☐	☑	☑	☑
17	红灯	Bool	%Q0.0	☐	☑	☑	☑
18	绿灯	Bool	%Q0.1	☐	☑	☑	☑
19	气缸下降	Bool	%Q0.2	☐	☑	☑	☑
20	吸盘吸气	Bool	%Q0.3	☐	☑	☑	☑

图 14-3-2　PLC 变量表

3. PLC 程序

PLC 程序如图 14-3-3～图 14-3-13 所示。

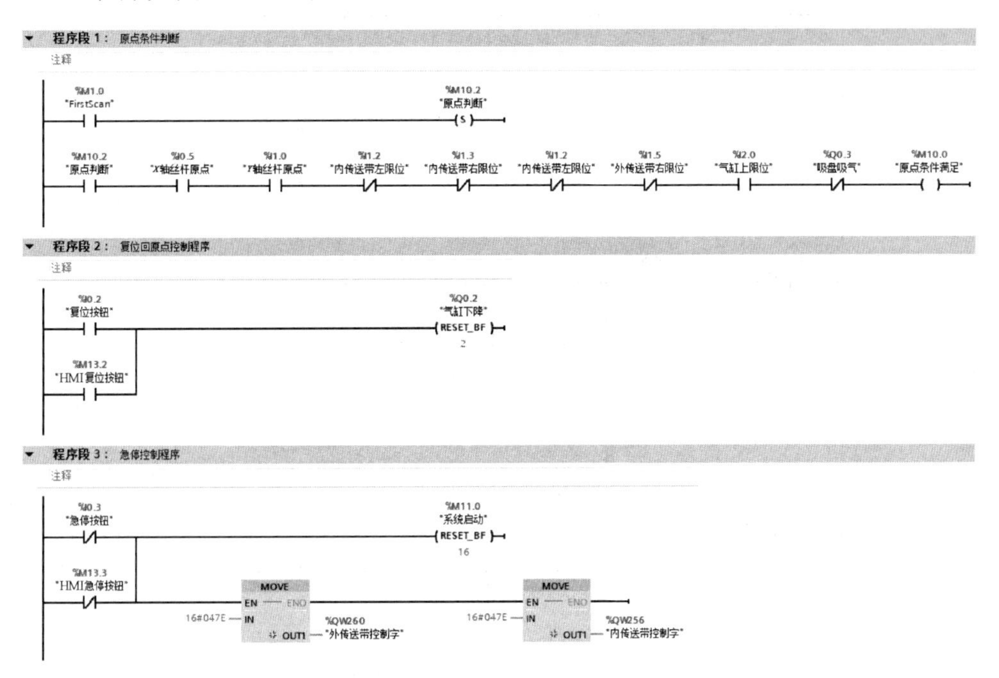

图 14-3-3　PLC 程序 1

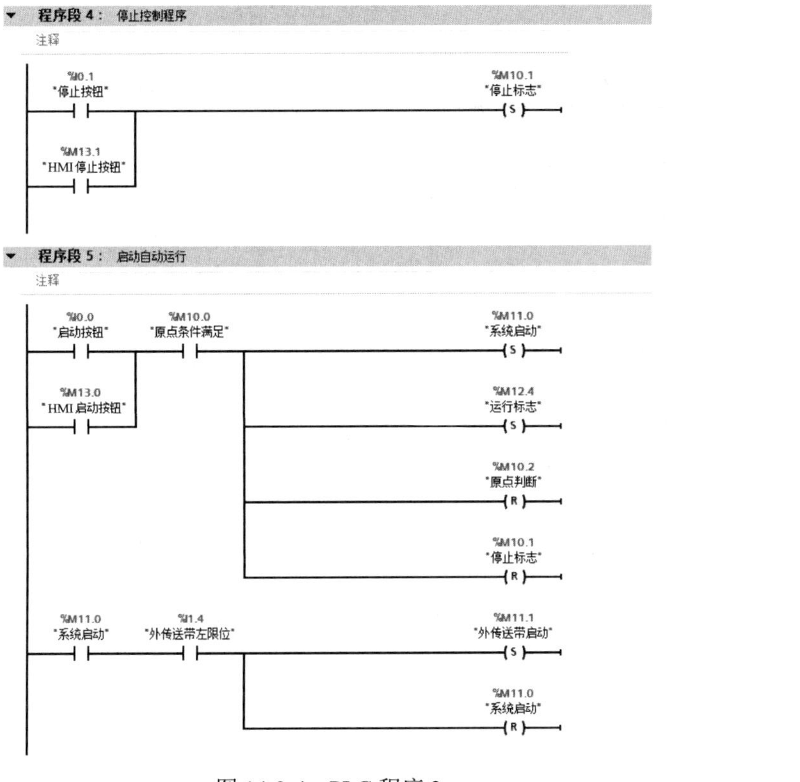

图 14-3-4　PLC 程序 2

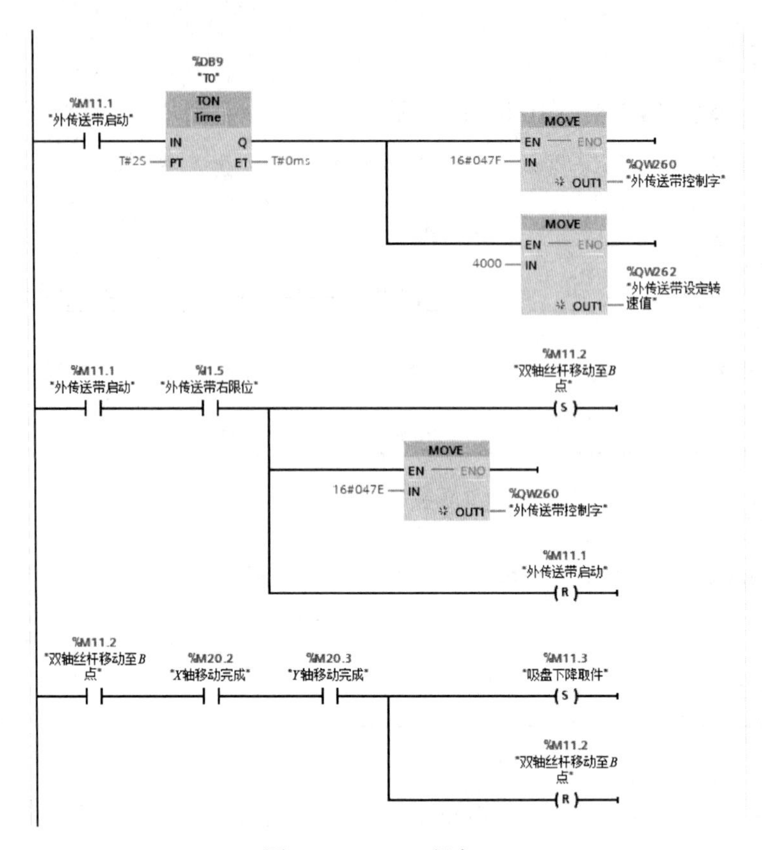

图 14-3-5　PLC 程序 3

图 14-3-6　PLC 程序 4

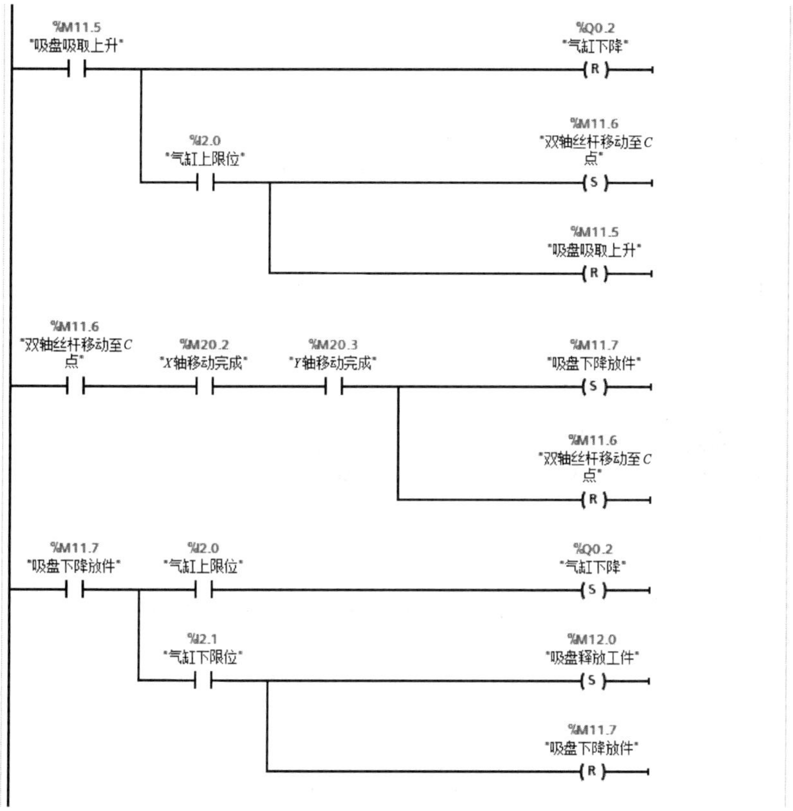

%M11.5
"吸盘吸取上升"
%Q0.2
"气缸下降"
R
%I2.0
"气缸上限位"
%M11.6
"双轴丝杆移动至C点"
S
%M11.5
"吸盘吸取上升"
R

%M11.6
"双轴丝杆移动至C点"
%M20.2
"X轴移动完成"
%M20.3
"Y轴移动完成"
%M11.7
"吸盘下降放件"
S
%M11.6
"双轴丝杆移动至C点"
R

%M11.7
"吸盘下降放件"
%I2.0
"气缸上限位"
%Q0.2
"气缸下降"
S
%I2.1
"气缸下限位"
%M12.0
"吸盘释放工件"
S
%M11.7
"吸盘下降放件"
R

图 14-3-7　PLC 程序 5

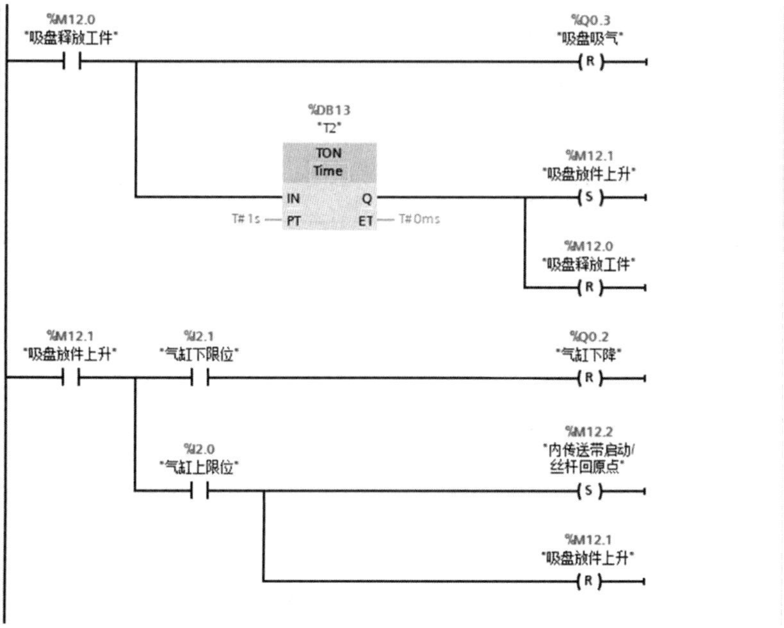

%M12.0
"吸盘释放工件"
%Q0.3
"吸盘吸气"
R
%DB13
"T2"
TON
Time
IN　Q
T#1s — PT　ET — T#0ms
%M12.1
"吸盘放件上升"
S
%M12.0
"吸盘释放工件"
R

%M12.1
"吸盘放件上升"
%I2.1
"气缸下限位"
%Q0.2
"气缸下降"
R
%I2.0
"气缸上限位"
%M12.2
"内传送带启动/丝杆回原点"
S
%M12.1
"吸盘放件上升"
R

图 14-3-8　PLC 程序 6

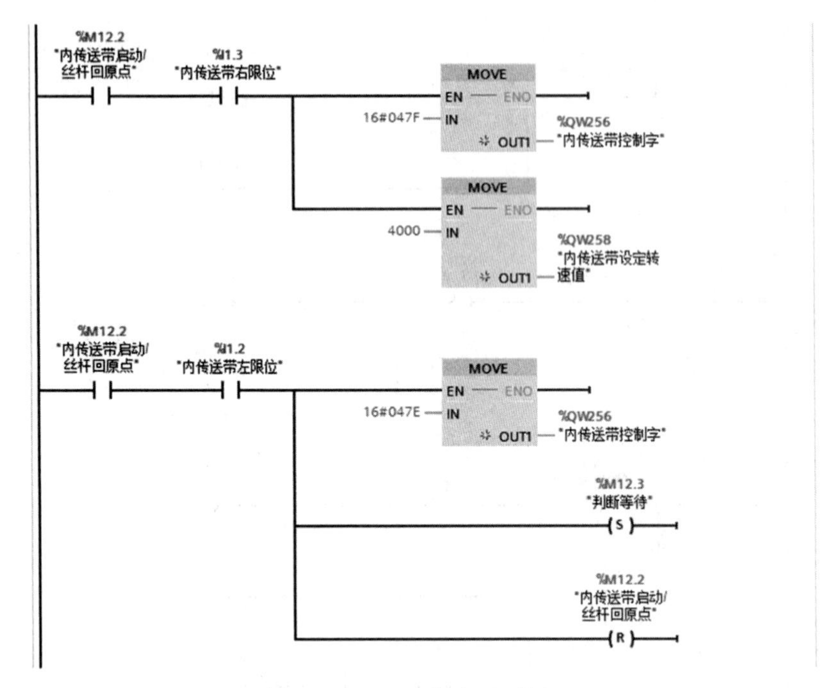

图 14-3-8 PLC 程序 6（续）

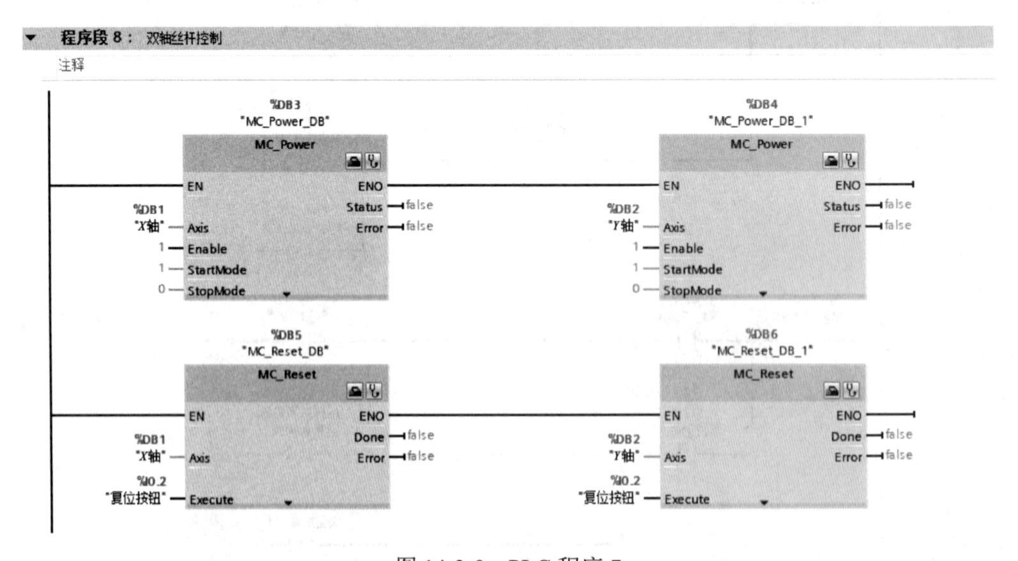

图 14-3-9 PLC 程序 7

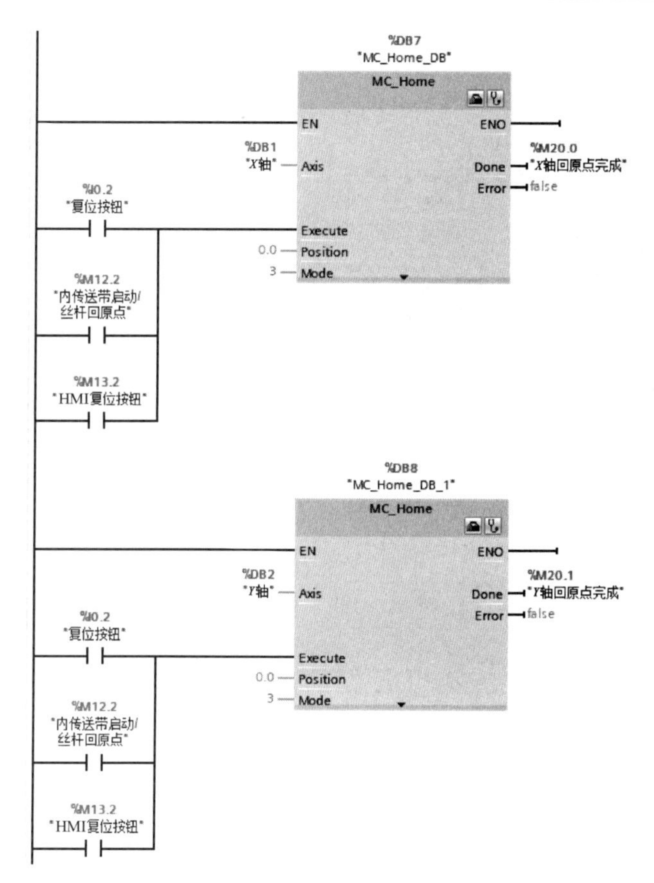

图 14-3-10　PLC 程序 8

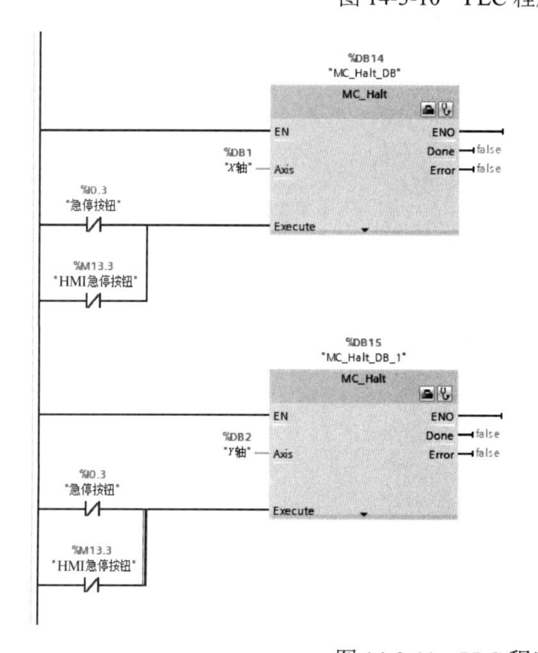

图 14-3-11　PLC 程序 9

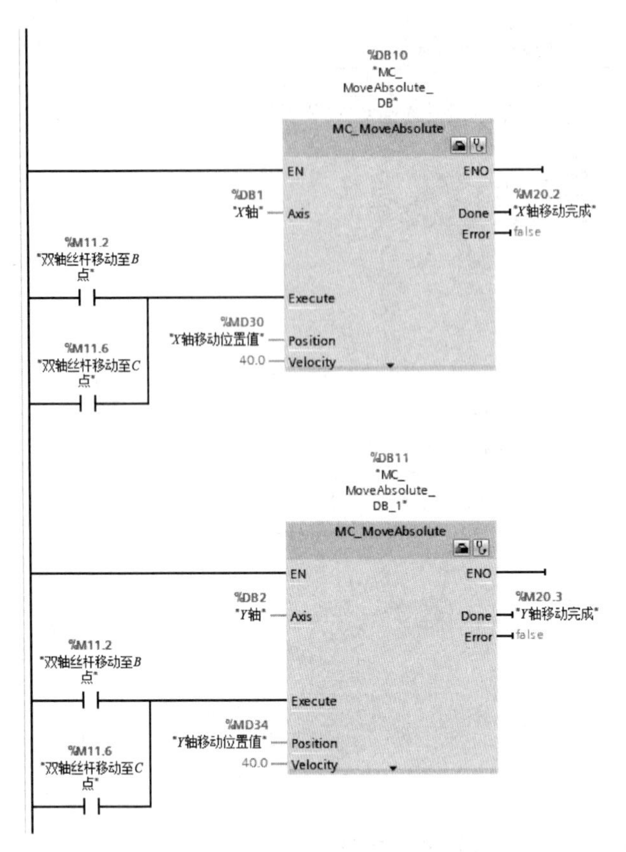

图 14-3-12　PLC 程序 10

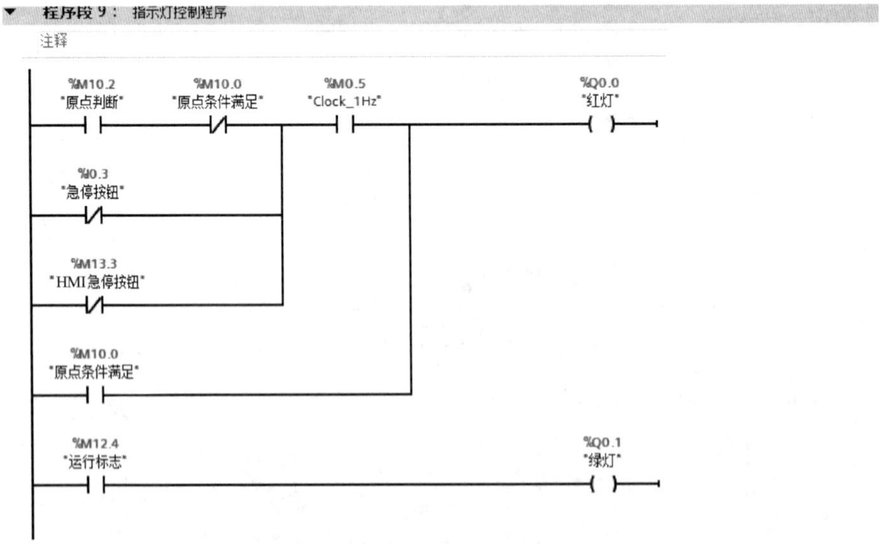

▼ 程序段 9：　指示灯控制程序

注释

%M10.2
"原点判断"
%M10.0
"原点条件满足"
%M0.5
"Clock_1Hz"
%Q0.0
"红灯"
%I0.3
"急停按钮"
%M13.3
"HMI急停按钮"
%M10.0
"原点条件满足"
%M12.4
"运行标志"
%Q0.1
"绿灯"

图 14-3-13　PLC 程序 11

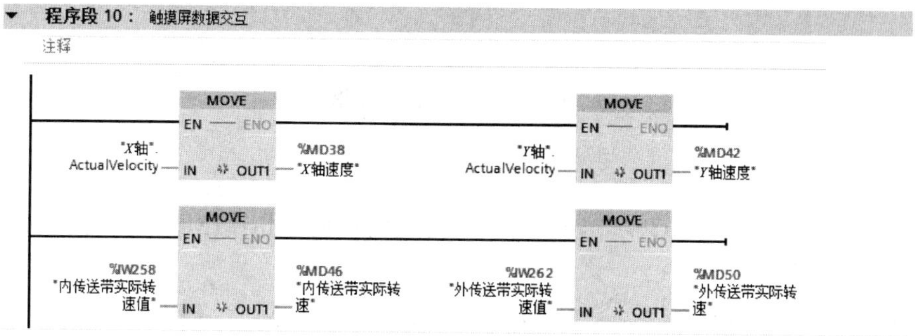

▼ 程序段 10： 触摸屏数据交互

注释

MOVE
EN — ENO
"X轴".ActualVelocity — IN ✻ OUT1 — %MD38 "X轴速度"

MOVE
EN — ENO
"Y轴".ActualVelocity — IN ✻ OUT1 — %MD42 "Y轴速度"

MOVE
EN — ENO
%IW258 "内传送带实际转速值" — IN ✻ OUT1 — %MD46 "内传送带实际转速"

MOVE
EN — ENO
%IW262 "外传送带实际转速值" — IN ✻ OUT1 — %MD50 "外传送带实际转速"

图 14-3-13　PLC 程序 11（续）

参 考 文 献

崔坚．2016．SIMATIC S7-1500 与 TIA 博途软件使用指南[M]．北京：机械工业出版社．

段礼才．2018．西门子 S7 1200 PLC 编程及使用指南[M]．北京：机械工业出版社．

西门子（中国）有限公司．2018．S7-1200 PLC 技术参考．

西门子（中国）有限公司．2018．S7-1200 可编程控制器样本手册．

西门子（中国）有限公司．2018．STEP 7 和 WinCC Engineering V15.1 系统手册．

西门子（中国）有限公司．2019．S7-1200 系统手册．